実験医学 増刊 Vol.34-No.10 2016

エピゲノム研究

修飾の全体像の理解から先制・個別化医療へ

解析手法の標準化、細胞間・個人間の多様性の解明、
疾患エピゲノムを標的とした診断・創薬

編集＝金井弥栄

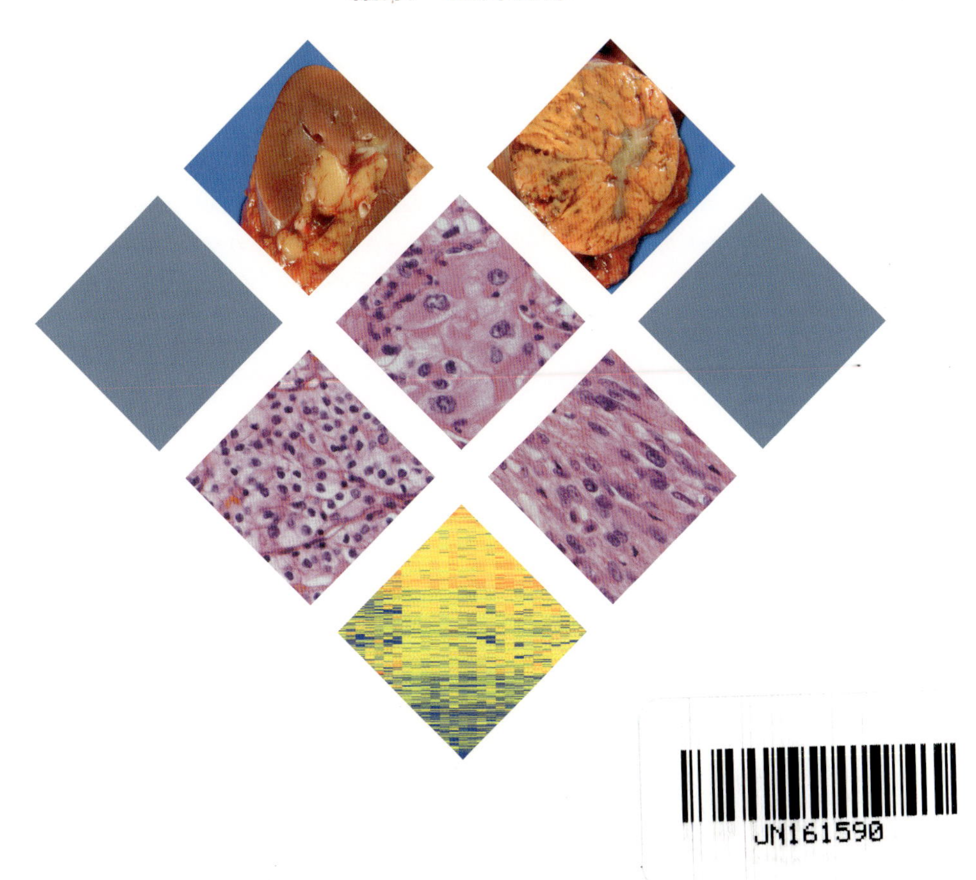

JN161590

羊土社

表紙イメージ解説

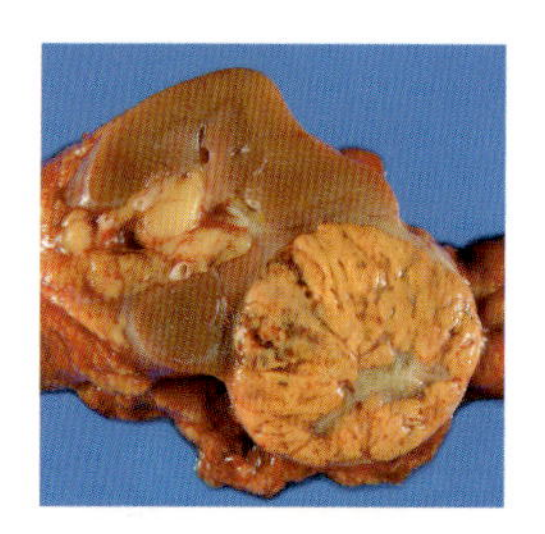

●腎細胞がんの肉眼写真

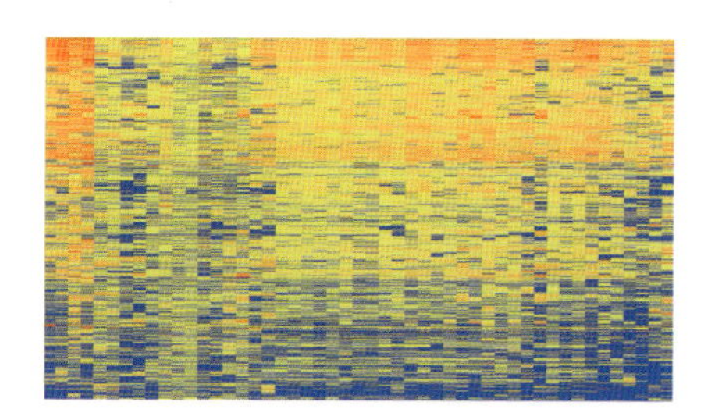

●DNAメチル化率によりがん症例を層別化した際の階層的クラスタリングのヒートマップ

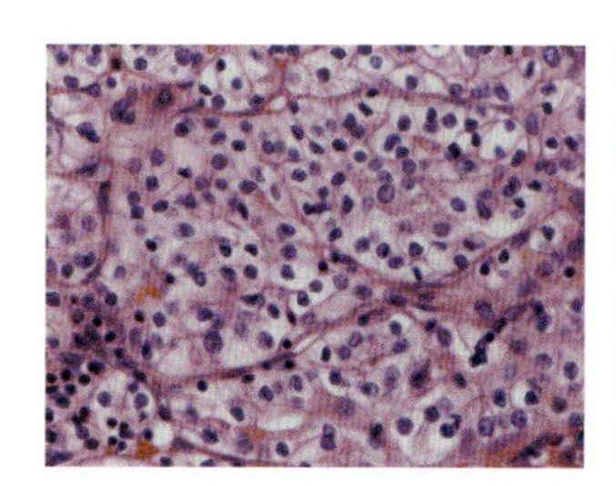

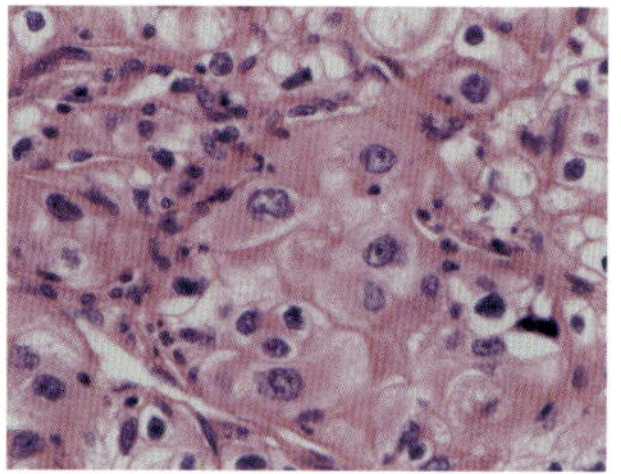

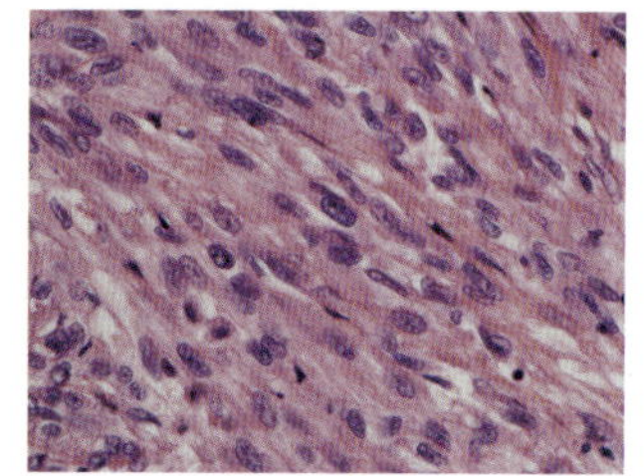

●腎細胞がんの顕微鏡写真（左から右へ，組織学的に異型度が亢進している）

写真提供：金井弥栄（慶應義塾大学医学部）

【注意事項】本書の情報について

本書に記載されている内容は，発行時点における最新の情報に基づき，正確を期するよう，執筆者，監修・編者ならびに出版社はそれぞれ最善の努力を払っております．しかし科学・医学・医療の進歩により，定義や概念，技術の操作方法や診療の方針が変更となり，本書をご使用になる時点においては記載された内容が正確かつ完全ではなくなる場合がございます．また，本書に記載されている企業名や商品名，URL等の情報が予告なく変更される場合もございますのでご了承ください．

多様性の理解から先制・個別化医療へ向かうエピゲノム研究

金井弥栄

はじめに

“エピジェネティクス”の古典的な定義は，“DNAの塩基配列に依存せず細胞分裂を通じて継承される生物情報”等とされ[1]，具体的にはヒストン修飾パターンやDNAメチル化情報を指す．コアヒストンはアセチル化・メチル化・ユビキチン化・リン酸化修飾を受けるが，例えばヒストンH3の27番目のリジン（H3K27）のアセチル化やH3K4メチル化が遺伝子の転写に対して活性化マークとして機能し，逆にH3K9メチル化やH3K27メチル化は転写抑制性に働く[2]（**表**）．他方で，CpG配列のシトシン塩基の5位にメチル基が共有結合するDNAメチル化は，メチルCpG結合タンパク質等を介してクロマチン構造を変化させ転写抑制に働く（**表**）．ヒストンアセチル化酵素・DNAメチル化酵素に加え，各種ヒストンメチル化酵素・DNA脱メチル化酵素[3]等のエピゲノム制御タンパク質も知られるようになった．エピジェネティックな転写制御の重要性は論をまたず，*in vitro*でその分子機構が詳細に解明され，本誌においてもしばしばとり上げられてきた．

他方で，ヒトのゲノム全域にわたるエピジェネティックな情報の総体，すなわちエピゲノムの把握は容易ではない．エピゲノム解析では通常，配列解読前に免疫沈降やバイサルファイト変換[4]等を要し，解析手技を標準化しにくいことがその一因である．さらに，エピゲノムには組織・細胞系列ごとに多様性があるので，ヒトの全身の諸細胞系列のリファレンスエピゲノムプロファイルを明らかにするのは困難であった．しかし，正常発生・分化・機能へのエピゲノムのかかわりを細胞・個体レベルで理解するためには，全身の諸細胞系列のエピゲノムプロファイルを知ることが重要である．さらには，疾患発生の分子基盤を解明し予防・診断・治療に資することをめざした疾患エピゲノム研究は，疾患特異的エピゲノムプロファイルを正確に同定することを基本とする．このために，患者由来試料の病変細胞等のエピゲノムプロファイルを，正常細胞のリファレンスエピゲノムプロファイルと厳密に比較することが不可欠である．

そこで，今日のシークエンス技術と情報処理技術の進歩を背景に，国際協調体制により，標準化した手技で諸細胞系列のエピゲノムマッピングを行い，世界共通の研究基盤となるエピゲノムデータベースを構築しようとの気運が起こってきた．本増刊号は，リファレンスエピゲノムプロファイルの確立の動きを基盤として，エピゲノムの個体差や

表　転写制御に働く主なエピゲノム修飾

エピゲノム修飾	機能*
ヒストン修飾	
ヒストンH2A第119番リジンユビキチン化（H2AK119ub）	転写抑制
ヒストンH3第4番リジンモノメチル化・トリメチル化（H3K4me1, H3K4me3）	転写活性化
ヒストンH3第9番リジンアセチル化（H3K9AC）	転写活性化
H3K9me3	転写抑制
ヒストンH3第10番セリンリン酸化（H3S10ph）	転写活性化
H3K14AC	転写活性化
H3K18AC	転写活性化
H3K23AC	転写活性化
H3K27AC	転写活性化
H3K27me3	転写抑制
H3K36me3	転写活性化
H4K5AC	転写活性化
H4K8AC	転写活性化
H4K12AC	転写活性化
H4K16AC	転写活性化
H4K20me1	転写活性化
H4K20me3	転写抑制
DNAメチル化	
亢進	転写抑制
減弱	転写活性化

*部位・細胞種・細胞周期等に依存することがあり，ここに示す機能はあくまで目安である．

環境要因に基づくダイナミズムを把握し，さらに疾患へのかかわりを明らかにして先制・個別化医療に活かそうとする，今日のエピゲノム研究の潮流を展望できるように編集した（**図1**）．

1．国際協調によるリファレンスエピゲノム確立の動き：解析手法・データ共有プラットフォームの標準化

欧米主体のRoadmap・Blueprint等のプロジェクト型研究に加え，わが国も参加するENCODE・国際ヒトエピゲノムコンソーシアム〔International Human Epigenome Consortium（IHEC）〕（http://ihec-epigenomes.net/）が，エピゲノムデータベース構築を

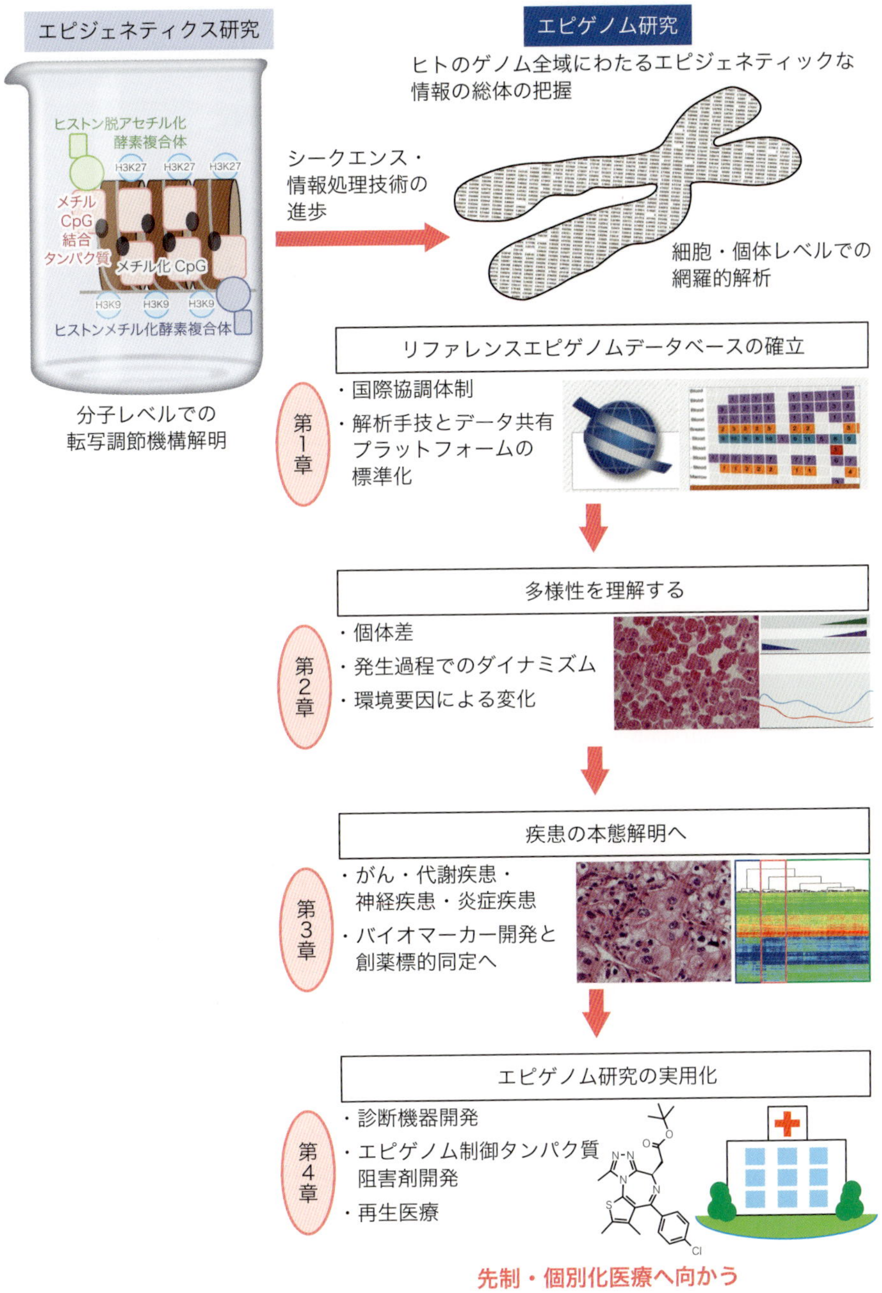

エピジェネティクス研究

ヒストン脱アセチル化酵素複合体
H3K27 H3K27 H3K27
メチルCpG結合タンパク質
メチル化 CpG
H3K9 H3K9 H3K9
ヒストンメチル化酵素複合体

分子レベルでの
転写調節機構解明

シークエンス・
情報処理技術の
進歩

エピゲノム研究

ヒトのゲノム全域にわたるエピジェネティックな
情報の総体の把握

細胞・個体レベルでの
網羅的解析

リファレンスエピゲノムデータベースの確立

第1章
・国際協調体制
・解析手技とデータ共有プラットフォームの標準化

多様性を理解する

第2章
・個体差
・発生過程でのダイナミズム
・環境要因による変化

疾患の本態解明へ

第3章
・がん・代謝疾患・神経疾患・炎症疾患
・バイオマーカー開発と創薬標的同定へ

エピゲノム研究の実用化

第4章
・診断機器開発
・エピゲノム制御タンパク質阻害剤開発
・再生医療

先制・個別化医療へ向かう

図1　今日のエピゲノム研究の潮流と本増刊号のねらい

本増刊号は，あえて強調すれば“エピジェネティクス”よりも“エピゲノム”に主眼を置いている．国際協調によるリファレンスエピゲノムデータベース構築を基盤として，エピゲノムの個体差や環境要因に基づくダイナミズムを把握し，さらに疾患へのかかわりを明らかにして先制・個別化医療に活かそうとする，今日のエピゲノム研究の潮流を展望できるように編集した．

A

B

図2　国際ヒトエピゲノムコンソーシアム〔International Human Epigenome Consortium (IHEC)〕年次総会の模様
第6回年次総会は2015年11月に東京で開催され，今までで最多の参加者を得て盛会であった．わが国の多くのエピゲノム研究者に参会いただいたことを感謝する．IHECは，発足7年を経てリファレンスエピゲノムデータが蓄積しており，データベース〔IHEC Data Portal（http://epigenomesportal.ca/ihec/）〕の充実と，エピゲノム情報の多様性の生物学的な意義を論じたIHEC collected papersの刊行に向けて，活動を進めている．A）IHECメンバーの集合写真．B）サイエンスデープログラムでの討論風景．

精力的に進めている．そこで本号第1章-1には，IHECの活動方針を詳述した“GOALS, STRUCTURE, POLICIES & GUIDELINES（http://ihec-epigenomes.org/about/policies-and-guidelines/）”の抄訳を掲載した．わが国からは，編者金井・九州大学生体防御医学研究所佐々木教授・東京大学分子細胞生物学研究所白髭教授の3チームがIHECに参画している．

こうしたエピゲノムデータベース構築の際には，解析技術の標準化が大切である．全ゲノムバイサルファイトシークエンシング〔whole genome bisulfite sequencing（WGBS）〕に際して，CREST/IHEC金井チームに参画する伊藤が開発したpost-bisulfite adaptor-tagging（PBAT）法（第1章-2）[5]の優位性をわが国は主張しており，IHECの他国チームにも採用されている．白髭チームの木村は，各ヒストン修飾に対する優れた抗体をIHECの各国チームに提供しているが，それらの抗体の特性[6]については第1章-3をご覧いただきたい．各国チームは，IHEC Data Portal（http://epigenomesportal.ca/ihec/）にマッピングデータを登録している．第1章-4では，そのようなエピゲノムデータ共有プラットフォームについて解説する．

2．形質の多様性をつくるエピゲノム

1）エピゲノムの個体差と発生過程におけるダイナミズム

IHECはデータベース構築を主たる目的とするが，第2章-1においては，CREST/IHEC

の編者金井のチームがヒト純化正常肝細胞で得たデータをもとに，エピゲノムの個体差について，特にゲノム・エピゲノム相互作用を論じる．同様にCREST/IHECの佐々木チームが生殖細胞で得たデータをもとに，エピゲノムのダイナミズムについて**第2章-2**で論ずる．

CREST/IHECにおける編者金井の研究チームは，2015年11月に第6回のIHEC年次総会を東京でAMEDと共同開催した（**図2**）．年次総会のため来日したSusan Clark博士のラボから，最近注目されているTETファミリーのDNA脱メチル化酵素と脱メチル化中間体5-ヒドロキシメチルシトシン（5-hmC）の，発生過程等のエピゲノムのダイナミズムに占める意義に関する総説を寄せていただいた（**第2章-3**）．

2）環境要因に基づくダイナミズム

環境に応じて姿を変えることはエピゲノムの本質の1つであり，エピゲノムの全貌把握を困難にする所似である．**第2章-4**では，CREST/IHECの白髭チームが全身の種々の血管の内皮細胞のエピゲノムマッピングで明らかにした，同一細胞系列内の体内環境要因等に基づく多様性を紹介する．これに対し**第2章-5**では，体外環境，特に精神ストレス・病原体ストレス等に誘導されるエピゲノムの変化を紹介する．さらに，エピゲノムワイド関連解析〔epigenome-wide association study（EWAS）〕は，内的要因・外的要因による，生殖細胞系列すなわち血液検体に代表される全身の細胞に起こるエピゲノム変化を，特に疾患発生との関連から捉えようとする，挑戦的な研究課題である[7]．**第2章-6**では，わが国におけるEWASの先進的な試みを紹介する．

3．疾患エピゲノム研究

エピゲノム異常が，種々の疾患の発生の分子基盤となることが知られている．正常対照となる組織・細胞系列のリファレンスエピゲノムプロファイルデータが蓄積し，個体差を凌駕する疾患特異的エピゲノムプロファイルを見極められるようになってきたので，疾患エピゲノム研究が加速すると期待されている．

1）がん

疾患エピゲノム研究で先行するがん領域では，遷延する慢性炎症・病原体等の持続感染・喫煙等の発がん要因の作用で，エピゲノム異常が前がん段階から起こることが知られている[8]．前がん段階で撹乱されたエピゲノムプロファイルは，ヘミメチル化されたDNAに優先的にメチル基を付加するDNAメチル化酵素DNMT1に担われた維持メチル化機構で固定され，発がん要因への曝露の痕跡としてゲノム上に蓄積していく．

このように多段階発がんの歴史を反映するエピゲノムプロファイルに基づいてがん症

例を層別化すれば，層別化された症例群ごとに発がんの分子経路の探索が効率的に進められることを，腎細胞がん等を例に第3章-1で述べる．エピゲノムにゲノム・トランスクリプトーム・プロテオームといったオミックス解析を加えた多層オミックス統合解析も，治療標的分子経路の同定に役立っている[9]．

DNAメチル化異常は，維持メチル化機構でDNA二重鎖上に共有結合で安定に保持され，mRNA発現やタンパク質発現等より安定した優れたバイオマーカーとなり，微量の体液検体等でも高感度のがんの存在診断ができると期待される．エピゲノムプロファイルは諸臓器がんの悪性度や予後とよく相関するので，がんの病態診断・予後診断指標としても有用である．さらに，エピゲノム異常は前がん段階から起こることから，エピゲノムを指標とする発がんリスク診断を行うことで，予防・先制医療を展開できると期待される．

発がんエピゲノム研究の成果が多く報告されている胃がん・大腸がん・脳腫瘍を第3章-2，3，4でとり上げる．長く世界の発がんエピゲノム研究をリードしてきたVan Andel Research InstituteのPeter Jones博士の研究室からも[10]，膀胱がんのエピゲノム異常に関する総説をいただいた（第3章-5）．発がんエピゲノム研究の話題の締めくくりとして，エピゲノムリプログラミングによる人工多能性幹細胞〔induced pluripotent stem cell（iPS細胞）〕技術をがん細胞に応用する研究戦略を[11]，第3章-6で紹介する．

2）エピゲノムの寄与が注目されるがん以外の疾患

がん同様の安定した遺伝子発現変化が発生の背景にある，代謝疾患・神経疾患・免疫疾患へのエピゲノムの関与は，近年急速に注目を集めている．肥満，糖尿病，高血圧・腎疾患におけるエピゲノム異常を第3章-7，8，9で，双極性障害，統合失調症を第3章-10，11でそれぞれとり上げた[12]．免疫疾患の背景にあるT細胞分化にかかわるエピゲノム改変を第3章-12で[13]，アレルギー性疾患のエピゲノム異常を第3章-13で紹介している．第3章-14では，エピゲノム制御タンパク質の変異による発達障害を解説する．IHEC第6回年次総会のため来日したUniversity of CaliforniaのJanine LaSalle博士には，自閉症スペクトラムにおけるエピゲノム異常[14]に関する総説を寄せていただいた（第3章-15）．

4．先制・個別化医療に向けて：エピゲノム研究の実用化

疾患エピゲノム研究の成果のなかで，DNAメチル化診断の一部は欧州医薬庁〔European Medicines Agency（EMA）〕の承認を得て実用化している．リスク診断・予後診断指標等を含む新しいバイオマーカーも続々開発中で，今後の先制・個別化医療の核になると期待される．ハードウエアの面でも普及に向けてDNAメチル化診断機器の新規開発

がなされており，その状況を**第4章-1**で紹介する．

他方では，エピゲノム異常の補正による治療をめざして，DNAメチル化酵素・ヒストンメチル化酵素・ヒストン脱メチル化酵素・ヒストン脱アセチル化酵素等の阻害剤が開発されている．**第4章-2**でエピゲノム創薬における化合物スクリーニングの技術を，**第4章-3**ですでに開発された薬剤を具体的に紹介する．

エピジェネティック制御により神経回路網の再生[15)]や心筋細胞の再生・増殖[16)]等を促す再生医療をめざした研究の展開は，**第4章-4，5**で紹介する．最後に，エピゲノム治療が最も先進的に進められている血液腫瘍を中心に，現に行われている治療の実際を**第4章-6**で紹介する．

おわりに

以上概観したように，本号の狙いはあえて強調すれば“エピジェネティクス”よりも“エピゲノム”であり，転写調節機序よりも，発生・分化・機能とその破綻に主眼を置いた．リファレンスエピゲノムの確立を基盤とするヒト試料等のゲノム網羅的な解析から，エピゲノムがいかに正常細胞の形質の多様性を生み出し，疾患の発生にかかわるかを示した．エピゲノムを切り口にした疾患の本態解明は，エピゲノム異常を指標とするバイオマーカー開発・エピゲノム創薬・エピゲノム治療の展開につながっていく．本書により，エピゲノム研究成果の実用化による先制・個別化医療の将来像まで展望していただければ幸いである．

文献

1） Wolffe AP & Matzke MA：Science, 286：481-486, 1999
2） Jenuwein T & Allis CD：Science, 293：1074-1080, 2001
3） Ito S, et al：Nature, 466：1129-1133, 2010
4） Clark SJ, et al：Nucleic Acids Res, 22：2990-2997, 1994
5） Miura F, et al：Nucleic Acids Res, 40：e136, 2012
6） Kimura H：J Hum Genet, 58：439-445, 2013
7） Schumacher A, et al：Nucleic Acids Res, 34：528-542, 2006
8） Kanai Y：Cancer Sci, 101：36-45, 2010
9） Kanai Y & Arai E：Front Genet, 5：24, 2014
10） Jones PA：Nat Rev Genet, 13：484-492, 2012
11） Ohnishi K, et al：Cell, 156：663-677, 2014
12） Kato T & Iwamoto K：Neuropharmacology, 80：133-139, 2014
13） Wakabayashi Y, et al：J Biol Chem, 286：35456-35465, 2011
14） LaSalle JM：J Hum Genet, 58：396-401, 2013
15） Adefuin AM, et al：Epigenomics, 6：637-649, 2014
16） Welstead GG, et al：Proc Natl Acad Sci U S A, 109：13004-13009, 2012

実験医学 増刊 Vol.34-No.10 2016

エピゲノム研究
修飾の全体像の理解から先制・個別化医療へ

解析手法の標準化、細胞間・個人間の多様性の解明、
疾患エピゲノムを標的とした診断・創薬

CONTENTS

第4章 先制・個別化医療に向けて：エピゲノム研究の実用化

略語一覧

11β-HSD2：11β-hydroxysteroid dehydrogenase type 2

5hmC：5-hydroxymethylcytosine

5mC：5-methylcytosine

7BS：seven-stranded β-sheet

Alpha：amplified luminescence proximity homogeneous assay（化学増幅型ルミネッセンスプロキシミティホモジニアスアッセイ）

α-KG：α-ketoglutaric acid（α-ケトグルタル酸）

AMC：7-amino-4-methylcoumarin（アミノメチルクマリン）

AMED：Japan Agency of Medical Research and Development（日本医療研究開発機構）

ASTN2：astrotactin 2

BDNF：brain-derived neurotrophic factor（脳由来神経栄養因子）

BET：bromodomain and extra-terminal

BRD：bromodomain（ブロモドメイン）

C8A：complement component 8 alpha subunit

ccRCC：clear cell renal cell carcinoma（淡明細胞型腎細胞がん）

ChIA-PET：chromatin interaction analysis by paired-end tag sequencing

ChIP：chromatin immunoprecipitation（クロマチン免疫沈降）

ChIP-Seq：chromatin immunoprecipitation-sequencing（クロマチン免疫沈降シークエンシング）

CHRM1：cholinergic receptor muscarinic 1

CIMP：CpG island methylator phenotype（CpGアイランドメチル化形質）

CIN：chromosomal instability（染色体不安定性）

CML：chronic myeloid leukemia（慢性骨髄性白血病）

COMT：catechol-o-methyltransferase

CSPG：chondroitin sulfate proteoglycan（コンドロイチン硫酸プロテオグリカン）

CTCL：cutaneous T cell lymphoma（皮膚T細胞リンパ腫）

CTLA4：cytotoxic T-lymphocyte associated protein 4

dATF2：ショウジョウバエATF2

DCCT：The Diabetes Control and Complication Trial

DGCs：differentiated glioblastoma cells

DIPG：diffuse intrinsic pontine glioma（びまん性内在性橋膠腫）

DMCs：differentially methylated cytosines

DMR：differentially methylated regions（メチル化可変領域）

DNMT：DNA methyltransferase（DNAメチル基転移酵素/DNAメチル化酵素）

DNMT1：DNA methyltransferase 1

DOHaD：developmental origins of health and disease

DRD：dopamine receptor D

DTNBP1：dystrobrevin binding protein 1

EBV：Epstein-Barr virus（Epstein-Barrウイルス）

ELISA：enzyme linked immuno solvent assay

ENaC：epithelial Na channel（上皮型ナトリウムチャネル）

ES細胞：embryonic stem cell（胚性幹細胞）

EWAS：epigenome-wide association study（全エピゲノム関連解析）

FAD：flavin adenine dinucleotide（フラビンアデニンジヌクレオチド）

FAP：familial adenomatous polyposis（家族性大腸腺腫症）

FOXP2：forkhead box P2

GABA：gamma-aminobutyric acid

GAD67：glutamate decarboxylase 67

GBM：glioblastoma multiforme（膠芽腫）

GRM：glutamate receptor, metabotropic

略語一覧

GWAS：genome-wide association study（ゲノムワイド関連解析）

H3：histone H3（ヒストンH3）

H3K4me3：histone H3 trimethyl lysine 4

H3K9K14：histone H3 lysine 9/14

H3K9me2：ヒストンH3のN末から9番目のリジンのジメチル化

H3K9me3：ヒストンH3のN末から9番目のリジンのトリメチル化

HAT：histone acetyltransferase（ヒストンアセチル基転移酵素/ヒストンアセチル化酵素）

HCG9：HLA（human leukocyte antigen）complex group 9

HDAC：histone deacetylase（ヒストン脱アセチル化酵素）

HDM：histone demethylase（ヒストン脱メチル化酵素）

HELP：*Hpa* II tiny fragment enrichment by ligation-mediated PCR

HLA：human leukocyte antigen（ヒト白血球抗原）

HMT：histone methyltransferase（ヒストンメチル基転移酵素/ヒストンメチル化酵素）

HNPCC：hereditary nonpolyposis colorectal cancer（遺伝性非ポリポーシス大腸がん）

HPLC：high performance liquid chromatography（高速液体クロマトグラフィー）

HTR：serotonin receptor

Htr5b遺伝子：セロトニン受容体5B遺伝子

HTS：high-throughput screening（ハイスループットスクリーニング）

IAP：intracisternal A particle

ICR：imprinting control region

IDH：isocitrate dehydrogenase（イソクエン酸脱水素酵素）

IgE：immunoglobulin E（免疫グロブリンE）

IGF2：insulin-like growth factor 2（インスリン様増殖因子2）

IHEC：International Human Epigenome Consortium（国際ヒトエピゲノムコンソーシアム）

IL1RAP：interleukin 1 receptor accessory protein

indel：insertion/deletion（欠失挿入型多型）

iPS細胞：induced pluripotent stem cell（人工多能性幹細胞）

JHDM：Jumonji C domain-containing histone demethylase（十文字ドメイン含有ヒストン脱メチル化酵素/α-ケトグルタル酸依存的脱メチル化酵素）

KDM：lysine demethylase（リジン脱メチル化酵素）

KMT：lysine methyltransferase（リジンメチル基転移酵素）

LINE-1：long interspersed nuclear elements

LSD：lysine-specific demethylase（フラビン依存的脱メチル化酵素）

LUMA：luminometric methylation assay

MAO：monoamine oxidase

MDS：myelodysplastic syndromes（骨髄異形成症候群）

MeDIP：methylated DNA immunoprecipitation（メチル化DNA免疫沈降）

MHC：major histocompatibility complex

MIBC：muscle-invasive bladder cancer（筋層浸潤性膀胱がん）

MIN：microsatellite instability（マイクロサテライト不安定性）

MINT：methylated-in-tumor

MIRA：methylated-CpG island recovery assay

MMR：mismatch repair（ミスマッチ修復）

MNase：micrococcal nuclease（マイクロコッカルヌクレアーゼ）

mQTL：methylation quantitative trait locus（メチル化量的形質座位）

MR：mineralocorticoid receptor（ミネラルコルチコイド受容体）

MSI：microsatellite instability（マイクロサテライト不安定性）

MSS：microsatellite stable（マイクロサテライト安定）

MVPs：methylation variable positions

NAD：nicotinamide adenine dinucleotide（ニコチンアミドアデニンジヌクレオチド）

NCC：Na-Cl cotransporter（Na-Cl 共輸送体）

NCDs：noncommunicable diseases

NGS：next generation sequencer（次世代シークエンサー）

NMIBC：non-muscle-invasive bladder cancer（筋層非浸潤性膀胱がん）

NMP-22：nuclear matrix protein 22

NRN1：neuritin 1

PBAT：post-bisulfite adaptor tagging

PDAC：pancreatic ductal adenocarcinoma（膵管腺がん）

pDMR：personal differentially methylated region

RAGs：regeneration-associated genes（軸索再生関連遺伝子）

RASA3：Ras p21 protein activator 3

RELN：reelin

RNA-Seq：RNA-sequencing

RPKM：reads per kilobase pairs per million reads

RRBS：reduced representation bisulfite sequencing

SAM：*S*-adenosylmethionine（*S*-アデノシルメチオニン）

SCNT：somatic cell nuclear transfer（体細胞核移植）

seq：sequencing（シークエンシング）

SET：Su（var）3-9, enhancer-of-Zeste, Trithorax

SLC6A4：solute carrier family 6 member 4

SLE：systemic lupus erythematosus（全身性紅斑性狼瘡）

SNP：single nucleotide polymorphism（一塩基多型）

SNV：single nucleotide variation（1 塩基多型）

SOX10：SRY（sex determining region Y）- box 10

ST6GALNAC1：alpha-2, 6-sialyltransferase 1

SUMO：small ubiquitin-related modifier

TCGA：The Cancer Genome Atlas

TET：ten-eleven-translocation

Tfh：follicular helper T cells（濾胞ヘルパーT細胞）

Th：helper T cell（ヘルパーT細胞）

TPCs：tumor propagating cells

Treg：regulatory T cell（制御性T細胞）

TSA：trichostatin A（トリコスタチンA）

TSS：transcription start site（転写開始点）

TUR-Bt：transurethral resection of the bladder tumor（経尿道的膀胱腫瘍切除術）

UKPDS：The United Kingdom Prospective Diabetes Study

VPA：valproic acid（バルプロ酸）

WGBS：whole-genome bisulfite sequencing（全ゲノムバイサルファイトシークエンシング）

WGS：whole genome sequencing（全ゲノムシークエンシング）

執筆者一覧

●編　集

金井弥栄　慶應義塾大学医学部病理学教室/国立研究開発法人国立がん研究センター研究所分子病理分野/国立研究開発法人日本医療研究開発機構革新的先端研究開発支援事業（AMED-CREST）

●執　筆（五十音・アルファベット順）

新井恵吏　慶應義塾大学医学部病理学教室/国立研究開発法人国立がん研究センター研究所分子病理分野
石井俊輔　理化学研究所石井分子遺伝学研究室
伊藤昭博　国立研究開発法人理化学研究所吉田化学遺伝学研究室/国立研究開発法人理化学研究所環境資源科学研究センターケミカルゲノミクス研究グループ
伊藤隆司　九州大学大学院医学研究院医化学分野/AMED CREST
入江浩一郎　九州大学大学院医学研究院応用幹細胞学部門基盤幹細胞分野
岩本和也　熊本大学大学院生命科学研究部分子脳科学分野
浦辺雅之　千葉大学大学院医学研究院分子腫瘍学/東京大学大学院医学系研究科消化管外科学
大澤春彦　愛媛大学大学院医学系研究科糖尿病内科学
大谷仁志　ヴァン・アンデル研究所
大沼　裕　愛媛大学大学院医学系研究科糖尿病内科学
岡田匡央　慶應義塾大学医学部微生物学免疫学教室
笠井清登　東京大学大学院医学系研究科精神医学分野
加藤忠史　理化学研究所脳科学総合研究センター精神疾患動態研究チーム
金井弥栄　慶應義塾大学医学部病理学教室/国立研究開発法人国立がん研究センター研究所分子病理分野/国立研究開発法人日本医療研究開発機構革新的先端研究開発支援事業（AMED-CREST）
金森光広　慶應義塾大学医学部微生物学免疫学教室
金田篤志　千葉大学大学院医学研究院分子腫瘍学
木村　宏　東京工業大学科学技術創成研究院細胞制御工学研究ユニット
久保田健夫　山梨大学大学院総合研究部環境遺伝医学講座
久保直樹　九州大学生体防御医学研究所エピゲノム制御学分野/九州大学大学院医学研究院附属胸部疾患研究施設
小林幸夫　国立がん研究センター中央病院血液腫瘍科
近藤　豊　名古屋市立大学大学院医学研究科遺伝子制御学
佐々木裕之　九州大学生体防御医学研究所エピゲノム制御学分野
清水厚志　岩手医科大学災害復興事業本部いわて東北メディカル・メガバンク機構生体情報解析部門
白根健次郎　九州大学生体防御医学研究所エピゲノム制御学分野
白髭克彦　東京大学分子細胞生物学研究所/革新的先端研究開発支援事業（AMED-CREST）
新城恵子　名古屋市立大学大学院医学研究科遺伝子制御学
鈴木孝禎　京都府立医科大学大学院医学研究科
鈴木　拓　札幌医科大学医学部分子生物学講座
滝沢琢己　群馬大学大学院医学系研究科小児科学分野
田口純平　京都大学iPS細胞研究所未来生命科学開拓部門幹細胞腫瘍学分野
田　迎　慶應義塾大学医学部病理学教室
中島欽一　九州大学大学院医学研究院応用幹細胞学部門基盤幹細胞分野
中司寛子　慶應義塾大学医学部微生物学免疫学教室
中戸隆一郎　東京大学分子細胞生物学研究所/革新的先端研究開発支援事業（AMED-CREST）
畑田出穂　群馬大学生体調節研究所生体情報ゲノムリソースセンターゲノム科学リソース分野
八谷剛史　岩手医科大学災害復興事業本部いわて東北メディカル・メガバンク機構生体情報解析部門
福田恵一　慶應義塾大学医学部循環器内科
藤田敏郎　東京大学先端科学技術研究センター臨床エピジェネティクス講座
古川亮平　岩手医科大学災害復興事業本部いわて東北メディカル・メガバンク機構生体情報解析部門
文東美紀　熊本大学大学院生命科学研究部分子脳科学分野
丸茂丈史　東京大学先端科学技術研究センター臨床エピジェネティクス講座
三浦史仁　九州大学大学院医学研究院医化学分野/JSTさきがけ/AMED CREST
光山統泰　国立研究開発法人産業技術総合研究所人工知能研究センター
村岡直人　慶應義塾大学医学部循環器内科/日本学術振興会
村田　唯　東京大学大学院医学系研究科精神医学分野/熊本大学大学院生命科学研究部分子脳科学分野
森田純代　群馬大学生体調節研究所生体情報ゲノムリソースセンターゲノム科学リソース分野
安井徹郎　九州大学大学院医学研究院応用幹細胞学部門基盤幹細胞分野
山田泰広　京都大学iPS細胞研究所未来生命科学開拓部門幹細胞腫瘍学分野
山本英一郎　札幌医科大学医学部分子生物学講座/札幌医科大学医学部消化器内科学講座
吉田圭介　理化学研究所石井分子遺伝学研究室
吉田　稔　国立研究開発法人理化学研究所吉田化学遺伝学研究室/国立研究開発法人理化学研究所環境資源科学研究センターケミカルゲノミクス研究グループ
吉村昭彦　慶應義塾大学医学部微生物学免疫学教室
輿谷卓也　積水メディカル株式会社研究開発統括部つくば研究所/国立がん研究センター研究所分子病理分野/慶應義塾大学医学部病理学教室
和田洋一郎　東京大学アイソトープ総合センター/革新的先端研究開発支援事業（AMED-CREST）
Susan J. Clark　ガーバン医学研究所ゲノミクス・エピジェネティクス部門/ニューサウスウェールズ大学セントヴィンセントクリニカルスクール
Peter A. Jones　ヴァン・アンデル研究所
Janine M. LaSalle　カリフォルニア大学ゲノムセンターMIND研究所医微生物学・免疫学
Ksenia Skortsova　ガーバン医学研究所ゲノミクス・エピジェネティクス部門
Clare Stirzaker　ガーバン医学研究所ゲノミクス・エピジェネティクス部門/ニューサウスウェールズ大学セントヴィンセントクリニカルスクール
Phillippa Taberlay　ガーバン医学研究所ゲノミクス・エピジェネティクス部門/ニューサウスウェールズ大学セントヴィンセントクリニカルスクール

実験医学 増刊 Vol.34-No.10 2016

エピゲノム研究

修飾の全体像の理解から 先制・個別化医療へ

解析手法の標準化、細胞間・個人間の多様性の解明、
疾患エピゲノムを標的とした診断・創薬

編集＝金井弥栄

1. 国際ヒトエピゲノムコンソーシアムの設立趣意と活動
—IHEC趣意書最新版より

IHEC国際科学運営委員会

ヒトの正常の発生や生体内作用，種々の疾患発生に寄与するエピジェネティクス研究の推進の基盤となる標準エピゲノムプロファイルの取得と公開を目的とし，国際ヒトエピゲノムコンソーシアム（IHEC）が設立された．複数の国の資金提供機関と研究者が協調して，7〜10年間に1,000細胞種の標準エピゲノムプロファイル取得をめざしている．IHECのWebサイト上に設立趣旨や進捗状況，標準エピゲノムプロファイルデータベースへのリンク等が公開されている．設立趣旨には，コンソーシアムの目標や具体的なガイドラインが記載されている．

訳者まえがき

国際ヒトエピゲノムコンソーシアム※1 (International Human Epigenome Consortium：IHEC) は，設立当初よりWebサイトを通じた情報発信を行っており，趣意書や標準プロトコール，各国の参加者の紹介や研究進捗状況，データベースへのリンク等，誰でもサイトにアクセスして閲覧可能である．IHEC趣意書は，最新版が以下のページに公開されている（http://ihec-epigenomes.org/about/policies-and-guidelines/）（**図1**）．

IHEC趣意書は，

A. Introduction
B. Consortium Goals
C. Background to the Consortium
D. Structure of the Consortium
E. Consortium Policies and Guidelines

という章立てになっており，IHEC設立に至る背景や経緯，目的，組織構成，具体的な指針等が記載されている．本稿では，IHEC趣意書を抄訳し，適宜注釈を加えて紹介する．

A はじめに

ヒトゲノムの全塩基配列解読は，正常の生物学的作用ならびに疾患の理解を助けた．しかし，ゲノム情報を遺伝子発現や特定の細胞の機能制御に帰結させるのはエピジェネティック機構である．エピジェネティック機構は，ヒストン修飾，ヒストンバリアントの配置，ヌクレオソーム再構成，DNAメチル化，small/non-

※1　コンソーシアム

Consortium．一般的には，複数の単位（個人・組織など）が共通の目的のために結成する団体である．科学研究においては，作業量が膨大であったり，目的が広範囲に利益をもたらすと期待されたり，地域・人種差の検討が目的に含まれたりする場合に，しばしば世界規模で結成される．

Policy and activity of International Human Epigenome Consortium (IHEC)
IHEC International Scientific Steering Committee

図1　IHECのWebサイト
About＞Policies and Guidelinesのリンクから最新版の趣意書がダウンロードできる.

coding RNA等からなる. ゲノム配列はヒト個体のすべての細胞で同一であるが, エピゲノムプロファイルは細胞種によって全く異なり, 個体発生・細胞分化に寄与している.

エピゲノムプログラミングの間違いは, ヒトの種々の疾患発生に関与している. エピジェネティック異常に対する治療は実用化されているが, エピジェネティック治療の可能性をさらに広げるためには, 正常・疾患状態を含むエピジェネティック異常の網羅的な同定が必要である. 細胞のリプログラミングとはエピゲノムプロファイルの変化であり, 細胞種ごとの標準エピゲノムプロファイルの理解は再生医療の発展にも深く関与する. 環境要因と食餌はわれわれの健康に強く永続的な影響を与えるが, これらの変化によってエピゲノムプロファイルの差異が誘導されることが知られている.

近年の技術革新によって, 高解像度のエピゲノムプロファイル取得が可能になった. ヒトゲノムプロジェクトがヒト疾患研究に対して標準ゲノム配列を供給したように, IHECは高解像度の標準エピゲノムプロファイルを供給する. ヒト標準エピゲノムプロファイルは, 基礎生物学から疾患研究に至るまで有用な情報となるだろう.

IHECは遅滞のない研究の遂行と高品質のデータ取得, データ保存・管理・解析, 誰でもアクセス可能なエピゲノムデータベースの提供のため, エピゲノムプロファイル取得について国を超えて調整する. まず着手すべき最も大切な課題は, 世界中の研究グループが入手可能な標準エピゲノムプロファイルの供給である. 第2に, 手法に関する有用な情報を提供する. 第3に, エピゲノムプロファイルの個体差を評価し, 環境要因や食餌がエピゲノムに与える影響を考察する. IHECは, 疾患の理解や治療, 予防に関する研究者に最も効率よく情報を提供するという観点から, メンバー間のコミュニケーションを促進し, ディスカッションの場を提供する.

B コンソーシアムのめざすゴール

（訳者注：IHEC趣意書では, Primary GoalsとSecondary Goalsに分けて記載されている. 前者は具体的でより達成すべき目標であり, 後者は前者が達成されたうえに積み重ねられる目標と理解される）（**図2**）

1）Primary Goals

① ヒト標準エピゲノムプロファイル取得を調整する. 次の7～10年に1,000細胞のエピゲノム解読をめざす. 高解像度のヒストン修飾・DNAメチル化プロファイル, タンパク質コード遺伝子の転写開始地点の情報, non-coding RNAやsmall RNAの発現パターン, ヒト正常・疾患モデル動物のエピゲノムプロファイルとの比較解析等を行う.

② 幹細胞化や不死化, 増殖, 分化, 老化, 被刺激状態といった細胞状態に着目する. 複数個人, 家系, 一卵性双生児を用いて, ジェネティック・エピジェネティック多様性の関係性の解析を行う. IHECの長期的目標は, エピゲノムが世代を超えてヒト個体を形成するその影響範囲を知ることと, 環境要因に対する反応を知ることである.

③ プロジェクトで得たデータがすべての研究者に迅速に行きわたるようなしくみを構築し, 新しい知見がヒトの健康と疾患に資するよう促す. バイオインフォマティクス手法やデータモデル, 解析ツールの開発を支援する.

④ 国際協力の効率的なしくみを構築する. 国際がんゲノムコンソーシアム（International Cancer Genomic Consortium：ICGC）やEncyclopedia of DNA Elements（ENCODE）等の他の国際プロジェクトとの協調を行う.

2）Secondary Goals

⑤ ヒト正常ならびに疾患エピゲノムの同定や機能解析のための, 新しい強力な技術の開発を促進する.

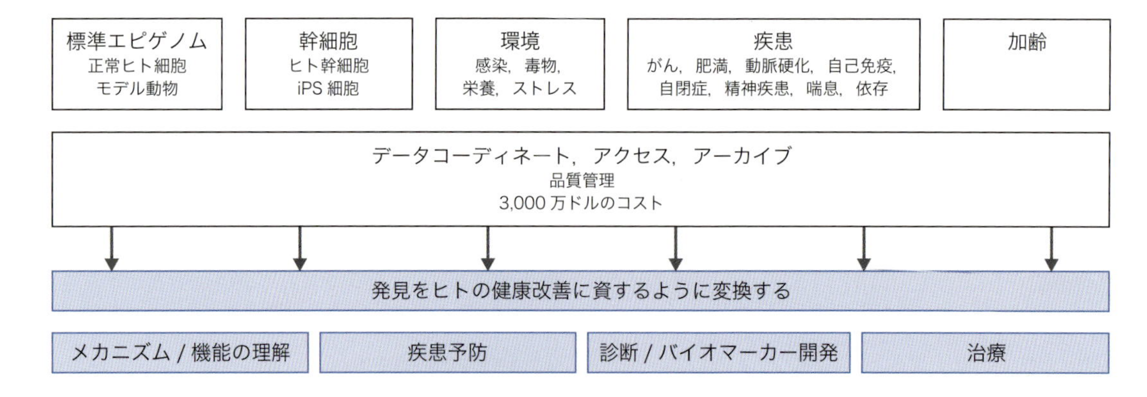

図2　IHECの目標に向けたタイムライン
趣意書より和訳して引用

⑥ 新しい技術，ソフトウェア，手法に関する知識の流布を援助し，世界中のエピジェネティクス研究者間の相互協力やデータシェアを助ける．

C コンソーシアムの背景

数十年の間，エピジェネティクス研究は個々の研究者によって行われてきた．エピゲノム研究のコミュニティを構築しようという動きが生じたのはごく最近である．

ヨーロッパでは5,000万ユーロ以上がエピジェネティックな課題を取り扱うコンソーシアムに資金提供され，ヨーロッパのエピジェネティクス研究のコミュニティとして，Epigenome Network of Excellence（http://www.epigenome-noe.net/）が設立された．

アメリカ合衆国では，2004年から2005年にかけて，National Cancer Institute（NCI），National Institute of Environmental Health Sciences（NIEHS），American Association of Cancer Research（AACR）等がスポンサーとなったワークショップにおいて，ヒトエピゲノムプロジェクト発足の必要性が議題となっていた．AACRのHuman Epigenome Task Forceは，IHECプロジェクトの実現に向け，戦略とスケジュール作成を行った．

アジアでは，Yonsei University（韓国），国立がん研究センター（日本），the Shanghai Cancer Institute（中国），the Genome Institute（シンガポール）の研究者らが国際的な研究会を開催し，エピゲノム研究に関する情報交換を行っていた．2006年には，日本に日本エピジェネティクス研究会が発足した．

カナダでは，the Canadian Institutes of Health Research（CIHR）の主導により，Epigenetics, Environment and Health（EEH）コンソーシアムが設立され，正常人の個体差に帰結する環境要因とゲノムに着目した，幅広い研究がなされている．

オーストラリアでは，2008年にAustralian Alliance for Epigenetics（訳者注：現在の名称はAustralian Epigenetics Alliance）が組織された（http://www.epialliance.org.au）．

2009年の3月に，NIH RoadmapのEpigenomics Program Working Groupは，"Exploring International Epigenomic Coordination"というワークショップをベセスダで開催した．このワークショップには，世界中の主要な資金提供機関※2の高位の職員やトップ研究者たちが集まった．このワークショップの主目的は，国際的なエピゲノムプロジェクト結成についての調査であり，IHECのコンセプトは出席者たち

国	資金提供機関	プロジェクト名
カナダ	Canadian Institutes of Health Research (CIHR)	The Canadian Epigenetics, Environment and Health Research Consortium (CEEHRC)
欧州連合	European Commission	BLUEPRINT
ドイツ	Federal Ministry of Education and Research (BMBF), Project Management Agency within the German Aerospace Center (PT-DLR)	DEEP
香港	Hong Kong University of Science and Technology (HKUST)	
日本	Japan Agency for Medical Research and Development (AMED)	CREST-AMED
シンガポール	The Genome Institute of Singapore (GIS)	
韓国	National Institute of Health Korea (KNIH)	
アメリカ合衆国	National Institutes of Health (NIH), National Human Genome Research Institute (NHGERI)	NIH Roadmap Epigenomics Program
オーストラリア	National Health and Medical Research Council (NHMRC)	
フランス	National Agency of Research (ANR)	
イタリア	European Institute of Oncology, FIRC Institute of Molecular Oncology Foundation, Italian Institute of Technology, Center for Genomic Science, IEO, IFOM, IIT	
英国	UK Funders Alliance: Medical Research Council, Biotechnology and Biological Sciences Research Council, Cancer Research UK, and Welcome Trust	

図3　2016年5月時点における，IHEC参加国と資金提供機関，各国のプロジェクト名（あれば）
上から8カ国は標準エピゲノムプロファイル取得を行う主要参加国で，下4カ国はIHECプロジェクトを支援する国．

に強く支持された．

この会議の結果，IHECの仮の執行委員会が構成された．2009年，仮執行役員会はIHECの役割とポリシーの草案を作成した．2010年1月25～26日には，フランス・パリにおいてIHECの発足会議が行われた．

※2　資金提供機関

Funding Agencyの日本語訳．IHECのような国際コンソーシアムは，必要な資金が高額であるため、Funding Agencyがコンソーシアムの目的に同意して予算を組み，その研究を各研究者に委託する形で行われる．

90人を超える科学者と資金提供機関の代理人が発足会議に出席し，IHECの役割とポリシーの草案について議論した（Nature, 463：587, 2010）．IHECポリシーの草案はパリでの発足会議招待者や世界的な科学コミュニティに公開され，練り上げられた．

（訳者注：上記は趣意書作成時点までの背景であり，参加国や参加の程度は変遷している．2016年5月時点でIHECに参画している国と資金提供機関，プロジェクトを**図3**に示した）

A

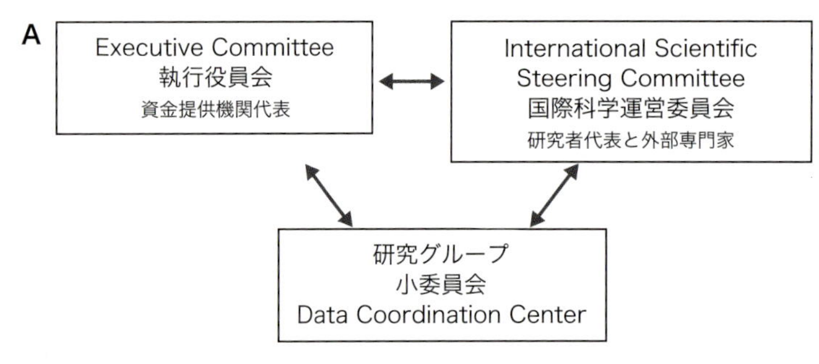

B

活動中の小委員会	活動を終了した小委員会
Assay Standards and Quality Control	Cell Group
Bioethics	Metadata Standards
Communications	
Data Ecosystem	

図4　IHECの組織構成
A）IHECでは資金提供機関による執行役員会，科学者による委員会，各研究グループや諸問題を解決する小委員会が同等に，かつ双方向に関わり合う形で組織が成り立っている．B）活動中ならびに活動を終了した小委員会．各委員会の最新状況や構成員，議題，決定事項等は，**図1**のWebサイトのAbout＞IHEC Working Groupsから確認することができる．

D コンソーシアムの組織

1）IHEC構成メンバー

IHECは資金提供機関（Funding Members）と研究者（Research Members）から構成され，それぞれ資金提供面と科学的側面についてIHECプロジェクトの遂行に貢献している．

資金提供機関は，単独の資金提供機関または連携組織であり，IHECの趣旨に合意して貢献しようとする団体である．5年以上にわたり総額1,000万USドル以上IHECの基本方針に沿って資金提供できることが条件である（年数・額がこれを下回る場合でも，associate memberになることができる）．2010年6月30日を期限として最初の募集を行い，その後も随時受け付けている．

研究者は，資金提供機関の推薦の後，執行役員会による審査・承認を経て参加が認められる．研究者は，IHECの趣旨に合意して研究成果を出せる研究グループか，データ管理や倫理面でIHECの活動に貢献できる者であることが条件である．

留意すべきは，IHEC自体は科学研究を援助する資金をもたないということであり，研究プロジェクトを支援してIHECのめざすゴールに到達させるのは，資金提供機関の責任である．

2）組織図

IHECの組織は，資金提供機関によるIHEC執行役員会（IHEC Executive Committee：EXEC）と科学者によるIHEC国際科学運営委員会（International Scientific Steering Committee：ISSC），そして研究グループ・小委員会（working group）・Data Coordination Center（DCC）の三者の相互関係からなる（**図4A**）．

3）ガバナンス

EXECは新しいメンバーの審査・承認，IHECポリシーの見直しと改訂，データの登録や質の監視，諸問題の解決の場の提供，広報等を行う．

ISSCは，科学的な進捗状況の管理，プロトコールの最適化，小委員会の設立，質的標準の設定，科学コミュニティへのデータ流布の促進等に携わる．

DCCは，各研究拠点から寄せられたデータをIHECデータベースで提供する過程を管理する．

（訳者注：小委員会は，プロジェクトの進行状況によって適宜結成・活動終了する．2016年現在の活動中ならびに活動終了した小委員会を**図4B**に示した）

E コンソーシアムのポリシーとガイドライン

IHECのポリシーとは，コンソーシアムのメンバーが同意した基本的事項である．IHECのガイドラインは，IHECの小委員会により推奨された，その時点で最も適切な実践具体例が記載されたものである．技術革新や新知見により，ガイドラインは進化していくと期待され，定期的に見直していくとはいえプロジェクトの全期間にわたって継続すると期待されるポリシーに比して，柔軟に変化する可能性がある．

（訳者注：ポリシーとガイドラインは分量が多く，また変更される可能性があるため，本稿では項目を列記しごく短い解説を付けるに留めた．詳細は最新版の趣意書を参照されたい）

1）インフォームドコンセント，データへのアクセスと倫理

1．インフォームドコンセント

1.1 サンプル提供

サンプル提供者には，プロジェクトの趣旨，データが全世界公開されることとそれによって生じうるリスク等を説明する（訳者注：サンプル提供者に対して必要な説明内容について，十数項目にわたって詳述されている）．

1.2 ヒト胚性幹細胞

ヒト胚性幹細胞を利用する場合，所属機関の倫理委員会の法的承認を得て，必要があればIHEC内の倫理委員会で審査する．

1.3 データへのアクセスと患者の保護

他のデータベース由来のデータとの比較によりエピゲノムプロファイルも個人を特定しうると考え，詳細な臨床情報・ゲノム配列等は制限アクセス情報とする．

2）データの質と標準

2.1 大規模エピゲノムデータ生成のための実験手法

DNAメチル化・ヒストン修飾・ヌクレオソームの位置と種類・RNA発現を解析する．データは高解像度で収集し，既知の方法で検証する．解析には汎用機器を用い，プロトコールを公開して他グループによる検証を可能にする．

2.2 材料と試薬の品質管理

解析には汎用試薬を用いる．修飾ヒストンやメチル化シトシンに対する抗体は特に重要であるため，よく検証を行い，使用抗体を特定できる情報を公開する．

2.3 データの質の検証（verificationとvalidation）

データの正確性と再現性の確認のために，標準エピゲノムプロファイルの取得は（訳者注：同一細胞種において，という意味と思われる）少なくとも2回行い，既知の方法で検証する．

2.4 データ報告

IHECメンバー間では，エピゲノムプロファイルデータを論文出版前に即時に公表し合う．

3）IHEC DCCとデータ管理

IHEC DCCは，データフォーマットの一貫性と効率性を確かにするために設立される（訳者注：ガイドラインにはデータフォーマットやデータ処理の方法について詳述されている）．

4）IHECデータ公開ポリシー

IHECメンバーは，データの迅速な公開を誓約している．

5）IHEC 出版ポリシー

IHECプロジェクトによって得られた成果は，個人の研究者が自らの成果として出版できる．データはすみやかに公共データベースに公開しなければならないが，データ公開から9カ月間は，データ取得者が成果を最初の論文として発表する権利が保護される．

6）IHEC知的財産に関するポリシー

IHECが最も重視するのはすべての情報と発明を広範囲に利用可能にし，その成果を公共に資することである．

7）ソフトウェア共有ポリシー

解析アルゴリズムやソフトウェアのソースコード，実験プロトコールは，研究コミュニティに広く公開されることを推奨する．

8）組織選択とモデル動物

プロジェクトでの解析対象とする組織（訳者注：細胞種）の優先順位についての助言はISSCが行う．

訳者あとがき

IHEC趣意書に記載された詳細なポリシーとガイドラインからは，標準エピゲノムプロファイルの取得を越えたその先，それを利用した研究の発展を強くめざして書かれていると感じとれる．IHECの成果を基盤として，生物としてのヒトやその疾患の理解が進み，医学研究がさらなる進歩を遂げることが期待されている．

本稿は，IHECより許可を得て翻訳・掲載いたしました．

〔翻訳：新井恵吏（慶應義塾大学医学部）〕

羊土社のエピゲノム関連書籍

あなたと私はどうして違う？

体質と遺伝子のサイエンス

99.9%同じ設計図から
個性や病気が生じる秘密

中尾光善／著

背が低い，太りやすい，癌になりやすい…など，「体質」をつくるものは何か？「体質」は換えられるか？SNPやエピゲノムなど，医療者・研究者が知っておきたいパーソナルゲノム時代の新常識が満載の科学読本です．

■ 定価（本体1,800円＋税）　■ 四六判
■ 222頁　■ ISBN 978-4-7581-2057-9

驚異のエピジェネティクス

遺伝子がすべてではない!?
生命のプログラムの秘密

中尾光善／著

私たちの運命<プログラム>は変わらない？ いえ，経験や食事，ストレスなどによって変化します．その不思議なしくみを解き明かす"エピジェネティクス"研究の世界を，予備知識ぬきに堪能できる一冊です．

■ 定価（本体2,400円＋税）　■ 四六判
■ 215頁　■ ISBN 978-4-7581-2048-7

イラストで徹底理解する

エピジェネティクスキーワード事典

分子機構から疾患・解析技術まで

牛島俊和，眞貝洋一／編

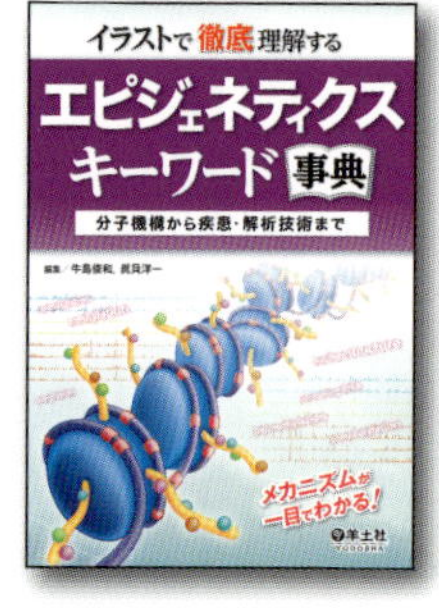

生命現象と因子の関係がイラストでよくわかると大好評のシリーズ第2弾！ エピジェネティクスと関連の強い38テーマを網羅し，基本から最新まで超重要ワードを厳選して事典形式で収録．すべてのラボに必携の1冊です．

■ 定価（本体6,600円＋税）　■ B5判
■ 318頁　■ ISBN 978-4-7581-2046-3

次世代シークエンス解析スタンダード

NGSのポテンシャルを活かしきる
WET&DRY

二階堂　愛／編

エピゲノム研究はもとより，医療現場から非モデル生物，生物資源まで各分野の「NGSの現場」が詰まった1冊．コツや条件検討方法などWET実験のポイントが，データ解析の具体的なコマンド例が，わかる！

■ 定価（本体5,500円＋税）　■ B5判
■ 404頁　■ ISBN 978-4-7581-0191-2

発行 羊土社 YODOSHA
〒101-0052　東京都千代田区神田小川町2-5-1　TEL 03(5282)1211　FAX 03(5282)1212
E-mail：eigyo@yodosha.co.jp
URL：www.yodosha.co.jp/
ご注文は最寄りの書店，または小社営業部まで

2. エピゲノム解析手技の標準化：全ゲノムバイサルファイトシークエンシング

三浦史仁，伊藤隆司

ゲノム規模でシトシンの5-メチル化状態を計測するメチローム解析は全ゲノムバイサルファイトシークエンシング（WGBS）の実現によりゲノム網羅性と1塩基解像度というこの上ないスペックを獲得した．WGBSの標準的ライブラリー調製法であるMethylC-Seq法により大規模なメチロームデータの取得が進む一方で，post-bisulfite adaptor tagging（PBAT）のコンセプトに基づくいくつかの新技術は，より微量なサンプルからWGBSによるメチロームデータの取得を可能にしている．WGBSのリードは効率的なマッピングが可能になり，データ取得に関する標準仕様も徐々に整備されている．

はじめに

DNA中のシトシンの5-メチル化（DNAメチル化）はヒストンの翻訳後修飾と並ぶ代表的なエピゲノム修飾の1つである．DNAメチル化の染色体上の分布パターンは，発生や分化のステージ，組織，病気などそれぞれの細胞種で異なることが知られていることから，DNAメチル化のパターンを詳細に調べることによってそれぞれの細胞に対する理解をより深めることが可能になるものと考えられる．ゲノム網羅的にDNAメチル化状態を測定する技術はいくつか存在するものの，バイサルファイト（BS）処理（**図1A～C**）されたDNAを次世代シークエンサー（NGS）によって読み出す全ゲノムバイサルファイトシークエンシング（whole-genome bisulfite sequencing：WGBS）はゲノム全体のシトシンのメチル化状態（メチローム※1）を1塩基

[キーワード&略語]
メチローム，WGBS，MethylC-Seq，PBAT，バイサルファイト処理

ChIP-Seq： chromatin immunoprecipitation-sequencing（クロマチン免疫沈降シークエンシング）
DMCs： differentially methylated cytosines
DMRs： differentially methylated regions
NGS： next generation sequencer（次世代シークエンサー）
PBAT： post-bisulfite adaptor tagging
WGBS： whole-genome bisulfite sequencing（全ゲノムバイサルファイトシークエンシング）

Whole-genome bisulfite sequencing

Fumihito Miura[1) 2) 3)] /Takashi Ito[1) 3)] ：Department of Biochemistry, Kyushu University Graduate School of Medical Sciences[1)] /PREST, JST[2)] /CREST, AMED[3)]（九州大学大学院医学研究院医化学分野[1)] /JSTさきがけ[2)] /AMED CREST[3)]）

解像度で調べることが可能であるという究極のスペックを有することから，現在さまざまなプロジェクトで採用され，データの蓄積が進んでいる．本稿ではWGBSによるメチロームデータの取得において基本となる事柄について最近の動向を交えて概説する．

1 MethylC-Seq法が現在の標準的ライブラリー調製法である

次世代シークエンサーが登場してからそれほど時を経ない2008年の末，シロイヌナズナを対象としたWGBSによる初めてのメチローム解析が2つのグループから報告された．この際用いられたライブラリー調製法はCokusらによるBS-Seq法[1]とListerらによるMethylC-Seq法[2]であった．このうちMethylC-Seq法は手技がより単純であることからその後さまざまな解析で利用され，現時点ではWGBSのライブラリー調製における事実上の標準手法となっている．初期のMethylC-Seq法は実験を開始するにあたって5 μgものDNAが要求され，かつライブラリー全体を18サイクルものPCRで増幅する必要があった[2]．これはヒトの細胞に換算すると100万個に相当するDNAが要求されるうえに得られたライブラリーを約20万倍も増幅することを意味するため，この頃のMethylC-Seq法のライブラリー調製効率がどれほど低かったかが容易に理解できる．しかしその後多くの改良がなされ，MethylC-Seq法は最近では50 ngの開始DNAから4サイクルのPCR増幅でライブラリー調製が完了できるほどに効率が改善されている[3]．

MethylC-Seq法は，サンプルDNAへのアダプター付加反応，バイサルファイト処理，ライブラリー全体のPCR増幅の3つのステップを逐次実施することによってライブラリー調製を行う（**図1D**）．このうちバイサルファイト処理に関しては2008年と現在でそれほど収量に大きな違いがないことから，MethylC-Seq法のライブラリー調製効率の向上が主にアダプター付加反応とライブラリーの増幅反応の効率改善によるものであることがわかる．二本鎖DNAに対してアダプターを付加する操作は，ゲノム配列決定やクロマチン免疫沈降シークエンシング（ChIP-Seq）などのNGSのライブラリー調製で汎用される基本手技であり，現在複数の試薬メーカーから高効率なキットが提供されている．このことがMethylC-Seqの高感度化に大きく寄与している．

また，MethylC-Seq法ではBS処理されたライブラリーDNAを鋳型にしてPCR増幅を行う．BS処理されたDNAに大量に含まれるウラシル（U）や，BS処理の過程で生じた副産物はDNAポリメラーゼの伸長を阻害することがあり，このことがMethylC-Seqのライブラリーの増幅効率の低下や増幅の不均一性（バイアス）の原因になっていた[4]．しかし，BS処理されたDNAを鋳型に効率的に複製することが可能な改良型DNAポリメラーゼが複数のメーカーから提供されはじめたことにより，ライブラリー調製過程で必要となるPCRサイクル数が低減され，増幅バイアスなどの問題が大きく改善されている．

> **※1　メチローム**
>
> ゲノム全体に含まれるシトシンの5-メチル化状態の総体．エピゲノム修飾には他にも複数のメチル化があるため，これらと区別するためにDNAメチロームとよぶこともある．単独でメチロームという場合はDNAのシトシンの5-メチル化を指す．

2 微量なサンプルからのライブラリー調製はPBATを利用する

WGBSはその原理上BS処理を避けて通ることができない．BS処理はDNAを分解する性質があることが知られているため[5]，MethylC-Seqにおけるライブラリー収率の低さはある意味当たり前であった．しかし，より少ないサンプルから高感度にWGBSを行うためにはライブラリー調製効率の改善が必須であり，そのためにはBS処理の収率改善を避けて通ることはできないと考えられた．そこでわれわれはより収率の高いBS処理を求めていくつかのBS処理キットを比較した．その結果，キットによってはDNAの収率が開始DNA量の40％～70％と意外にも高い数値を示すことがわかった[6]．こういった比較的収率の高いキットには実際にMethylC-Seq法のなかで利用されていたものも含まれていたため，MethylC-Seq法のライブラリー収率の低さがBS処理のDNA収率の低さだけでは説明できないことが判明した．結局，MethylC-Seq法のライブラ

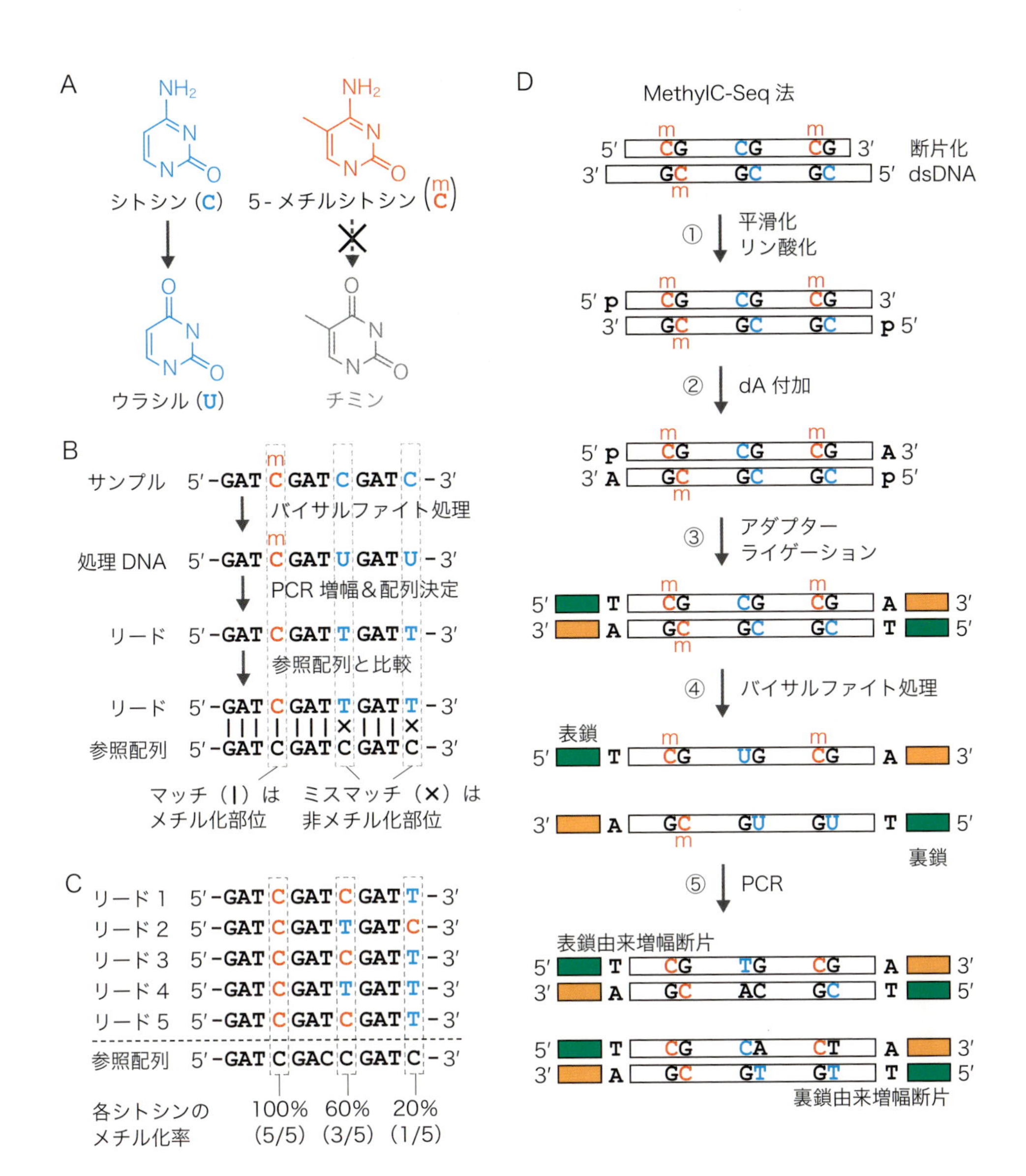

図1　バイサルファイト処理とMethylC-Seq

A）バイサルファイト（BS）処理ではシトシンはウラシルに変換される一方で5-メチルシトシンはそのまま維持される．B）BS処理したDNAをPCR増幅するとメチル化されていたシトシンはCとして，メチル化されていなかったシトシンはTとして配列決定される．これを参照ゲノム配列と並べて比較することでそれぞれのシトシンのメチル化状態を知ることができる．C）Bのような配列をたくさん決定することでそれぞれのシトシンのメチル化率を計算することが可能になる．D）MethylC-Seq法の原理．①超音波処理等により断片化された二本鎖のDNAは末端形状が揃っていないため，T4 DNAポリメラーゼの活性を利用して平滑化すると同時にT4ポリヌクレオチドキナーゼの活性で5′水酸基をリン酸化する．②平滑化したDNAは3′→5′エクソヌクレアーゼ活性のないKlenowフラグメントのTdT活性を用いて1塩基だけデオキシアデノシン（dA）を付加して3′突出末端へと変換する．③すべてのシトシンを5-メチル化シトシンで置換したアダプターをdA突出末端化したDNAに対して連結する．④BS処理によりDNA中のメチル化されていないシトシンをウラシルに変換する．⑤ライブラリー全体をアダプター特異的なプライマーを用いてPCR増幅する．

リー収率の低さはDNAの量的収率が原因ではなく，アダプター配列が付加されたライブラリー分子としての構造がBS処理によるDNAの切断によって失われる質的変化に原因があることが示唆された（**図2A**）[6]．こういった効果はBS処理後にアダプター付加の操作を行うことで回避することが可能であると考えられたため，

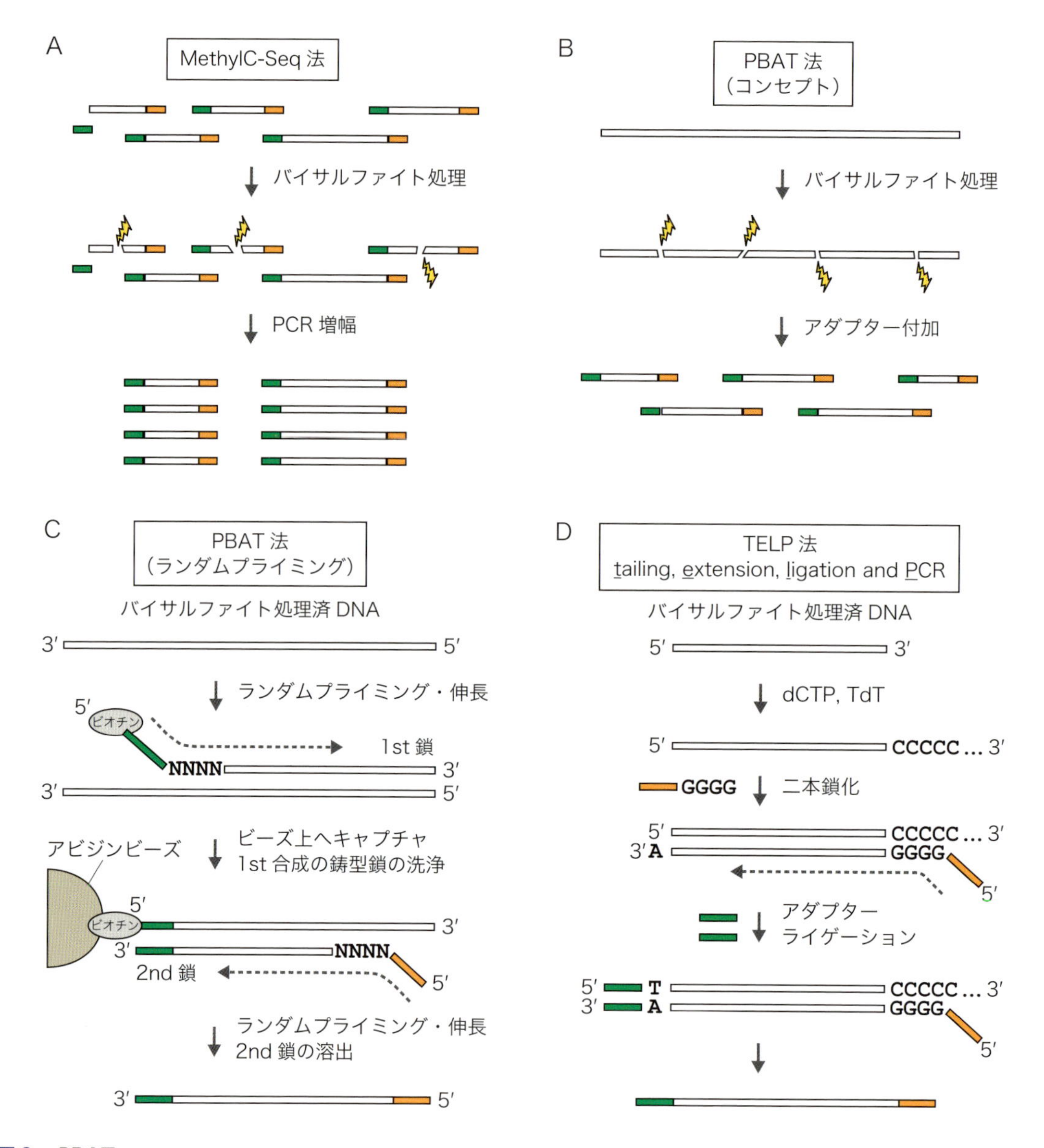

図2　PBAT

A）MethylC-Seq法のようにアダプターを先に付加したDNAをBS処理するとDNAが切断されてしまい，多くの分子が配列決定のライブラリーとしての構造を失ってしまう．その結果，少ないライブラリー量を補うためのPCR増幅が必要になる．B）BS処理されたDNAに対してアダプターを連結すれば，MethylC-Seqのようなライブラリー構造の損失は防げるはずである．こういった戦略をpost-bisulfite adaptor tagging（PBAT）とよぶ．C）ランダムプライミングによるPBATの実現．2回のランダムプライミング反応を行うことで両端にアダプター配列が付加されたライブラリー分子が調製できる．D）TELP法．その名の通りTdTによるテイリング（T），テイルに対する相補鎖を利用したアダプター配列のアニーリングと伸長（E），二本鎖化したDNAに対するDNAリガーゼによるアダプターライゲーション（L），アダプター配列を用いたPCR増幅（P）により，一本鎖DNAからのライブラリー調製を可能にする手法である．

われわれはこのコンセプトをPBAT（post-bisulfite adaptor tagging，**図2B**）とよび[6]，PBATに基づくWGBSのライブラリー調製を実現することにした．

DNAはBS処理により一本鎖となる．一般的にアダプター付加に用いられるT4 DNAリガーゼは二本鎖DNA同士の連結に特異的であり，一本鎖DNA同士を連結することができない．一本鎖DNAに対してアダプター配列を導入してライブラリー調製を実現する方法はいくつか考えられたが，われわれはランダムプライミング反応を用いることにした（**図2C**）．このランダムプライミングに基づくPBAT（rPBAT法）[6] は，125 pgという微量なゲノムDNAからPCRフリーでライブラリーを調製することが可能なほどに高感度であり，得られるサンプル量の制約が厳しい発生学のメチローム解析では特によく利用されている．例えば，白根らはマウスの卵1,000個から，小林らはマウスの始原生殖細胞数千個からのrPBATによるメチローム解析を報告している[7, 8]．また，2015年には1細胞を対象にしたメチローム解析が報告され，この際に用いられたscBS-Seq法ではrPBAT法のランダムプライミング反応をくり返し実施することでライブラリー調製の高感度化が達成されている[9]．ランダムプライミングに基づくWGBSのライブラリー調製法はいくつかのメーカーからキットとして提供されており，例えばZymoResearch社のPico Methyl-Seq Library Prep Kitは2回のランダムプライミングを実施する設計で原理上ほとんどrPBAT法と同等である．またEpicentre社のEpiGnome Methyl-Seq Kitはランダムプライミングと独自のターミナルタギング法を組合わせたユニークなデザインとなっている．

ランダムプライミングはプライマーの3′末端のランダム配列がサンプルDNAと相補鎖を形成した場合にDNAポリメラーゼが伸長反応を起こすことを利用する．DNAの二本鎖の安定性は塩基配列に依存するため，ランダムプライミングに基づくライブラリー調製法は塩基配列依存的にバイアスが掛かった状態でライブラリーが調製されるリスクがある．このことがrPBAT法を利用する場合の懸念材料の1つであった．しかし，最近になってこういった懸念を払拭する手法がいくつか登場しはじめている．例えばSwift Bioscience社のAdaptase反応とよばれる技術はランダムプライミングを利用せずにBS処理DNAの末端にアダプター配列を導入することが可能である．またPeng等によって発表されたTELP法[10]（**図2D**）やClontech社のDNA SMART技術も同様に一本鎖DNAへのアダプター付加を実現する手法であり，WGBSのライブラリー調製へも利用可能である．今後こういったランダムプライミングに依存せず一本鎖DNAに対してアダプター配列を直接連結することが可能な技術が確立されると，WGBSのライブラリー調製は現在標準のMethylC-Seq法からより高感度なPBATのコンセプトを踏襲した新しい手法へと移行していくことになるものと考えられる．

3 WGBSのリードのマッピング

バイサルファイトシークエンシング（BS-Seq）では，得られたリードを参照ゲノム配列と比較しアライメントを作成することによってそれぞれのシトシンのメチル化状態を決定する（**図1B**）．ランダムショットガン方式でBS-Seqの配列決定を行うWGBSの場合，読み出されたばかりのリードはゲノム上のどの部位に由来するのかがわからないため，リードと参照ゲノム配列の間で比較を行うことができない．そこで，WGBSではまずリードがゲノム上のどの部位に由来するのかを決定するマッピングを行う必要がある．ただしWGBSのリードのマッピングにはBS処理の特性を考慮した専用のプログラムを用いる必要がある．なぜならWGBSのリードはBS処理によってほとんどのCがTに変換されているため，リードや参照ゲノム配列をそのまま用いて検索してもミスマッチが大量に含まれており，効率的に相同配列を見つけることができないからである（**図3**）．

WGBSのためのマッピングプログラムはこれまでに20種類ほどが報告されており[11]，代表的なものとしてBismark[12] やLAST[13] ※2 がある．ただ，標準ツールといえるほどに利用頻度が高いツールは今のところない．いずれのプログラムでもまず参照ゲノム配列からリードの部分配列と一致する候補領域をリストアップするシード検索を行い，次いでそれぞれの候補領域の参照ゲノム配列とリードの間でアライメントを作成し評価する．シード検索では参照ゲノム配列から構築されたインデックスを用いてリードの部分配列と一致するゲ

> **※2　LAST**
>
> 産業技術総合研究所のFrithらによって開発されているマッピングツール．ゲノム解析一般に用いることが可能だが，パラメータの指定によりWGBSのマッピングにも対応する．マッピングの信頼性の高さに定評がある．

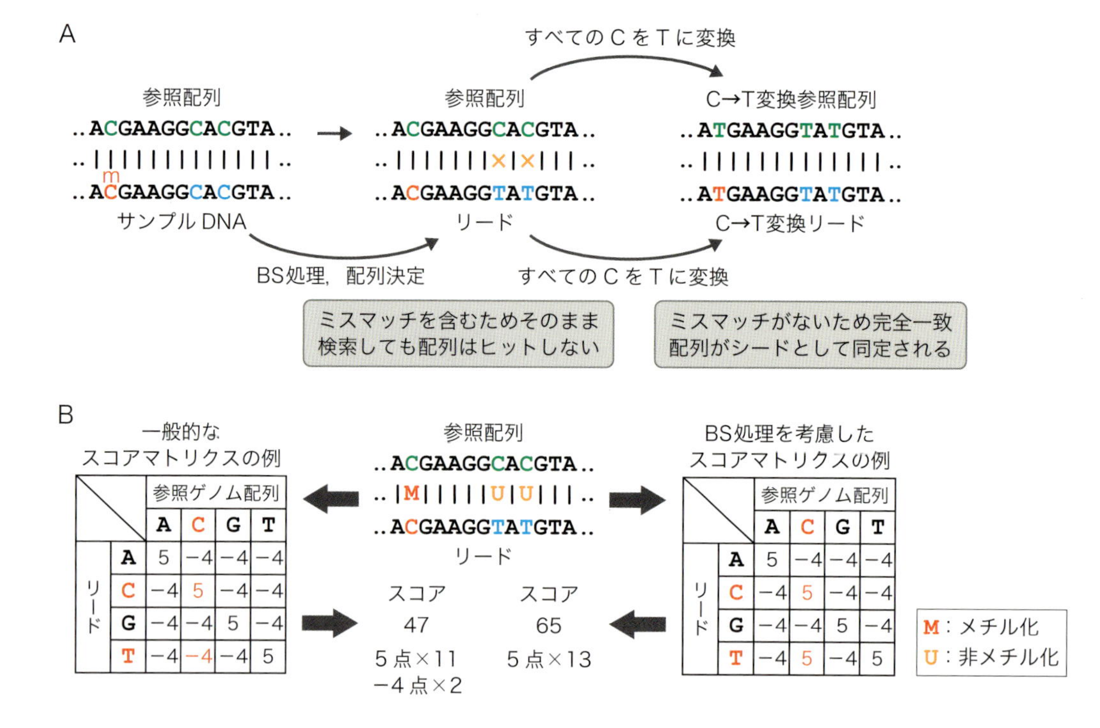

一般的なスコアマトリクスの例

リード＼参照ゲノム配列	A	C	G	T
A	5	−4	−4	−4
C	−4	5	−4	−4
G	−4	−4	5	−4
T	−4	−4	−4	5

BS処理を考慮したスコアマトリクスの例

リード＼参照ゲノム配列	A	C	G	T
A	5	−4	−4	−4
C	−4	5	−4	−4
G	−4	−4	5	−4
T	−4	5	−4	5

図3　BS処理を考慮したリードのマッピング
A) BS処理を考慮したシード検索．巨大な参照ゲノム配列から高速にアライメント作成を試みるべき候補領域を探し出すためにはインデックスを用いた完全一致配列の検索が有効である．しかし，BS処理したDNAには非メチル化シトシンに由来するチミン（T）として配列決定された塩基が含まれるため，参照ゲノム配列との間にミスマッチが生じてしまい，正しい候補領域を見逃してしまう．そこで，参照ゲノム配列，リード共にすべてのCをTに変換したうえでシード検索を行う．**B)** BS処理を考慮したアライメント作成と評価．アライメントの信頼性を定量的に評価するためにはスコアの計算が必要になる．一般的に利用されるスコアマトリクスの場合ミスマッチは減点の対象となるが，BS処理されたDNAの場合，リード中のTはメチル化されていなかったシトシンに由来する可能性がある．そこでBS処理した配列のアライメントを評価するためにはリード中のTと参照ゲノム配列中のCを減点の対象とせず加点するスコアマトリクスを利用する必要がある．

ノム領域を高速にリストアップする．ただしWGBSの場合ゲノム配列上の多くのCがリード中ではTに変化しているため，参照ゲノム配列をそのまま用いてインデックスを作成しても効率的にシードを検索することができない（**図3A**）．そのためWGBSのマッピングではインデックスの構築に工夫が必要となる．例えば参照ゲノム配列上のすべてのCをTに変換してからインデックスを構築するという方法が利用される．このように作成したインデックスに対して同様にすべてのCをTに変換したリードを用いて相同配列の検索を行えば，完全一致配列を検索することでシードを高速に同定することが可能になる（**図3A**）．こういった工夫はBismarkなどいくつかのプログラムで採用されている．BS処理ではゲノムの表鎖（ワトソン鎖）と裏鎖（クリック鎖）で異なる配列が生じることから，それぞれに対して検索を行う必要がある．また，アライメントを作成する際には，リード中のCだけでなく，Tも参照ゲノム上のCとマッチさせるスコアマトリクスを用いる点も，一般的なマッピングツールとWGBS用のマッピングツールで異なる部分である（**図3B**）．

4 WGBSに必要なリード量

ヒトやマウスなどのゲノムサイズの大きい生物を対象とした場合，WGBSの配列決定コストは依然高く，どの程度の配列決定を行えば必要十分な解析が実現可能なのかは大きな関心の的となっている．そこでZillerらは，DNAメチル化に変化のあったシトシン残基

(differentially methylated cytosines：DMCs）や領域（differentially methylated regions：DMRs）の検出にはどの程度のリードが必要になるのかを検証した[14]．その結果，比較するサンプル数や検出したいメチル化率の変化の度合い，あるいは標的領域の大きさにも依存するものの，DNAの表鎖と裏鎖のそれぞれで1サンプルあたり5～15倍程度ゲノムを網羅する量のマップ可能なリードが必要であると結論している．国際ヒトエピゲノムコンソーシアム（IHEC）やNIH Roadmap Projectの指針でも両鎖あわせて30倍のリード量が要求されていることから，この数字がWGBSに要求される事実上の標準的なリード量と見なされるだろう．

おわりに

本稿ではWGBSによるメチロームデータの取得に関して基本的な事柄を紹介した．これまでは配列決定コストの大きさからWGBSによるメチローム解析が大規模に行われた例は数える程度しかなかった．しかし，IHECをはじめとするいくつかの国際プロジェクトではWGBSがメチロームデータ取得の標準的な技術として採択され，公開を前提とした大規模なデータの取得が進められている．こういったゲノム網羅的な1塩基解像度のメチロームデータは人類共有の財産であり，当然再利用されるべきものである．つまり，データを産生する立場にあるものはデータに対して十分な品質を確保することが求められ，また，データの登録時にはその再利用を意識して可能な限りのメタ情報の付与が要求される．このようなデータ産生に関連した指針や登録の際のデータフォーマットの策定に関してはIHECや国際がんゲノムコンソーシアム（ICGC）のなかで議論が進んでおり，近い将来公開されていく見込みである．WGBSによるメチローム解析に限定されたことではないが，必要な情報を研究チーム内で共有し，データ登録の際に必要な情報が散逸していることがないようにしっかり管理することも今後はますます重要になってくるだろう．

文献

1） Cokus SJ, et al：Nature, 452：215-219, 2008
2） Lister R, et al：Cell, 133：523-536, 2008
3） Urich MA, et al：Nat Protoc, 10：475-483, 2015
4） Millar D, et al：Nucleic Acids Res, 43：e155, 2015
5） Tanaka K & Okamoto A：Bioorg Med Chem Lett, 17：1912-1915, 2007
6） Miura F, et al：Nucleic Acids Res, 40：e136, 2012
7） Kobayashi H, et al：Genome Res, 23：616-627, 2013
8） Shirane K, et al：PLoS Genet, 9：e1003439, 2013
9） Smallwood SA, et al：Nat Methods, 11：817-820, 2014
10） Peng X, et al：Nucleic Acids Res, 43：e35, 2015
11） Tsuji J & Weng Z：Brief Bioinform, in press（2016）
12） Krueger F & Andrews SR：Bioinformatics, 27：1571-1572, 2011
13） Frith MC, et al：Nucleic Acids Res, 40：e100, 2012
14） Ziller MJ, et al：Nat Methods, 12：230-232, 2015

＜筆頭著者プロフィール＞
三浦史仁：東京理科大学理学部第I部化学科卒業．東京大学大学院理学系研究科生物化学専攻修了（理学博士）．将来は化学者になると信じていたが，学部時代に生活のためにはじめたテクニシャンとしてのアルバイト先で分子生物学に触れ，その技術に魅了されて進路を変更．生まれは青森県だが予想外に西に流されて現在九州大学で講師をしている．専門はゲノム科学．

3. エピゲノム解析手技の標準化：ヒストン修飾解析

木村　宏

ヒストンの多彩な翻訳後修飾は，遺伝子発現制御に重要な役割を果たしている．種々の細胞や組織におけるヒストン修飾のゲノム上での局在は，クロマチン免疫沈降と大規模塩基配列解析（ChIP-seq：chromatin immunoprecipitation and sequencing）により俯瞰できる．ChIP-seqの結果は，サンプルの調製法や用いる抗体の性質，インフォマティクス解析の方法などにより変動するため，その解析手技の標準化が国際ヒトエピゲノムコンソーシアム（IHEC：International Human Epigenome Consortium）などで議論されている．本稿ではChIP-seqの標準化に向けた課題について概説する．

はじめに

高等真核生物では，ゲノム情報を維持するDNAへのメチル化などの直接の修飾に加えて，特定のゲノム領域に存在するヌクレオソーム中のヒストンの修飾によってもエピゲノムが制御されうる[1)～3)]．DNA修飾が主にCpG配列のシトシンのメチル化やヒドロキシメチル化などに限定され，転写抑制に働くのに対して，

［キーワード＆略語］
ChIP，ヒストン修飾，抗体，IHEC，ChIP-seq

ChIP：chromatin immunoprecipitation
（クロマチン免疫沈降）
ChIP-seq：ChIP sequencing
IHEC：International Human Epigenome Consortium（国際ヒトエピゲノムコンソーシアム）
MNase：micrococcal nuclease
（マイクロコッカルヌクレアーゼ）

ヒストンは3段階のメチル化，アセチル化，ユビキチン化など多彩な翻訳後修飾がさまざまな部位のアミノ酸残基に起こり，転写の抑制と活性化の両方の制御に働く．また，酵母のようにDNAメチル化が存在しない生物においてもヒストン修飾を介したエピゲノム制御が行われていることからも，ヒストン修飾の重要性がうかがえる．H2A, H2B, H3, H4の4種類のコアヒストンのなかで，H2AとH2Bは比較的流動的であるのに対して，H3とH4はより安定にDNAと結合する[4)]．実際，長期的なエピゲノム制御には，特にH3の翻訳後修飾とバリアント置換が重要であることがわかっている[2) 3) 5)]．

したがって，どのようなヒストン翻訳後修飾が，いつ，どこで，どのように起こるのか，また，消去されるのか，という疑問を解くことが，エピゲノム制御の理解に向けた1つの鍵となる．一方，これまで得られたおのおののヒストン修飾の意義に関する知見をもと

Standardization of epigenome analysis: histone modification profiling
Hiroshi Kimura：Cell Biology Research Unit, Institute of Innovative Research, Tokyo Institute of Technology（東京工業大学科学技術創成研究院細胞制御工学研究ユニット）

に，さまざまな細胞や組織で特定のヒストン修飾の分布を調べることで，それらの細胞・組織がどのようなエピゲノム状態であるのかを俯瞰することができる．さらに，エピゲノム状態が維持されることを踏まえると，トランスクリプトーム解析では隠れている細胞・組織の系譜や分化能などの推測もできる可能性がある．

ヒストン修飾の解析には，クロマチン免疫沈降（ChIP：chromatin immunoprecipitation）で得られたDNA断片を大規模塩基配列決定し，標準ゲノム上にマッピングするChIP-seq（ChIP sequencing）という方法が用いられる[6]．このChIP-seq解析の結果は，用いるプロトコルや抗体の性質，インフォマティクス解析法などに依存するため，その標準化に向けた議論も進んでいる[7]．

1 ヒストンの翻訳後修飾と転写制御

すべてのヒストンは，多彩な翻訳後修飾を受け，修飾される部位と種類によって転写制御への役割が異なってくる．ヌクレオソーム構造形成に寄与しないテイル部分（各ヒストンのN末端とH2A, H2BのC末端）の修飾が古くから知られているが，構造形成領域（ヒストンフォールド）にも多くの修飾がみられる．エピゲノム制御にかかわる修飾は，主にリジン残基のアセチル化とメチル化である[8]．アセチル化は，一般的に転写の活性化と相関する．それに対して，メチル化の役割は部位によって大きく異なる．また，メチル化は，リジン残基のεアミノ基（中性条件下で$-NH_3^+$）の3つある水素がそれぞれメチル基と置換されうるため，3段階で起こる．つまり，モノメチル，ジメチル，トリメチルの状態があり，それぞれの状態で役割が異なる．したがって，1つのリジン残基がアセチル化，非修飾，モノメチル化，ジメチル化，トリメチル化の5つの状態を取りうる（さらに最近，ユビキチン化やアセチル化以外のアシル化修飾も起こることがわかり，複雑度を増している[9]）．

修飾による機能制御のメカニズムとしては，修飾によるアミノ酸残基の化学的な変化そのものが直接ヒストンとDNAの結合様式の変化に結びつく場合もあるものの，ほとんどの場合，特定の修飾状態を認識して結合するタンパク質がエフェクターとして働くことで，転写の抑制や活性化，あるいはクロマチン構造変化に寄与する．例えば，アセチル化されたリジン残基を含む配列にはブロモドメインタンパク質が結合し，このブロモドメインタンパク質が転写因子と結合することで転写の活性化を促進する．このような修飾を認識するタンパク質は，リーダー（reader）とよばれている[10]．また，修飾の調節は，一般的に修飾酵素と脱修飾酵素のバランスにより行われる．例えば，一般的にヒストンテイル部分のアセチル化のターンオーバーは比較的速く，ヒストン脱アセチル化酵素阻害剤で細胞を処理するとそのレベルが上昇することが知られている[11]．転写調節領域でアセチル化が維持されるのは，転写因子がヒストンアセチル化酵素と結合することで，その部位でのアセチル化が起こりやすいからであると考えられる．一方，メチル化のターンオーバーは比較的遅いことから，脱メチル化酵素の活性がより厳密に制御されていると考えられる．アセチル化やメチル化を行う修飾酵素はライター（writer），それらを取り除く脱修飾酵素はイレイサー（eraser）とよばれることがある[12]．

2 ヒストン修飾解析の標準化

ヒストンの修飾のエピゲノム解析には，ChIP-seqが有用である．しかし，DNAメチル化のように，塩基配列レベルでの有無をはっきり区別することは難しい．ChIP-seqで得られる情報は，特定のゲノム領域への相対的な濃縮率であり，その質は，免疫沈降の効率や解像度，リード数などに依存する．どのようにChIP-seq解析を標準化していくのかという点について，国際ヒトエピゲノムコンソーシアム（IHEC：International Human Epigenome Consortium）のアッセイ標準化ワーキンググループ（Assay Standard Working Group）においても議論が数年に及んでいるが，いまだにあまりまとまっていない．逆に，プロトコルの標準化を行わなくともある程度の再現性が取れている（あるいは，解析法によって，一定の情報を引き出すことができる）のが現状である．以下に，いくつかの点についてまとめる（**図1**）．

1）クロマチン調製

クロマチンの調製の際に，細胞数，ホルムアルデヒ

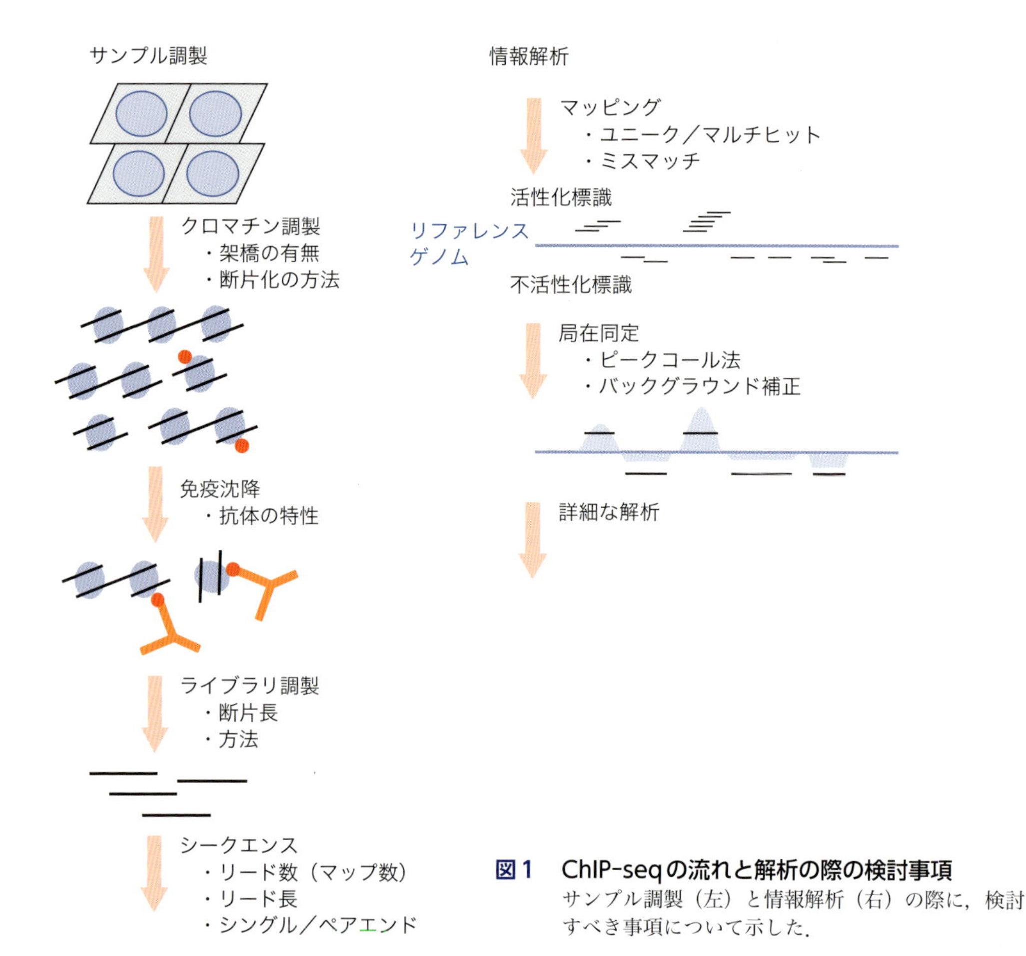

図1　ChIP-seqの流れと解析の際の検討事項
サンプル調製（左）と情報解析（右）の際に，検討すべき事項について示した．

ドによる架橋（クロスリンク）の有無，断片化の方法が問題となる．標準的な細胞数は，1サンプルあたり10^5～10^6程度であるが，用いる細胞数（クロマチン量）が多く，かつ，大量に存在する修飾（H3K9me2, H3K9me3, H3K27me3など）を標的としたChIPには，十分量の抗体を用いることが重要である[6]．近年のシークエンスライブラリー作製技術の向上により，通常の方法でも細胞数は10^4程度まで減じることができるが，10^3以下の場合は特別な操作を要する[13)14]．

ヌクレオソーム中のヒストンはDNAと安定に結合しているため，クロマチン調製前に架橋を行う必要はなく，免疫沈降の効率は架橋しない方法（いわゆる，native-ChIP）の方が高い[6)13]．しかしながら，架橋しない場合，細胞によってはサンプル調製中にタンパク質分解酵素が働く可能性などがあるため，むしろ熟練した操作が必要である．架橋した場合，ほとんどの細胞で同じ手技を使うことができ，また，DNAとの結合が弱い転写因子にも適用できる．ヒストン修飾のChIP-seqでは，両者で免疫沈降効率に差がある以外は，通常解析するレベルではほとんど同様な結果が得られる．

クロマチンの断片化に関しては，超音波破砕，マイクロコッカルヌクレアーゼ（MNase：micrococcal nuclease），コバリス（Covaris）による断片化，などの方法がある．通常300～500塩基対（2～3ヌクレオソーム）程度のクロマチン断片を用いる．モノヌクレオソーム（200塩基対以下）のレベルまで断片化した場合，免疫沈降の効率が極端に低下する場合がある．いずれにせよ，すべてのクロマチンが均一に断片化されるわけではないことに注意する必要がある．つまり，抑制に働く修飾をもつクロマチンは断片化されづらく，アセチル化修飾をもつクロマチンは断片化されやすい．

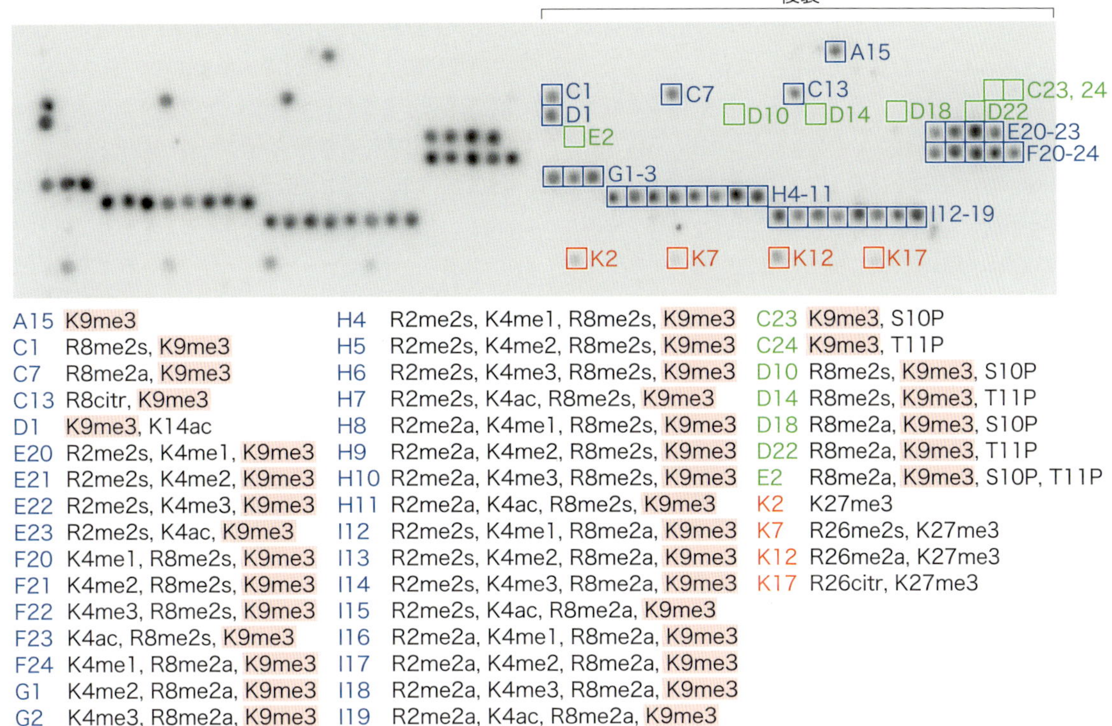

図2　修飾ペプチドアレイを用いた抗体特異性評価の例
さまざまな修飾ペプチドがスポットされたアレイを用いて抗体の特異性を評価できる．この例では，市販のH3K9me3特異的ポリクローナル抗体を用いた．H3K9me3をもつさまざまなペプチド（青枠）に強く反応するが，H3K27me3をもつペプチドにも交叉反応がみられる（赤枠）．また，S10やT11がリン酸化されたペプチドには反応しない（緑枠）．したがって，この抗体を用いるときは，同一分子上でS10やT11がリン酸化されたH3K9me3には反応せず，H3K27me3とも交叉する可能性を考慮する必要がある．文献8より転載．

そのため，ChIP後のDNAの大きさを解析すると，ChIPのインプットとして用いたクロマチン由来のバルクDNAと大きさが異なることが多い[15]．

このようなクロマチン調製に由来するバリエーションは，得られたエピゲノムプロファイルのピークの高さや幅に影響を与えるが，ピークの位置に関して大きくぶれることはないと考えられる．

2）抗体

ヒストン修飾のChIPには，修飾部位特異的抗体が用いられるが，抗体の特異性に注意する必要がある[7]．例えば，H3の9番目のリジン（K9）と27番目のリジン（K27）の周辺配列は類似しており，この両者を明確に区別できる必要がある（**図2**）．また，メチル化の検出の場合は，同じ部位の異なる状態のメチル化の区別（例えば，トリメチルを検出する場合，ジメチルとモノメチルに反応しない抗体を用いること）も必要である．さらに，抗体の反応性は標的となる修飾の近傍のアミノ酸の修飾にも依存する．H3K9とH3K27の隣にはセリン残基（S10およびS28）が存在し，それらのリン酸化はH3K9やH3K27のアセチル化やメチル化に特異的な抗体の反応性に大きく影響する（**図2**）．また，隣のアミノ酸のリン酸化のみならず，数アミノ酸離れた場所のアセチル化やメチル化に影響される場合もある．したがって，その特性（標的部位の修飾に対する特異性や近傍のアミノ酸の修飾の影響）が十分に調べられた抗体をChIPに用いることが重要である[8) 15)]．実際，抗体の特異性に関する系統的解析により，多くの抗体が他の部位の修飾に交叉性をもつことが報告されている[16) 17)]．また，市販のポリクローナル抗体はロット間で差があるため，単一ロットでの特異性の解析結果が別のロットにも当てはまるとは限らない．

そこで，われわれは，モノクローナル抗体やオリゴクローナル抗体（複数のモノクローナル抗体の混合物）を使用すべきであると提唱している[8)]．モノクローナル抗体の場合，いったん特性の解析が終われば，原理的には将来にわたって同じ特性のものを使い続けることができる．マウスモノクローナル抗体は一般的に親和性が弱いとされているが，アセチル化特異的抗体のなかには解離定数（K_D）が10^{-12} Mオーダーのものも得られていることから，徹底的なスクリーニングを行うことで，ChIPに最適な抗体を得ることも可能であると思われる[18)]．

特異性が確認された抗体を用いた場合，ポリクローナル抗体でもモノクローナル抗体でもChIP-seq解析結果の本質的な違いはないと考えられる（親和性の違いは，免疫沈降の効率に影響すると考えられる）．特異性が低い場合，バックグラウンドのシグナルが増加し，シグナル/ノイズ比が低下する．また，特定の（標的ではない）修飾との交叉性がある場合，その修飾が存在するゲノム領域でのシグナルも検出されるようになり，シグナル/ノイズ比が低下したり，偽陽性ピークが出現したりする．

3）ライブラリー作製

ChIPにより回収されたDNAからライブラリーを作製するために種々の試薬が市販されており，それらの方法に従って調製する（ただし，少数細胞由来の微量DNAを用いるときは，あらかじめ増幅することが必要な場合もある）．その際，DNAの断片化処理の有無，DNAの大きさによる分画の有無によって，シークエンス結果にバイアスがかかる可能性に留意する必要がある．DNA断片化を行わずに分画する場合，クロマチン調製時に断片化されやすい領域が優先されることがある．近年開発されたtagmentationとよばれるトランスポゼースを用いたライブラリー調製法は，175～700塩基対の広いレンジのDNAを用いることができる簡便で効率のよい方法である[19)]．

4）リード数，リード長

ChIP-seqの際に，どの程度のリード数（フラグメントの数）が必要かという問題は，常に議論になっている．フラグメントの多様性がある限り，できるだけ多くの配列を解析した方がよいのは自明であるが，主に予算的な制約により，必ずしも飽和に達するほどのリード数を確保できるわけではない．これまでに大規模な哺乳類のChIP-seq解析を行うための国際プロジェクトとして，ENCODE（Encyclopedia of DNA Elements），Roadmap, IHEC等が発足しており，それぞれにChIP-seqのガイドラインが設定されている（または，議論が進んでいる）．2012年に発表されたENCODEプロジェクトによる解析では10 M（1千万）フラグメント[20) 21)]，2015年に発表されたRoadmapエピゲノムプロジェクトでは20 Mフラグメント[22)]が下限として設定されていた．IHECでは，当初30 Mフラグメントを下限の目安と考えていたが，最近は，シャープな局在を示す転写活性化と相関する修飾（H3K4me3やH3K27acなど）は30 M，ブロードな局在を示す修飾（H3K9me3やH3K27me3など）は50 Mを下限とするような傾向となっている．この下限の数の増加は，解析にかかるコストが低下したこと，および，質の高いデータを得るためには一定数以上のフラグメントが必要であると理解されてきたことによる．飽和に達するために必要なフラグメント数についての解析も行われている[23)]が，まだ結論には至っていない．当面，この30 Mと50 Mという数字がフラグメント数の目安となると思われるが，コストの改善や技術的ブレークスルーがあればこの基準も変わってくると予想される．また，リード長についても以前に比べて長くなってきたため，マッピング率も向上している．

5）マッピングとピークコール

マッピングには，BowtieやBWAなどのプラットフォームがよく用いられる．IHECでは，特に単一のプラットフォームとそのバージョン，オプションなどが指定されているわけではない．また，ピークコールに関してもMACS2が比較的多く使用されているものの各国の解析拠点で独自のプラットフォームを用いることも多い．ChIP-seqのクオリティコントロールの指標としてどのようなパラメータを求めるのか，という議論もIHECで続いているが，リード長，リード数，マップ数，PCR duplicate等の基本データ以外の必要性については意見が分かれている．当然のことながら，データの質や求めたい情報などによって，異なる解析手法を用いるのは妥当であろう．

おわりに

上述のようにChIP-seqによるヒストン修飾解析の標準化は，当初期待されていたほどには進んでいない．それにもかかわらず，おのおのの修飾の局在に関するコンセンサスが得られているのは，その局在性や解析手法がある程度ロバストであることを示唆している．しかしながら，これまで得られたデータのなかには，質の高いものから低いものまで混在している．また，ほとんどの解析が相対的であり，絶対的な定量には工夫が必要である[24)～26)]．今後，さらに大規模解析が進み，膨大なデータが産出されると思われるが，できるだけ有意義なデータを後世に残すためには，解析技術の標準化に向けた取り組みも重要であると考えられる．

文献

1）「イラストで徹底理解する エピジェネティクスキーワード事典」（牛島俊和，眞貝洋一／編），羊土社，2013
2）「エピジェネティクス：その分子機構から高次生命機能まで」（田嶋正二／編），化学同人，2013
3）「染色体と細胞核のダイナミクス」（平岡 泰，原口徳子／編），化学同人，2013
4）Kimura H & Cook PR：J Cell Biol, 153：1341-1353, 2001
5）Hake SB & Allis CD：Proc Natl Acad Sci U S A, 103：6428-6435, 2006
6）「エピジェネティクス実験プロトコール」（牛島俊和，眞貝洋一／編），羊土社，2008
7）Nakato R & Shirahige K：Brief Bioinform, pii：bbw023, 2016［Epub ahead of print］
8）Kimura H：J Hum Genet, 58：439-445, 2013
9）Rousseaux S & Khochbin S：Cell J, 17：1-6, 2015
10）Filippakopoulos P & Knapp S：Nat Rev Drug Discov, 13：337-356, 2014
11）Zheng Y, et al：Nat Commun, 4：2203, 2013
12）Zhang G & Pradhan S：IUBMB Life, 66：240-256, 2014
13）Brind'Amour J, et al：Nat Commun, 6：6033, 2015
14）Rotem A, et al：Nat Biotechnol, 33：1165-1172, 2015
15）Kimura H, et al：Cell Struct Funct, 33：61-73, 2008
16）Egelhofer TA, et al：Nat Struct Mol Biol, 18：91-93, 2011
17）Rothbart SB, et al：Mol Cell, 59：502-511, 2015
18）Hayashi-Takanaka Y, et al：Nucleic Acids Res, 39：6475-6488, 2011
19）Picelli S, et al：Genome Res, 24：2033-2040, 2014
20）Landt SG, et al：Genome Res, 22：1813-1831, 2012
21）The ENCODE Project Consortium：Nature, 489：57-74, 2012
22）Kundaje A, et al：Nature, 518：317-330, 2015
23）Jung YL, et al：Nucleic Acids Res, 42：e74, 2014
24）Bonhoure N, et al：Genome Res, 24：1157-1168, 2014
25）Grzybowski AT, et al：Mol Cell, 58：886-899, 2015
26）Hu B, et al：Nucleic Acids Res, 43：e132, 2015

<著者プロフィール>
木村　宏：博士（理学）（北海道大学，1996年）．北海道大学遺伝子実験施設教務職員，オックスフォード大学博士研究員，東京医科歯科大学難治疾患研究所助教授，京都大学大学院医学研究科先端領域融合医学研究機構特任教授，大阪大学大学院生命機能研究科准教授等を経て，2014年7月から東京工業大学大学院生命理工学研究科教授．2016年4月から現職．細胞核・染色体の機能と構造，特に生細胞や生体内のヒストン修飾と転写装置の動態について研究．

4. 国際ヒトエピゲノムコンソーシアムのデータ公開とエピゲノム情報解析の標準化動向

光山統泰

国際ヒトエピゲノムコンソーシアムでは，参画プロジェクトによるデータ公開と情報解析手法の標準化が推進されている．公開データは本稿執筆時点で33サンプル種，10実験種，4,617トラックにのぼる．情報解析手法の標準化ではRNA-Seq, ChIP-Seq, WGBSのデータ解析プロトコールについて標準化案が議論されている．その概要についてここで紹介する．

はじめに：IHECデータ公開のしくみ

国際ヒトエピゲノムコンソーシアム（IHEC：International Human Epigenome Consortium）の主たる目的の1つが，迅速なデータ開示と情報解析手法の標準化推進である．データ開示方法とデータ管理の詳細については，Data Ecosystemワーキンググループ（WG）にて議論されている．そこで提案された方法に沿ってIHEC特有のデータ公開のしくみが整備されてきた．特徴は分散型のデータ管理方法にある．

[キーワード＆略語]
国際ヒトエピゲノムコンソーシアム，Genome Browser，Track Hub

ChIP-Seq：chromatin immunoprecipitation-sequencing
RNA-Seq：RNA-sequencing
WGBS：whole-genome bisulfite sequencing（全ゲノムバイサルファイトシークエンシング）

データの公開はIHEC参画プロジェクトごとに実施することになっている．各プロジェクトには配列データを公共データベース（DDBJ, ENA, SRAのいずれか）に登録することと，配列データをゲノムにマッピングした結果から生成したトラック情報（UCSC Genome Browser対応のもの）を公開することが求められている．公開されたデータを一元管理することはしないものの，IHECとしての一体感を示すために，ポータルサービスData Portal（http://epigenomesportal.ca/ihec/）がマギル大学（カナダ）のグループにより提供されており，各プロジェクトの公開データを一覧できる．一方で，各参画プロジェクトは独自のデータ公開ウェブサイトをもっている（**表1**）．

1 IHEC Data Portal

Data Portalでは，登録データの一覧をData Gridページで表示することができる（**図1**）．Data Gridは

Current state of data release and standardization of data analysis methods for IHEC
Toutai Mitsuyama：Artificial Intelligence Research Center, National Institute of Advanced Industrial Science and Technology（AIST）（国立研究開発法人産業技術総合研究所人工知能研究センター）

表1　IHEC参加プロジェクト

プロジェクト名	国	URL
Roadmap Epigenomics Project	米国	http://www.roadmapepigenomics.org/
The Canadian Epigenetics, Environment and Health Research Consortium（CEEHRC）	カナダ	http://www.epigenomes.ca/
BLUEPRINT - A BLUEPRINT of Haematopoietic Epigenomes	EU	http://www.blueprint-epigenome.eu/
The Encyclopedia of DNA Elements（ENCODE）	国際連携	https://www.encodeproject.org/
Deutsches Epigenom Programm（DEEP）	ドイツ	http://www.deutsches-epigenom-programm.de/
CREST/IHEC	日本	http://crest-ihec.jp/

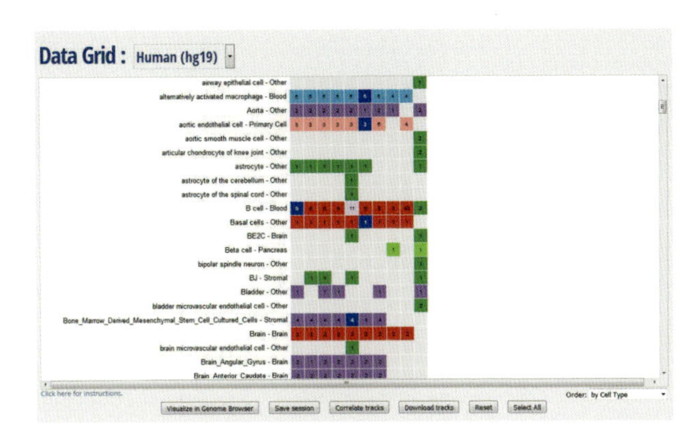

図1　Data Grid画面

表2　Data Gridで表示される実験項目

種別	実験	リファレンスエピゲノム基準	説明
ヒストン修飾	H3K27ac	必須	エンハンサー/転写開始点の活性化信号
	H3K27me3	必須	遺伝子不活性化信号
	H3K36me3	必須	遺伝子領域不活性化信号
	H3K4me1	必須	エンハンサー活性化信号
	H3K4me3	必須	転写開始点活性化信号
	H3K9me3	必須	遺伝子不活性化信号
	input	必須	ChIP-Seqのコントロール
DNAメチル化	WGBS		全ゲノムバイサルファイトシークエンス結果からメチル化シトシンのメチル化率をグラフ表示したもの
転写産物	RNA-Seq	必須	RNAのシークエンス結果からゲノム位置ごとの転写産物の頻度分布をグラフ化したもの
	mRNA-Seq		200塩基を超えるRNAによるRNA-Seq

1サンプルにつき，ヒストン修飾，DNAメチル化，転写産物に関する実験結果（**表2**に詳細）を表にしたものであり，現在7,022トラックが登録されている．ヒト（hg19, hg38）に加えて一部マウス（mm10）由来のサンプルが登録されている．現在登録されているサンプルの内訳は**表3**に示す．

Data Gridの数字が記入されているマスをクリックするとマスが反転表示される．そこから“Visualize in

表3 Data Gridに登録されている組織一覧（2016年4月）

組織	サンプル数	
	hg19	hg38
血液（blood）	69	36
骨髄（bone marrow）	4	9
脳（brain）	20	0
胸（breast）	4	0
脂肪（fat）	10	0
胃腸（gastrointestinal）	13	0
心臓（heart）	2	0
腎臓（kidney）	5	0
肝臓（liver）	3	0
肺（lung）	6	0
筋（muscle）	6	0
膵臓（pancreas）	3	0
造血細胞（stromal cells）	5	0
甲状腺（thymus）	2	4
細胞（cell line/stem cell/ESC/iPSC）	39	4
その他（other）	189	1

Genome Browser"ボタンをクリックすると，新しくGenome Browserの画面が開き選択されたトラックが表示される．一方，複数のマスをクリックして選択した状態で"Correlate tracks"ボタンをクリックすると，Datasets correlation画面が出て，選択されたトラック間での相関係数をヒートマップで表示される（**図2**）．"Download tracks"ボタンは，選択したトラック情報ファイルをダウンロードするための画面を開く．ファイルの実体は各プロジェクトが管理するサーバ上にある．

2 分散型のデータ管理

IHEC発足当初，コンソーシアム全体のデータをどのように管理するかについて議論があった．結果的に各参画プロジェクトにて管理することになったが，IHECの一体感を示すために上記のData Portalが提案された．Data Portalのしくみは次の通りである．

各参画プロジェクトは，UCSC Genome BrowserのTrack Hubs機能を用いてデータをトラック形式で公開する（**図3**）．各トラックにはメタデータ（データの由来に関連する付加情報）を含めることができる．メタデータにはサンプル種（組織名，細胞名）と実験種およびサンプル提供者に関する情報が含まれる．メタデータの詳細は**表4**にまとめた．Data Portalは，各参画プロジェクトからTrack Hub※のURLを受け付けて，Track Hubのメタデータを読みとり，Data Portalに一覧表示（前述のData Grid機能）する．Track Hubの例を**図3**に示す．

なお，UCSCからTrack Hubにメタデータを付加する方式について，キー＝値ペア形式から，JSON（JavaScript Object Notation）への移行が予定されている旨の通知があった．これを受けてワーキンググループにて，JSON形式のメタデータ記述方式について議論が続いている．

3 日本のエピゲノムデータ

日本のエピゲノムデータも着々と蓄積されている．多くは論文発表のタイミングによってすぐには公開できないが，公開可能なものは上記Data Portalにとりまとめられている一方で，独自のデータ公開のしくみを構築している．これらはCREST/IHECのポータルサイト（http://crest-ihec.jp/）の「データベース」のページに各リンクが掲載されている．例えば，白髭チームでは血管内皮細胞のエピゲノムデータカタログを構築している．データ一覧はエピゲノムデータカタログ（http://epigenome.cbrc.jp/ihec/matrix）にて公開されている．公開情報の内訳は**表5**に示す．

4 情報解析の標準化動向

現在，Assay Standard WGおよびData Ecosystem WGにて，情報解析の標準化について議論が続いている．現時点で標準として定まったものはないが，IHECでの議論をここで共有することは読者にも利益があると考えるので，ここで概要を伝える．

※ Track Hub

UCSC Genome Browserでは，ゲノム配列に沿って表示する情報をトラック（track）とよぶ．Track Hubは複数のトラック情報をまとめたもの．Track Hubに関連づけられたURLを1つ指定することで複数のトラック情報をまとめて表示させることができる．

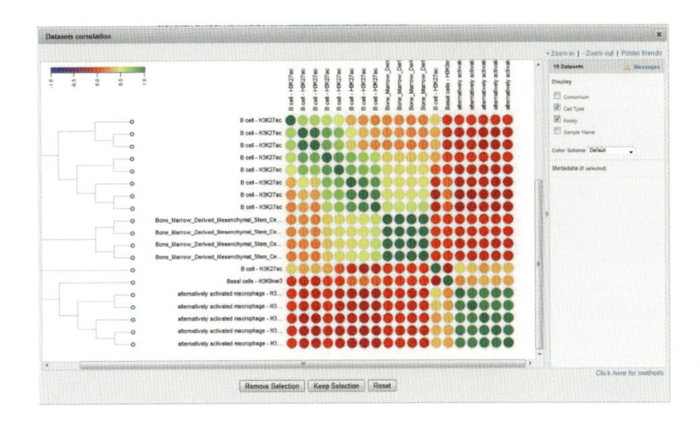

図2　Datasets correlation画面

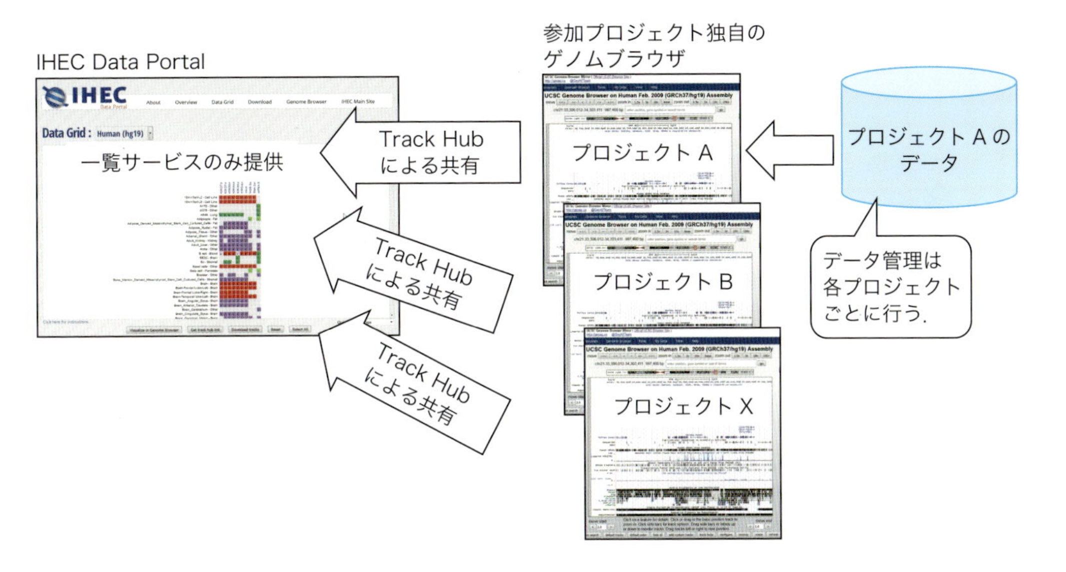

図3　分散型データ管理のしくみ
各プロジェクトのデータは，Track Hub機能を用いて外部にトラック情報を提供している．Data Portalは，各プロジェクトのトラック情報を取得して一覧表を作成している．

1）RNA-Seq

RNA-Seq情報から，遺伝子ごとの発現量に相当するRPKM（reads per kilobase of exon model per million mapped reads）を正規化する方法が一定でないと，各プロジェクトのデータを比較することが難しくなる．現在1つの正規化方法が提案されている．これは極端に高い発現量を示すような遺伝子（ミトコンドリアゲノムの遺伝子やリボソーム遺伝子その他coverage上位0.5％のエクソン）を除いて統計をとるとしているが，おそらくRNA-Seqの正規化では広く知られているedgeR[1]のtrimmed mead of M values（TMM）法に類似した手法と考えている．

2）ChIP-Seq

ChIP-Seqは最も多く測定されているだけに情報解析の標準化への関心も高い．マッピングツールはBWAで統一という話もあったが，Data PortalのTrack HubからメタデータであるALIGNMENT_SOFTWAREの値を調べたところ，BWA[2]，bowtie2[3]，Pash[4]が用いられていることがわかる．一方で，Assay Standard WGでは，ヒストン修飾のピークコールのための情報ツールについて検討が行われている．この種のツールは多数存在しており，これまでのところ一長一短であり，そのまま標準ツールとして使用できるものがない状況である．

表4　メタデータの詳細

	キー	説明
サンプル		
共通項目	MOLECULE	ChIP-Seq：genomic_DNA WGB-Seq：genomic_DNA RNA-Seq：RNA
	DISEASE	オントロジーに準拠した疾患名
	DISEASE_ONTOLOGY_URI	疾患名オントロジーのURI
	BIOMATERIAL_TYPE	Cell_line Primary_cell Primary_cell_culture Primary_tissue
	SAMPLE_ONTOLOGY_URI	サンプル名オントロジーのURI
	SAMPLE_ID	データベースに登録されたサンプルのID
cell line属性	LINE	株
	LINEAGE	系統
	DIFFERENTIATION_STAGE	分化段階
	MEDIUM	培地
	SEX	性別
提供者属性	DONOR_ID	識別子
	DONOR_AGE	年齢
	DONOR_HEALTH_STATUS	健康状態に関する記述
	DONOR_SEX	性別
	DONOR_ETHNICITY	人種
primary cell属性	CELL_TYPE	細胞の種類
primary cell clusture属性	CULTURE_CONDITIONS	培養条件
	EXPERIMENT_TYPE	実験の種類
primary tissue属性	TISSUE_TYPE	組織の種類
	TISSUE_DEPOT	組織デポ
実験		
共通項目	LIBRARY_STRATEGY	ライブラリーストラテジー
	EXPERIMENT_ID	データベースに登録された実験のID
	EXPERIMENT_TYPE	実験種別：H3K27ac, H3K4me1, …
	REFERENCE_REGISTRY_ID	リファレンスレジストリのID
	ANALYSIS_GROUP	解析グループ
	TRACK_TYPE	トラックの形式
解析レベル1（アラインメント）	ALIGNMENT_SOFTWARE	アラインメントツールの名称
	ALIGNMENT_SOFTWARE_VERSION	アラインメントツールのバージョン
解析レベル2	ANALYSIS_SOFTWARE	解析ツールの名称
	ANALYSIS_SOFTWARE_VERSION	解析ツールのバージョン

表5　エピゲノムデータカタログの内訳

		RNA-Seq	H3K4me1	H3K4me3	H3K27ac	H3K36me3	H3K9me3	H3K27me3	input
血管内皮細胞	大動脈	1	1	3	3	3	3	1	3
	冠状動脈	3		3	3	3	2		3
	臍帯動脈	5	4	4	4	4	4	4	5
	臍帯静脈	1	1	1	1	1	1	1	1
	毛細血管	5	4	7	7	7	7	4	7
	肺動脈	1	1	1	1	1	1	1	1
	その他	6	5	5	5	5	5	5	6

3）WGBS

WGBS（全ゲノムバイサルファイトシークエンシング，第1章-2参照）では配列マッピング処理の後メチル化シトシンのゲノム上の位置とメチル化率の情報にまとめられるが，そのデータ形式をゲノム多型解析によく用いられるVCF（variant call format，https://github.com/samtools/hts-specs）形式に統一することが提案されている．

おわりに

以上，データ公開とエピゲノム情報解析の標準化についてData Ecosystem WGでの議論を中心にまとめた．Data Portalは分散型のデータ管理によって，各国のプロジェクトのデータがどのようにまとめられているかを示した．その際メタデータの取り決めが重要になるが，その点についても詳細が定められており，このしくみは今のところうまく働いている．また日本のエピゲノムデータについても簡単にまとめた．

Data Portalは見るたびに新機能が追加されており，今後さらなる展開を見せることが確実である．日本のエピゲノムデータも毎年大幅に数を増やす一方，解析技術についてもいくつか貢献がある．データ提供の面に加え，解析技術の面からも一層の貢献ができるよう頑張っていきたい．

文献

1） Robinson MD & Oshlack A：Genome Biol, 11：R25, 2010
2） Li H & Durbin R：Bioinformatics, 25：1754-1760, 2009
3） Langmead B & Salzberg S：Nat Methods, 9：357-359, 2012
4） Coarfa C, et al：BMC Bioinformatics, 11：572, 2010

＜著者プロフィール＞
光山統泰：移動体通信系SEを経てバイオインフォマティクスの分野へ．確率モデル上での配列比較技術で学位取得（北陸先端科学技術大学院大学）．以来，配列情報解析の分野で研究活動を続ける．近年，DNAメチル化情報解析パイプラインであるBisulfighterを開発．細胞リプログラミングやがん化過程を追跡する配列情報解析も手がける．テクニカルスタッフ（データ解析）募集中．

1. ヒト正常細胞におけるエピゲノムの個体差 —ゲノム多型との関連を中心に

金井弥栄

国際ヒトエピゲノムコンソーシアムに参画し，手術検体より高品質の正常肝細胞を純化して，標準エピゲノムマッピングを行った．DNAメチル化率の個体差を認める頻度は，転写開始点直上や第1コーディングエクソンにおいて低値であった．全常染色体上に比して，ゲノム多型（1塩基多型ならびに欠失挿入型）部位の近傍には，有意に高頻度にDNAメチル化の個体差を観察した．ゲノムの多型がエピゲノムの多型を介して遺伝子発現変化に結びつく事象が，健常人の表現型の個体差や疾患への易罹患性等を創出する可能性があると考えられた．

はじめに

第1章で見てきたように，組織・細胞系列ごとのあるいは人種や環境要因に基づくエピゲノムの多様性を把握しようとする，国際ヒトエピゲノムコンソーシアム（IHEC）等の動きが盛んになっている．“序にかえ

[キーワード＆略語]
国際ヒトエピゲノムコンソーシアム（IHEC），標準エピゲノムマッピング（reference epigenome mapping），post-bisulfite adaptor-tagging（PBAT）法，個体差（personal epigenome variation），ゲノム・エピゲノム相互作用（genome-epigenome interaction）

AMED：Japan Agency of Medical Research and Development（日本医療研究開発機構）
ChIP：chromatin immunoprecipitation（クロマチン免疫沈降）
IHEC：International Human Epigenome Consortium（国際ヒトエピゲノムコンソーシアム）
indel：insertion/deletion（欠失挿入型多型）
mQTL：methylation quantitative trait locus（メチル化量的形質座位）
PBAT：post-bisulfite adaptor-tagging
pDMR：personal differentially methylated region
RPKM：reads per kilobase pairs per million reads
seq：sequencing（シークエンシング）
SNV：single nucleotide variation（1塩基多型）
TSS：transcription start site（転写開始点）
WGBS：whole-genome bisulfite sequencing（全ゲノムバイサルファイトシークエンシング）
WGS：whole genome sequencing（全ゲノムシークエンシング）

Epigenome mapping of human normal purified hepatocytes—Personal epigenome variation and genome-epigenome interaction
Yae Kanai：Department of Pathology, Keio University School of Medicine/Division of Molecular Pathology, National Cancer Center Research Institute/Advanced Research and Development Programs for Medical Innovation（AMED-CREST），Japan Agency of Medical Research and Development（AMED）〔慶應義塾大学医学部病理学教室/国立研究開発法人国立がん研究センター研究所分子病理分野/国立研究開発法人日本医療研究開発機構革新的先端研究開発支援事業（AMED-CREST）〕

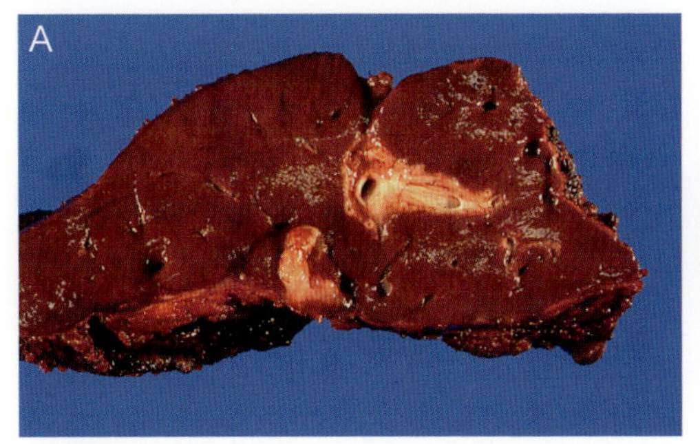

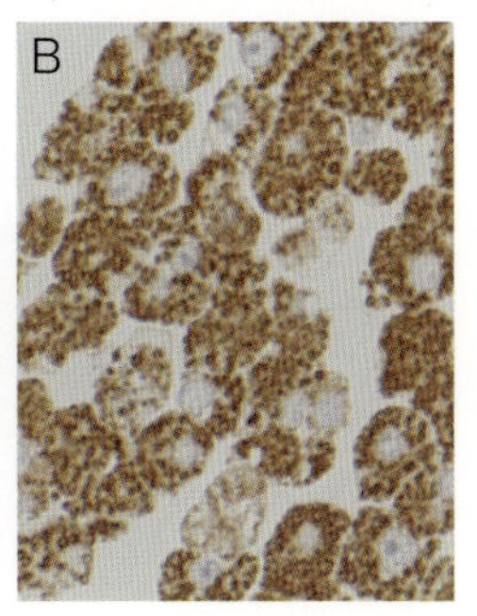

図1　ヒト正常肝細胞の純化
A）肝部分切除術標本の肉眼像．肝炎ウイルス感染・慢性肝炎・肝硬変症を伴わない大腸がん肝転移症例等の肝部分切除術標本から正常肝組織を少量採取し，肝静脈枝を結紮してコラゲナーゼ灌流・低速遠心を行うことにより，肝細胞を純化した．B）抗肝細胞抗体（Hep Par 1）を用いた免疫細胞化学．肝細胞の純化率が95％以上であることを確認した．

て”の稿で紹介したように，日本医療研究開発機構（AMED）の革新的先端研究開発支援事業（AMED-CREST）「エピゲノム研究に基づく診断・治療へ向けた新技術の創出」の支援を受けた筆者らの研究チームは，IHECに参画している[1]．筆者らは，わが国において罹患率の高い肝細胞がんや胃がんの研究基盤をより強固にしつつ，国際貢献を果たしたいと考え，日本人検体より得られた純化した消化器の正常上皮細胞等の標準エピゲノムマッピング※1〔全ゲノムバイサルファイトシークエンシング（WGBS）・クロマチン免疫沈降（ChIP）-シークエンシング（seq）・RNA-seq〕を行っている．筆者は病理学を背景とするエピゲノム研究者で，病理専門医でもあり手術検体等の病理診断に日常的に従事してきたことから，すべての解析対象細胞を，国立がん研究センター中央病院における手術検体より，診療に支障をきたさないよう，また個人情報保護に充分配慮して採取している．最も質の高い純化細胞とシークエンスデータを獲得するまで，対象細胞をくり返し採取して解析を行うことをチームの方針としている．IHECに参画することではじめて，均一な手技で解析した高い品質の複数人のエピゲノムプロファイルを比較する機会を得たことから，本稿では，“正常”の範疇にあるエピゲノムの個体差を中心に，純化肝細胞で得られた知見を紹介したい．

※1　エピゲノムマッピング

1塩基解像度のDNAメチル化情報・高解像度の主要なヒストンマークに関する修飾情報・網羅的RNA発現解析情報等を，主として次世代シークエンサーを用いてゲノム網羅的に収集し，エピゲノム情報の総体を俯瞰できるようにすること．IHECの参加各国の研究チームが，組織・細胞系列を分担して実施している．

1 ヒト純化正常肝細胞における DNAメチル化プロファイル

1）領域ごとの平均DNAメチル化率

はじめに，肝炎ウイルス感染・慢性肝炎・肝硬変症を伴わない大腸がん肝転移症例等の肝部分切除術標本（**図1A**）から正常肝組織を少量採取し，肝静脈枝を結紮してコラゲナーゼ灌流・低速遠心を行うことにより肝細胞を純化した．純化率が95％以上であることを免疫細胞化学的に確認している（**図1B**）．WGBSは，CREST/IHECの筆者の研究チームに参加し，第1章-2の執筆に当たっている伊藤らの開発した，post-bisulfite adaptor-tagging（PBAT）法により実施した[2]．PBAT法の優位性を，IHECの他の参加国チームにもアピールしている．Lister等の標準法であるMethylC-Seq[3]と比較したときのPBAT法の特性については，第1章-2を参照されたい．

男性3人・女性3人の純化した正常肝細胞におけるWGBSに基づき，全染色体にわたる全3,095万個の100 bp長のwindowsの平均DNAメチル化率を算出した．転写開始点上流200 bp（TSS200）のDNAメチル化率は概して低く，第1エクソンのなかでも，第

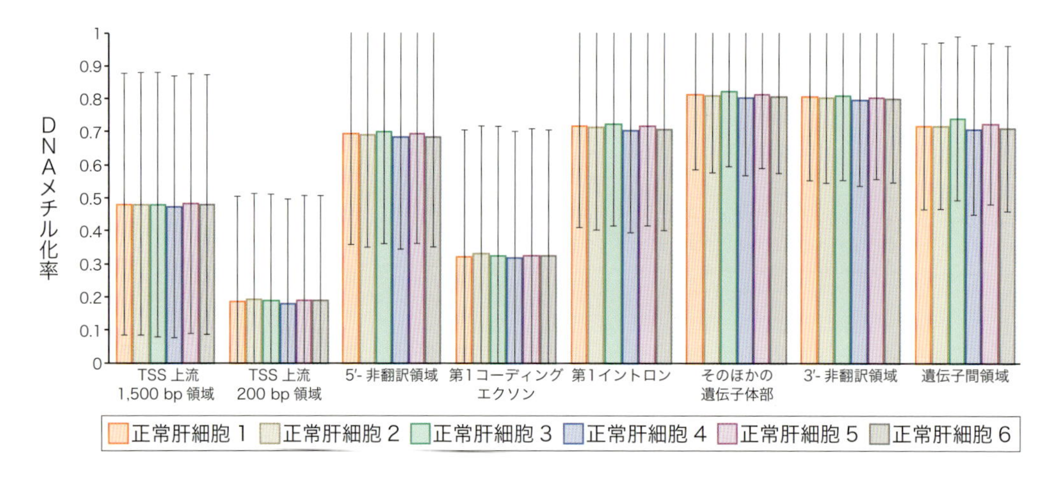

図2　ヒト純化正常肝細胞における全ゲノムバイサルファイトシークエンシング（WGBS）
男性3人・女性3人の純化した正常肝細胞におけるpost-bisulfite adaptor-tagging（PBAT）法によるWGBSの結果に基づき，全染色体を100 bpのwindowに区切って，全30,956,951 windowsの平均DNAメチル化率を算出した．転写開始点上流200 bpのDNAメチル化率は概して低く，第1エクソンのなかでも，第1コーディングエクソンにおいて5′-非翻訳領域に比して平均DNAメチル化率が低値であることがわかった．

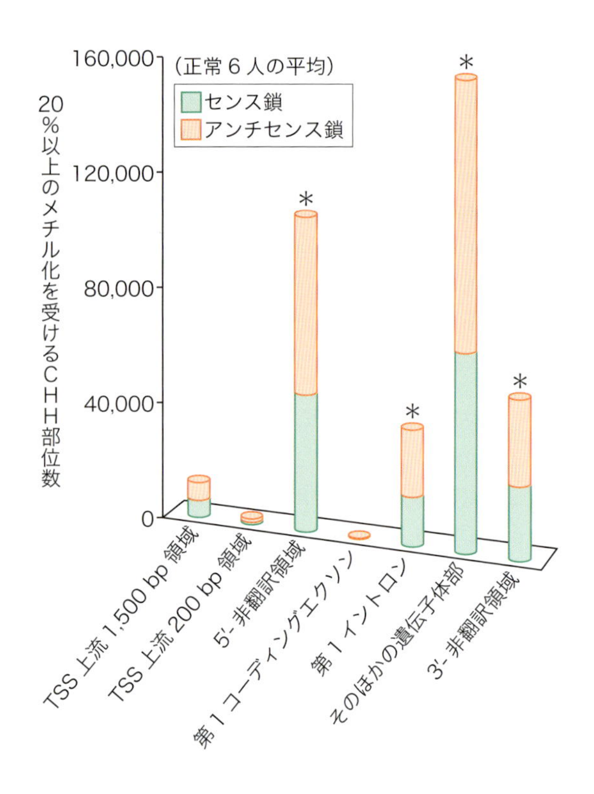

図3　ヒト純化正常肝細胞における非CpGメチル化
20％以上のDNAメチル化を受けるCHH部位の実数を示す．＊を付した部位では，アンチセンス鎖において，センス鎖に比して有意に高頻度にDNAメチル化を観察した．

1コーディングエクソンにおいて5′-非翻訳領域に比して平均DNAメチル化率が低値であることがわかった（**図2**）．Roadmapデータベース（http://www.ncbi.nlm.nih.gov/epigenomics）に登録されている純化していない肝組織のみならず，肺・乳腺のDNAメチル化データについても，第1エクソンを第1コーディングエクソンと5′-非翻訳領域に分けて検討したところ，第1コーディングエクソンにおける低DNAメチル化が再現したので，肝細胞特異的事象ではないと考えられた．筆者らの知見では，遺伝子体部のなかでも第1イントロンすなわちTSSに近い領域のDNAメチル化率が低い傾向がうかがえた．また，CpGアイランドのDNAメチル化率は低く，CpGアイランドの上下流2,000 bpのアイランドショア，CpGアイランドの上下流2,000〜4,000 bpのアイランドシェルフの順で，DNAメチル化率が高くなることが確かめられた．

2）非CpGメチル化の意義

20％以上のDNAメチル化を受けるCHH部位（センス鎖とアンチセンス鎖で異なる位置に存在する）の実数を調べたところ，アンチセンス鎖が有意に高頻度にDNAメチル化を受けることがわかった（**図3**）．両鎖で同じ位置に存在するCHG部位のDNAメチル化については，そのような鎖間の相違はみられなかった．

WGBSで得られた非CpGメチル化と，RNA-seqの結果すなわちreads per kilobase pairs per million reads（RPKM）値で表された遺伝子発現量との関連を調べたところ，非CpGメチル化と遺伝子発現量は有意に逆相関した．Listerらは，ヒトH1胚性幹細胞において，非CpGメチル化と遺伝子発現量が正相関することを報告している[4]．これに対し，Schultzら[5]の報告におけるのと同様に，分化した体細胞では非CpGメチル化と遺伝子発現量が逆相関することが本研究でわかった．ヒトの非CpGメチル化の転写制御における意義を，さらに検討すべきと考えられた．

3）DNAメチル化率の個体差

均一で高い品質の正常の複数人の純化細胞を統一した手技で解析することはIHEC以前にはなかったので，ここで個体差に着目することにした．他の5人の当該windowの平均DNAメチル化率のばらつきが小さく（他の5人の平均DNAメチル化率の差異が0.3の範囲内），1人でだけDNAメチル化率が0.3以上逸脱する領域を，その個人のpersonal differentially methylated region（pDMR）※2と定義した．pDMRが第1コーディングエクソンやTSS200に観察される頻度は最も低く，次いでTSS1500において低頻度であった．TSS200・第1コーディングエクソン等は，他の部位に比してDNAメチル化の変動を抑制するよう，個体レベルでも保護されていると考えられた．CpGアイランドもDNAメチル化の変動を抑制するよう保護されており，次いでアイランドショア・アイランドシェルフの順に個体差を観察しにくいことがわかった．

2 ヒト純化正常肝細胞におけるヒストン修飾プロファイル

筆者らのチームにおけるChIP-seqは，第1章-3の執筆に当たっている木村らの作製した，特異性の高いモノクローナル抗体の供与を受けて実施した．ChIP-seqの結果の解析には，ヒストン修飾パターンをグループ化するツールであるChromHMMパイプライン（http://compbio.mit.edu/ChromHMM/）[6]を用いた．正常肝細胞6人分のリード数を同時にChromHMMに投入し，全windowsを，H3K4me1とH3K27ACが主体の転写活性化マーク，H3K4me3とH3K27ACが主体の転写活性化マーク，H3K36me3主体の転写活性化マーク，H3K27me3が主体の転写抑制性マーク，そしてH3K9me3主体の転写抑制性マークのあるクラスターに分類した．TSS1500，TSS200，CpGアイランド等にある程度の割合で活性化マークを認め，遺伝子間領域は抑制性であるなど，理解可能な結果が得られた（**図4**）．しかしそれ以上に，ヒストン修飾パターンには，DNAメチル化プロファイルに比しても大きな個体差があることがわかった．肝細胞の生理的な状態に応じて，ヒストン修飾パターンが比較的迅速に変化する可能性が考慮された．

3 ヒト純化正常肝細胞における発現プロファイル

RNA-seqの結果の解釈にあたり，当該遺伝子のTSS上下流1,500 bpにpDMRが含まれ，RPKM値で表された本人の発現量が他の5人の2倍以上あるいは1/2以下である場合，“pDMRと発現に相関がある”と定義することにした．pDMRと発現に相関がある遺伝子のなかには，種々の疾患発生にかかわるエピゲノムワイド関連解析（epigenome wide-association study，第2章-6参照）で有意との報告のある遺伝子，すなわち生殖細胞系列においてDNAメチル化率に個体差がありその個体差に臨床的なインパクトがあることがすでに確認されている遺伝子が含まれていた．さらに，筆者らの過去の研究[7)8)]ならびに公共データベースで，がん等の疾患においてDNAメチル化異常が発現異常に帰結するとすでに報告されている遺伝子が多く含まれていた．以上の知見を総合し，いまだ疾患発生に至る以前の健常人の正常細胞であっても，DNAメチル化の個体差が遺伝子発現の個体差に結びつく場合があり

※2 personal differentially methylated region（pDMR）

DNAメチル化の個体差を認める領域を指す．ゲノム多型や遺伝子発現量との関係を検討するために，本研究で筆者らが定義した．6人の正常細胞におけるpost-bisulfite adaptor-tagging（PBAT）法による全ゲノムバイサルファイトシークエンシング（WGBS）では，他の5人の当該100 bp長windowの平均DNAメチル化率の差異が0.3の範囲内にあり，1人でだけDNAメチル化率が0.3以上逸脱する領域を，その個人のpDMRとしている．

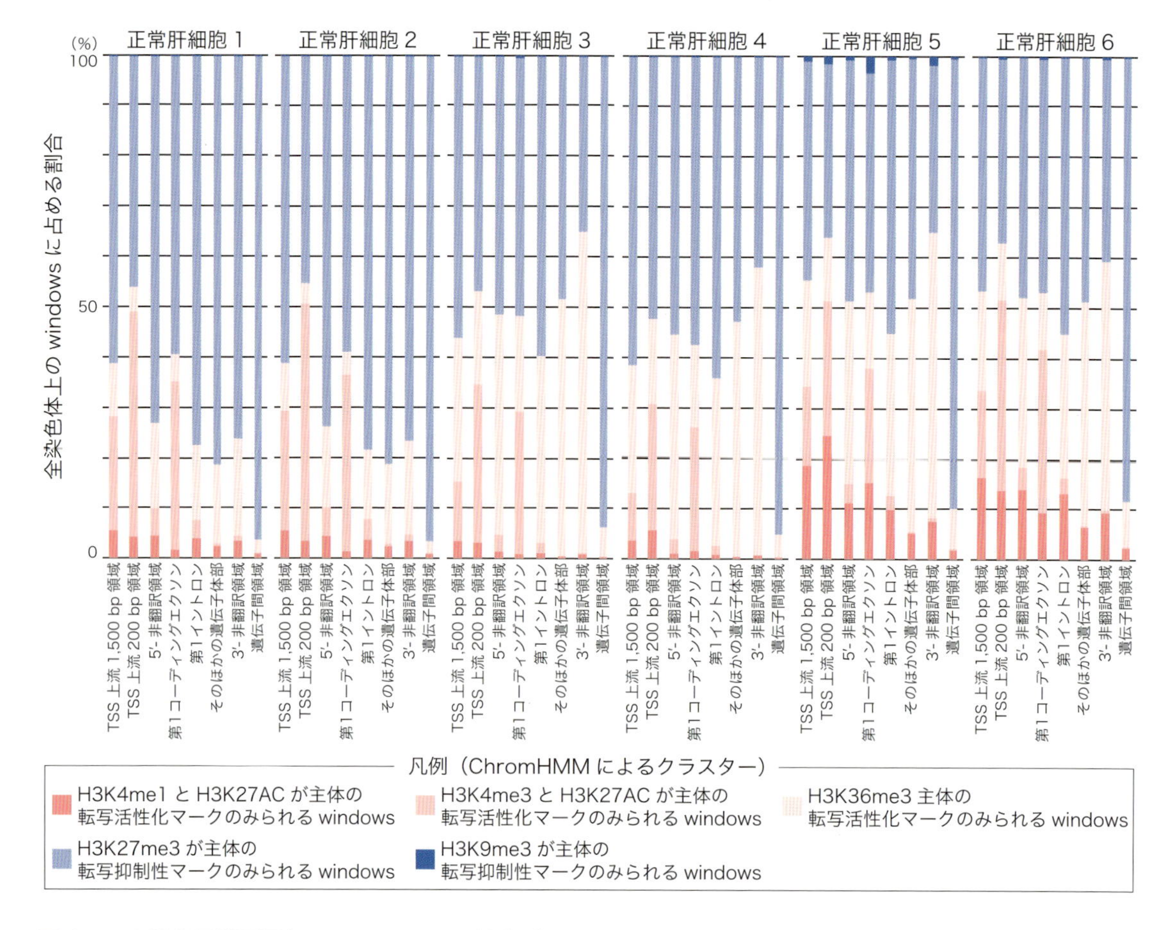

図4　ヒト純化正常肝細胞におけるヒストン修飾パターン
クロマチン免疫沈降（ChIP）-シークエンシング結果に基づき，ChromHMMパイプライン（http://compbio.mit.edu/ChromHMM/）を用いて，全windowsのヒストン修飾パターンを，H3K4me1とH3K27ACが主体の転写活性化マーク，H3K4me3とH3K27ACが主体の転写活性化マーク，H3K36me3主体の転写活性化マーク，H3K27me3主体の転写抑制性マーク，そしてH3K9me3主体の転写抑制性マークに分類した．ヒストン修飾パターンにはかなりの個体差があり，肝細胞の生理的な状態に応じて，修飾が比較的迅速に変化する可能性が考慮された．

うると考えた．

4 ゲノムとエピゲノムの相互作用

CREST/IHECの筆者らの研究チームにおいては，IHECの標準プロトコールに追加して全ゲノムシークエンシング（WGS）も施行し，1塩基多型〔single nucleotide variation（SNV）〕・欠失挿入型多型〔insertion/deletion（indel）〕のデータを取得した．そこで，ゲノムとエピゲノムの相関に注目した．ゲノムの多型によって非コードRNA（noncoding RNA）やタンパク質の結合が変わり，これらに結合するなどしてDNAメチル化酵素やヒストン修飾酵素等のエピゲノムレギュレーターが誘導され，最終的に近傍のDNAメチル化状態を変化させる可能性等を想定したものである．SNV・indelの上下流1,000 bpに存在するpDMRを抽出したところ，6人に共通して，全常染色体上におけるよりもSNVやindelの近傍における方が有意に高頻度にpDMRを観察した．このことから，ゲノムの多型がcisに働いてDNAメチル化の個体差を誘導する可能性が示唆された．

従来から，特定のコホートにおけるSNPアレイやDNAメチル化アレイを用いた解析結果ならびに公共データベースに登録されたデータに基づき，メチル化量的形質座位〔methylation quantitative trait locus (mQTL)〕が存在することが報告され[9)～11)]，ゲノムとエピゲノムに関連があることは知られていた．本研究では，WGBSにより全CpG部位を検討し，WGSによる本人のSNVからの距離とDNAメチル化率の関係を直接明らかにした点が，mQTLに関する先行する研究等とは全く異なっている．本研究においては，CpG部位が1ないし複数の個人においてSNVとなりDNAメチル化率のデータが得られなくなることによるアーティファクトも排除して，正確な検討を行っている．

他方では，WGSデータより，CNVNatorアルゴリズム（http://sv.gersteinlab.org/cnvnator/）[12)]を用いて，コピー数多型情報を取得した．6人に共通して，全常染色体上におけるよりもpDMRの近傍における方が有意に高頻度にコピー数多型領域を観察した．後天的に起こるがんでは，DNAメチル化異常が，クロマチン構造変化を介して染色体不安定性に帰結することが知られている[13)]．しかし，健常人の正常細胞に存在するコピー数多型とDNAメチル化状態の関係は，がんにおける染色体不安定性とは異なっていると推測される．特定の領域にDNAメチル化とコピー数の双方の多型を誘導する機序が存在するかなど，さらに検討を要する．

SNV・indelとpDMRの双方が複数の個体で観察される遺伝子，すなわちゲノムの多型とエピゲノムの多型がともに頻発する遺伝子を用いて分子経路解析を試みたところ，それらの遺伝子は，肝細胞を含む上皮性細胞の生理的機能にかかわる複数の分子経路に有意に集積していた．肝細胞の機能には直接関係しないとみられる，例えば免疫反応にかかわる分子経路等にも，それらの遺伝子の集積がみられたが，同じ個体の免疫担当細胞等において，肝細胞と同様のゲノムとエピゲノムの相互作用が成立していれば，疾患発生にかかわる免疫能等に影響している可能性も否定できない．ゲノムの多型がエピゲノムの多型を介して遺伝子発現変化に結びつく事象が，健常人の表現型の個体差や疾患への易罹患性等を創出する可能性があると考えられた．

5 疾患エピゲノムプロファイル把握への展開

CREST/IHECの筆者らの研究チームでは，次にはB型ならびにC型肝炎ウイルス感染を伴う肝細胞がん患者の，慢性肝炎・肝硬変症を呈する非がん肝組織からも肝細胞を純化し，エピゲノムプロファイルを取得した．筆者らは，疾患エピジェネティクス研究の黎明期にあたり，前がん段階でDNAメチル化異常が起こることが広く知られていなかった1996年頃より，肝細胞がんに対する前がん段階である慢性肝炎・肝硬変症におけるDNAメチル化異常を，多数の病理組織検体におけるサザン法・候補遺伝子アプローチ（メチル化特異的PCR法）・アレイ解析等をもとに報告してきた[14)～16)]．本研究では，前がん段階にある純化肝細胞のフルエピゲノムプロファイルが得られたので，従来の知見を補強し肝発がんの分子機構の理解をさらに進められると考えている．

おわりに

IHECでは，各国の研究チームが正常細胞の標準エピゲノムデータを蓄積してきており，エピゲノム情報の生物学的な意義を考察して，IHEC package papersの刊行を準備している．さらに，世界共通の研究基盤となるデータベースとすべく，IHECのデータポータル（http://epigenomesportal.ca/ihec/）の充実を図っている．IHECの標準エピゲノムデータが，世界のエピゲノム研究者に参照され多用されるよう期待する．さらに，IHECによる正常細胞の標準エピゲノムプロファイルの把握は，疾患研究に対して，正確な対照データを提供する意味がある．IHECデータと比較して，エピゲノムの個体差を凌駕する疾患特異的エピゲノムプロファイルを正確に同定することにより，エピゲノムを指標とする疾患の発生リスク診断・がん等の存在診断・病態診断・予後診断・コンパニオン診断マーカーの開発や，治療標的の同定といった，疾患エピゲノム研究が大いに進展すると期待される．

本稿で紹介した知見の多くは，CREST/IHECの筆者らの研究チームに参画する，筆者のグループ・国立がん研究センター研究所がんゲノミクス研究分野柴田龍弘分野長グループ・九州大学大学院医学系学府伊藤隆司教授グループ・東京大学大学院新領域創成科学研究科鈴木穣教授グループの，多くの研究者との共同研究の成果である．

文献

1） Kanai Y & Arai E：Front Genet, 5：24, 2014
2） Miura F, et al：Nucleic Acids Res, 40：e136, 2012
3） Lister R, et al：Cell, 133：523-536, 2008
4） Lister R, et al：Nature, 462：315-322, 2009
5） Schultz MD, et al：Nature, 523：212-216, 2015
6） Ernst J & Kellis M：Nat Methods, 9：215-216, 2012
7） Arai E, et al：Int J Cancer, 137：2589-2606, 2015
8） Sato T, et al：Int J Cancer, 135：319-334, 2014
9） Gaunt TR, et al：Genome Biol, 17：61, 2016
10） Quilez J, et al：Nucleic Acids Res, 44：3750-3762, 2016
11） Smith AK, et al：BMC Genomics, 15：145, 2014
12） Abyzov A, et al：Genome Res, 21：974-984, 2011
13） Karpf AR & Matsui S：Cancer Res, 65：8635-8639, 2005
14） Nagashio R, et al：Int J Cancer, 129：1170-1179, 2011
15） Arai E, et al：Int J Cancer, 125：2854-2862, 2009
16） Kanai Y, et al：Jpn J Cancer Res, 87：1210-1217, 1996

＜著者プロフィール＞
金井弥栄：1989年慶應義塾大学医学部卒業．'93年同大学院医学研究科（病理系病理学専攻）修了．2002年より国立がんセンター研究所病理部長．'15年より現職．病理診断の実践を基盤として多段階発がんの分子機構の理解をめざしており，'95年頃より発がんエピジェネティクス機構の解明に一貫して従事してきた．エピゲノム研究の臨床応用，特に予防・先制医療への展開をめざしている．

2. 生殖細胞における エピゲノムのダイナミズム

久保直樹，白根健次郎，佐々木裕之

生殖細胞は遺伝情報を次世代に継承する役割をもつが，哺乳類のエピゲノム情報は生殖細胞や初期胚でダイナミックに変化し，しかも世代ごとに初期化される（リプログラミング）．その一方，リプログラミングされなかった情報が次世代へ伝わり，形質の多様性に寄与する例があることもわかってきた．本稿ではヒトやマウスの生殖細胞におけるDNAメチル化を中心としたエピゲノム修飾の変化について，またエピジェネティックな伝達が次世代の形質に影響を及ぼす可能性について，これまでの知見を概説する．

はじめに

超高速DNAシークエンス技術とビッグデータ解析法の進歩により，全ゲノムレベルで高解像度のDNAメチル化やヒストン修飾などのエピゲノム地図を作成することが可能になったが，材料が少量しか得られない哺乳類の生殖細胞や初期胚のエピゲノム解析は容易ではない．しかし，最近の微量化に向けた努力により，ヒトやマウスの生殖細胞のDNAメチル化データが得られるようになり，その動的変化が明らかになってきた．また，リプログラミングによって消去されるべきエピゲノム情報の一部が次世代へ伝達され，子孫の形質に影響を与えることもわかってきた．エピゲノムは環境因子により変化しうるため，疾患の原因となる後天的なエピゲノム変化が生じ，これが子孫へ伝達される可能性もある．本稿ではヒトやマウスの生殖細胞におけるエピゲノムのダイナミズムを概説する．

[キーワード＆略語]
ゲノムインプリンティング，DNAメチル化，リプログラミング，レトロトランスポゾン

IAP：intracisternal A particle
ICR：imprinting control region

1 雌雄の配偶子形成過程におけるエピゲノム変化

1）配偶子形成とDNAメチル化

雌雄の配偶子形成は始原生殖細胞にはじまる．ヒトやマウスの始原生殖細胞では，そのゲノム全体にわたってDNAメチル化〔5-メチルシトシン（5mC）〕のレベルが非常に低い．その後，メチル化の獲得（*de novo* DNAメチル化）が生じるが，その時期は雄マウスでは胎生13.5日目から出生にかけて（静止状態の前精原細

Epigenetic dynamism in mammalian germ cells
Kaoki Kubo[1) 2)] / Kenjiro Shirane[1)] / Hiroyuki Sasaki[1)] ：Division of Epigenomics and Development, Medical Institute of Bioregulation, Kyushu University[1)] / Research Institute for Disease of the Chest, Graduate School of Medical Sciences, Kyushu University[2)]（九州大学生体防御医学研究所エピゲノム制御学分野[1)] / 九州大学大学院医学研究院附属胸部疾患研究施設[2)]）

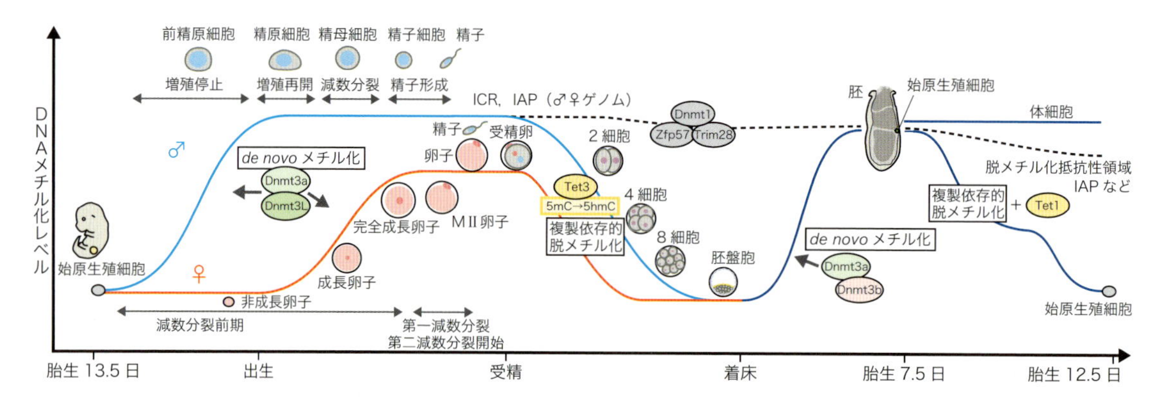

図1　生殖細胞系列におけるDNAメチル化のサイクル

始原生殖細胞から雌雄の配偶子が形成される過程で，Dnmt3a/Dnmt3L複合体によりDNAメチル化パターンが形成され，受精後，Tet3による5hmCへの変換とDNA複製に伴って脱メチル化が起きる．その間，ICRや一部のIAPは脱メチル化されずに維持される．着床後，ゲノム全体のメチル化レベルが上昇し，始原生殖細胞が出現する．始原生殖細胞ではICRも含めてゲノム全体で脱メチル化が生じるが，リプログラミング抵抗性の領域も存在し，世代を超えたエピゲノム情報の伝達との関連が示唆される．

胞），雌マウスでは生後の卵成長期（減数分裂前期）である（**図1**）[1]．後述のゲノムインプリンティングもこの時期に生じる．プラトーに達したDNAメチル化のレベルはそのまま精子（約80％）および卵子（約40％）へと維持される[2]．しかし，精原幹細胞を含めた出生後の雄性生殖細胞の分化過程で高解像度の解析を行うと，多くの転写制御領域に局所的だが分化段階に特異的なメチル化の変化がみられ，それらが精子形成に重要な働きをもつと考えられた[3]．

配偶子形成時のDNAメチル化の獲得は*de novo*メチル化酵素Dnmt3aとその補助因子であるDnmt3Lにより触媒されるが，雄マウスでいずれかの遺伝子を欠損するとパキテン期※で減数分裂が停止し，雄性不妊となる．一方，雌では受精可能な卵子が形成されるが，その卵子に由来する胚はインプリント遺伝子の発現異常などにより胎生10.5日頃までに致死となる（母性効果）[4]．また，哺乳類のDNAメチル化は通常CpG 2塩基配列のシトシンに生じるが，マウス卵子や前精原細胞には非CpGメチル化が豊富に存在する（Dnmt3a/Dnmt3L複合体によりCpGメチル化と同時に導入される）[3][5]．神経細胞でも非CpGメチル化が報告されており[6]，これらの分裂しない細胞では非CpGメチル化が受動的な脱メチル化を受けず，蓄積してしまうと考えられる．植物においてはレトロトランスポゾンの転写抑制など非CpGメチル化の働きが明らかになっているが，哺乳類における生理的意義はいまだ不明である．

2）ゲノムインプリンティング

ゲノムインプリンティングは雌雄の配偶子形成過程で特定の遺伝子に異なるエピゲノム修飾が刷り込まれ，父母由来の遺伝子コピー（アレル）の間に発現差が生じる（典型的には一方だけが発現する）現象をいう．父母由来アレルの異なる発現制御には，その遺伝子の近傍に存在するimprinting control region（ICR）のアレル特異的なDNAメチル化がかかわる．インプリンティングは親の配偶子形成過程で生じ，受精，胚発生を経て維持され，ほぼすべての体細胞に伝えられるが，生殖細胞系列では世代ごとにリセットされる（**図2**）．上述のように，配偶子形成過程のインプリンティングはゲノム全体のDNAメチル化獲得の一部であり，Dnmt3a/Dnmt3L複合体により触媒されるが，前精原細胞における*Rasgrf1*遺伝子のICRのメチル化にはpiRNAも必要である[7]．

※　パキテン期

減数分裂の第一分裂前期において，ザイゴテン期に続く時期．二価染色体の2組の姉妹染色分体が対合し，互いに密着した太く短いシナプトネマ構造を形成している．染色体の形態，組換えの状態をチェックし，減数分裂期の進行を保証する重要な分裂時期とされる．次のディプロテン期になると対合が解離しはじめる．

2 初期胚における エピゲノムリプログラミング

マウスでもヒトでも配偶子形成過程で獲得されたDNAメチル化は，受精後の着床前胚の時期に脱メチル化を受ける（**図1**）[8)〜10)]．この脱メチル化のほとんどはDNA複製依存的な受動的脱メチル化である[11)]．5mCから5-ヒドロキシメチルシトシン（5hmC）への酸化を触媒するten eleven translocation（Tet）ファミリータンパク質（第2章-3参照）が発見され，卵子にTet3タンパク質が豊富に存在することから，5hmCを中間体とする能動的な脱メチル化が重要と考えられた時期もあったが，結局は5hmCの消去もそのほとんどが複製依存的な受動的なものである[11)]．これは維持メチル化酵素Dnmt1が5hmCを認識できないことからも納得がいく．一方，一部のレトロトランスポゾン〔intracisternal A particle（IAP）など〕やICRは脱メチル化に抵抗性を示すが，ICRのメチル化の保護と維持にはDnmt1のほか，いくつか特殊な因子が必要である．

3 始原生殖細胞における エピゲノムリプログラミング

低メチル化状態となった着床前胚のゲノムは着床を機に*de novo*メチル化される．再上昇したDNAメチル化レベルは体細胞ではそのまま維持されるが，生殖系列に分化して始原生殖細胞を生じると再びリプログラミングされる（**図1**）[1)12)]．このリプログラミングにおけるDNA脱メチル化は，Dnmt1を複製フォークへリクルートするUhrf1の不在に加えて，Tet1による5hmCへの変換に依存する脱メチル化もある．しかし，いずれにしても初期胚におけるリプログラミングと同様，複製依存的な受動的な脱メチル化である[13)14)]．Tet1による5hmCへの変換はゲノムインプリンティングの消去にも必須である（**図2**）[15)]．一方で，DNA修復機構が関与するような能動的な脱メチル化は，もしあるとしても局所的であろう．興味深いことに，一部のIAPなどのレトロトランスポゾンや遺伝子のプロモーターには脱メチル化抵抗性を示す領域があり，これらが世代を超えるエピゲノム情報の伝達に関与する可能

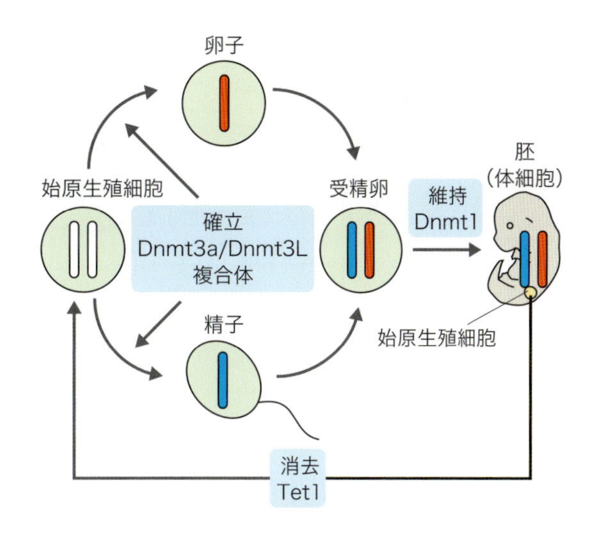

図2　ゲノムインプリンティングのサイクル
配偶子形成過程で*de novo* DNAメチル化酵素複合体により，雌雄に応じてゲノムインプリンティングが確立される．その後，受精を経て維持され，子のすべての体細胞に継承される．始原生殖細胞ではいったん脱メチル化され，あらためて子の性に応じてゲノムインプリンティングが確立される．

性がある．そのような領域には前精原細胞において5hmCが蓄積しており[3)]，始原生殖細胞において脱メチル化すべき標的としてマークされたものの，消去しきれなかった遺産とも思われる．最近，ヒトの始原生殖細胞の全ゲノムメチル化解析が行われ，妊娠10週過ぎには全体の脱メチル化が起きるが，一部のレトロトランスポゾンはやはり脱メチル化抵抗性であることが指摘されている[16)〜18)]．

4 エピゲノム情報の次世代への伝達と形質の多様性

1）レトロトランスポゾンと次世代へのエピゲノム伝達

リプログラミング抵抗性のエピゲノム情報が次世代に伝わり，子孫の形質に影響を及ぼす現象が知られている．その例としてバイアブルイエローアグーチマウスを示す（**図3**）．このマウスは*Agouti*遺伝子座の転写開始点（毛周期依存的な転写を誘導する）の上流に，恒常的なプロモーター活性を有するレトロトランスポゾンIAPが挿入された変異アレルをもつ．このIAPのメチル化の程度により黄色（低メチル）から野生型ア

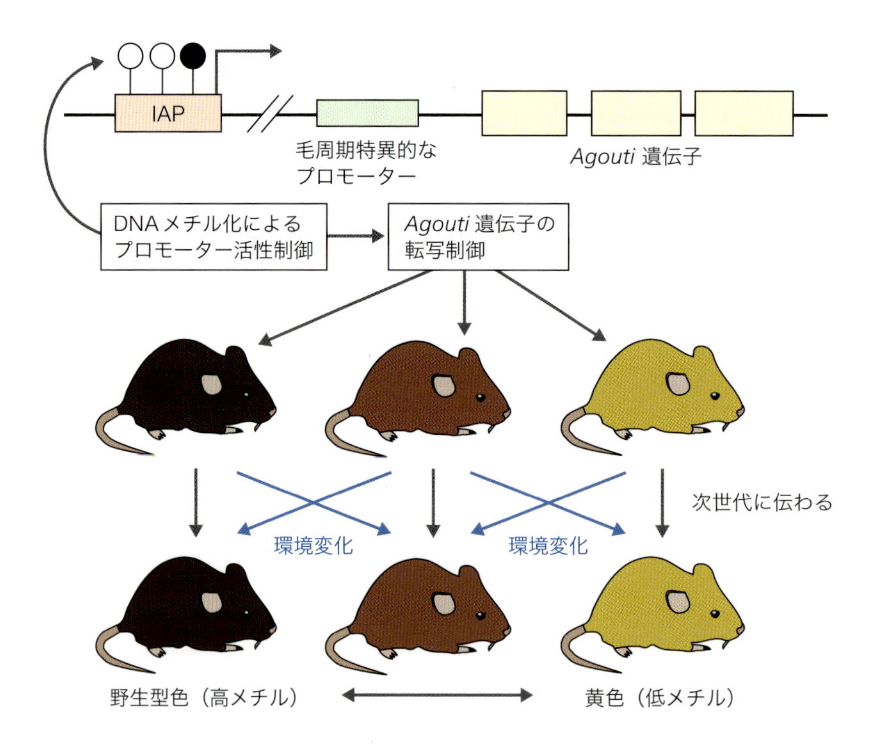

図3　バイアブルイエローアグーチマウスにおいてDNAメチル化が及ぼす形質変化
*Agouti*遺伝子座の転写開始点上流に，プロモーター活性をもつIAPが挿入されている．IAPのDNAメチル化レベルにより黄色（低メチル）から野生型（高メチル）の毛色が連続的に現れるが，このメチル化状態はメスの生殖細胞で保存され，次世代にそのエピゲノム情報が伝わる．

グーチ（高メチル）の毛色の個体が連続的に現れる．このメチル化は雌の生殖細胞で保存されるため[19]，母親の毛色が仔に伝達する傾向がある．同様なことが*Axin*遺伝子座でもみられ，この場合は尾のねじれの程度が強いものから正常な個体まであるが，ここでも遺伝子近傍に挿入されたIAPのメチル化レベルが表現型を決める因子であり，こうしたエピゲノム情報が仔に伝わり，その形質に影響を及ぼしている[20]．

2）環境が及ぼすエピゲノム情報と表現型

エピゲノム状態は環境の影響を受けて変化しうるが，これが生殖細胞のダイナミックな変化をくぐり抜けると次世代の形質に影響する可能性がある．上述の雌のアグーチマウスの妊娠中にメチル基の供与体（葉酸など）を豊富に与えると，生まれた仔のIAPプロモーターのメチル化が上昇し，毛色が野生型アグーチに偏る[21]．この形質は雌の生殖系列を経て遺伝することから（上述），環境の影響はエピゲノムを介して子孫に影響を与えることになる．

環境因子による影響がDNAメチル化以外のエピゲノム修飾で遺伝することを示唆する報告もある．Radfordらは妊娠後期（胎仔の前精原細胞で*de novo*メチル化が起きる時期）に低栄養状態にした雌マウスを作製し，出生した雄の精子と正常対照の精子のDNAメチル化を比較し，メチル化が変化した領域を同定した．これらの異なるメチル化をもつ精子を用いて第二世代をつくると，そのメチル化の違いが消失していた．驚くべきことに，メチル化の差がないにもかかわらず，それらの領域の遺伝子発現は肝臓，脳において変化したままであった[22]．すなわち，第一世代の精子におけるメチル化の変化が，第二世代ではメチル化以外の情報に転換され，遺伝子発現に影響を与えたのであろう．ヒトにおいては，第二次世界大戦中のドイツ占領下のオランダで低栄養にさらされた妊婦から出生した児は，成人後，肥満，耐糖能異常，脂質異常を示し，冠動脈疾患の発症率が高かったことがよく知られている[23]．このような変化が世代を超えるか興味がもたれる．

おわりに

近年のシークエンス技術の発展とともに，生殖細胞や初期胚の詳細なエピゲノム地図を描くことが可能となったが，ICRやレトロトランスポゾンをはじめとするリプログラミング抵抗性の機序，非CpGメチル化の生理学的意義など新たな問題が浮上してきた．また，塩基配列の違いでは説明が困難な形質の多様性や個人差について，エピゲノム情報の伝達がどの程度重要なのか慎重に判断する必要がある．今後の展開を期待したい．

文献

1）Sasaki H & Matsui Y：Nat Rev Genet, 9：129-140, 2008
2）Kobayashi H, et al：PLoS Genet, 8：e1002440, 2012
3）Kubo N, et al：BMC Genomics, 16：624, 2015
4）Kaneda M, et al：Nature, 429：900-903, 2004
5）Shirane K, et al：PLoS Genet, 9：e1003439, 2013
6）Lister R, et al：Science, 341：1237905, 2013
7）Watanabe T, et al：Science, 332：848-852, 2011
8）Smith ZD, et al：Nature, 484：339-344, 2012
9）Guo H, et al：Nature, 511：606-610, 2014
10）Smith ZD, et al：Nature, 511：611-615, 2014
11）Shen L, et al：Cell Stem Cell, 15：459-470, 2014
12）Seisenberger S, et al：Mol Cell, 48：849-862, 2012
13）Hackett JA, et al：Science, 339：448-452, 2013
14）Kagiwada S, et al：EMBO J, 32：340-353, 2013
15）Yamaguchi S, et al：Nature, 504：460-464, 2013
16）Gkountela S, et al：Cell, 161：1425-1436, 2015
17）Guo F, et al：Cell, 161：1437-1452, 2015
18）Tang WW, et al：Cell, 161：1453-1467, 2015
19）Morgan HD, et al：Nat Genet, 23：314-318, 1999
20）Rakyan VK, et al：Proc Natl Acad Sci U S A, 100：2538-2543, 2003
21）Waterland RA & Jirtle RL：Mol Cell Biol, 23：5293-5300, 2003
22）Radford EJ, et al：Science, 345：1255903, 2014
23）Roseboom TJ, et al：Mol Cell Endocrinol, 185：93-98, 2001

＜筆頭著者プロフィール＞
久保直樹：2007年，九州大学医学部卒業．呼吸器科医として臨床に従事し，'16年，同大学院博士課程修了（指導：佐々木裕之教授）．現在，カリフォルニア大学博士研究員（Bing Ren研究室）．エピゲノム研究やビッグデータサイエンスが医療にもたらすインパクトにわくわくしている．臨床経験から得たさまざまなモチベーションを研究にぶつけ続けたい．

3. エピゲノムリモデリングにおける5-ヒドロキシメチル化とTET酵素の役割

Ksenia Skortsova, Phillippa Taberlay, Susan J. Clark, Clare Stirzaker

DNAメチル化は，ゲノムのエピジェネティックな制御に重要な役割を担っている．5-メチルシトシン（5mC）がten-eleven-translocation（TET）タンパク質による酸化反応を受けて5-ヒドロキシメチルシトシン（5hmC）に変換される事象の発見以来，多分化能や発生にかかわる，あるいは疾患の成立過程で起こる，メチル化ランドスケープのリモデリングに，5hmCがどのように関与しているのか注目が集まっている．特に，5hmCは，能動的なDNA脱メチル化過程（active demethylation）で生じる中間体と考えられている．本稿では，正常発生や分化のさまざまな段階において，5hmCとTET酵素が担う機能について論じる．

はじめに

DNAに含まれるシトシン塩基のメチル化は，発生や疾患の成立過程で遺伝子発現を制御する代表的なエピジェネティック機構の1つである．哺乳類ゲノムのDNAメチル化は，初期胚で特にダイナミックに変動し，やがて正常体細胞のメチル化ランドスケープの“動的ホメオスタシス”に到達する．しかし，DNAのメチル化動態の制御・維持機構に関しては，いまだ不明な点が多く残されている．TETタンパク質が，5hmCをさらに酸化して[1]メチル化シトシンを脱メチル化することは[2]，初期胚発生において[3)4]，正常細胞が機能を果たす際に[5)6]，あるいは疾患成立の過程で[7]起こる，DNAメチル化パターンのダイナミクスを規定する新規のメカニズムと考えられている．特に，5hmC量は哺乳類の体組織間での差が大きく[8]，5hmCの量とそのゲノム上での分布は，発生過程でダイナミックに変動する[6)9)10]．5mCと5hmCの相互作用が正常のDNAメチル化パターンの維持と遺伝子発現調節にどれほど重要で，5mCと5hmCの不均衡の原因と結果はどのようであるか，未知の点が数多く残されている．ここでは，正常発生・分化の各段階における5hmCとTET酵素の，報告されているあるいは推測される機能について概説する．

[キーワード＆略語]
DNAメチル化，DNA脱メチル化，TET酵素

5hmC：5-hydroxymethylcytosine
5mC：5-methylcytosine
ES細胞：embryonic stem cells
TET：ten-eleven-translocation

Role of 5-hydroxymethylation and TET enzymes in remodelling the epigenome

Ksenia Skortsova[1)]/Phillippa Taberlay[1)2)] /Susan J. Clark[1)2)] /Clare Stirzaker[1)2)]：Genomics and Epigenetics Division, Garvan Institute of Medical Research[1)] /St Vincent's Clinical School, University of New South Wales[2)]（ガーバン医学研究所ゲノミクス・エピジェネティクス部門[1)]／ニューサウスウェールズ大学セントヴィンセントクリニカルスクール[2)]）

1 TET酵素とDNAヒドロキシメチル化による新規のエピジェネティック制御機構

1）TETタンパク質のDNA結合能と酵素活性

Fe^{2+}および2-オキソグルタル酸依存性ジオキシゲナーゼである哺乳類のTETファミリーとしてTET1, TET2, TET3が知られており，これらは顎口類分岐後に共通の祖先遺伝子より生じた[11]．これらの3ファミリーメンバーすべては，C末端に触媒活性を有するジオキシゲナーゼ（catalytic dioxygenase：CD）ドメインを有しており，5mCを5hmC，5-ホルミルシトシン（5-formylcytosine：5fC）そして5-カルボキシシトシン（5-carboxycytosine：5caC）へと酸化することが可能である（**図1**）[1) 12)]．

さらに，TET1とTET3はZnフィンガーCXXC DNA結合ドメインを有する．TET2は染色体逆位によりCXXCドメインを欠き，TET2遺伝子から切り離されたCXXCドメインを含むエクソンは，*IDAX*とよばれる別の遺伝子を形成するようになった（**図1**）[11]．IDAXタンパク質はそれ自身のCXXCドメインを介してDNAに結合し，TET2の触媒ドメインと直接結合してTET2をDNAにリクルートすることが明らかになっている[13]．以上のように直接的か間接的かという違いはあるものの，TET1, TET2, TET3はすべてDNAに結合することが可能である．しかし，CXXCドメインの配列がTET1, TET2, IDAXで異なっていることから[14]，TETタンパク質はそれぞれ独自のゲノム領域を標的にしているのではないかと推測されている．発生の各過程や異なる組織間でTETとIDAXの発現パターンが明確に異なっていることからも，TETおよび5hmCが多岐にわたる機能と作用機序をもつことが示唆される．

2）TET酵素の作用機序と5hmCの安定性

TETによる5mCから5hmCへの酸化反応の主な意義は，DNAの脱メチル化にある[11]．5hmCを経由するDNA脱メチル化機構には，DNA複製に依存する受動的な脱メチル化（passive demethylation）と，DNA修復を介する能動的な脱メチル化（active demethylation）の2種類があると考えられている（**図1**）．シトシンのメチル化修飾は，DNA複製後に生じたヘミメチル化DNAに特異的に結合するUHRF1（ubiquitin-like with PHD and ring finger domain 1）と，そこを目印として集積するDNAメチル基転移酵素であるDNMT1により細胞分裂を経ても受け継がれる[15]．しかし，5mCが5hmCに酸化されるとDNMT1が結合できなくなり，維持メチル化機構が作用しなくなる．結果として受動的なDNA脱メチル化につながると考えられている[15]．近年，DNA脱メチル化が細胞分裂中のみならず細胞分裂後にも起こることがわかり，能動的なDNA脱メチル化機構が存在すると考えられるようになった[16]．TETタンパク質により5hmCから5fC, 5caCへと連続的に酸化され，最終的にチミンDNAグリコシラーゼ（TDG）による塩基除去修復を受けて未修飾のシトシンに置換されるという経路が，哺乳類の能動的なDNA脱メチル化機構として現在受け入れられている（**図1**）[11]．このように，TET酵素によるシトシン誘導体形成がDNA脱メチル化を導き，メチル化ランドスケープの“動的ホメオスタシス”に主要な役割を果たしていると考えられる．

5hmCは，DNA脱メチル化過程で発生する“一時的な中間体”として存在するだけではなく，“安定した”エピジェネティック修飾でもある[17]．5mCが5hmCへ酸化される結果，メチル化シトシン結合タンパク質のDNA結合が阻害されることから[8]，5hmCは5mCに対して抑制的に作用することが示唆される．さらに，UHRF2（ubiquitin-like with PHD and ring finger domains 2）やMeCP2（methyl-CpG binding protein 2）のように，5mCよりも5hmCに対する親和性の高いタンパク質が存在することからも，5hmCには何らかの重要な機能があると推察される．5hmCが，DNA脱メチル化過程で生じる一時的な中間体として機能するのか，あるいは安定したエピジェネティック修飾として機能するのかは，TETによる5mC酸化が，発生・分化のどの段階でどの組織にそしてどのゲノム領域に生じたのか，あるいはTETによる5mC酸化が起こったのが正常細胞であるのか病変細胞であるのかにより，異なるようである．

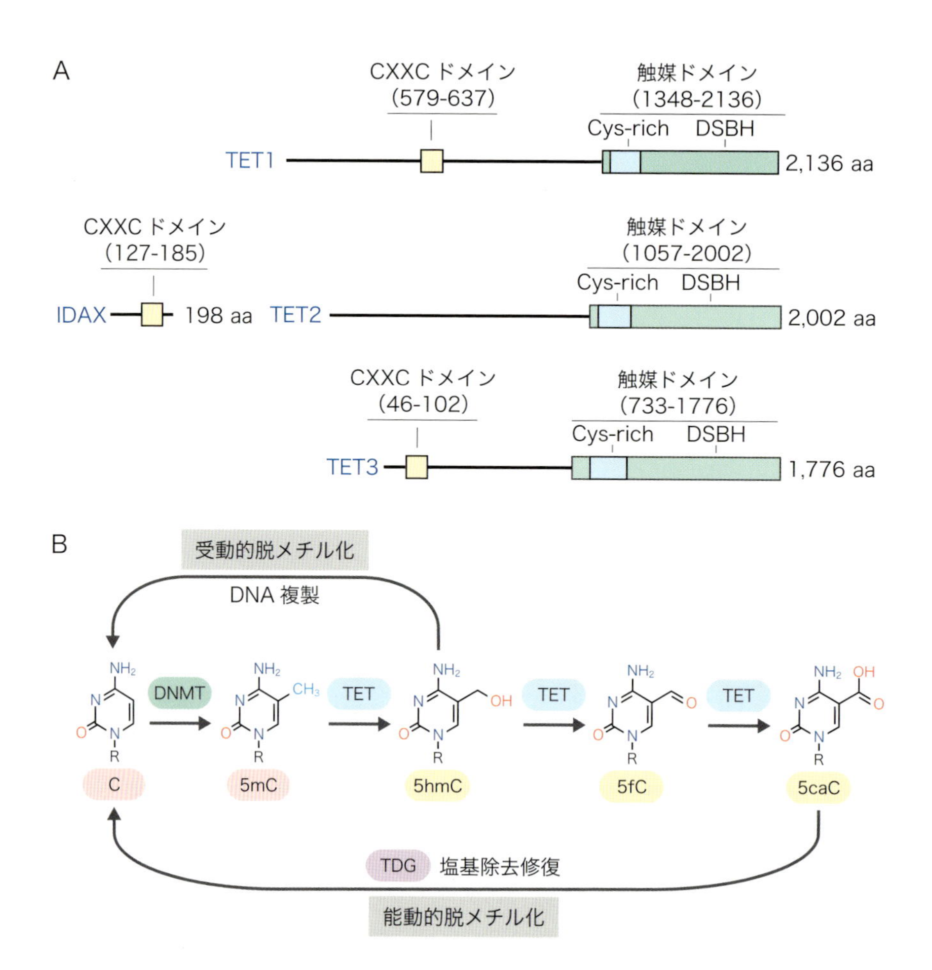

図1　TETタンパク質によるDNA脱メチル化機構とTETタンパク質のドメイン構造

A) ten-eleven-translocation (TET) タンパク質は，システインリッチ領域とβ-ヘリックス構造 (double stranded β-helix：DSBH) を内部に含む触媒活性ドメイン (catalytical domain：CD) を，C末端に有している．DSBHドメインは，TETの触媒活性に必須の補助因子Fe^{2+}および補助基質2-オキソグルタル酸（α-ケトグルタル酸）の結合部位を有している．また，TET1とTET3は，N末端にDNA結合能のあるCXXCドメインを有している．TET2に関してはCXXCドメインは染色体逆位により本体から切り離されており，切り離されたCXXCドメインを含む*IDAX*という別の遺伝子が形成された．アミノ酸の数 (aa) はヒトのTETタンパク質で表示している．**B)** 5-メチルシトシン (5mC) はメチル基転移酵素 (DNA methyltransferase：DNMT) により形成され，ten-eleven-translocation (TET) タンパク質により5-ヒドロキシメチルシトシン (5hmC)，5-ホルミルシトシン (5fC)，5-カルボキシシトシン (5caC) へと連続的に酸化される．5caCはチミンDNAグリコシラーゼ (TDG) による塩基除去修復系を介して未修飾のシトシンに置換される．塩基除去修復系を介したDNA脱メチル化経路は能動的な脱メチル化 (active demethylation) とよばれており，DNAの複製に依存しない．それに対して，5mCが5hmCに酸化されることで，DNA複製に際してのDNMT1による維持メチル化機構が働かなくなることによっても，結果として細胞分裂時に5mCが希釈される．このような脱メチル化機構を，受動的脱メチル化 (passive demethylation) とよぶ．

2 正常発生におけるTETタンパク質とDNAのヒドロキシメチル化

1）胚発生における5hmCと5mCの動態

DNA脱メチル化の中間体としての5hmCの意義は，2つの大きなDNAメチル化リプログラミングの波が起こる初期胚の発生過程において，最もよく研究されている（第2章-2参照）．第一の波は受精直後であり，受精卵の形成過程で雌性ゲノムと雄性ゲノムが大規模な脱メチル化を受ける．これにより受精卵の分化全能性が完成する（**図2**）．そして胚の着床過程および着床後にDNAの*de novo*メチル化の波がやってくる．この

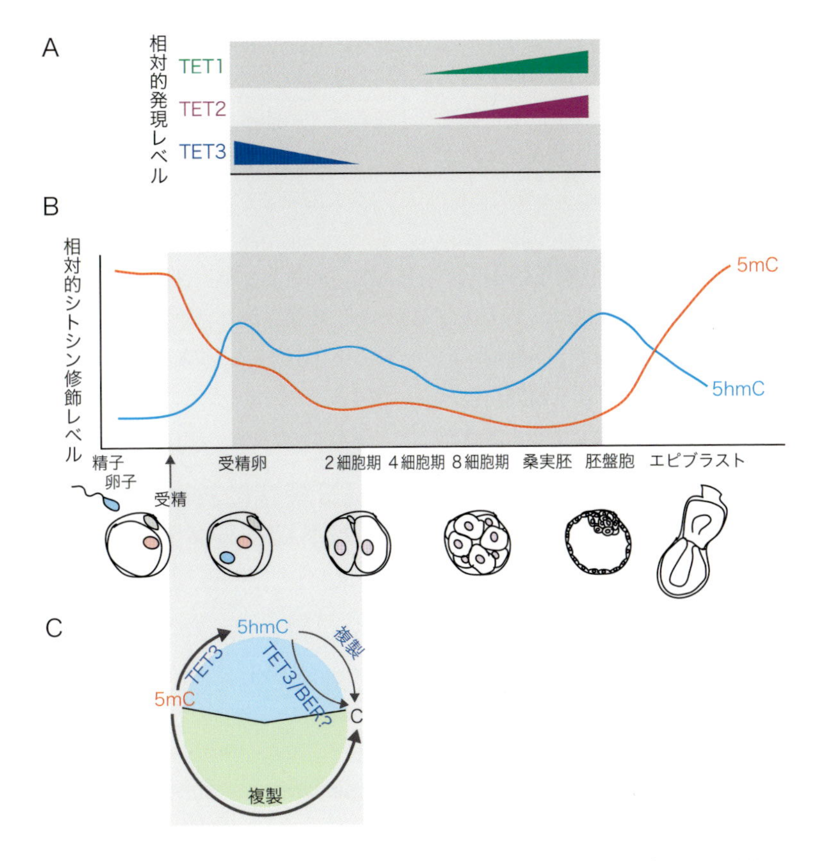

図2　胚の発達過程におけるDNAメチル化，ヒドロキシメチル化，TETタンパク質の動態
A) 初期胚の発達過程でのTET1，TET2，TET3タンパク質の相対的な発現レベルの推移．TET3は受精卵で発現している唯一のTETタンパク質である．TET3は胚盤胞期までに発現が減少していくが，TET1とTET2ではその逆で発現が上昇していく．**B)** 受精卵の全能性確立に際して，配偶子から継承され，雄性ゲノムと雌性ゲノムに起こる，5mCと5hmCの変動．**C)** 雄性ゲノムと雌性ゲノムは，DNA複製依存的である受動的脱メチル化（緑）と，TET3による5hmCへの酸化反応を経由する脱メチル化（青）を受ける．TET3により5hmCに酸化された後は，①DNA複製依存的な5hmCの除去，あるいは②複製に依存しない塩基除去修復（BER）による脱メチル化が起こる．

段階で新規に成立したDNAメチル化パターンは体細胞組織では維持されるが，始原生殖細胞においては再びDNAメチル化の消去が起こる[11]．

受精卵のDNAメチル化の消去メカニズムについては議論のあるところであるが，個体発生の初期段階で起こるDNAの能動的脱メチル化において5hmCが中間体として働く可能性に注目が集まっている．さらに，TETタンパク質は，発生・分化の各段階で特徴的な発現パターンを示すことが知られている．TET3は受精卵で発現している唯一のTETタンパク質である．TET3は胚盤胞期までに発現が減少していくが[9) 18) 19)]，TET1とTET2は逆に発現が上昇する（**図2**）．免疫染色による検討に基づき，受精卵の雌性ゲノムは母性因子PGC7/StellaによりTET3を介した5mCの酸化反応から保護されて[20)] DNA複製依存的な受動的脱メチル化のみが生じ[19)]，雄性ゲノムのみがTET3による脱メチル化を受けるという仮説が近年まで支配的であった[9) 18) 19)]．しかし，reduced representation bisulfite sequencing（RRBS）[21)] をはじめとした定量性・感度に優れた手法の開発により，雄性ゲノムと雌性ゲノムの両方が，TET3を介する5mCの酸化反応によるDNA脱メチル化と，DNA複製依存的な受動的DNA脱メチル化の双方を受けることが明らかになってきた（**図2**）[3) 4)]．さらに，TET3のノックアウトマウスは，発生異常および出産期前後の致死をきたすことから，受精卵発生におけるDNAメチル化リプログラミングに

TET3がきわめて重要であることがわかってきた[18]．ただし，RRBSはゲノム中に存在する全CpGサイトの約4％をカバーするのみに過ぎないため[22]，正常発生に能動的DNA脱メチル化と受動的DNA脱メチル化がどの程度ずつ寄与しているか正確に評価するためには，1塩基解像度でのゲノム網羅的解析が不可欠といえる．

2）5hmCとTETタンパク質は多分化能と胚体外組織への分化を制御する

胚性幹細胞（embryonic stem cells：ES細胞）は多分化能を維持し，*in vitro*でさまざまな組織への分化を誘導することができる．ES細胞のもつそのような特性から，ES細胞は，未分化状態のDNAメチル化パターンが維持される機構や，分化の過程でDNAメチル化の変動が惹起される機序を研究する，よいモデルとして利用されている．TET1とTET2は受精卵ではほとんど発現がみられないが，ES細胞ではTET1とTET2の両方が高発現しており[1) 23)]，5hmCも豊富に存在している[12) 24)]．このことは，TET活性とヒドロキシメチル化が，ES細胞において必須の役割をもつことを示唆する．

しかし，ES細胞の多分化能の制御にTET1とTET2が果たす役割に関しては相反する結論を示す報告もなされている[25) 26)]．TET2・TET3ではなくTET1のノックダウンにより，幹細胞因子である*Nanog*遺伝子のDNAメチル化亢進・不活性化が観察され，ES細胞の多分化能が失われるという報告から，当初TET1こそがES細胞における重要な多分化能制御因子であると考えられてきた[23)]．同様にES細胞でTET1をノックダウンすることにより，他の多分化能関連遺伝子の発現も減少するという報告もなされた[25)]．これらの遺伝子の発現低下は，そのプロモーター領域における5mCの増加および5hmCの低下と相関しており，結果として胚体外組織への分化傾向が増していた[25)]．これと一致して，ES細胞が胚様体へ分化する過程でTET1とTET2の発現は急速に減少し[25) 27)]，それと同時に幹細胞性関連遺伝子のプロモーター領域の5mC増加と5hmC減少と相関した発現の減少が確認された[25)]．これらの報告から，プロモーター領域のメチル化とヒドロキシメチル化のバランスが，多分化能維持と胚体外組織への分化に関与していることが示唆される．

逆に，TET1のノックダウンにより栄養外胚葉・中胚葉に偏った分化が誘導されるが，TET1・TET2どちらかの発現抑制ではES細胞の多分化能すなわち3胚葉を形成する能力は維持されるとの報告もある[26) 28)]．また，TET1とTET2のダブルノックアウトによりそれぞれの機能補完を行えない状態にしても，胚体外組織に偏った分化が誘導されるものの，ES細胞の多分化能が維持されることが示されている[29)]．これらの結果の違いは，使用されたマウスES細胞の質の違いやsiRNAによるTETの発現抑制効果の差に起因している可能性がある．

3 ES細胞におけるTETタンパク質とヒドロキシメチル化のゲノム上の分布

ゲノムワイドなマッピングが進み，哺乳類では5hmCおよびTETタンパク質がプロモーター領域や遺伝子体部（gene body），遠位調節領域（distal regulatory element）に集中していることが明らかになってきた[30) 31)]．ES細胞では，プロモーター領域の5hmC集積度は，遺伝子転写活性・プロモーター領域のCpG密度・クロマチン状態に依存している[30)～32)]．5hmCは高発現している遺伝子のプロモーター領域には少ないが，poised gene（訳者注：転写準備状態にある遺伝子）の“bivalent”（訳者注：転写活性化に作用するヒストン修飾H3K4me3と転写抑制に作用するヒストン修飾H3K27me3が共存する状態）なプロモーター領域には高密度に存在している（**図3**）[30) 33)]．興味深いことに5hmCの分布とTETタンパク質量はそれほど強く相関するわけではないようである．例えば，前述した5hmCの分布と異なり，TET1はクロマチン抑制複合体PRC2が結合しているpoised geneのプロモーター領域と，転写活性の高い遺伝子のプロモーター領域の，両方に豊富に存在している（**図3**）[31) 34)]．また，TET1の抑制によりDNAメチル化が微増するにもかかわらず[30) 34) 35)]，遺伝子発現は減少するものと増加するものの両方があるという事実[34)]から，TET1はメチル化ランドスケープを改変するというより，特定のヒストン修飾やクロマチンリモデリング因子と相互作用しながらプロモーター領域で機能することが示唆される．TET1は主として遺伝子プロモーター領域に結合し，一方でTET2は主として遺伝子体部のエクソンや

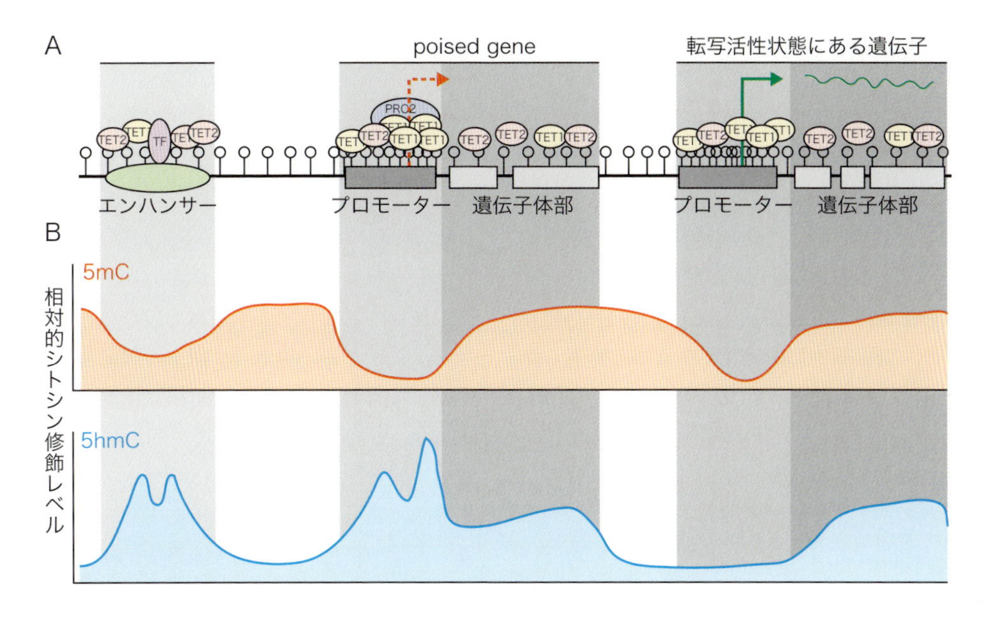

図3　ゲノム上のTETタンパク質，DNAメチル化，ヒドロキシメチル化の分布

A）ポリコーム抑制複合体2（polycomb repressive complex 2：PRC2）が結合するpoised geneと転写活性状態にある遺伝子の，エンハンサー領域・プロモーター領域におけるTETタンパク質の分布を示すシェーマ．TET1はプロモーター領域に集中しており，TET2は遺伝子体部やエンハンサー領域に集積している．○はCpGサイトの密度を表している．B）転写活性状態にある遺伝子およびpoised geneのエンハンサー領域，プロモーター領域におけるメチル化ならびにヒドロキシメチル化プロファイル．5hmCはエンハンサー領域の転写因子結合部位近傍に集中しており，そこでは局所的に5mCが減少している．転写活性状態にある遺伝子と異なり，poised geneではプロモーター領域で5hmCが集積しているが，転写開始点付近では局所的に減少している．5mCと5hmCは，転写活性状態の遺伝子とpoised geneの双方の遺伝子体部領域に集積している．

エクソン−イントロン境界付近[32]ならびに遠位調節領域[35)～38]のヒドロキシメチル化プロファイルを制御している．

また，5hmCはエンハンサーおよびCTCF（第3章-4参照）結合領域において，転写因子結合モチーフを"谷"として二峰性をなすようにして分布している（**図3**）[38]．5hmCの集積部位では5mCが減少しているが[38]，TETの減少に応じて5mCは増加する[35, 37]．このことから，TETにより5mCが5hmCへ酸化されることにより，遠位調節領域では5mCが乏しい状態で保持されるものと考えられる[28]．実際に，TETの減少の結果起こるメチル化亢進は，抑制性ヒストン修飾H3K27アセチル化および転写因子の集積が弱く，5mCのメチル化レベルのもともと高い，"弱い"エンハンサーで生じる[37]．これらの報告は，弱いエンハンサーにおいては，DNMTによるメチル化とTETによる脱メチル化のダイナミックな相互作用により，転写因子の結合を介したエンハンサー活性が制御されていることを示唆する．

さらに，分化過程における5hmCの集積は，細胞特異的な転写因子結合やH3K27アセチル化と同時に起こり，新たに形成されたCTCF結合部位[39]と同様に，活性化されたエンハンサーでも観察される[40]．5hmCが分化した細胞内で比較的安定的に存在することから，5hmCはDNAメチル化マシナリーの結合を阻害することによってエンハンサー活性を制御する，DNA上の独立した"印"として作用していることが示唆される[39]．5hmCの量が安定しているということが，5hmCを経由するメチル化シトシンと非メチル化シトシンのターンオーバーの結果を見ているにすぎない可能性も否定はできないが，全体として見るとTETタンパク質とヒドロキシメチル化は，局所のクロマチン環境を介して制御領域で機能していると考えられる．

4 脳組織中のヒドロキシメチル化

代謝は活発であるが細胞増殖はみられない成人の組織のうち，最も5hmCレベルの高い組織が脳であり，プルキンエ細胞では5mCの約40％にも達する．このことから，脳の機能に際して5hmCが何らかの特異的な役割を担っているのではないかと推測されている[41]．5hmCは，分化過程[10]および出生後の脳神経系の発達とともに[5)6]，脳組織中に蓄積していくことが明らかにされている[12]．TET2やTET3も分化の開始とともに発現が上昇し，TET2やTET3が存在しないと分化が抑制されることが明らかになっている[10]．

5hmCは脳のさまざまなゲノム領域に集積しており，それぞれの領域に応じて発現調節能を発揮する可能性が示されている．5hmCは，遺伝子転写活性の程度にかかわらずプロモーター領域で集積が乏しいが，遺伝子体部には高密度に存在しており，この遺伝子体部の5hmCレベルが遺伝子転写活性と相関している[6,24,42]．また，5hmCはエクソン・イントロン境界域に集積する傾向もみられることから，スプライシングの調節に関与しているのではないかと推察されている[43,44]．脳での5hmC量はpoisedなエンハンサーと活性型のエンハンサーの双方に豊富で，遠位調節領域で特異的な機能を果たしている可能性が指摘されている[39]．実際に，神経系の発達過程で5hmCとTETタンパク質がエンハンサー領域の脱メチル化と活性化に寄与することが示された[6]．神経分化における5hmCの蓄積は，転写活性状態にある遺伝子の体部領域における抑制性ヒストン修飾H3K27me3の消失と同期して起こるが，メチル化の減少とは関連しない点が興味深い[10]．このことは，5mCから5hmCへの酸化反応で留まり，その先の脱メチル化が進展しないという事象が，遺伝子発現調節にユニークな機能を発揮していることを示唆している．同様に重要なこととして，脳でTETを抑制すると空間認識力・短期記憶[45]・行動適応[46,47]が障害されることがあり，TETタンパク質や脱メチル化が脳の機能において必要不可欠な役割を担っている可能性が示唆される．

おわりに

TETファミリータンパク質の発見や，酸化反応により5mCを5hmCへ変換できるという機能は非常に興味深いものであり，中間体として5hmCを経由するDNA脱メチル化経路に関する新知見が集積してきた．5hmCレベルは組織ごとに差があり，特に細胞増殖速度に依存するようで，脳組織に最も高いレベルで存在する．これまでの5hmCに関する研究は胚や脳に焦点を当てて行われていた．この研究領域における最大の課題は，どのようにして正確に5hmCの存在を検出するのか，そして5mCとどのようにして識別するのかという点にあった．近年，5hmCとその酸化産物を1塩基解像度で精度よく識別する方法が開発され，これらの塩基修飾の意味が徐々に解明されつつある．5hmCや5hmC酸化産物のゲノム上の分布ならびにTETタンパク質やその結合因子間の相互作用を知るための1塩基解像度の解析と，異なる発達段階や組織でのTETタンパク質の機能喪失変異の探索により，エピゲノムランドスケープや遺伝子発現パターンを規定するTETタンパク質や5hmCの意義がさらに明らかとなると期待される．

草稿と挿図を通読し批評していただいたBrigid O'Gorman博士に感謝する．

文献

1） Ito S, et al：Science, 333：1300-1303, 2011
2） He YF, et al：Science, 333：1303-1307, 2011
3） Shen L, et al：Cell Stem Cell, 15：459-470, 2014
4） Guo F, et al：Cell Stem Cell, 15：447-458, 2014
5） Wang T, et al：Hum Mol Genet, 21：5500-5510, 2012
6） Lister R, et al：Science, 341：1237905, 2013
7） Ficz G & Gribben JG：Genomics, 104：352-357, 2014
8） Branco MR, et al：Nat Rev Genet, 13：7-13, 2011
9） Wossidlo M, et al：Nat Commun, 2：241, 2011
10） Hahn MA, et al：Cell Rep, 3：291-300, 2013
11） Pastor WA, et al：Nat Rev Mol Cell Biol, 14：341-356, 2013
12） Tahiliani M, et al：Science, 324：930-935, 2009
13） Ko M, et al：Nature, 497：122-126, 2013
14） Long HK, et al：Biochem Soc Trans, 41：727-740, 2013
15） Hashimoto H, et al：Nucleic Acids Res, 40：4841-4849, 2012
16） Gavin DP, et al：Neuropharmacology, 75：233-245, 2013

17) Hahn MA, et al：Genomics, 104：314-323, 2014
18) Gu TP, et al：Nature, 477：606-610, 2011
19) Iqbal K, et al：Proc Natl Acad Sci U S A, 108：3642-3647, 2011
20) Nakamura T, et al：Nature, 486：415-419, 2012
21) Meissner A, et al：Nucleic Acids Res, 33：5868-5877, 2005
22) Stirzaker C, et al：Trends Genet, 30：75-84, 2014
23) Ito S, et al：Nature, 466：1129-1133, 2010
24) Song CX, et al：Nat Biotechnol, 29：68-72, 2011
25) Ficz G, et al：Nature, 473：398-402, 2011
26) Koh KP, et al：Cell Stem Cell, 8：200-213, 2011
27) Li T, et al：Mol Neurobiol, 51：142-154, 2015
28) Dawlaty MM, et al：Cell Stem Cell, 9：166-175, 2011
29) Dawlaty MM, et al：Dev Cell, 24：310-323, 2013
30) Wu H, et al：Genes Dev, 25：679-684, 2011
31) Xu Y, et al：Mol Cell, 42：451-464, 2011
32) Huang Y, et al：Proc Natl Acad Sci U S A, 111：1361-1366, 2014
33) Neri F, et al：Genome Biol, 14：R91, 2013
34) Wu H, et al：Nature, 473：389-393, 2011
35) Lu F, et al：Genes Dev, 28：2103-2119, 2014
36) Stroud H, et al：Genome Biol, 12：R54, 2011
37) Hon GC, et al：Mol Cell, 56：286-297, 2014
38) Yu M, et al：Cell, 149：1368-1380, 2012
39) Dubois-Chevalier J, et al：Nucleic Acids Res, 42：10943-10959, 2014
40) Sérandour AA, et al：Nucleic Acids Res, 40：8255-8265, 2012
41) Kriaucionis S & Heintz N：Science, 324：929-930, 2009
42) Mellén M, et al：Cell, 151：1417-1430, 2012
43) Wen L, et al：Genome Biol, 15：R49, 2014
44) Khare T, et al：Nat Struct Mol Biol, 19：1037-1043, 2012
45) Zhang RR, et al：Cell Stem Cell, 13：237-245, 2013
46) Li X, et al：Proc Natl Acad Sci U S A, 111：7120-7125, 2014
47) Feng J, et al：Nat Neurosci, 18：536-544, 2015

＜著者プロフィール＞

Ksenia Skortsova：2011年にノヴォシビルスク大学（ロシア）分子生物学の修士課程を卒業後，現在はガーバン医学研究所（シドニー）のゲノミクス・エピジェネティクス研究部門，エピジェネティクス研究室の博士研究員を務める．DNAメチル化ランドスケープの維持・リモデリングにおけるDNAヒドロキシメチル化の意義を解明するため，5-ヒドロキシメチルシトシンのゲノム網羅的マッピングを進めている．

Phillippa C. Taberlay：タスマニア大学にて2008年に博士号を取得後，博士研究員として南カリフォルニア大学で研究に従事．'11年にクロマチンダイナミクスグループリーダーとしてガーバン医学研究所Susan Clark教授の研究室に戻った．がんのエピジェネティック制御とのかかわりから，クロマチンリモデリング複合体とクロマチンの三次元構造に興味がある．

Susan Clark：ガーバン医学研究所ゲノミクス・エピジェネティクス研究部門の部門長かつエピジェネティクス研究室長．1982年にアデレード大学博士課程を卒業．'90年初頭，バイサルファイトシークエンシング法をDNAメチル化解析に適用した．正常およびがんゲノムのDNAメチル化パターンの解析について草分け的な存在として数多くの研究成果をあげてきた．オーストラリアエピジェネティック協会の創設者であり，IHECの設立メンバーの1人で，オーストラリアNational Health and Medical Research Councilの上席主任研究員でもある．

Clare Stirzaker：1990年にマッコーリー大学（シドニー）で博士号を取得．直近15年はエピジェネティクス分野の研究に従事，エピゲノム解析技術の発展に寄与し，重要な研究課題の解決に貢献してきた．現在はガーバン医学研究所ゲノミクス・エピジェネティクス部門エピジェネティクス研究室，エピジェネティック制御破綻グループリーダーを務めている．DNAメチル化と，がんでDNAメチル化パターンに異常が生じるメカニズムに興味がある．

〔翻訳：尾原健太郎（慶應義塾大学医学部）〕

4. エピゲノムのダイナミズムを解き明かす大規模比較解析
—血管内皮細胞を例に

中戸隆一郎，和田洋一郎，白髭克彦

複数細胞種を用いたエピゲノム状態の比較解析は，各細胞種の表現型の違いや病変形成の背景にひそむクロマチン状態の多様な変化をとらえるうえで重要である．近年のシークエンサーの性能とデータ解析技術の急速な発展により，100以上の細胞種を同時比較する大規模解析も現実的なものとなった．しかし，そのような大規模解析ならではの困難な課題も多い．本稿では血管内皮細胞のヒストン修飾比較解析を題材に，データ品質評価手法を含めた現在の大規模エピゲノム解析の最先端を紹介したい．

はじめに

血管内皮細胞は血管壁の最内層を覆っており，血管システムにおける低酸素，変性脂質，炎症刺激などの環境に適応する最前線にあって，重要な役割を果たしている．全身局所における血管内皮細胞の表現型の違いは，各臓器の機能や局所的な環境を反映しており，特異的に発現する遺伝子やエピゲノム状態の違いが関与していると考えられる．一方，虚血性心疾患の原因となる動脈硬化などの血管病変形成の背景には，染色体上でヒストン修飾のダイナミックな変化が起きていることが近年わかってきた．血管内皮細胞のエピジェネティック解析は，分化誘導系において内皮細胞を選択的に作製する指標として，あるいは長期間にわたって有用なバイパス血管を選択する際の基準として活用するなど，臨床的な有用性にも期待が寄せられている．

[キーワード＆略語]
血管内皮，ヒストン修飾，エンハンサー，ChIP-seq，大規模解析

ChIA-PET：chromatin interaction analysis by paired-end tag sequencing
ChIP-seq：chromatin immunoprecipitation followed by sequencing

1 目的

われわれはIHEC（International Human Epigenome Consortium）プロジェクトの日本チームの一員として，血管内皮の組織特異的なエピゲノム修飾や発現遺伝子マーカー群等の情報取得を担当している．このため，ヒトの心臓，肺，胎盤など複数の臓器から血管を単離して内皮細胞の初代培養を行い，ヒストン修飾情報（H3K4me3，H3K27ac，H3K27me3，H3K36me3，H3K9me3，H3K4me1の6種），RNA

Large-scale comparative analysis reveals the epigenomic dynamics—a study of human vascular endothelial cells

Ryuichiro Nakato[1) 3)] /Youichiro Wada[2) 3)] /Katsuhiko Shirahige[1) 3)]：Institute of Molecular and Cellular Biosciences, The University of Tokyo[1)] /Isotope Science Center, The University of Tokyo[2)] /AMED-CREST, AMED[3)]〔東京大学分子細胞生物学研究所[1)] / 東京大学アイソトープ総合センター[2)] / 革新的先端研究開発支援事業（AMED-CREST）[3)]〕

シークエンシングによる遺伝子発現データおよびDNAメチル化データを網羅的に収集・解析してきた．本稿では代表的なエピゲノム比較解析の1つであるChIP-seq法を用いたヒストン修飾解析に焦点を絞り，これらの課題に対する最近のわれわれの取り組みと得られた解析結果について概説する．

2 ChIP-seq法を用いたヒストン修飾の比較解析

複数細胞種を用いたエピゲノムプロファイル（ここではヒストン修飾群）の比較解析は，ゲノム上に埋め込まれた未知の機能性制御領域の同定や，数々の病態を規定する細胞特異的な遺伝子発現の検出，あるいは「単一の遺伝子が複数のエンハンサーの使い分けによって細胞種ごとに制御されている」というような，遺伝子発現解析のみでは得ることのできない高次の遺伝子発現制御機構を知るうえできわめて重要である．近年の次世代シークエンサーの性能と解析技術の飛躍的発展に伴い，数百ものヒストン修飾データを同時比較し，ゲノムを注釈づけ（annotation）する大規模なデータ解析（以下「大規模解析」と表記する）はすでに実現可能なものとなった．代表的な例として，主に5種のヒストン修飾を用いて全ゲノムの各領域を15種類のクロマチン状態（chromatin state）に分類する解析手法を9種のヒト細胞に対して適用した研究がENCODE consortiumより報告されている[1]．近年ではこの手法を111種の正常細胞種に拡張し，大規模に比較した研究がRoadmap Epigenomics Consortiumより報告された[2]．しかしながら，そのような大量のサンプルから得られたデータの比較・統合を正しく行い，生物学的に意味のある情報を抽出するためには，以下のような困難な点が残る．

①このような大規模解析手法は入力データが充分信頼性が高い高品質サンプルであることを前提としているため，適用の際は事前の厳しいデータ品質チェック〔リード数，冗長度，抗体のS/N比※1など〕と低品質サンプルの除去が必須となる．しかし，血管内皮細胞のような生体細胞の解析の場合，ChIP-seqで得られるデータの品質がばらつきやすく，モデル培養細胞と比べて高品質サンプルを揃えることが難しい．（品質評価手法については次項で解説する）

②ChIP-seq解析はその性質上，サンプル調製上の種々の要因（抗体のロット，タンパク質の固定，DNA断片化，PCR増幅など）の影響を強く受ける．したがって比較解析の際には全サンプルを同一条件下で調製することが望ましいが，解析が大規模化し実験が長期化する場合，実験条件を同一に維持し続けることは概して困難である．

③得られたエピゲノムプロファイルから個人差や環境差に起因するばらつきを除外するために1細胞種あたりの複製（replicate）数を増やす必要があるが，1資料につき1サンプルで済むRNA-seqやメチル化解析とは異なり，ヒストン修飾を用いたエピゲノム解析は1資料につき複数の（通常5種以上）ChIP-seqサンプルをとる必要がある．うち1つでもデータが低品質として欠けてしまうと，そのデータセット全体が解析に利用できなくなる．

結局のところ，現実の大規模ヒストン修飾解析においては，最高品質でないサンプルも可能な限り許容しつつ，ノイズを含めた大量の変動プロファイルのなかからいかに信頼性の高い結果のみを抽出するか，というクオリティマネジメントが要求されることになる．

以下の項では，われわれが現在すすめている血管内皮細胞の解析を題材に，品質管理と大規模解析の流れを概観する．なお，ChIP-seq解析に必要な品質評価手法および大規模解析の事例についてより詳しくは，文献3を参照されたい．

3 ChIP-seqデータのクオリティチェック

得られたChIP-seqデータの品質を評価する指標として，シークエンスされたリード数，マップリード数，サンプルの冗長性（PCR bias）※2，S/N比，得られたピーク数，サンプル間のデータ類似度などが用いられ

※1 S/N比（signal-to-noise ratio）

抗体の力価．ChIP-seq解析における各サンプルのS/N比は，実際に解析で得られたピーク数および強度の程度で評価する．例えば同一細胞種・同一抗体で生産したreplicate間でも，技術的要因により得られるピーク数が大きくばらつく場合があるが，これはS/N比が異なるサンプルと判定される．ChIPサンプルはS/N比が高く，inputサンプルはS/N比が低くなることが望ましい．

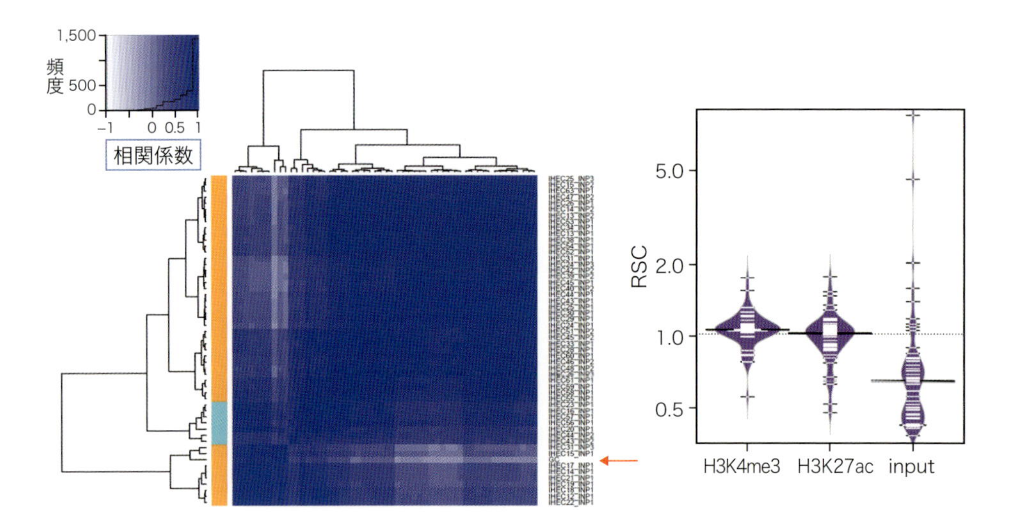

図1　inputサンプルを用いた精度評価
A）100 kbpあたりのマップリード数の相関を全サンプルペアで比較したもの．相関の強さを青色で示している．赤矢印の行がGC含量そのものを示しており，GC含量と相関の強いinputサンプル群（下部）はGC-richなリードの偏りがあることがわかる．B）H3K4me3，H3K27ac，inputそれぞれについて，S/N比の強さの分布をヴァイオリンプロットを用いて示している．縦軸のRSC値がS/N比を表す．S/N比が低い（ピークが得られていない）ChIPサンプル，S/N比が高い（偽陽性ピークを多く含む）inputサンプルがいくつかあることがわかる．そのようなサンプルは以降の解析から除外される．

る．ここでは例としてGC含量とS/N比の結果を**図1**に示す．

1）GC含量

ChIP-seqの実験において，よりDNAの断片化を受けやすい高発現遺伝子の転写開始点付近では偽陽性ピークが現れやすく[4]，そのような場合は得られた全リードのGC含量がGC-richに偏ることが知られている[5]．**図1A**は免疫沈降を行っていないinputサンプル群を対象としたサンプル間のマップリード数の相関の強さを表したヒートマップである．矢印で示した行がGC含量を示す．これを見ると，GC含量と強い相関をもつサンプルと，そうでないサンプルの2種類に分類できることがわかる．GC-richなサンプルは偽陽性ピークが含まれている可能性が高く，大規模解析からは除外するべきである．なお，GC含量のばらつきを正規化する手法も提案されているが[5]，ChIPサンプルに対するGC含量正規化が真のピークにどのように影響するかが充分検証されていないため，偏りのないサンプルを再取得することが望ましい．

> **※2　サンプルの冗長性（PCR bias）**
> 全マップリード数に対する冗長な（ゲノム上の同一部位にマップされる）リードの割合．冗長なリードは解析から除外されるため，冗長性が高いとマップリード数は充分でも解析に用いるリード数は不足することになる．ヒトサンプルの場合，冗長性は一般に1,000万マップリードに対して20％未満であることが望ましいとされる．

2）S/N比

図1BはChIPサンプルおよびinputサンプルそれぞれについて，S/N比の分布をcross-correlation plot（CCP）に基づくrelative strand correlation（RSC）スコア[6]を用いて示したヴァイオリンプロットである．CCPとは端的に述べると「そのサンプル中にピーク様のリードの濃縮がどの程度多く（または強く）存在するか」をピーク抽出することなく測定する手法であり，CCPによって得られるRSC値が高いほどそのサンプルのS/N比が高い，すなわち多くのピークを得られているとわかる．一方，inputサンプルのRSC値が高ければ，ノイズを多く含むことを示唆している．S/N比は

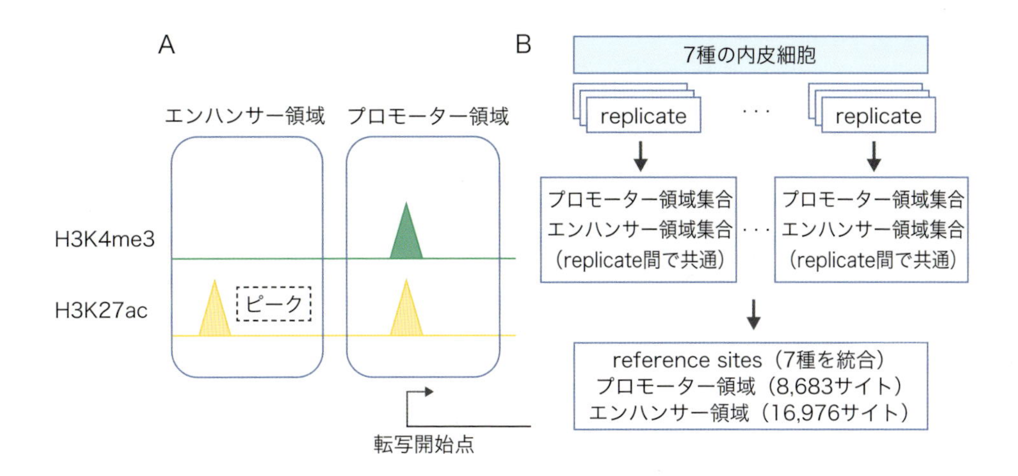

図2　サンプル間比較の対象とするプロモーター・エンハンサー領域の抽出
A）H3K4me3，H3K27acを用いたエンハンサー・プロモーター領域の定義．Roadmap Epigenomics Consortiumの報告による[2]．B）7種の内皮細胞を用いたreference sitesの取得のワークフロー．ここからさらに他の細胞から得られた既知のエンハンサー領域を除外し，内皮細胞特異的なサイトのセットを得る．

実際に得られたピーク数からも知ることができるが，ピーク数はマップリード数やピーク抽出パラメータにも依存するため，CCPの方がより客観的指標といえる．S/N比が低いChIPサンプル，S/N比が高いinputサンプルは以降の解析から除外される．**図1A**でGC-richになっているinputサンプルはRSCスコアの値も概して高く，ピーク数もやはり多くなりがちであった．

なお，これらの指標は各サンプルについて基準の最低ラインを超えているかどうかを判定するものであり，サンプル間比較で要求される品質の均一性を保証するものではないことに注意が必要である．また，これらのクオリティチェックをすべてクリアしたサンプルでも，まだ直感的におかしいと感ぜられるサンプルも残っており，品質評価手法についてもさらに研究を進める必要がある．

4 血管内皮細胞で用いた手法と得られた結果

複数ドナーから得た血管内皮細胞の解析は，個人差やサンプル取得環境（例えば死後経過時間のばらつき）に由来するデータのばらつき（ノイズ）が非常に大きくなる．われわれはこの問題を克服すべく，データのばらつきに対して頑健な大規模ChIP-seq解析手法の開発に取り組んでいる．本節では解析で得られた結果（論文投稿中）の一部を紹介する．

1）サンプル間比較の対象とする領域（reference sites）の抽出（図2）

ここではH3K4me3とH3K27acの2つのヒストン修飾に着目した7種20サンプルの血管内皮細胞の統合解析の結果を示す．強く鋭いピーク（sharp peak）をもつH3K4me3とH3K27acは，幅広く緩やかなピーク（broad peak）をもつH3K27me3，H3K36me3，H3K9me3と比べて真のピークとノイズとの判別が容易である．H3K4me3とH3K27acのピークが共通して得られる領域はプロモーター領域，H3K27acピークがありH3K4me3がない領域はエンハンサー領域と考えることができ[2]，近傍遺伝子の発現との相関を見ることでのノイズ判定も可能である（**図2A**）．

各サンプルのリード数のばらつき，対象領域から個人差や技術的な要因に起因するノイズなどの影響を除去するため，各サンプルからそれぞれ同数の上位ピークを選び，かつ上位ピークのうち7細胞種おのおのについて，replicate間で共通する領域を抽出した．さらにそれらのサイトを7細胞種で統合し，reference sitesとなるプロモーター領域（8,683サイト）とエンハンサー領域（16,976サイト）を得た（**図2B**）．血管内皮特異的なもの（7種すべてで発現し，ヒト線維芽細胞

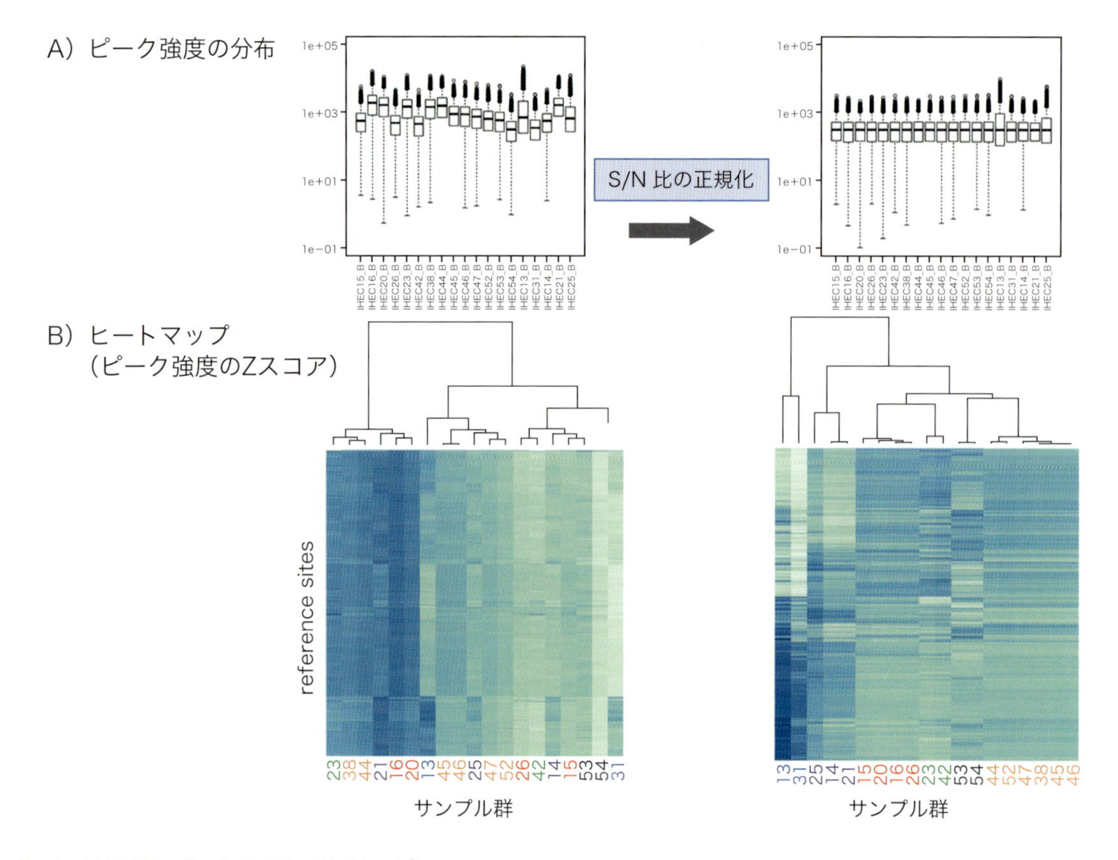

図3　S/N比を考慮したクラスタリング
A）reference sitesにおける各サンプルのピーク強度の分布．従来の正規化（左図）ではサンプルごとにS/N比にばらつきがあることがわかる．このばらつきを中央値による正規化で均一化する（右図）．B）ピーク強度のZ-scoreを用いたヒートマップ．列の数字はサンプルのIDを示しており，同じ部位から得られた内皮細胞を同じ色で表している．左の通常の正規化では7種の細胞がうまく分類されないが，正規化後はうまく分類されており，細胞種特異的な部分集合も見えるようになっている．

IMR90などの他の細胞で発現していないもの）としては*EDN1*, *ICAM2*などの遺伝子が得られた．

得られたプロモーター領域は約半数が全内皮細胞で共通しており，細胞特異的なものは1割に満たないのに対し，エンハンサーは3割以上が単一の内皮細胞特異的に表れていた．この現象は既存の報告と一致しており[1]，この結果は，エンハンサーマークは有効な組織特異性マーカーとなりうることを示唆している．われわれはさらにRNA Pol2抗体を用いたChIA-PET解析で得られたクロマチンの立体相互作用データを利用し，標的遺伝子から遠位（10 kbp以遠）に位置するエンハンサーサイトについて，対応関係にあるプロモーターサイトを特定することに成功した．ChIA-PET解析で得られたデータにはエンハンサー同士を結ぶ立体相互作用も含まれており，これは複数のエンハンサーによって単一遺伝子の発現が制御されていることを示しており興味深い．

2）S/N比の違いを考慮した内皮間類似度クラスタリング

7種の内皮細胞の近縁度を知るため，20の血管内皮細胞に対し，エンハンサー領域におけるH3K27acのピーク強度に基づくクラスタリング（ウォード法）を行った．全マップリード数に基づく従来のリード正規化手法はサンプル間のS/N比の違いを考慮しないため，細胞ごとにうまくクラスタ化されない（**図3左**）．そこでわれわれはS/N比を考慮した正規化手法を構築した．各サンプルのピーク強度の中央値に基づく正規化を事前に行うことで，良好なクラスタリング結果を得るこ

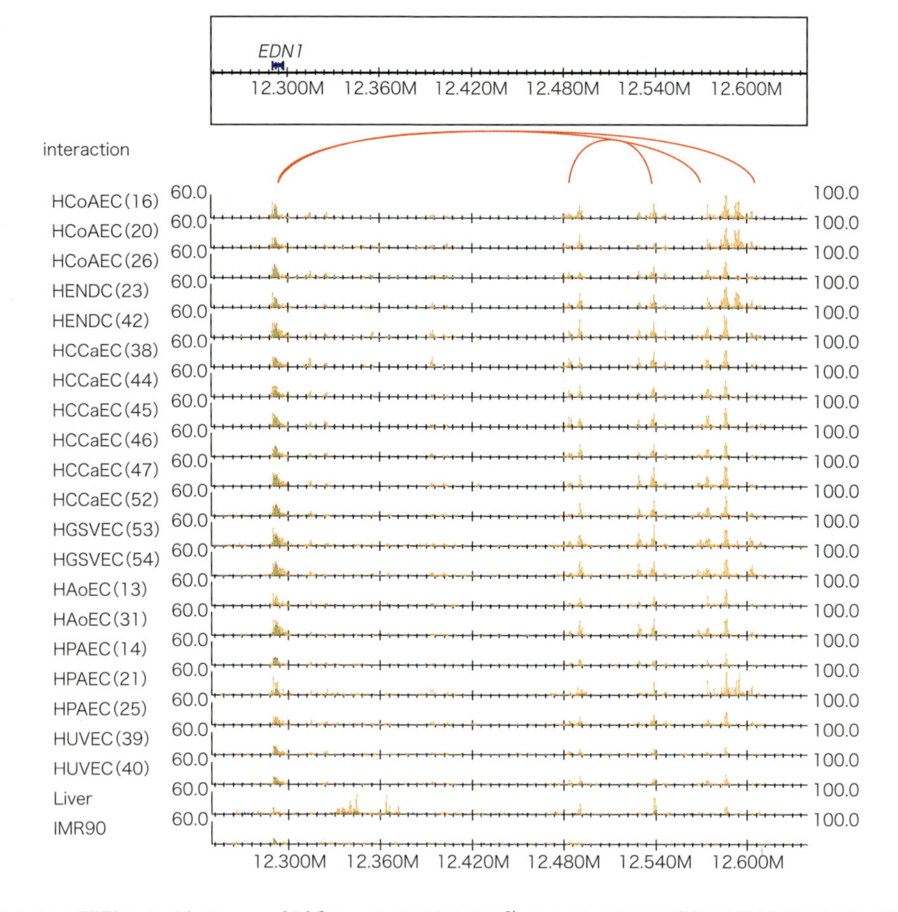

図4　われわれの開発したChIP-seq解析ツールDROMPA[8]による*EDN1*遺伝子領域の可視化（6番染色体，12.25-12.64 Mbp）

H3K4me3とH3K27acをそれぞれ緑，オレンジで表示しており，“interaction”の赤い弧はChIA-PET解析で得られた統計的に有意な立体相互作用を表す．血管内皮でない他の細胞種の例として，Liver〔組織細胞（primary tissue），Roadmap Epigenomics Consortiumより取得[2)]〕，IMR90（われわれのチームにより血管内皮と同じプロトコルを用いて生産）を下部に表示している．*EDN1*のプロモーター領域（左）は内皮サンプル間で変化がないが，プロモーターは下流のエンハンサー領域と相互作用していることがわかり，そのエンハンサー領域の一部は細胞間で変動している領域として抽出されていた．HCoAEC：冠動脈内皮細胞，HENDC：心内膜内皮細胞，HCCaEC：総頸動脈内皮細胞，HGSVEC：大伏在静脈内皮細胞，HAoEC：大動脈内皮細胞，HPAEC：肺動脈内皮細胞，HUVEC：臍帯静脈内皮細胞．

とができた（**図3右**）．より環境依存的である遺伝子発現に基づくクラスタリングとは異なり，エンハンサーに基づくクラスタリング結果はより組織の解剖学的距離を強く反映することが明らかとなった．

3）細胞種特異的なエンハンサー領域の同定と機能解析

さらにわれわれは，細胞間の差を特徴づけるエンハンサー領域の同定を試みた．ANOVA-like testによる多群間の検定[7)]を用いて統計的有意に強度が変動しているエンハンサー領域を抽出した（265サイト，FDR < 0.05）．その結果，*HAND2*，*CLDN11*，*HOX* clusterなどの，内皮間で発現が大きく異なる遺伝子を得ることができた．興味深いことに，プロモーター領域では修飾の変動がみられない遺伝子でも，エンハンサー領域では有意に強度が変動している遺伝子がみられた（**図4**）．われわれはさらに，得られた内皮間特異的領域を対象にモチーフ解析を行い，各内皮特異的な領域に有意にモチーフ候補となる配列が存在すること，そのい

くつかは各細胞での遺伝子発現量と正の相関をもつことを明らかにした．これらの成果は各血管内皮特異的に発現している遺伝子群および，それらに作用する転写制御因子が存在する可能性も示唆しており，その転写制御メカニズムを考えるうえで興味深い．

おわりに：今後の展望

本稿ではエンハンサー・プロモーターマーカーを利用した内皮特異的・内皮間特異的な遺伝子発現の抽出解析の一端を紹介した．データの品質をある程度許容し信頼性の高い結果を得られる手法の開発は，特に生体細胞や少量細胞のような困難な環境下での大規模解析に大きく貢献するものと思われる．今後の課題として，血管内皮間の差を表す既知情報（表現型の差やマーカー遺伝子など）が少なく，新規遺伝子の重要性の評価が難しいことがあげられる．得られた結果の生物学的意味を調べる作業に引き続き取り組む一方で，既知情報に依存しない評価手法の構築も加速させたい．

文献

1） Ernst J, et al：Nature, 473：43–49, 2011
2） Roadmap Epigenomics Consortium：Nature, 518：317–330, 2015
3） Nakato R & Shirahige K：Brief Bioinform, pii：bbw023, 2016［Epub ahead of print］
4） Auerbach RK, et al：Proc Natl Acad Sci U S A, 106：14926–14931, 2009
5） Cheung MS, et al：Nucleic Acids Res, 39：e103, 2011
6） Landt SG, et al：Genome Res, 22：1813–1831, 2012
7） Zhou X, et al：Nucleic Acids Res, 42：e91, 2014
8） Nakato R, et al：Genes Cells, 18：589–601, 2013

＜筆頭著者プロフィール＞
中戸隆一郎：2005年，京都大学工学部卒業．'10年，同大学院情報学研究科博士課程修了．同年4月より現在まで東京大学分子細胞生物学研究所助教．ChIP-seq法をはじめとする次世代シークエンサーを用いたゲノム解析の研究に従事し，新規手法の開発と情報解析による知見獲得を一貫して続けている．大規模エピゲノム解析による遺伝子発現制御機構の解明，マルチオミクスを用いた統合的解析に特に興味がある．

5. 体外環境が規定するエピゲノム —ストレスによるエピゲノム変化を例に

吉田圭介，石井俊輔

エピゲノム状態が環境要因により変化するメカニズムは長らく不明であったが，ストレス応答性のATF2ファミリー転写因子が重要な役割を果たすことがわかってきた．熱などの外部環境ストレス，社会的分離ストレスなどの精神ストレス，そして病原体感染により，ATF2ファミリー転写因子はストレス応答性キナーゼp38によりリン酸化され，それによりエピゲノム変化が誘導される．この機構を理解することは，進化における環境への適応メカニズムを考えるうえで重要であるとともに，精神疾患や免疫疾患などの発症メカニズムの理解とその診断などに有用である．

はじめに

体外環境により誘導される形質変化が長期間持続し，遺伝する現象は，ラマルクにより提唱された獲得形質の遺伝に類似する面があり，歴史的に多くの研究者の興味を集めてきた．科学史上有名な論文の1つは，Paul Kammerer※1による産婆蛙を用いた実験である．この論文がダーウィン派の集中砲火を浴び，その後ラマルク遺伝学の流れを汲むルイセンコ説※2が歴史的に否定されたことから，このような現象は長らくタブー視されてきた．しかしその後も同様の現象は多くの研究者の興味を集め，温度や日照時間の変化によりトウモロコシの実の色が変化し，それが世代を超えて遺伝することなどが報告された．またサザンプトン大学のDavid Barker教授らは疫学調査に基づき「低体重で生まれた子どもは，成人後に糖尿病や心臓疾患などの生活習慣病になりやすい」という説を発表した．最近では多くのモデル生物を用いてさまざまな環境要因がエピゲノム変化を誘導して，その影響が長期間持続することが報告されている．また一卵性双生児の両方に同じ疾患

[キーワード＆略語]
ATF2ファミリー転写因子，ストレス，エピゲノム変化，ヒストン修飾

dATF2：ショウジョウバエATF2
H3K9me2：ヒストンH3のN末から9番目のリジンのジメチル化
H3K9me3：ヒストンH3のN末から9番目のリジンのトリメチル化
***Htr5b*遺伝子**：セロトニン受容体5B遺伝子

※1 Paul Kammerer
陸上で交尾し，卵を孵化させる産婆蛙の飼育条件を変え，水中で交接する蛙に特徴的な雄前足親指の瘤が生じたと報告した．しかし捏造疑惑により自殺した．

※2 ルイセンコ説
ルイセンコはソヴィエト連邦の学者，政治家．小麦を低温処理すると栽培の温度適応が変化し，食料増産ができると主張し，スターリンに重用されたが，多くの餓死者を出し，失敗に終わった．

Epigenome defined by environmental factor—a case of epigenome change induced by stress
Keisuke Yoshida/Shunsuke Ishii：Laboratory of Molecular Genetics, RIKEN（理化学研究所石井分子遺伝学研究室）

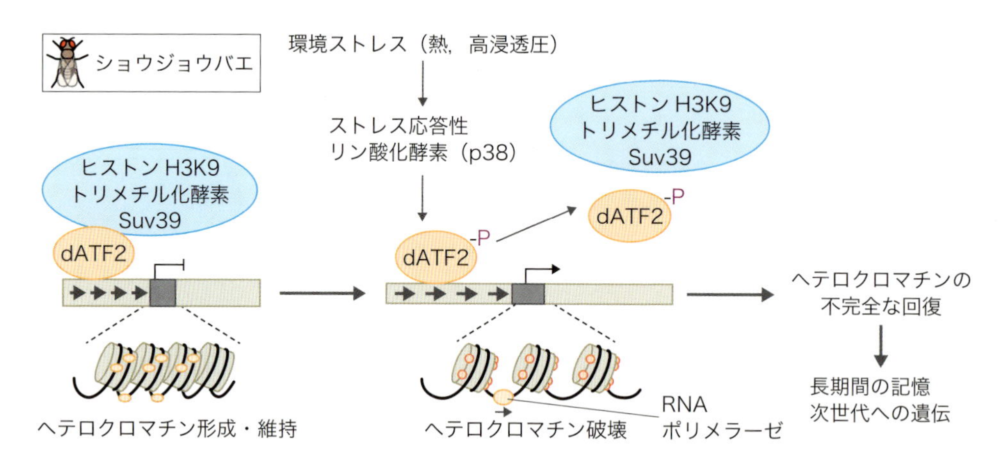

図1　環境ストレスによるエピゲノム変化とdATF2の役割
ショウジョウバエATF2（dATF2）はヒストンH3K9トリメチル化酵素Suv39を運んで，ヘテロクロマチンを形成する．熱ショックや高浸透圧ストレスによりdATF2はp38でリン酸化され，ヘテロクロマチンから遊離し，その結果ヘテロクロマチンが壊れ，H3K9me3レベルが低下する．ストレスがなくなってもヘテロクロマチン構造は完全には復元されず，部分的に壊れたヘテロクロマチン構造は長期間維持され，次世代にも伝達される．

が発症する率がそれほど高くないことから，疾患の発症頻度は，生まれつきのDNA配列よりもむしろ環境要因により誘導されるエピゲノム変化の影響を大きく受けると考えられつつある．しかし多様な環境要因によりエピゲノムがどのように変化するかについては，ほとんど報告がなく，最近ようやくメカニズムの一端が明らかにされつつある．

1 環境ストレスによるエピゲノム変化とその遺伝

染色体上でセントロメアやテロメアは染色体分配や染色体末端の保護のため，世代を超えて固く安定な構造が保持され，その近傍はメチル化DNAやヒストンH3のN末から9番目のリジンのトリメチル化（H3K9me3）に富み，転写が不活発なヘテロクロマチン構造を有する．H3K9me3シグナルは，ユークロマチンの一部の領域にも分布し，ユークロマチン領域にもヘテロクロマチン様構造をもつ一群の遺伝子が存在する．分裂酵母やショウジョウバエを用いて，ヘテロクロマチンの形成メカニズムは詳細に研究され，RNA干渉が関与する機構[1]と，ATF2ファミリー転写因子が関与する機構[2]の2つが独立に機能することが示された．ヘテロクロマチン領域に存在する反復配列から低レベルのRNAが転写されると，二本鎖RNAが形成され，RNA干渉により短い二本鎖RNAが形成され，これによりH3K9トリメチル化酵素がリクルートされ，ヘテロクロマチンが形成される．またH3K9トリメチル化酵素はATF2ファミリー転写因子に直接結合し，ヘテロクロマチン領域に運ばれる．

ATF2はわれわれが20年以上前に最初に同定した転写因子で[3]，ATF/CREBスーパーファミリーに属し，さまざまなストレスに呼応して，ストレス応答性リン酸化酵素p38によりリン酸化される[4]．Grewalらは ATF2の酵母ホモログAtf1が，RNA干渉を介したメカニズムとは独立に，ヘテロクロマチン形成に関与することを最初に見出した[2]．われわれはショウジョウバエATF2（dATF2）がヘテロクロマチン形成に関与すること，そして熱ショックや高浸透圧ストレスによりdATF2がリン酸化されると，ヘテロクロマチンから遊離し，その結果ヘテロクロマチンが壊れ，H3K9me3レベルが低下することを明らかにした（**図1**）[5]．このような変化は精細胞でも生じ，ストレスがなくなってもヘテロクロマチン構造は完全には元に戻らず，部分的に壊れたヘテロクロマチン構造は長期間維持され，次世代に伝達される．熱ショックや高浸透圧ストレスによるエピゲノム変化は発生初期に起こりやすく，親へのストレスの影響は子どもには遺伝するが孫には遺

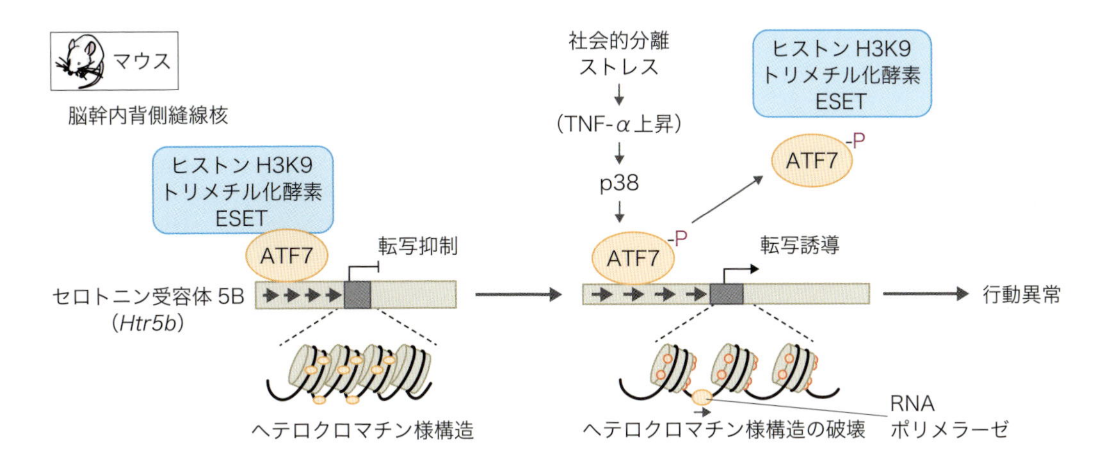

図2　精神ストレスによるエピゲノム変化
脳内の背側縫線核において，ATF7は*Htr5b*遺伝子に結合し，ヒストンH3K9トリメチル化酵素ESETを運んで，ヘテロクロマチン様構造を形成し，転写を抑制する．社会的分離ストレスによりATF7はp38でリン酸化され，クロマチンから遊離し，その結果H3K9me3レベルが低下し，ヘテロクロマチンが壊れ，転写と行動異常が誘導される．

伝せず，数世代にわたってストレスを与えると，より長い世代にわたってその影響がみられる．親の世代に熱ショックストレスを与えると，子どもの世代では代謝系，免疫系，タンパク質分解系などの約180個の遺伝子の発現が上昇し，このうち約80％の遺伝子の発現上昇は，dATF2変異体を用いた実験ではみられないことから，熱ショックストレスの影響の遺伝のほとんどは，dATF2により制御されていることがわかる．

2 精神ストレスによるエピゲノム変化

授乳期のラットを母親から分離すると，海馬でグルココルチコイド受容体遺伝子のDNAメチル化レベルが低下し，成長後に行動異常を示す[6]．またこのような母子分離ストレスは雄マウスの成熟精子で特異的な低分子RNAの量を変化させ，正常な雌との交配により得られる次世代マウスも行動異常を示す[7]．しかし精神ストレスがエピゲノム変化を誘導するメカニズムはほとんどわかっていない．

われわれは動物のATF2関連因子ATF7が精神ストレスによるエピゲノム変化に重要な役割を果たすことを明らかにした[8]．ATF7変異マウスは野生型マウスに比べ，強い音響驚愕反応を示し，うつ病的な行動異常を呈する．このような表現型はセロトニン神経系の異常であると推定されることから，脳内で多くのセロトニンが存在する背側縫線核での遺伝子発現を解析し，ATF7変異マウスではセロトニン受容体5B（*Htr5b*）遺伝子の発現が高いことを示した．そしてATF7は*Htr5b*遺伝子に結合し，ヒストンH3K9トリメチル化酵素ESETをリクルートして，ヘテロクロマチン様構造を形成し，転写を抑制していることがわかった（**図2**）．ATF7変異マウスが示す行動異常は，野生型マウスを単独飼育して社会的分離ストレスを与えると（通常はケージ当たり4～5匹を飼育）みられる．そこで社会的分離ストレスとの関連を解析すると，社会的分離ストレスにより背側縫線核でATF7がp38でリン酸化され，クロマチンから遊離し，その結果H3K9me3レベルが低下し，ヘテロクロマチンが壊れ，転写が誘導されることが示された．社会的分離ストレスを含む精神ストレスにより，TNF-αのような炎症性サイトカインのレベルが末梢組織で上昇することがよく知られている[9]．したがって，TNF-αが脳関門を通過して脳内に移行し，p38を活性化する可能性が高い．このようなエピゲノム変化が長期間持続することが，社会的分離ストレスのような精神ストレスにより誘導される行動異常が長期にわたって持続するメカニズムと考えられる．

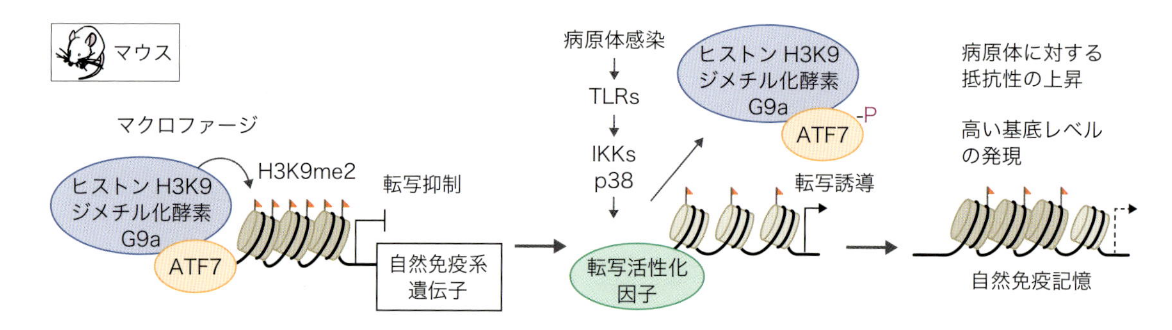

図3　病原体感染によるエピゲノム変化
マクロファージにおいて，ATF7は一群の自然免疫系遺伝子に結合し，ヒストンH3K9ジメチル化酵素G9aを運んで，転写を抑制する．病原体感染によりToll様受容体を介してp38が活性化されるとATF7はリン酸化され，クロマチンから遊離し，H3K9me2レベルの低下と転写が誘導される．感染後の長期間，H3K9me2レベルの低下が持続し，そのため基底レベルの高い発現が維持され，病原体への抵抗性が上昇する．

3 病原体感染によるエピゲノム変化

動物の免疫系は，マクロファージや樹状細胞などが関与する自然免疫と，T細胞やB細胞などが関与する獲得免疫からなっている．自然免疫系の細胞は，Toll様受容体で病原体の特定の分子を認識すると，貪食など病原体への初期攻撃を開始するとともに，T細胞やB細胞を活性化するサイトカインを産生し，また抗原提示を行う．一方，獲得免疫系の細胞は抗原認識に基づき，病原体への後期の攻撃を行う．記憶は免疫の重要な性質であるが，現在の教科書には「獲得免疫系のみが記憶を有し，自然免疫系は記憶を有していない」と記載されている．病原体感染により活性化されるT細胞やB細胞のなかには長期間生存できる記憶T細胞やB細胞が存在し，これらの細胞は同じ病原体が再感染するとすみやかに増殖し，病原体を攻撃する[10]．これが獲得免疫系の記憶のメカニズムである．しかし獲得免疫をもたず，自然免疫しかもたない植物や昆虫にも，記憶に似た現象が報告されている[11]．また動物でも，ヘルペスウイルス感染が細菌への抵抗性を非特異的に（抗原認識に基づかず）上昇させ，BCG（無毒性結核菌）などが病原体抵抗性を増加させること[12]，さらに結核菌の死菌を含む完全フロイントアジュバントがウイルスに対する抵抗性を増加させること[13]なども報告されている．これらにより自然免疫系にも記憶システムが存在するのではないかと考えられはじめており，trained immunityとよばれている[14]．

われわれはATF7が病原体感染により活性化され，一群の免疫系遺伝子の発現制御に関与していること，そしてATF7変異マウスではマクロファージがある程度活性化されていることに気づき，そのメカニズムを解析した．その結果，ATF7が多くの自然免疫系遺伝子に結合し，ヒストンH3K9ジメチル化酵素G9aをリクルートしてこれらの遺伝子の発現を抑制していること，グラム陰性菌の外膜成分であるリポ多糖などのToll様受容体リガンドを投与するとp38によりATF7がリン酸化され，クロマチンから遊離し，ヒストンH3のN末から9番目のリジンのジメチル化（H3K9me2）レベルが低下し，転写が誘導されることを見出した（**図3**）[15]．興味深いことにリポ多糖などを投与して3週間後でも，一群の遺伝子についてはH3K9me2レベルの低下が持続しており，そのため基底レベルの高い発現が維持され，そのため黄色ブドウ球菌への抵抗性が上昇していた．これらの結果は病原体感染によるマクロファージでのエピゲノム変化の持続が自然免疫の記憶のメカニズムであることを示している．自然免疫記憶の解明は衛生仮説のメカニズム解明や効率的なワクチンの開発にもつながりうる．乳幼児期の衛生的な環境が成人後のアレルギーの発症頻度を高めることが衛生仮説として知られている[16]．乳幼児期の病原体感染の影響が長らく維持されるメカニズムは不明であったが，自然免疫記憶はその手がかりを与えうる．また効率的なワクチンには抗原とともに自然免疫を活性化するアジュバントが必要であるが，これまでアジュバントに

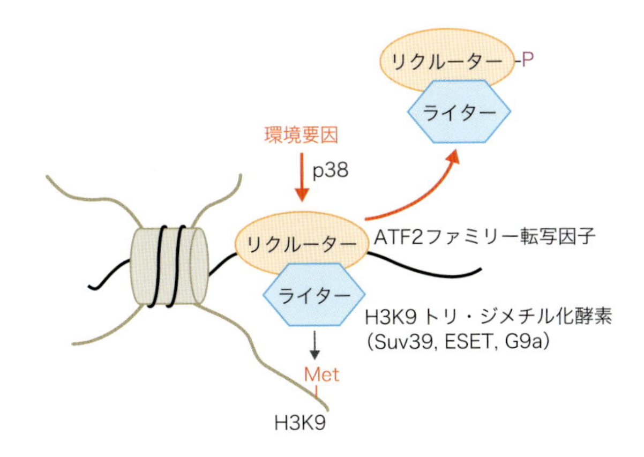

図4　ATF2ファミリー転写因子はH3K9メチル化酵素の運び役である
H3K9トリ・ジメチル化酵素は転写抑制マークのライターであるが，それ自身で標的遺伝子を認識できない．ATF2ファミリー転写因子はこれらのライターを標的遺伝子にリクルートする役目をもつ．重要な点は，このリクルーターが多様な環境要因に応答する能力をもつことである．

よる自然免疫の活性化は数日以内に終了すると考えられていた．しかしわれわれの結果は，アジュバントによる自然免疫の活性化がヒトでは年単位の長期間維持されることを示唆しており，これは効率的なアジュバントのスクリーニング法にも影響しうる．

おわりに

H3K9トリおよびジメチル化酵素はヘテロクロマチン様構造を形成し，転写抑制状態を維持するが，それ自身で標的遺伝子を認識することができない．これらの酵素を標的遺伝子にリクルートするのが，ATF2ファミリー転写因子である（**図4**）．このリクルーターが多様な環境要因に応答することから，環境要因によるエピゲノム変化が誘導される．前述した外部環境ストレス，精神ストレス，病原体感染ストレス以外にも，栄養条件など多くの生理的に重要な環境要因が存在する．これらの環境要因によるエピゲノム変化やその遺伝にもATF2ファミリー転写因子が関与するのか，また精神ストレスによるエピゲノム変化が次世代に遺伝するのかなど，いくつかの興味深い疑問に答えるために，さらに研究が必要である．

文献

1）Holoch D & Moazed D：Nat Rev Genet, 16：71-84, 2015
2）Jia S, et al：Science, 304：1971-1976, 2004
3）Maekawa T, et al：EMBO J, 8：2023-2028, 1989
4）Seong KH, et al：Genes Cells, 17：249-263, 2012
5）Seong KH, et al：Cell, 145：1049-1061, 2011
6）Suderman M, et al：Proc Natl Acad Sci U S A, 109 Suppl 2：17266-17272, 2012
7）Gapp K, et al：Nat Neurosci, 17：667-669, 2014
8）Maekawa T, et al：EMBO J, 29：196-208, 2010
9）Maes M, et al：Cytokine, 10：313-318, 1998
10）Ahmed R, et al：Nat Rev Immunol, 9：662-668, 2009
11）Kurtz J：Trends Immunol, 26：186-192, 2005
12）Kleinnijenhuis J, et al：Proc Natl Acad Sci U S A, 109：17537-17542, 2012
13）Gorhe DS：Nature, 216：1242-1244, 1967
14）Netea MG, et al：Cell Host Microbe, 9：355-361, 2011
15）Yoshida K, et al：Nat Immunol, 16：1034-1043, 2015
16）Yazdanbakhsh M, et al：Science, 296：490-494, 2002

<筆頭著者プロフィール>
吉田圭介：東京工業大学生命理工学部卒業後，同大学院（白髭研究室）にて理学博士号取得．2010年から理化学研究所・石井分子遺伝学研究室にて，研究員として「環境要因によるエピゲノム変化」について研究．現在は栄養条件によるエピゲノム変化が世代を超えて遺伝するメカニズムを研究中．

6. 全エピゲノム関連解析（EWAS）

古川亮平，八谷剛史，清水厚志

全エピゲノム関連解析（epigenome-wide association study：EWAS）は，環境やストレスなどの環境要因への曝露や疾病発症とエピゲノム変化の関連を網羅的に解明する手法であり，近年，大規模にEWASを行う下地が整ってきた．生来変化しないゲノム多型と異なり，EWASで対象とするエピゲノムパターンは分子的な安定性・生物学的な変動などの要因により変化するため，その解析にはDNAメチル化解析特有の問題が存在する．本稿では，この特有の問題とその解決方法について，われわれの取り組みも含めて概説する．

はじめに

第2章で述べられてきた通り，エピゲノム状態が細胞の発生に伴い変化し，分化に伴い固定され，時期特異的かつ細胞/組織特異的なエピゲノムパターンを示すことが知られている．一方で，環境の変化，ストレスなどの外的要因によりエピゲノムパターンが変化し，時に生殖細胞におけるエピゲノムリプログラミングすら超えて子孫にそのエピゲノム変化が引き継がれることも知られている（第2章-5参照）．これらの外的要因や表現型とエピゲノム変化の関連を網羅的に解明する研究手法の1つが全エピゲノム関連解析（epigenome-wide association study：EWAS）である．

全ゲノム関連解析（genome-wide association study：GWAS）は対象検体の全ゲノム領域に存在するゲノム多型を網羅的に測定し，疾患易罹患性や表現型，

[キーワード＆略語]
EWAS，EPIC，450K，コホート

DOHaD：developmental origins of health and disease
EWAS：epigenome-wide association study（全エピゲノム関連解析）
GWAS：genome-wide association study（全ゲノム関連解析）
HELP：*Hpa* II tiny fragment enrichment by ligation-mediated PCR
LUMA：luminometric methylation assay
MeDIP：methylated DNA immunoprecipitation（メチル化DNA免疫沈降法）
MIRA：methylated-CpG island recovery assay
MVPs：methylation variable positions
RRBS：reduced representation bisulfite sequencing
WGBS：whole-genome bisulfite sequencing（全ゲノムバイサルファイトシークエンシング）

Epigenome-wide association study
Ryohei Furukawa/Tsuyoshi Hachiya/Atsushi Shimizu：Division of Biomedical Information Analysis, Disaster Reconstruction Center, Iwate Tohoku Medical Megabank Organization, Iwate Medical University（岩手医科大学災害復興事業本部いわて東北メディカル・メガバンク機構生体情報解析部門）

あるいは薬剤応答性などと多型の関連性を無仮説（hypothesis-free）に解析する手法である．EWASは測定するゲノム多型がエピゲノム変化に置き換わったGWASであると考えることができる．2001年にCpGメチル化感受性制限酵素を利用し，約8,000カ所のCpGを対象にしたDNAマイクロアレイ※1（アレイ）での乳がんの症例対照研究が行われ[1]，2002年には同様に乳がんの症例対照研究が小規模ではあるがバイサルファイト処理を利用したアレイで行われたことで[2]，DNAメチル化解析をアレイで行う技術確立がなされた．さらに，2006年には染色体規模の脳腫瘍患者と統合失調症患者の症例対照研究が網羅的DNAメチル化解析により行われ，EWASの実現可能性が示された[3]．これらの研究では各グループが独自に作製したアレイを用いていたが，2009年にIllumina社からメチル化アレイであるInfinium HumanMethylation27 BeadChipが発売されたことで，大規模にEWASを行う下地が整った．しかし，ゲノム多型解析と異なり，DNAメチル化解析ではメチル化DNAの組織特異性・物理的安定性・経時的変化などの影響があるため，EWASでは要因解析に影響を与えるこれらの二次的影響を適切に排除する必要がある．そこで本稿では，EWASの原理・手法について述べるとともに，先行研究に触れながら，要因解明において強力な臨床研究の手法であるコホート研究におけるEWASの現状についても紹介する．

1 全エピゲノム関連解析（EWAS）

1）DNAメチル化のゲノムワイドな解析技術

第2章前稿まで，あるいは第3章の疾患エピゲノム研究と同様に，EWASにおいても複数の細胞あるいは複数の個体由来の検体を用いて，ある基準においてDNAメチル化が異なる部位（methylation variable positions：MVPs）を同定することが目的である．網羅的DNAメチル化解析の手法にはCpGメチル化感受性制限酵素を利用するもの（HELP, LUMA等），バイサルファイト反応を利用するもの（WGBS, RRBS, Infinium等），抗メチル化シトシン抗体を利用するもの（MeDIP, MIRA等）があるが，EWASにおいては多検体のDNAメチル化を網羅的かつ塩基レベルで測定する必要があるため，バイサルファイト反応を利用したメチル化アレイが広く用いられている．

現在入手可能なIllumina社のInfinium MethylationEPIC BeadChip（EPIC），あるいは2015年まで販売されていたInfinium HumanMethylation450 BeadChip（450K）は，85万カ所（EPIC）または48万カ所（450K）のメチル化測定が可能であり，全ゲノム中の両鎖合わせて約5,350万カ所のCpGのうち，それぞれ1.6％（EPIC），および0.9％（450K）を解析することが可能である．EPICは450Kの90％以上の対象を継承しているほか，ENCODEやFANTOM5などのプロジェクトから報告されたエンハンサー領域の網羅性が大幅に向上している．EPIC/450Kを用いた網羅的DNAメチル化解析では，まずバイサルファイト変換したゲノムDNAを酵素反応的に増幅と断片化を行い，続いてアレイ上に搭載したプローブとハイブリダイズさせた後に一塩基伸長反応により蛍光標識された塩基を取り込ませる．これをiScan Microarray Scanner（Illumina社）でスキャンすることでメチル化CpGと非メチル化CpGを蛍光で判別することができる．詳細な原理等についてはメーカーウェブサイトなどを参照いただきたい[4]．

2）EWASにおけるDNAメチル化解析特有の問題

GWASで対象とするゲノムDNAが基本的にどの組織・細胞においても同一の情報をもち，生来の情報が変化しない一方で，EWASで対象とするDNAメチル化は組織・細胞ごと，また採取した際の手法，あるいは時期によっても異なることが考えられる．さらに，DNAメチル化はゲノム多型の影響も受けるため，EWASにより同定したメチル化DNA変化が外的要因の影響によるものなのか，あるいはゲノム多型の写像をみているのかを区別する必要もある（**表**）．

i）細胞組成の問題と解決方法

これらの影響を排除するためさまざまな試みが行われている．まず疾患エピゲノム解析の場合，対象とす

> **※1　DNAマイクロアレイ**
>
> 小さなガラス基板上に規則正しく配置した膨大な数の一本鎖DNAをプローブとし，検体中の相補鎖をもつ断片の有無，あるいは量を検出するための材料．EWASの場合はバイサルファイト処理されたC/GとA/Tの比率を蛍光により検出することでDNAメチル化率が算出できる．

表　EWASにおけるオミックス解析特有の問題点

組織特異性	ゲノムと異なり，オミックスの情報は組織や細胞ごとに異なる.
物理的安定性	ゲノムと異なり，オミックスの情報は物理的に不安定である.
経時的変動	ゲノムと異なり，オミックスの情報は採取する時期により変化する.
因果関係および ゲノム多型からの独立性	ゲノムと異なり，オミックスの情報は関連解析の因果の双方になりえ， かつゲノム多型の影響を受ける.

EWASはGWASと異なりオミックス情報特有の問題があり，EWASの際には解釈の前にこれらの効果を考慮する必要がある.

る疾患と直接関連する病変組織を解析する方法がある.精神疾患領域はエピゲノム解析の研究が進んでおり，死後脳を使ったEWASも複数行われている．統合失調症と双極性障害患者各35例と対照群の死後脳を用いた研究では死後脳を保存している研究機関から分譲を受けて解析を行っている[5]．また，がんにおいては治療の一環として外科手術により病変組織を摘出することがあるため，解析のための追加の侵襲をせずに対象の検体そのものを入手することができる．その際，がん部と合わせて周辺の正常組織も摘出するため，がん部と正常部の比較も可能である[6]．しかし，死後検体，および手術検体の入手は容易ではないため，特に生活習慣病などの疾患，あるいは薬剤応答性や生活習慣等の健常者を対象とした研究の場合には，直接の影響を受ける病変組織を入手することは困難である場合が多い．そのため，低侵襲である唾液，口腔粘膜，血液などを病変組織のサロゲート※2として利用する研究が報告されている．例えば精神疾患領域において唾液[7]や血液[8]を用いたEWASが行われている．ただし，唾液には上皮細胞と白血球が，血液には50種以上の雑多な細胞が含まれており，その比率は個人により異なる．そのため，唾液や血液のDNAメチル化を測定する際には検体に含まれる細胞種の比率に乗じて細胞特異的なDNAメチル化の影響を強く受けることが問題となる.

アレイを用いたEWASでは細胞特異的なバイアス※3のほかに，GWASの解析と同様にアレイ測定に伴う種々のバイアスを関連解析の前に補正する必要がある.スライド間の測定バイアス，スライド内のシグナル強度バイアスを減弱するために症例検体と対照検体を交互に配置することが多く，測定後にはGenomeStudio (Illumina社)，Rのminfiパッケージ，CPACOR pipelineなどを利用して正規化を行う必要がある．さらに，正規化後のデータセットからデータ取得率の低い検体，多くの検体で測定できていないプローブ，既知のゲノム多型と重なり合うメチル化部位を含むプローブ，研究デザインによってはさらに性染色体上のプローブを解析対象から取り除くデータクリーニングを行う．このようにしてクリーニングされたデータセットは高品質なデータセットではあるものの，EWAS特有の問題である細胞組成によるバイアスを取り除くことはできていない.

細胞画分の比率はフローサイトメトリーで測定することができるが，解析済みの単離した細胞のDNAメチル化情報を利用して全血中の血液細胞の組成を推定する方法が知られており[9]，この推定式を利用して細胞組成の違いによるバイアスを補正することができる.事実，唾液中の上皮細胞の割合は個人差が非常に大きく（3～99％），白血球中の好中球の差も大きい（42～84％）が，推定した細胞組成を利用してDNAメチル化情報を補正することが可能であり，精神疾患における脳組織のサロゲートとして唾液や血液を利用できる可能性が示されている[10]．すでに，細胞組成推定方法を利用してバイアス補正した数百人規模の喫煙者のEWASも報告されており[11]，上記minfiパッケー

※2　サロゲート

一般には代理人を指すが，オミックス解析においては疾患や環境の直接の影響を受ける組織の採取が困難な場合に唾液や口腔粘膜，血液，毛包，皮膚，皮下組織などの侵襲の少ない組織を解析対象とする代理組織のことを指す.

※3　バイアス

偏り．ここでは曝露や疾患発症と関連のあるMVPsを同定する際に検体収集や処理方法，測定の際の条件の違いによりデータに生じる偏りを指す．擬陽性の原因となる.

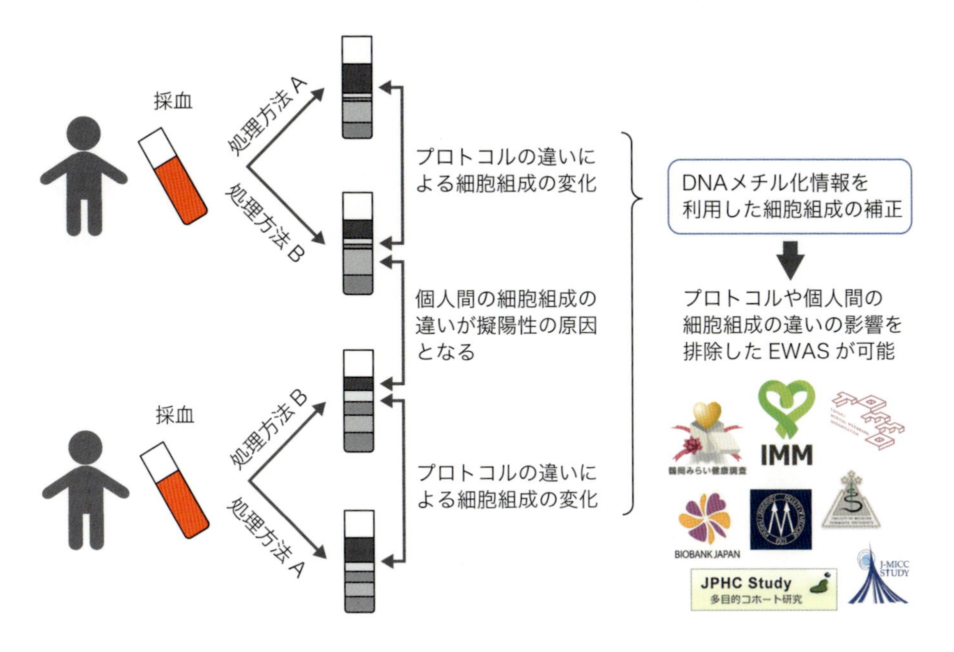

図1　細胞組成推定によるバイアス補正
血液は大きく顆粒球，単核球に分けられ，その構成細胞種の比率は個人により異なる．また，保存条件や検体処理方法の違いによりDNA抽出の際に回収される細胞の比率が変化することもある．このようなサンプルにおける細胞組成の違いがEWASの際にバイアスを生じる原因となる．そこで，測定したDNAメチル化情報からもとの細胞の組成を推定して補正する方法がとられる．

ジでも本手法を利用することができる．このように細胞組成による補正を行うことで，これまでにバイオバンクや医療機関で保存されてきた全血や軟層，あるいはPBMC（末梢血単核球）をGWASだけではなくEWASで利用することが可能となっている．一方で，700名分のリンパ球と24名分の単球を用いた関節リウマチのEWASの結果からは，均一性の高い細胞を用いることでMVPsを検出するために必要な検体数を減らすことができる可能性が示唆されており[12]，検体採取を含めた新規のEWASをデザインする場合には対象検体数を増やすのではなく，セルソーターなどを利用して病変組織中の細胞の純度を上げることで感度および特異度を高くすることも視野に入れるべきである．

ⅱ）検体の安定性の問題と解決方法

GWASがたどってきたようにEWASにおいても今後必要な対象検体数が増大し，結果として長期間にわたり収集してきた検体を用いる，または多施設の検体を利用することが十分考えられる．長期に保存を続けている機関においてはDNA抽出キットの販売終了や改定，また多施設の場合は検体の収集プロトコルそのものが大きく異なることが多く，DNAメチル化解析の際にバイアスを生じる可能性があった．われわれが国内のコホート，バイオバンクから関連医療機関も含めた検体収集プロトコルの提供を受けたところ，採血管，輸送温度，輸送時間，DNA抽出方法，保存方法が機関により大きく異なることが判明した．そこで，種々の検体収集・処理プロトコルのDNAメチル化解析への影響について検討することにした．16名の同一個人から複数のコホートの処理方法を模してDNAを抽出し，450Kによる解析を行った結果，研究機関のプロトコルごとにバイアスが生じていることが判明した．そこで，複数のパラメータを補正式に組込み検討した結果，最終的に細胞組成のパラメータを利用することで検体処理バイアスを補正することが可能であり，国内で標準的に利用されている方法で収集された検体は異なる機関で集められた検体であっても相互に利用することができることを示した（**図1**）[13]．

ⅲ）経時的変動の問題と解決方法

症例対照研究でEWASを行う際にはある時点までに収集された検体を一度に解析するため個人ごとに一度

の測定になるが，コホート研究におけるEWASでは同一個人の検体を複数回測定する可能性がある．特に東北メディカル・メガバンク計画では計画当初から複数回の検体採取をデザインしていたため，個人内のDNAメチル化の変動が相関解析においてどの程度の影響を与えるのかを確認する必要があった．そこで，われわれは複数同一個人から3カ月にわたる検温と採血をくり返し，血算，hsCRP（高感度C反応タンパク質）検査，次世代シークエンサーによる遺伝子発現解析と合わせてPBMCおよびセルソーターにより単離した単球を用いて450KによるDNAメチル化解析を行った．その結果，2名の解析対象者が測定期間中にいずれかの感染症による炎症が疑われるごく短期のhsCRP高値を示し，それに対応した遺伝子発現変動がみられたものの，DNAメチル化－遺伝子発現相関解析の結果，有意なDNAメチル化変化はごくわずかであり，数カ月程度の期間では血液細胞のほとんどのDNAメチル化状態は安定であることが判明した．この結果は，疾患と関連のあるMVPsを検出する際に，個人内の短期間のDNAメチル化変化を考慮する必要がない，すなわちコホートにおけるEWASにおいて短期間にくり返す検体採取は不要であることを示しており，ゲノムコホートのデザインとEWASの手法が合致することを示すことができた[14]．

iv）独立性の問題と解決方法

DNAメチル化はCpGそのものがゲノム多型となりうるほか，ゲノム多型が転写因子の結合などに影響することで周辺の，稀に遠位のDNAメチル化に影響を与えるため，ゲノム多型と完全に独立して解釈することはできない．そこで，一方のみが乳がんを発症した一卵性双生児の血液検体を用いた研究[15]，など一卵性双生児を対象とすることでEWASをゲノム多型から独立して行う報告がされている．また，一卵性双生児を対象とする，あるいは既知のSNPsと重なり合う多型を解析対象から外すような消極的手法ではなく，DNAメチル化と合わせて同一個人のゲノム多型を測定することで，より積極的にEWASで同定されたMVPsの解釈をゲノム多型とDNAメチル化の相関（mQTL/metQTL）の解明と合わせて行う手法もとられている[16]．ゲノム多型解析を合わせて行うことでEWASのコストは増大するが，EWASがGWASを超えた新たな関連を同定することを目的とした場合には必要なコストであると考えられる．

2 ゲノムコホート研究とEWAS

これまでに示してきた通り，組織特異性，物理的な安定性，短時間での変動，ゲノム多型からの独立性の問題，について対策できればEWASは前向きコホート研究において因果関係を証明できる強力な解析ツールとなりうる．

前向きコホート研究は，あるヒト集団における疾病の発症や増悪，死亡などのエンドポイントを長期にわたって追跡し，研究開始（ベースライン調査）時に収集した臨床情報や生体マーカーとの関連を明らかにする研究手法である．ゲノム多型は生涯変化しないため，ベースライン調査の際に保存していた血液検体のジェノタイピングをコホート研究開始後に行っても，疾患発症前の曝露とみなすことができるため，コホート研究における要因の1つとして利用しやすい．一方，DNAメチル化情報は疾患発症の要因にも結果にもなりうるため，ベースライン調査時の断面解析では因果のどちらかを判断することはできない．しかし，ベースライン調査に加えて追跡調査時にも測定することにより，疾患発症とさまざまな外的要因との関連を証明することによって，因果関係を推論し，生体内の分子的な機構に結びつけることができる重要なツールの1つとなりうる．東北メディカル・メガバンク計画では同一個人からの複数回の検体採取とそれに伴うオミックス解析をデザインしているため，2017年度からの第二期においてコホートにおけるEWAS解析を実現する予定である．

EWASをデザインする際に表現型や疾患の有無に分けて行う症例対照研究や，ベースライン調査後に変化する表現型や罹患する疾患とDNAメチル化の解析を行うコホート研究が考えられる．さらに，症例対照研究，コホート研究ともに双生児などの血縁者を用いる研究があるが，特に妊婦を対象としたEWASはDNAメチル化解析特有の研究である（**図2**）．DOHaD（developmental origins of health and disease）仮説やオランダの冬の飢饉事件など，妊婦の生活習慣・生活環境が出生体重や成人後の易罹患性に影響を与え

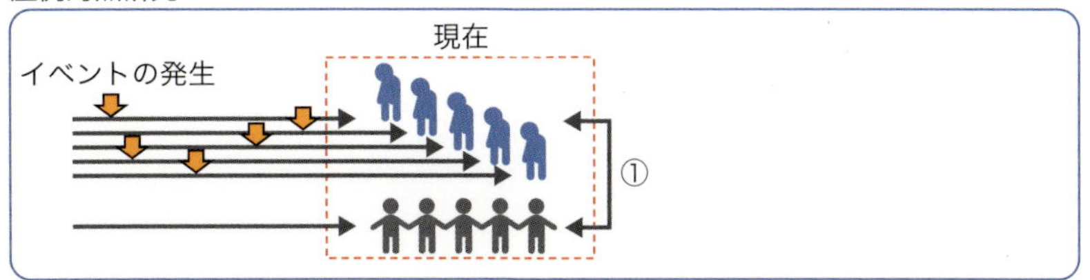

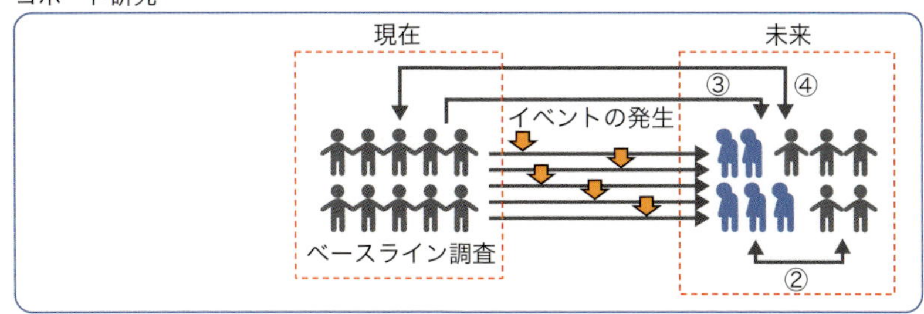

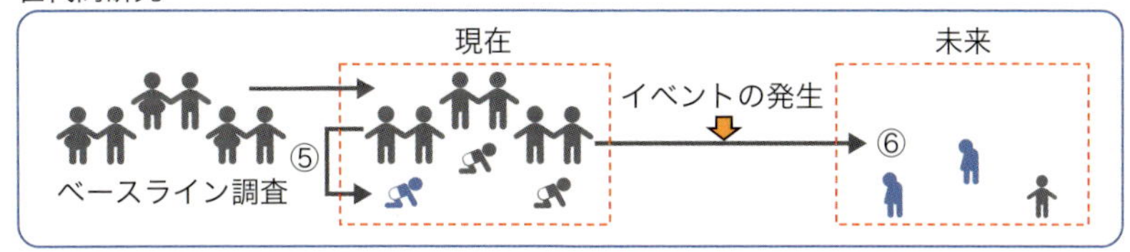

図2　EWASの研究デザイン
EWASではGWASと同様に，症例対照研究として現在のDNAメチル化を測定する方法（①），追跡調査後にコホート内症例対照研究としてイベント発生後のDNAメチル化を測定する方法（②），前向きコホート研究としてベースライン調査時に測定したDNAメチル化を利用する方法（③）があるが，さらにEWAS特有の解析としてイベント前後のDNAメチル化を測定することで観察したDNAメチル化変化が因果のどちらであるかを推定する方法（④）や，妊娠中の父母の生活習慣と出生後（⑤），あるいは追跡調査後（⑥）の児のDNAメチル化測定を行い，父母の生活習慣と児の罹患およびDNAメチル化の関連を解析する方法などがある．

ることが報告されており，妊娠中のDNAメチル化の変化がその原因の1つとして考えられている．実際に妊娠中の喫煙が胎児（測定検体は臍帯血）のDNAメチル化に影響することが報告されており[17]，EWASの結果ではないが，出生後18カ月が経過しても幼児の末梢血に胎児期のMVPsが残存しているとの報告もある[18]．

おわりに

これまでに示してきたようにEWASそのものは2008年から報告があり，その基盤的研究から数えると10年以上が経過している．一方で，ゲノムと異なるオミックス特有のさまざまな問題があり，EWASの普及が遅れる原因となっていた．しかし，過去の取り組みと今回紹介したわれわれの研究成果により，EWASの問題の大部分は解決したと考えられる．今後はシークエンシングベースのEWASを行うための基盤として各組織に含まれる細胞の全エピゲノム解析（WGBS）のデータベース構築や補正方法の開発が必要であるが，現時点で基盤技術は確立されており，近い将来に解決できる問題であると考えられる．将来的に全ゲノム規模のDNAメチル化解析が廉価になった際にはEWASの成果をもとに定期的な採血とDNAメチル化解析により疾患の隠れた進行をあらわにし，個別化医療・個別化予防を実現させることをめざしたい．

本稿にて紹介したわれわれの研究を進めるにあたり，いわて東北メディカル・メガバンク機構の先生方，特に疫学についてご指導くださりました丹野高三先生，採血に協力してくださりましたGMRCの皆様に感謝いたします．当教室の教室員の皆様，特に志波優講師には血液細胞の補正方法の記載についてサポートをいただきましたこと感謝いたします．検体収集の相違によるバイアスの解析においては快くそれぞれのコホート，関連医療機関のプロトコルを提供いただけました．東北大学東北メディカル・メガバンク機構，九州大学久山町研究，日本多施設共同コーホート研究，多目的コホート研究，バイオバンク・ジャパンの先生方に感謝いたします．また，慶應義塾大学鶴岡みらい調査の武林亨先生，原田成先生，山形大学医学部メディカルサイエンス推進研究所「山形県コホート研究」の嘉山孝正先生，中島修先生，川崎良先生には今回の総説のために新たに検体処理方法の情報をいただけましたこと深く感謝いたします．最後に東北メディカル・メガバンク計画に参加，協力いただきました岩手県・宮城県の住民の方々，自治体の方々，保健師の皆様に深く感謝いたします．

文献

1）Yan PS, et al：Cancer Res, 61：8375-8380, 2001
2）Gitan RS, et al：Genome Res, 12：158-164, 2002
3）Schumacher A, et al：Nucleic Acids Res, 34：528-542, 2006
4）Infinium メチル化アッセイ（http://jp.illumina.com/technology/beadarray-technology/infinium-methylation-assay.html）
5）Mill J, et al：Am J Hum Genet, 82：696-711, 2008
6）Hernandez-Vargas H, et al：PLoS One, 5：e9749, 2010
7）Yang BZ, et al：Am J Prev Med, 44：101-107, 2013
8）Aberg KA, et al：JAMA Psychiatry, 71：255-264, 2014
9）Houseman EA, et al：BMC Bioinformatics, 13：86, 2012
10）Smith AK, et al：Am J Med Genet B Neuropsychiatr Genet, 168B：36-44, 2015
11）Sun YV, et al：Hum Genet, 132：1027-1037, 2013
12）Liu Y, et al：Nat Biotechnol, 31：142-147, 2013
13）Shiwa Y, et al：PLoS One, 11：e0147519, 2016
14）Furukawa R, et al：Sci Rep, 6：26424, doi: 10.1038/srep26424, 2016
15）Heyn H, et al：Carcinogenesis, 34：102-108, 2013
16）Grundberg E, et al：Am J Hum Genet, 93：876-890, 2013
17）Joubert BR, et al：Environ Health Perspect, 120：1425-1431, 2012
18）Novakovic B, et al：Epigenetics, 9：377-386, 2014

＜筆頭著者プロフィール＞
古川亮平：2012年慶應義塾大学大学院理工学研究科にて学位取得．専門は細胞生物学，発生生物学．'13年より現職．ソーティングした血液細胞のオミックス解析において主にメチローム解析を担当し，生活習慣などの環境要因との関連解析も進めている．エピゲノムのバリエーションが個体の多様性とどう結びつくのかに興味がある．個別化予防の実現に向け，仲間と力を合わせて精度の高い解析をめざしていきたい．

ACTIVE MOTIF®
Enabling Epigenetics Research

エピジェネティクス関連研究ツール

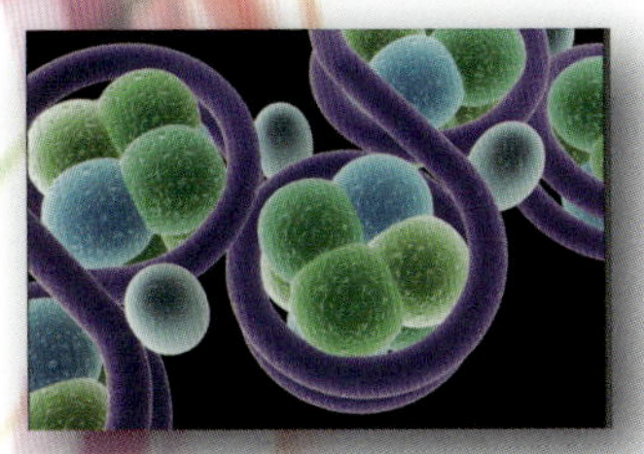
クロマチン免疫沈降

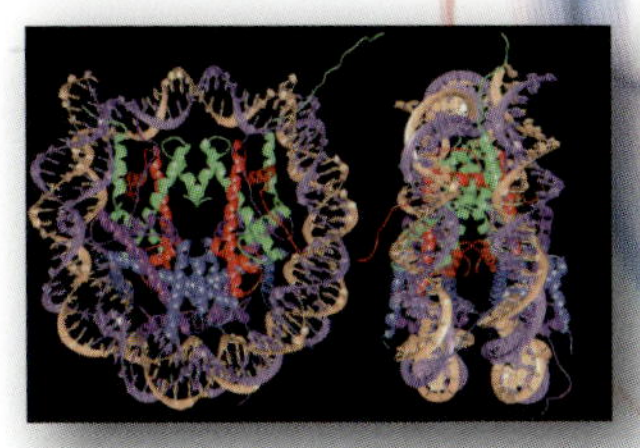
ヒストン修飾解析

ChIP-Seq用抗体

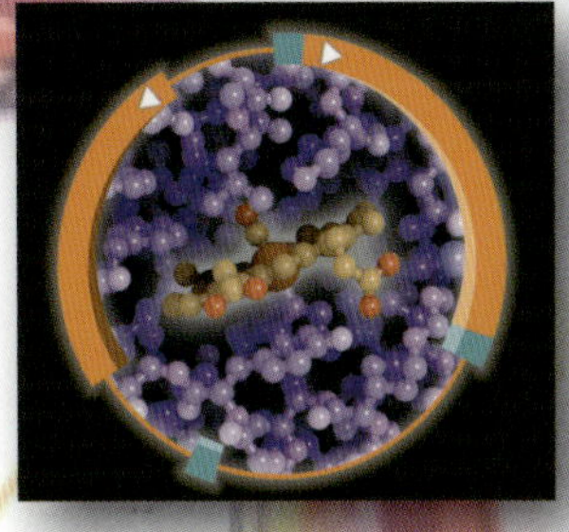
miRNA解析

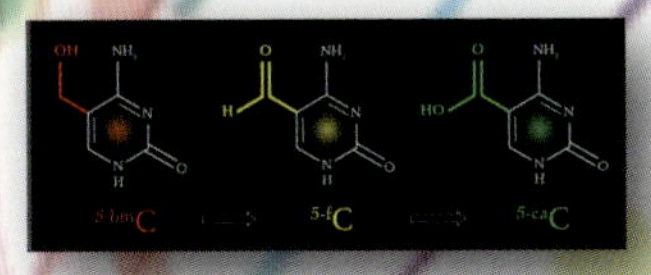

DNAメチル化研究

遺伝子発現制御研究

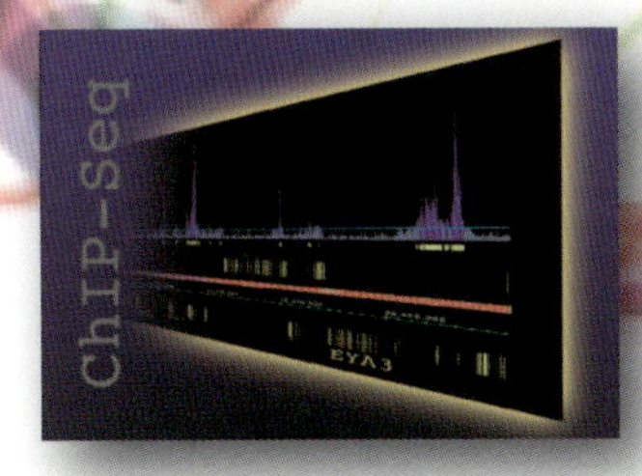

エピジェネティクス
受託サービス

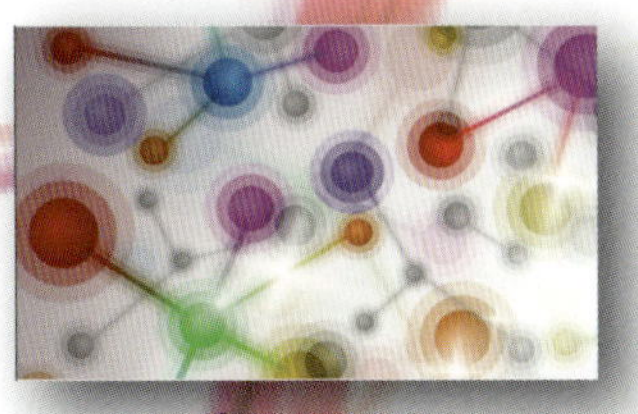
タンパク質修飾解析

アクティブ・モティフ株式会社
www.activemotif.jp 〒162-0824 東京都新宿区揚場町2-21
Tel: 03-5225-3638 Fax: 03-5261-8733
e-mail: japantech@activemotif.com

I. がん

1. エピゲノムプロファイルによる がん症例の層別化

新井恵吏

臨床試料のエピゲノム解析の成否の鍵は，詳細な臨床病理情報と検体の品質が握っている．発がん要因に呼応するエピゲノムプロファイルは前がん段階ですでに確立し，維持メチル化機構で保持され，がんそのものに継承されてその悪性度を規定する．エピゲノムプロファイルに基づけば，症例間のheterogeneityや発がん経路の差異を鮮明にさせるような，がん症例の層別化が可能である．国際ヒトエピゲノムコンソーシアム等による正常細胞の標準エピゲノムデータを対照とすることで，バイオマーカー開発・治療標的同定が加速すると期待される．

はじめに

従来の発がんにおけるエピジェネティック機構の意義に関する研究は，仮説に基づいて特定の既知遺伝子に着目し，遺伝子のDNAメチル化率や発現量を定量する候補遺伝子アプローチであった．これに対し近年では，高速シークエンシング技術やDNAメチル化アレイが進歩し，候補遺伝子を限定することなくエピジェネティックな情報をまとめて検出するゲノム網羅的解析，すなわちエピゲノム解析が多数の臨床試料において行われるようになった．このような，まずデータを詳細に観察して発がんの道筋を考察する「データ駆動型研究」は，がんの本態解明・バイオマーカー開発・治療標的同定にブレイクスルーをもたらすことができると期待されている．

[キーワード＆略語]
臨床試料，ゲノム網羅的解析，層別化，バイオマーカー開発，治療標的同定

ChIP：chromatin immunoprecipitation（クロマチン免疫沈降）
IHEC：International Human Epigenome Consortium（国際ヒトエピゲノムコンソーシアム）
seq：sequencing（シークエンシング）
WGBS：whole-genome bisulfite sequencing（全ゲノムバイサルファイトシークエンシング）

1 がんの臨床試料に適用されるエピゲノム解析手技

高速シークエンサーを用いたエピゲノム解析手法としては，全ゲノムバイサルファイトシークエンシング（whole-genome bisulfite sequencing：WGBS）やクロマチン免疫沈降（chromatin immunoprecipitation：ChIP）－シークエンシング（seq）が存在する．多数の病理組織検体における解析に際しては，合理的なコストで充分な情報量が取得できるInfinium[1] 等の高

Stratification of cancer cases based on epigenome profile
Eri Arai：Department of Pathology, Keio University School of Medicine/Division of Molecular Pathology, National Cancer Center Research Institute（慶應義塾大学医学部病理学教室/国立研究開発法人国立がん研究センター研究所分子病理分野）

密度アレイ解析も多用されている．興味深い領域を濃縮してWGBSを行うターゲットメチローム解析等が普及すれば，今後多数の臨床試料の解析も可能になると予測される．ホルマリン架橋やクロマチン断片化等の手技を多数の組織検体において均一な条件で行うのは困難であるため，ChIP-seqが多数の病理組織検体を集めた解析に用いられることは少ない．最近新たに注目されるようになったヒドロキシメチルシトシンの網羅的解析手法である酸化バイサルファイト-seq（oxBS）[2]やTet-assistedバイサルファイト（TAB）-seq[3]等は，手技としていまだ改良を要する段階である．

2 臨床試料のエピゲノム解析の成否の要件

1）エピゲノム解析の成否の鍵を握る詳細な臨床病理情報

網羅的な解析で得られた莫大なデータのなかから，バイオマーカー開発・創薬標的同定等臨床のブレイクスルーに資するデータを見極めるには，個々のがんの悪性度や症例の予後等の臨床病理学的因子と有意に相関するかどうかが鍵となる．筆者はがん研究者であるとともに病理専門医であるので，エピゲノム解析の対象とする全症例の手術標本のすべての肉眼写真とすべてのプレパラートを，それぞれ肉眼的にまた顕微鏡的に，最新の診断基準を用いて再評価し，統一された臨床病理学的情報を付加している．

病理学や臨床医学を背景としない研究者からは，このような臨床病理情報が欲しいとの要望が多く寄せられる．誰でもアクセス可能な質の高い臨床病理情報データベースの需要を感じるが，他方では，それらの情報の収集には高い専門性や熱意，労力を要するものであることを理解し，病理医や臨床医との適切なディスカッションがその情報の質を高めることを認識していただきたいとも考えている．

2）エピゲノム解析の成否の鍵を握る検体の品質

病理組織検体におけるオミックス解析の成功の鍵を握る要因の1つは，適切な部位から採取された質の高い検体を用いることである．肉眼所見の紛らわしい背景病変等を回避し，核酸やタンパク質が変性していることが予測される出血・壊死巣を回避し，病理診断に支障をきたさず（患者に不利益を及ぼさず）適切な部位から研究のために組織検体を採取することが肝要である．

一般社団法人日本病理学会は，「オーダーメイド医療の実現プログラム」の一環として，『ゲノム研究用病理組織検体取扱い規程』を策定した．この規程は，エピゲノム等オミックス研究に適した質の高い病理組織検体を全国の医療機関やバイオバンク等で充分数収集できるようにすることをめざしており，第1部「研究用病理組織検体の適切な採取部位」，第2部「凍結組織検体の適切な採取・保管・移送方法」，第3部「ホルマリン固定パラフィン包埋標本の適切な作製・保管方法」よりなる．本書編者金井を委員長とする「日本病理学会ゲノム病理組織取扱い規約委員会」に所属する研究者が，実際に種々の条件で病理組織検体を採取・保管し，実証解析を実施した．筆者らも分担したこのような実証解析データに基づいて，第2部・第3部は編集されており，“科学的な根拠をもつ規程”となっている．さらにこの規程は，ナショナルセンターバイオバンクネットワーク（National Center Biobank Network：NCBN）[4]やバイオバンクジャパン（Biobank Japan：BBJ）[5]等の代表よりなる，「ゲノム研究用試料に関する病理組織検体取扱いガイドライン審議会」の審議と承認を得ている．規程の初版の冊子体は，2016年3月に全国の大学・医療機関等に発送され，webページから全文公開され[6]，eラーニング[7]も開講された．検体の収集・管理に当たる方々には，規程の実証データを参照して，各施設の実情に合わせた適切な取り扱いをぜひ実施していただきたい．また，病理医やバイオバンク関係者が収集した検体の供与を受けて研究する研究者の方々には，収集の実際や収集側の労力を理解し，各検体の特性を熟知して臨床検体の解析に臨んでいただきたいと考える．

3 がんの臨床試料のエピゲノム解析

1）症例の適切な層別化

諸臓器がんの多数の臨床試料のエピゲノム解析においては，症例間のheterogeneityを無視して全症例のがんで高頻度にDNAメチル化を受ける遺伝子等を力づくで抽出しても，有益な結果が得られるとは限らな

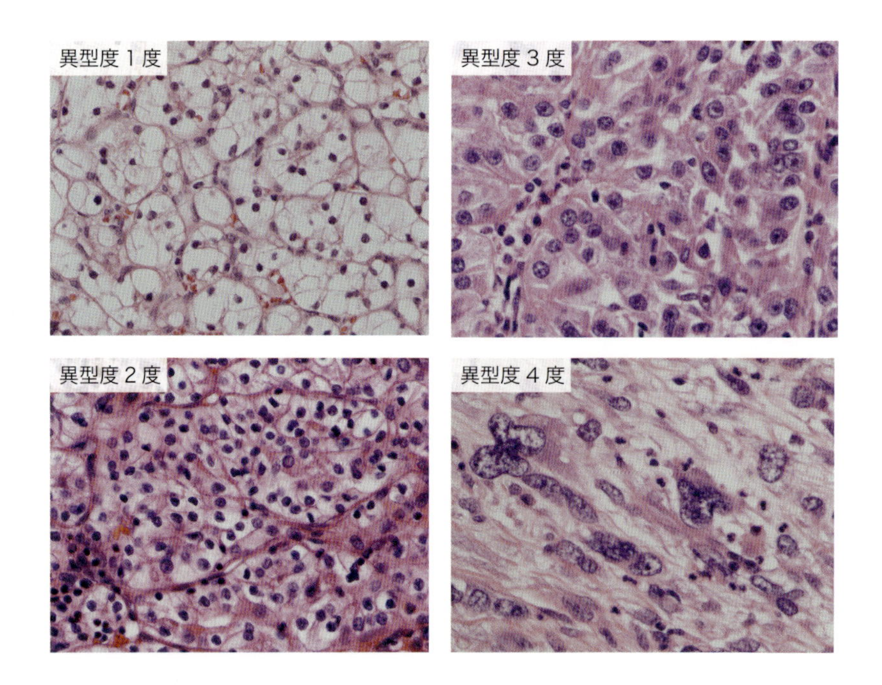

図1　腎淡明細胞がんの症例間の組織学的なheterogeneity
組織学的な異型度が1度の症例から4度の症例の典型像を示している．同じ腎淡明細胞がんと診断されるがんでも，症例ごとに顕微鏡的に明らかな多様性があり，組織像に対応するように臨床経過や予後もまちまちである．heterogeneityのある症例から得られたデータをすべてまとめて平均値で解析しようとしても，有用なバイオマーカーや適切な創薬標的にたどり着けない場合がある．

い（**図1**）．DNAメチル化は発がん要因を含む環境要因の影響で変化し，いったん起こったDNAメチル化異常は，DNAメチル化酵素DNMT1が担う維持メチル化機構※1に基づいて共有結合で安定に保存され，その個人の生涯にわたる発がん要因への曝露の痕跡としてゲノム二重鎖上に蓄積していく．こうして前がん段階で確立したDNAメチル化プロファイルは，がん細胞そのものに継承されがんの悪性度ともよく相関することを，筆者らはくり返し報告してきた[8) 9)]．このように発がんの分子経路を反映するエピゲノムプロファイルに基づいて，heterogeneityのあるがん症例群をまず適切に層別化することが，がんの本態解明に有益であると考えている．

主成分分析やクラスタリング解析により，従来の概念ではある臓器がんの単一組織型と認識されていた症例が複数の群に分類されれば，エピゲノムプロファイルに基づいて症例の層別化が行われたと見なされる．新しく層別化された各症例群間で予後や特定の治療の奏効性等と有意に相関することがあれば，それは臨床病理学的に有用な新しい疾患分類であるといえる．

※1　維持メチル化機構

DNAメチル化酵素DNMT1が，DNA複製中の親鎖のみメチル化された（ヘミメチル化された）基質を認識して，娘鎖に優先的にメチル基を供与する特性を有するために，CpGメチル化パターンが細胞分裂を経て保持される事象．

例えば，広域発がん（field cancerization）の考えでは，*Helicobacter pylori*感染や慢性萎縮性胃炎を伴う胃粘膜は胃がんに対する前がん段階にあると考えられる．手術検体の非がん胃粘膜のDNAメチル化プロファイルをもとに，胃がん症例の階層的クラスタリングを施行した[10)]．前がん段階におけるDNAメチル化状態に基づくクラスター分類と，その症例に生じたがんの悪性度はよく相関した（**図2**）．そこで，各クラスターの前がん段階のDNAメチル化プロファイルを特徴づける遺伝子群を抽出した．これらの遺伝子のがん組織でのDNAメチル化率も，がんの悪性度と再度有意に相関するのみならず，症例の予後とも有意に相関していた（**図2**）．前がん段階で成立したDNAメチル

胃がん症例手術検体のうちの
がんではない非がん胃粘膜組織

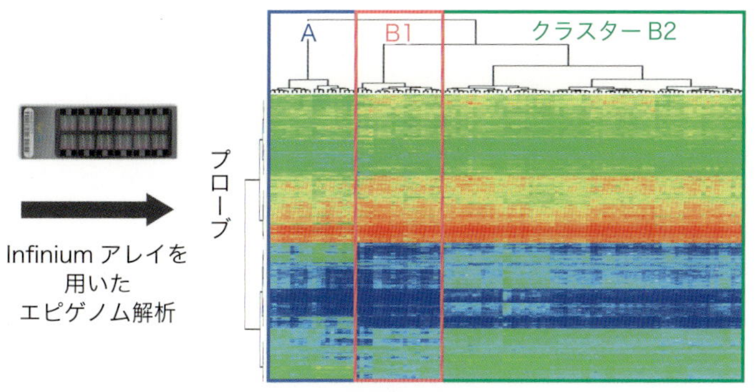

前がん段階における DNA メチル化状態に基づくクラスター分類であったにもかかわらず，その症例に生じたがんの悪性度とよく相関（クラスターB1に悪性度の高いがんが蓄積）
→クラスターB1の前がん段階のDNAメチル化プロファイルを特徴づける遺伝子を抽出

抽出した遺伝子の多くのがん組織での DNAメチル化率が，再度がんの悪性度・症例の予後と有意に相関

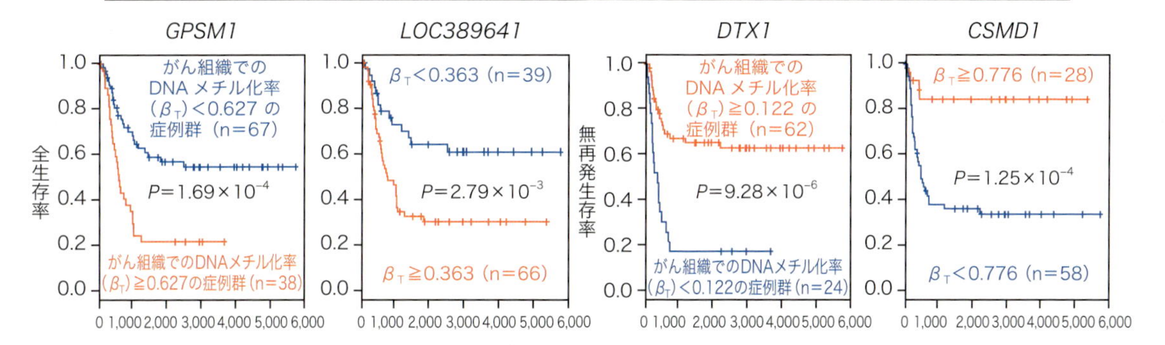

図2　非がん胃粘膜のDNAメチル化プロファイルに基づく胃がん症例の層別化
広域発がん（field cancerization）の考えに基づくと，*Helicobacter pylori*の感染や慢性萎縮性胃炎を呈する胃がん症例より得られた非がん胃粘膜は，胃がん細胞と同様の発がん要因に曝露しており，すでに前がん段階にある可能性がある．前がん段階におけるDNAメチル化プロファイルに着目して抽出した遺伝子の多くのがん組織でのDNAメチル化率が，がんの悪性度と再度有意に相関するのみならず，症例の無再発生存率・全生存率とも有意に相関することがわかった．前がん段階で成立したDNAメチル化プロファイルががんに継承され，悪性度や予後を規定していると考えた．

化プロファイルががんに継承され，悪性度や予後を規定していると考えられた[10]．

別の例として，手術検体の非がん肺組織のDNAメチル化状態をもとに，肺腺がん症例の階層的クラスタリングを施行した（**図3**）[11]．クラスターⅠの多くは重喫煙者で，胸膜炭粉沈着が高度で，閉塞性換気障害を高頻度に認め，呼吸細気管支の炎症・線維化・気腫性変化が高度であった．クラスターⅠの肺腺がんは，腫瘍径が大きく，胸膜浸潤が高頻度であった．クラスターⅠのDNAメチル化プロファイルは，慢性閉塞性肺疾患の炎症を背景として形成され局所進行性のがんを生じると考えた．これに対し，クラスターⅡのDNAメチル化プロファイルは，喫煙の寄与の少ない発がん経路で形成され，予後良好ながんを生じると考えられた．クラスターⅢの多くは軽喫煙者で，がんにおいてはリンパ管侵襲・静脈侵襲・リンパ節転移が高頻度で，診断時の病期が進行しており，予後不良であった（**図3**）．クラスターⅢのDNAメチル化プロファイルは，炎症

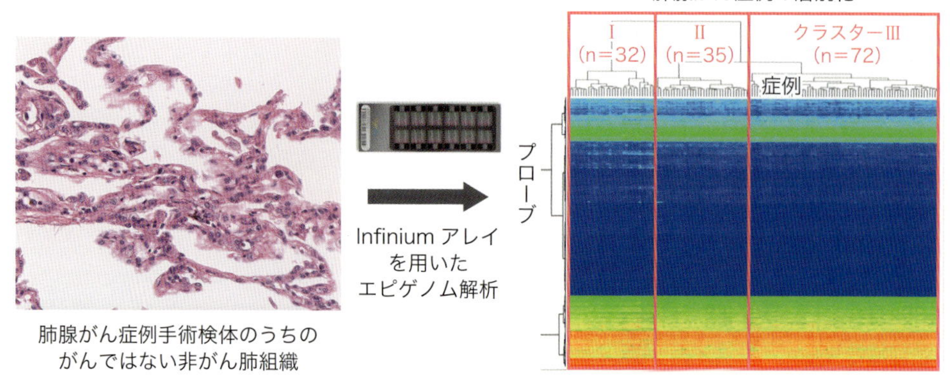

図3　非がん肺組織のDNAメチル化プロファイルに基づく肺腺がん症例の層別化
クラスターIのDNAメチル化プロファイルは，慢性閉塞性肺疾患の炎症を背景として形成され局所進行性のがんを生じ，クラスターIIのDNAメチル化プロファイルは，喫煙の寄与の少ない発がん経路で形成され予後良好ながんを生じ，クラスターIIIのDNAメチル化プロファイルは，喫煙の長期的な影響が蓄積する前に，炎症等を介さず，おそらく発がん物質のより直接的な作用で形成され，最も悪性度が高いがんを生じると考えた．

等を介さずに喫煙の直接の作用で形成され，最も悪性度が高いがんを生じると考えられた．喫煙・炎症・慢性閉塞性肺疾患といった発がん要因に呼応するDNAメチル化プロファイルが前がん段階から形成され，それががんに継承されて悪性度や予後を規定していると考えられた[11]．以上のように，エピゲノムプロファイルに基づいた層別化はしばしば成功し，症例間のheterogeneityや発がん経路の差異をより鮮明にさせるような分類が行える．

2）コンパニオン診断マーカーと治療標的候補の同定

適切な症例の層別化・疾患分類ができた場合，そのDNAメチル化プロファイルで層別化された各症例群を見分けることができる指標の同定を試みる．層別化された症例間で，予後や特定の治療の奏効性に差異がある場合には，この指標は予後診断マーカーや治療奏効性のコンパニオン診断[※2]マーカーとなりうる．さらに，層別化された各症例群の組織検体で多層的オミックス解析を実施したとき，多層の異常が集積する分子や分子経路は，有望な治療薬創薬標的候補となる（**図4**）．

> **※2　コンパニオン診断**
> 個別化医療（オーダーメード医療）において，分子標的治療薬等の適応を決定することを目的として，個々の症例における当該治療薬の奏効性ならびに有害事象の可能性を予測するために臨床試料を用いて行う検査．

こうして，コンパニオン診断マーカーと治療標的を同時に同定できれば理想的である．

筆者は先年先駆的医薬品・医療機器研究発掘支援事業に参加し，腎淡明細胞がん組織検体の多層オミックス解析を行う機会を得た．まずエピゲノム解析で，CpGアイランドにおけるDNAメチル化亢進が蓄積し，臨床病理学的に悪性度が高く予後不良であるCpGアイランドメチル化形質（CIMP）陽性症例と，そうでないCIMP陰性症例に層別化した（**図4**）[12]．腎細胞がん固有のCIMPマーカー遺伝子を同定し，そのDNAメチル化率に適切な診断閾値を設定してCIMP診断基準を策定した[13]．この経緯は第4章-1で詳述している．このようなDNAメチル化診断を各医療機関に普及させるため，同様に第4章-1で紹介した，操作性・定量性に優れたDNAメチル化診断専用機器を企業と共同研究開発している．さらに，CIMP陽性症例においてゲノム・トランスクリプトーム・プロテオームの異常を示す遺伝子を用いて分子経路解析を行ったところ，スピンドルチェックポイントにかかわる分子経路に異常が集積していた（**図4**）[14]．学習コホートと検証コホートのCIMP陽性症例全症例が，スピンドルチェックポイントにかかわる複数の遺伝子の多層のオミックスの異常を示した[14]．すなわち，CIMPマーカー遺伝子はコンパニオン診断マーカーにもなり，CIMP陽性症例

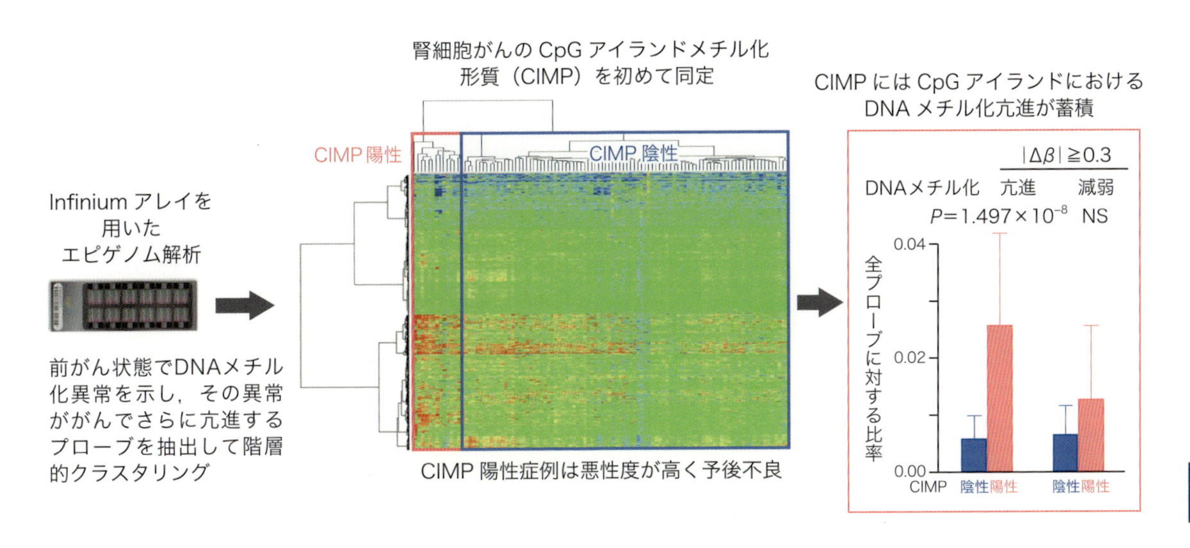

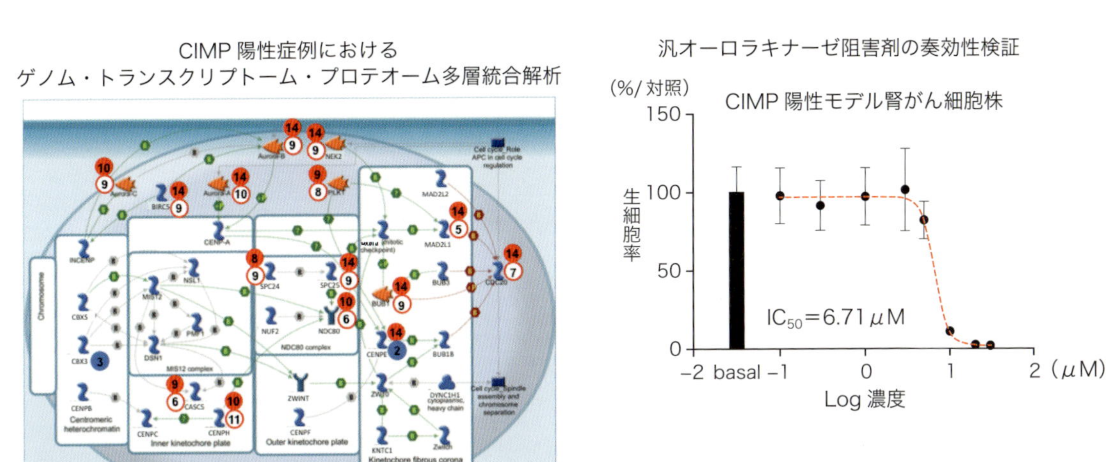

図4　CpGアイランドメチル化形質（CIMP）陽性腎淡明細胞がんの同定と個別化医療開発
前がん段階からCpGアイランドにおけるDNAメチル化亢進が蓄積し，臨床病理学的に悪性度が高く予後不良であるCpGアイランドメチル化形質（CIMP）陽性症例と，そうでないCIMP陰性症例とに層別化した．多層の異常をCIMPに基づく分類ごとに解析すると，CIMP陽性症例ではスピンドルチェックポイント経路に含まれる分子の異常が有意に集積していた．CIMP陰性例ではこのような集積はなく，層別化を行わなければスピンドルチェックポイントに着目することはできなかった．

と診断されれば，スピンドルチェックポイントの主要なキナーゼであるオーロラキナーゼの阻害薬による術後のアジュバント療法を行う，といった個別化医療のスキームが想定された．病理組織検体を用いた多層的オミックス解析により，コンパニオン診断マーカーと治療標的を同時に同定しえた例と考えている．

おわりに

自ら診断し収集した質の高い多数の臨床試料を用い

たエピゲノム解析と詳細な臨床病理学的解析により，エピゲノムプロファイルに基づくがん症例の層別化が，がんの本態解明と創薬標的候補同定に有用であることを示してきた．今後も，エピゲノムを指標とする有用な発がんリスク診断・病態診断・予後診断・コンパニオン診断マーカーが開発されると予測される．筆者は，国際ヒトエピゲノムコンソーシアム（International Human Epigenome Consortium：IHEC）の日本チームにも参画しているが[15]，IHECの活動等でがんの発生母地になる正常細胞の標準エピゲノムデータが蓄積すれば，これを正確な正常対照として活用することにより，エピゲノムバイオマーカーの実用化が加速できると期待している．

文献

1） Bibikova M, et al：Epigenomics, 1：177-200, 2009
2） Booth MJ, et al：Science, 336：934-937, 2012
3） Yu M, et al：Cell, 149：1368-1380, 2012
4） http://www.ncbiobank.org/index.html
5） https://biobankjp.org/index.html
6） http://pathology.or.jp/genome/
7） http://pathology.or.jp/genome/e-Learning/
8） Arai E & Kanai Y：Epigenomics, 2：467-481, 2010
9） Arai E & Kanai Y：Int J Clin Exp Pathol, 4：58-73, 2010
10） Yamanoi K, et al：Carcinogenesis, 36：509-520, 2015
11） Sato T, et al：Int J Cancer, 135：319-334, 2014
12） Arai E, et al：Carcinogenesis, 33：1487-1493, 2012
13） Tian Y, et al：BMC Cancer, 14：772, 2014
14） Arai E, et al：Int J Cancer, 137：2589-2606, 2015
15） Kanai Y & Arai E：Front Genet, 5：24, 2014

<著者プロフィール>

新井恵吏：2002年東京医科大学医学部卒業．'06年同大学大学院医学研究科博士課程形態系病理診断学専攻修了．'14年より国立がん研究センター研究所分子病理分野主任研究員（現在客員主任研究員）．'15年より慶應義塾大学医学部病理学教室専任講師．発がんにおけるエピジェネティック機構の解明と，発がんリスク・がんの悪性度・予後診断への応用をめざしている．

I．がん

2. エピゲノムで胃がん発生を俯瞰する
—ピロリ菌・EBV感染とDNAメチル化

浦辺雅之，金田篤志

ゲノムの修飾因子であるエピゲノムのなかで，DNAメチル化はがん抑制遺伝子を不活化する非常に重要なメカニズムである．特に胃がんでは，遺伝子異常としてDNAメチル化異常が高頻度にみられることが知られる．その背景として，ピロリ菌感染によるメチル化蓄積が存在し，胃発がんのリスクの一端を担うと考えられている．また近年の網羅的メチル化解析により，胃がんは複数のエピジェノタイプに分類され，超高メチル化形質を示すEBV陽性胃がんがその一群を成すことが明らかとなった．胃がんは，その発生に関与する環境因子によって異なるエピゲノム異常が蓄積し，異なる発がん分子機構により発生している．

はじめに

世界のがん部位別死亡率を見たとき，胃がんは2番目に多い腫瘍であり（全がん死亡の9.7％），本邦のみにとどまらず全世界的に主要な悪性疾患といえる[1]．その発病機構を解明し，新たな診断・治療法を確立することは，重要な課題である．

がんの発生は遺伝子異常の蓄積が原因であり，その異常はゲノム異常とエピゲノム異常に大別される．ゲノムは，各細胞で遺伝子がコードされているDNA塩基配列情報全体を意味し，そこに起こる異常は，点突然変異やindelといったDNA塩基配列の変化に相当する．一方エピゲノムは，DNA塩基配列そのものではなく，ゲノム情報を修飾して遺伝子発現を調整し，細胞のふるまいを制御する要素を指し，その対象は，DNAメチル化，ヒストン修飾から，ゲノムインプリンティングやノンコーディングRNAまで広がる．エピゲノムに異常をきたすと，細胞は正しいふるまいをすること

[キーワード＆略語]
DNAメチル化，エピジェノタイプ，EBV陽性胃がん

CIMP：CpG island methylator phenotype
（CpGアイランドメチル化形質）
DNMT：DNA methylation transferase
（DNAメチル基転移酵素）
EBV：Epstein-Barr virus
（Epstein-Barrウイルス）
MINT：methylated-in-tumor
MMR：mismatch repair（ミスマッチ修復）
MSI：microsatellite instability
（マイクロサテライト不安定性）

Gastric tumorigenesis from the viewpoint of epigenome

Masayuki Urabe[1) 2)] /Atsushi Kaneda[1)] ：Department of Molecular Oncology, Graduate School of Medicine, Chiba University[1)] /Department of Gastrointestinal Surgery, Graduate School of Medicine, The University of Tokyo[2)]（千葉大学大学院医学研究院分子腫瘍学[1)]／東京大学大学院医学系研究科消化管外科学[2)]）

ができなくなり，がん遺伝子やがん抑制遺伝子の発現に影響を与え，腫瘍の発生・進展に寄与する．

近年のハイスループットアッセイの進歩に伴うゲノム網羅的解析の効率化により，胃がん発生・進展におけるダイナミックなエピジェネティック異常が明らかとなってきた．そのなかでも特に重要なDNAメチル化異常を中心に据え，胃がん発生との関係につき，概観を解説する．

1 がんとDNAメチル化異常

DNAメチル化とは，ゲノムDNA中のCpG部位，すなわち5′側からシトシン（C），リン酸基（p），グアニン（G）の順に並んだ部位のシトシンにメチル基が付加され，5-メチルシトシン（5mC）となる現象を指す．メチル化状態は，体細胞分裂時にもDNAメチル基転移酵素（DNA methylation transferase：DNMT）により複製され，忠実に維持される．そのDNAメチル化の生理的本態は，遺伝子転写調節にある．

多くの遺伝子プロモーター領域には，CpG配列を高頻度に含むCpGアイランドとよばれるDNA領域が存在するが，CpGアイランドのメチル化はその下流遺伝子をサイレンシングすることが知られる．ヒト遺伝子の6割はそのプロモーター領域にCpGアイランドをもつ．ゲノムワイドにメチル化の分布を見ると，正常細胞のCpG部位の70～90％はメチル化されているが，高CpGプロモーター遺伝子の多くは非メチル化状態にある[2]．翻って，がん細胞の多くでは，ゲノムワイドな異常低メチル化およびプロモーター領域の異常高メチル化を伴うことが知られる（第3章-3 図1参照）．前者はゲノムの不安定性を引き起こし，後者はがん抑制遺伝子を不活化することで腫瘍の進行に寄与すると考えられる．胃がんのゲノムワイドな低メチル化は，くり返し配列の低メチル化や，正常細胞で高メチル化により生理的にサイレンシングされている一部の遺伝子プロモーターの低メチル化とも相関し，それら遺伝子の異常高発現ともかかわるが，これら異常低メチル化と異常高メチル化は独立して起きている事象である[3]．

2 ピロリ菌感染とDNAメチル化異常

DNAメチル化異常は腫瘍にのみみられるものではなく，がんの前駆状態においても存在しうる．特に重要なのが慢性炎症に起因する異常メチル化であり，その代表格が，ピロリ菌（*Helicobacter pylori*）※1感染胃粘膜におけるメチル化亢進である．

ピロリ菌は，1994年WHOの“definite carcinogen”と認定されて以降，胃がん発生との関連に対する分子生物学的裏付けが進められた．Chanらは，ピロリ菌感染による炎症粘膜において細胞接着に不可欠な*CDH1*遺伝子のメチル化が起きていることを示し，この感染によるメチル化誘導が胃がん発症の早期イベントである可能性を示唆した[4]．また，胃がんで高頻度にメチル化されている$p16^{INK4a}$や*LOX*といった遺伝子[5]のメチル化が，健常者のピロリ菌感染胃粘膜において有意に亢進していることも報告されている[6]．ピロリ菌除菌によってDNAメチル化異常は解除されるか，という命題に対しても多くの報告が存在し，依然議論の余地があるが[7]～[9]，除菌後の胃粘膜メチル化レベルと発がんリスクが相関するという報告は注目に値する[10]．

ピロリ菌によるメチル化蓄積が，炎症反応による非特異的な機序でメチル化を導入するのか，はたまたピロリ菌特有の毒素が悪さをするのか—この疑問に対して，ピロリ菌感染スナネズミに免疫抑制剤を投与して炎症反応を抑え込むとDNAメチル化が誘発されないことが報告されており[11]，メチル化誘導においては炎症反応そのものの存在が重要であると考えられる．

3 胃がんのDNAメチル化異常とエピジェノタイピング

がん細胞における異常高メチル化の集積については，胃がんに先だって大腸がんの解析が行われ，1999年にCpGアイランドメチル化形質（CpG island methyl-

※1　ピロリ菌（*Helicobacter pylori*）

胃粘膜をニッチとする，微好気性グラム陰性らせん状桿菌．ウレアーゼを産生し，胃酸を中和することで生存する．萎縮性胃炎，消化性潰瘍，胃がん，胃MALTリンパ腫など，多くの消化器疾患を発症させる．

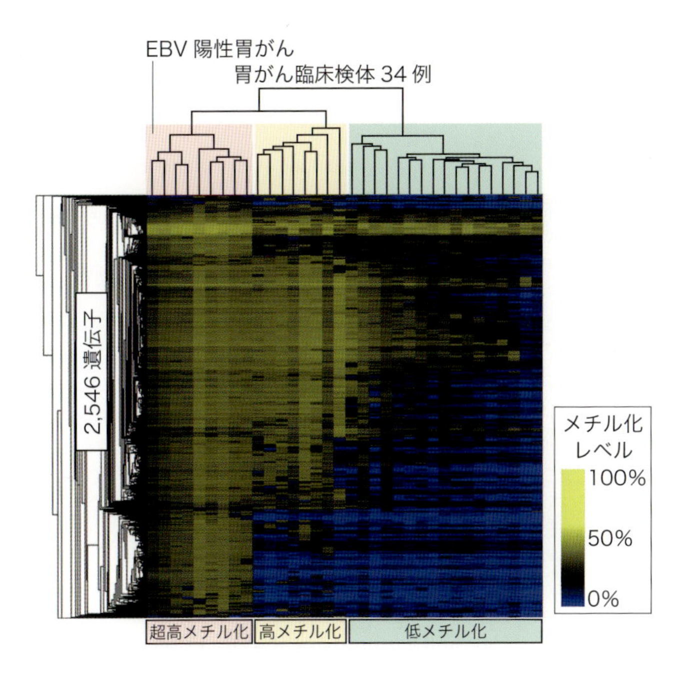

図1　胃がんにおける3群のエピジェノタイプ
胃がん臨床検体34例に対し，メチル化ビーズアレイInfinium（Illumina社）によって網羅的にDNAメチル化レベルを解析した．二方向性階層的クラスタリングにより，従来同定されていた「低メチル化群」，「高メチル化群」とは別に，EBV陽性胃がん症例が「超高メチル化群」を形成していることが確認できる．

ator phenotype：CIMP）なる概念が提唱された[12]（第3章-3参照）．これは，MINT（methylated-in-tumor）とよぶCpGアイランド由来のDNA配列を用いて大腸がんでのCpGメチル化頻度を解析したところ，一部の大腸がんでCpGアイランドのメチル化が高頻度にみられたことに端を発する[12]．CIMPは*hMLH1*プロモーターのメチル化と相関し，マイクロサテライト不安定性（microsatellite instability：MSI）※2を伴うことが特徴的である．MINTマーカーを胃がんにも適用したところ，同様にCIMPの存在が示唆され，*p16*や*MLH1*のメチル化との関連がみられた[13]．胃がんにおける異常メチル化部位のゲノム探索は2002年に報告され，高メチル化される遺伝子プロモーター領域と，それらの異常メチル化によりサイレンシングされる遺伝子の網羅的な同定が初めてなされた[5]．これらの遺伝子プロモーター領域についても，高頻度のメチル化を示す高メチル化群，メチル化頻度の乏しい低メチル化群の，少なくとも2群が存在することが明らかにされた．この報告[5]では，もともとのゲノム探索に用いたサンプルが高メチル化群に所属していたため，後述する超高メチル化群はまだその存在が同定されなかった．

2011年，Illumina社のInfiniumビーズアレイを用いた包括的な胃がんメチル化解析により，上記の高メチル化群，低メチル化群に加え，極端に異常メチル化の亢進した超高メチル化群が見出された[14]．驚くべきことにこの超高メチル化群は，全世界で7～15％の頻度で存在することが知られるEpstein-Barrウイルス（EBV）※3陽性胃がんと完全に一致していた（**図1**）．メチル化の少ない胃がん細胞株にEBVを*in vitro*で感染させることで，ゲノムワイドな超高メチル化とメチル化標的遺伝子の発現抑制が誘導されることも示され，EBV感染と超高メチル化誘導の因果関係も立証されている[14]．このEBV陽性エピジェノタイプともよぶべき顕著な形質は，後の大規模網羅的遺伝子解析においても追証され[15,16]，胃がんのサブタイプとしてその地位を確立した．

低メチル化胃がんや高メチル化胃がんでメチル化さ

※2　マイクロサテライト不安定性（microsatellite instability：MSI）

ミスマッチ修復（mismatch repair：MMR）遺伝子の機能異常により，くり返し配列であるマイクロサテライトに異常な反復をきたす現象を指す．代表的な関連遺伝子として*MLH1*が知られる．

※3　Epstein-Barrウイルス（EBV）

ヒト悪性腫瘍から見つかった最初のウイルスで，バーキットリンパ腫培養細胞中から分離された．ヘルペスウイルス科に属する約184 kbの二重鎖DNAウイルス．全世界の成人の90％以上に潜伏感染し，リンパ腫，胃がん，上咽頭がんとの関連が知られる．

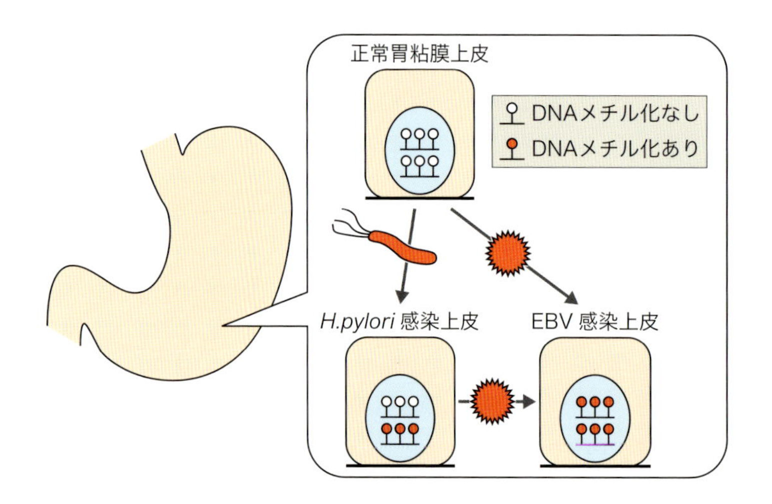

図2 胃粘膜におけるDNAメチル化異常の導入
胃の腺上皮にピロリ菌が感染すると，一部の遺伝子プロモーターにDNAメチル化が誘発される．EBV感染は，広範な遺伝子プロモーターにDNAメチル化を誘導する．ピロリ菌感染とEBV感染は相互排他的ではなく，共存することも多い．

れる遺伝子群は，ES細胞におけるポリコーム標的遺伝子を非常に多く含んでいる．EBV陽性の超高メチル化胃がんは，これらの遺伝子群はもちろん，ES細胞における非ポリコーム標的遺伝子にまで異常メチル化が及んでいる．興味深いことに，高メチル化群でメチル化される遺伝子のうち，*MLH1*遺伝子だけはEBV感染のメチル化標的から外れている．そのため，*MLH1*メチル化を伴う高メチル化胃がんはMSIおよび高頻度のゲノム変異を示すのに対し，EBV陽性超高メチル化胃がんはMSIを示さずゲノム変異も低頻度にとどまる．

おわりに

以上，胃がんのエピジェネティックな発がん機構には，環境因子であるピロリ菌感染や，EBV感染によるメチル化誘導が重要であると考えられる（**図2**）．発がんに関与する環境因子が異なれば，異なるエピゲノム異常が蓄積し，それを母地として発がん分子機構の異なる胃がんが発生する．しかしながらEBV陽性胃がんは，必ずしもピロリ菌感染と相互排他的な関係にあるわけではなく，むしろピロリ菌感染などによる炎症性粘膜に発生する傾向にあり[17]，その相互作用による発がん機構も示唆され興味深い．胃がん成立過程において重要なDNAメチル化が，発がん背景である腺上皮にどのように蓄積していくのか，その分子機序についても今後詳細に解明されていくであろう．

文献

1）Ferlay J, et al：GLOBOCAN 2008 v1.2, Cancer incidence and mortality worldwide. IARC CancerBase No.10. Lyon, France, International Agency for Research on Cancer, 2010
2）Eckhardt F, et al：Nat Genet, 38：1378-1385, 2006
3）Kaneda A, et al：Cancer Sci, 95：58-64, 2004
4）Chan AO, et al：Gut, 52：502-506, 2003
5）Kaneda A, et al：Cancer Res, 62：6645-6650, 2002
6）Maekita T, et al：Clin Cancer Res, 12：989-995, 2006
7）Perri F, et al：Am J Gastroenterol, 102：1361-1371, 2007
8）Shin CM, et al：Helicobacter, 16：179-188, 2011
9）Shin CM, et al：Int J Cancer, 133：2034-2042, 2013
10）Nakajima T, et al：Cancer Epidemiol Biomarkers Prev, 15：2317-2321, 2006
11）Niwa T, et al：Cancer Res, 70：1430-1440, 2010
12）Toyota M, et al：Proc Natl Acad Sci U S A, 96：8681-8686, 1999
13）Toyota M, et al：Cancer Res, 59：5438-5442, 1999
14）Matsusaka K, et al：Cancer Res, 71：7187-7197, 2011
15）The Cancer Genome Atlas Research Network：Nature, 513：202-209, 2014
16）Wang K, et al：Nat Genet, 46：573-582, 2014
17）Yanai H, et al：J Clin Gastroenterol, 29：39-43, 1999

<筆頭著者プロフィール>
浦辺雅之：2008年東京大学医学部卒業．2年間の初期臨床研修，3年間の外科専門研修を経て，'13年東京大学医学部附属病院胃食道外科入職．'14年より同大大学院の医学系研究科消化管外科学講座に籍を置き，現在，東京大学医学部附属病院病理部，千葉大学分子腫瘍学教室において，上部消化管における発がん機構の研究に従事．

I．がん

3. ゲノムとエピゲノムが解き明かす大腸発がんメカニズム

鈴木　拓，山本英一郎

大腸がんはゲノムとエピゲノム異常の蓄積により発生することが知られ，染色体不安定性，マイクロサテライト不安定性，CpGアイランドメチル化形質などに基づく分類が提唱されてきた．近年ではオミックス解析の力を利用することで，実際の臨床がんにおけるそれらのサブタイプの輪郭や特徴をつかむことができるようになった．またエピゲノム異常獲得のメカニズムも明らかになりはじめ，serrated pathwayのような新たな大腸発がん経路も提唱されている．これらの知見は，大腸がん診断や個別化治療に役立つものと期待される．

はじめに

大腸がんの分子メカニズムは，2つの遺伝性腫瘍症候群の原因遺伝子の発見を契機として発展してきた．家族性大腸腺腫症（FAP）の原因遺伝子*APC*は，孤発性大腸がんにおいても最も高頻度に変異がみられるがん抑制遺伝子である．これまでの研究結果から，*APC*変異により腺腫が発生し，さらにがん遺伝子*KRAS*，がん抑制遺伝子p53など複数の遺伝子の変異が蓄積することで，腺腫からがんへと進展するという多段階発がん説が支持されている．

一方，遺伝性非ポリポーシス大腸がん（HNPCC，リンチ症候群）の原因遺伝子としてミスマッチ修復遺伝子群が同定された．*MSH2*や*MLH1*などが変異することでミスマッチ修復能が低下し，マイクロサテライトとよばれる短いくり返し配列に多数の変異が発生し〔マ

[キーワード＆略語]
DNAメチル化，CIMP，MSI，CIN，serrated pathway

CIMP：CpG island methylator phenotype（CpGアイランドメチル化形質）
CIN：chromosomal instability（染色体不安定性）
FAP：familial adenomatous polyposis（家族性大腸腺腫症）
HNPCC：hereditary nonpolyposis colorectal cancer（遺伝性非ポリポーシス大腸がん）
MIN：microsatellite instability（マイクロサテライト不安定性）
MSI：microsatellite instability（マイクロサテライト不安定性）
MSS：microsatellite stable（マイクロサテライト安定）

Genomic and epigenomic alterations drive colorectal tumorigenesis

Hiromu Suzuki[1] /Eiichiro Yamamoto[1,2]：Department of Molecular Biology, Sapporo Medical University School of Medicine[1] /Department of Gastroenterology, Sapporo Medical University School of Medicine[2]（札幌医科大学医学部分子生物学講座[1]／札幌医科大学医学部消化器内科学講座[2]）

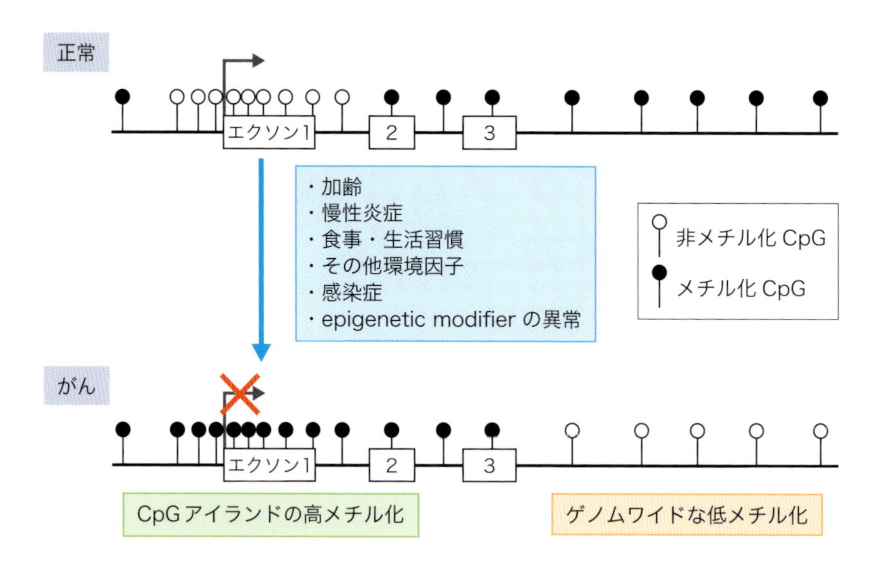

図1　がんにおけるDNAメチル化異常
加齢やその他さまざまな要因により，CpGアイランドのメチル化およびゲノムワイドな低メチル化が発生する．またDNAメチル化酵素，DNA脱メチル化酵素，ヒストン修飾酵素，転写抑制因子などepigenetic modifierの異常も原因となりうる．

イクロサテライト不安定性（microsatellite instability：MINあるいはMSI）〕，遺伝子変異が蓄積することで発がんにつながることが明らかにされた．

がんのDNAメチル化異常には，ゲノムワイドな低メチル化と，CpGアイランドなどの局所的な高メチル化という二面性があるが（**図1**），大腸がんで最初に報告されたのは低メチル化である．次いでCpGアイランドの高メチル化が，p16などのがん抑制遺伝子の転写抑制に働くことがわかった．さらにミスマッチ修復遺伝子である*MLH1*のメチル化とMSIの相関が明らかになることで，大腸がんのゲノムとエピゲノムのつながりが注目されるようになった．本稿では，これまでに明らかにされた大腸がんのゲノム・エピゲノム異常の概略と，そしてその臨床病理学的な意義について概説する．

1 大腸がんのゲノム・エピゲノム異常

大腸がんは，ゲノム不安定性の側面からしばしば2つに大別される（**図2**）．多くの大腸がんは染色体不安定性（chromosomal instability：CIN）をもつとされ，広範な染色体コピー数異常を示す．もう1つはMSIがんであり，孤発性大腸がんのおよそ10〜15％にみられるとされる．大腸がんにおいてゲノムとエピゲノムが表裏一体であることを裏づける象徴的な知見が，ミスマッチ修復遺伝子*MLH1*のメチル化である．孤発性大腸がんにおいてミスマッチ修復遺伝子の変異は稀であるが，その代わりMSIがんの多くに*MLH1*遺伝子プロモーター領域のCpGアイランドのメチル化が検出される．これはメチル化による*MLH1*の転写抑制によりミスマッチ修復能が低下した結果，MSIが発生したためと考えられている．

発がん過程において，DNAメチル化異常はランダムに発生するわけではないことを示したのが，CpGアイランドメチル化形質（CpG island methylator phenotype：CIMP）である[1]．豊田とIssaらは大腸がん細胞株においてメチル化するCpGアイランドを多数同定し，臨床検体を用いてそれらのメチル化を詳細に検討した[2]．その結果，加齢に伴ってメチル化するCpGアイランドと，がん特異的にメチル化するCpGアイランドが存在することを見出した．さらに，がん特異的なCpGアイランドのメチル化をマーカーとすることで，大腸がんがCpGアイランドメチル化を特に多発する群（CIMP陽性がん）と，CIMP陰性がんに分類しうるこ

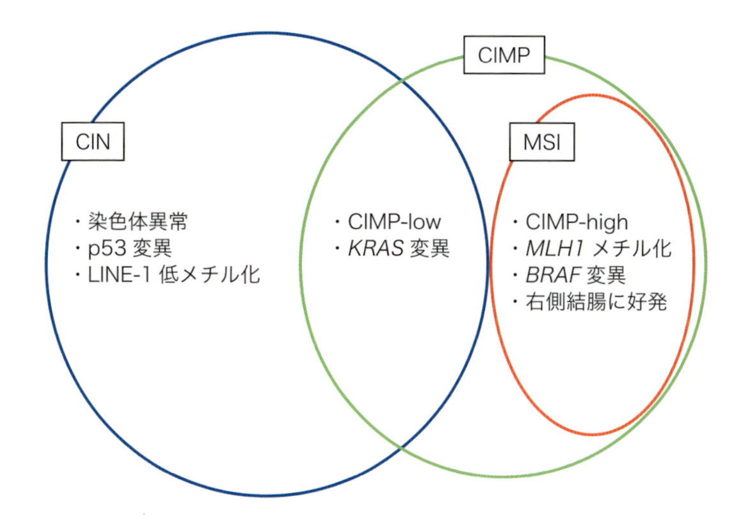

図2　大腸がんのゲノム・エピゲノム異常の概観
CIN：染色体不安定性，MSI：マイクロサテライト不安定性，CIMP：CpGアイランドメチル化形質．

とを提示した．

CIMPは5～8個程度のCpGアイランドをマーカーとすることで判定されることが多いが，当初はしばしば研究者ごとに異なるマーカーや解析方法を用いたため，CIMPの真偽について反論も多かった．しかし複数の研究グループが最適なマーカーの選定に取り組んだ結果，CIMPの存在を裏づける研究結果が蓄積された[3)～6)]．CIMP陽性がんは*MLH1*メチル化およびMSIをしばしば伴い，MSIがんと共通の臨床病理学的特徴を示すことが多くの研究から指摘されている．しかし最初のCIMP論文は，CIMP陽性がんが*MLH1*メチル化/MSIの有無によってさらに2つに分けられることを示している[2)]．その後の研究から，MSIを伴う典型的なCIMP陽性がんの他に，メチル化するCpGアイランドの数がやや少ない群が存在することが示されており，前者をCIMP-high（あるいはhigh-methylation epigenotype），後者をCIMP-low（あるいはintermediate-methylation epigenotype）とよぶことも多い（**図2**）[4)～7)]．

これらの知見は，米国において行われた大規模がんゲノム解析プロジェクトであるThe Cancer Genome Atlas（TCGA）においても再確認された[8)]．大腸がん276例のゲノム・エピゲノムを詳細に解析した結果，大腸がんは約16％の高変異群（hypermutated tumors）とそれ以外（non-hypermutated tumors）に大別され，前者は*MLH1*メチル化およびMSI陽性群とほぼ一致していた．またゲノム網羅的なDNAメチル化解析からは，大腸がんがCIMP-high，CIMP-low，そして2つのnon-CIMP群という4群にクラスター分類できること，そしてCIMP-high群は高変異群と大きくオーバーラップすることが示された．

2 大腸がんエピゲノム異常の発生メカニズム

大腸がんのエピゲノム異常を引き起こすメカニズムは不明な点が多いが，いくつかの可能性が提示されている．まず，CIMP陽性がんではDNAメチル化酵素の1つであるDNMT3Bが過剰発現していることが報告されている．また近年，腸内細菌の1つである*Fusobacterium*が大腸がん組織中から検出され，発がんにかかわっている可能性が注目されたが，最近の研究から*Fusobacterium*の量とCIMP，*MLH1*メチル化およびMSIに正の相関がみられることが報告された[9)]．

近年，グリオーマにおいてCIMPと*IDH1*変異の相関が明らかにされた．変異型IDH1タンパク質により産生される2-ヒドロキシグルタル酸が，DNA脱メチル化酵素TETを阻害することで，CIMPが誘導されるという説が提唱されている[10)]．一方，大腸がんではIDHファミリーやTETファミリー遺伝子の変異は報告されていない．しかし最近，*TET1*遺伝子のCpGアイランドがCIMP陽性大腸がんにおいて高頻度にメチル化されていることが報告され，発がんにかかわっている可能性が示唆された[11]．

また変異型BRAF（$BRAF^{V600E}$）タンパク質がDNAメチル化異常を引き起こす可能性が考えられてきたが，$BRAF^{V600E}$をCIMP陰性の大腸がん細胞株に安定発現させた実験結果はこの仮説に否定的であった[12]．しかし最近，$BRAF^{V600E}$が転写抑制因子であるMAFGを活性化し，さらにMAFGがBACH1, CHD8, DNMT3Bを含むタンパク質複合体をCIMP標的遺伝子のCpGアイランドにリクルートすることで，メチル化を誘導することが示された[13]．CHD8はクロマチン再構成因子の1つであり，CIMP-high大腸がんにおいて高頻度に変異していることが最近報告されている[14]．CIMPがん発生メカニズムがさらに解明されることで，新たな治療法開発につながることが期待される．

3 大腸がんエピゲノムと臨床病理学的特徴

前述のように，CIMP-highがんはしばしばMSIがんと共通の特徴を示すことが知られている．CIMP-highがんの発生部位は右側結腸（後述）が大半であり，高齢者および女性に比較的多く，*BRAF*変異をきわめて高率に伴うが，*KRAS*およびp53変異は少ない（**図2**）[1]．なおCIMP-lowがんはMSIおよび*BRAF*変異を伴うことが少ないが，*KRAS*変異が高頻度にみられるとされる[7]．一方，CIMP陰性がんはp53変異および染色体不安定性を伴うことが多いとされる．

CIMPと予後の相関についても多くの検討がなされている．MSI陽性がんは大腸がんのなかでも比較的予後良好とされているが，CIMPに関してはむしろ逆の結果が多い．特にCIMP陽性でかつMSI陰性（microsatellite stable：MSS）のがんは予後不良であるとする結果が複数報告されている[15][16]．またCIMPがんをCIMP-high群とCIMP-low群に分けて検討した研究では，CIMP-high群のうちMSSがんは予後不良であり，またCIMP-low群はMSIの有無にかかわりなく予後不良であると報告されている[17]．これらの結果は，MSI陽性である場合を除いて，CIMPが基本的に予後不良因子であることを示唆している．また19編の研究論文に基づくメタアナリシスからは，CIMPがんはMSIの有無にかかわらず，無病生存率および全生存率のいずれも不良という結果が示された[18]．最近報告された2,000例を超える大規模スタディも，CIMP陽性/MSS/*BRAF*変異を示す群が最も予後不良であると結論づけている[19]．

また大腸がんの発生部位とゲノム・エピゲノムプロファイルには強い相関がみられる．大腸は，盲腸・結腸・直腸の3つに大別され，結腸はさらに上行結腸・横行結腸・下行結腸・S状結腸に分けられる．前述のように，CIMP-highがんやMSI陽性がんは右側結腸，すなわち上行結腸と横行結腸の右半分に発生することが多いとされる．しかし約1,400例の大腸がんを検討した最近の研究報告では，CIMIP-high，MSI，そして*BRAF*変異の頻度は，大腸のある部分を境に急に変化するものではなく，上行結腸から直腸にかけて徐々に変化していくことが示された[20]．このように発生部位によって大腸がんの分子プロファイルが異なる理由は，現在のところ不明である．しかし，大腸発がんメカニズムおよびその予防・診断・個別治療などを考えるうえで，これらの知見は重要なファクターとなりうる．

大腸がんの予後と相関するもう1つの重要なエピゲノム変化が，DNA低メチル化である．ゲノムワイドな低メチル化は，さまざまながんにおいて広く認められる現象であり，がん遺伝子の活性化や染色体不安定性につながるとされる．ゲノムワイドな低メチル化を評価する指標として，レトロトランスポゾンの1つであるLINE-1の5′非翻訳領域のメチル化がしばしば用いられる．大腸がんにおいてLINE-1の低メチル化は，発生部位にかかわらず認められ，かつCIMP，MSI，*BRAF*変異などとは独立した予後不良因子であることが報告されている．

4 鋸歯状病変とserrated pathway

大腸がんは腺腫から発生するというadenoma-carcinomaシークエンス説が広く受け入れられている（**図3**）．しかし過形成性病変とされてきた病変の一部に，がん化ポテンシャルをもつカテゴリーが存在することが明らかになり，近年注目されている．鋸歯状病

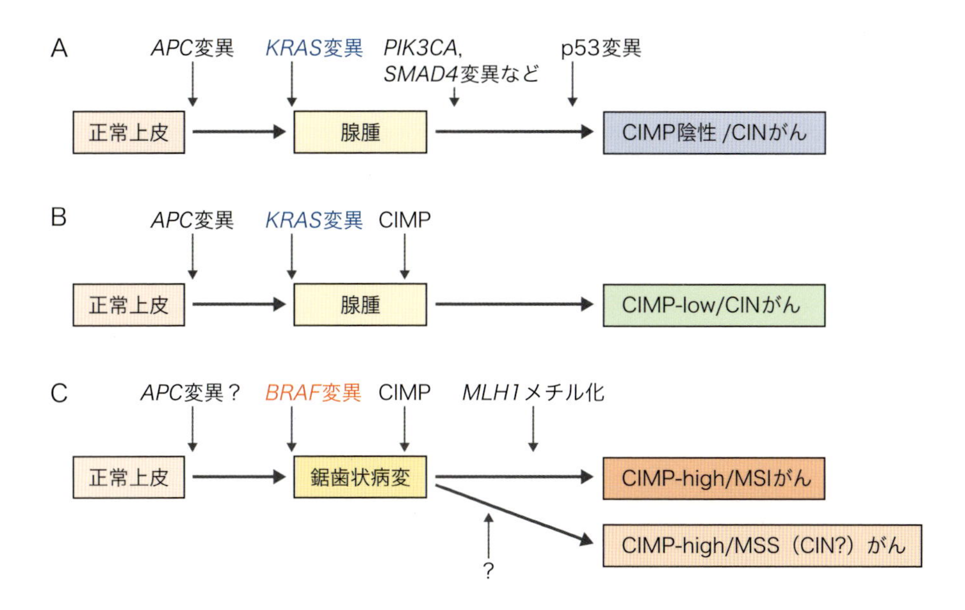

図3　大腸発がん経路の概略
A）一般的なadenoma-carcinomaシークエンスによる大腸発がん経路．B, C）CIMPがんの発がん経路の仮説．Cは鋸歯状経路（serrated pathway）ともよばれる．CIMP-high/MSIがん以外のserrated pathwayについてはまだ不明な点が多い．MSS：マイクロサテライト安定．

変（serrated lesion）とよばれるこの病変は，*BRAF*変異およびCpGアイランドメチル化が高頻度にみられることから，CIMPがんの前駆病変であると考えられている[21]．また鋸歯状病変を起源とする大腸発がんは，一般的なadenoma-carcinomaシークエンスとは異なる分子進化をたどるという仮説に基づき，これを鋸歯状経路（serrated pathway）とよぶことも多い（**図3C**）．1,100例の大腸がんの遺伝子発現プロファイルを解析した最近の研究報告では，大腸がんが3つのサブタイプに分けられるとしている[22]．このうち2つは，CIMP陽性かつMSI陽性群，そしてCIN陽性群という従来から知られているタイプだが，最も予後不良であった第3のサブタイプは鋸歯状病変に近い遺伝子発現を示したことから，serrated pathwayにより発がんしたと推測された．これらを総合すると，serrated pathwayには*MLH1*メチル化/MSIを獲得するルートとしないルートが存在し，後者から発生するがんは特に予後不良であると考えられる．ただし，鋸歯状病変の病理学的な診断基準については今も議論がなされていることもあり，serrated pathwayの詳細な分子機構の解明は今後の課題である．

おわりに

大腸がんのエピゲノム異常について概説した．これまでの研究から，大腸がんは異なる分子機構に基づいて発生する疾患群を内包していることが示されている．ゲノム・エピゲノム情報と臨床病理学的所見との相関を明らかにしていくことで，個別化医療にも応用できると期待される．また本稿では紹介しきれなかったが，DNAメチル化異常やヒストン修飾異常などのエピゲノム変化は，CIMPの有無にかかわらずほぼすべての大腸がんにみられることから，診断マーカーとしての応用研究および実用化も進められている．今後のさらなる発展が期待される．

文献

1）Suzuki H, et al：Biochem Biophys Res Commun, 455：35-42, 2014
2）Toyota M, et al：Proc Natl Acad Sci U S A, 96：8681-8686, 1999
3）Weisenberger DJ, et al：Nat Genet, 38：787-793, 2006
4）Ogino S, et al：J Mol Diagn, 9：305-314, 2007
5）Hinoue T, et al：Genome Res, 22：271-282, 2012
6）Yagi K, et al：Clin Cancer Res, 16：21-33, 2010
7）Shen L, et al：Proc Natl Acad Sci U S A, 104：18654-

18659, 2007
8) The Cancer Genome Atlas Network：Nature, 487：330-337, 2012
9) Tahara T, et al：Cancer Res, 74：1311-1318, 2014
10) Turcan S, et al：Nature, 483：479-483, 2012
11) Ichimura N, et al：Cancer Prev Res (Phila), 8：702-711, 2015
12) Hinoue T, et al：PLoS One, 4：e8357, 2009
13) Fang M, et al：Mol Cell, 55：904-915, 2014
14) Tahara T, et al：Gastroenterology, 146：530-538.e5, 2014
15) Barault L, et al：Cancer Res, 68：8541-8546, 2008
16) Kim JH, et al：Virchows Arch, 455：485-494, 2009
17) Dahlin AM, et al：Clin Cancer Res, 16：1845-1855, 2010
18) Juo YY, et al：Ann Oncol, 25：2314-2327, 2014
19) Phipps AI, et al：Gastroenterology, 148：77-87.e2, 2015
20) Yamauchi M, et al：Gut, 61：847-854, 2012
21) Kimura T, et al：Am J Gastroenterol, 107：460-469, 2012
22) De Sousa E Melo F, et al：Nat Med, 19：614-618, 2013

<筆頭著者プロフィール>

鈴木　拓：1995年，札幌医科大学卒業．2000年，博士(医学)．その後Johns Hopkins大学Sydney Kimmel Comprehensive Cancer Center（Stephen Baylin教授）に留学．'04年より札幌医科大学医学部公衆衛生学講座助手，同内科学第一講座助教，同分子生物学講座助教を経て，'11年より同教授．がんエピジェネティクスを通して基礎と臨床をつなぐ研究をめざしている．

I．がん

4. 脳腫瘍におけるエピゲノム異常と治療への展望

新城恵子，近藤　豊

膠芽腫（GBM）は予後不良な悪性脳腫瘍である．大規模なゲノム・エピゲノム研究から，GBMにおいて特徴的な遺伝子変異やエピゲノム異常が存在することがわかってきた．IDH（イソクエン酸脱水素酵素）やヒストンH3バリアントなどをはじめとしたエピゲノム関連遺伝子の変異が多数報告されており，一部のGBMでは腫瘍形成にエピゲノム異常が強く関与していることが考えられる．このような症例ではエピゲノム異常を標的とした治療薬が有効である可能性がある．

はじめに

近年の大規模な臨床検体を用いたゲノム，エピゲノム，遺伝子発現などの解析から，脳腫瘍においてもゲノム・エピゲノムの特徴が明らかとなってきた．がんではDNAメチル化，ヒストン修飾，クロマチン再構築因子，非翻訳RNA制御などのエピゲノム異常が認められる．本稿では脳腫瘍領域でのエピゲノム異常のうちDNAメチル化，ヒストン修飾異常を中心とした研究の現状を紹介する．

［キーワード＆略語］
GBM，IDH，ヒストンH3バリアント変異，EZH2

CIMP：CpG island methylator phenotype
DIPG：diffuse intrinsic pontine glioma（びまん性内在性橋膠腫）
GBM：glioblastoma multiforme（膠芽腫）
H3：histone H3（ヒストンH3）
IDH：isocitrate dehydrogenase（イソクエン酸脱水素酵素）
TCGA：The Cancer Genome Atlas

1 膠芽腫（グリオブラストーマ）とゲノム・エピゲノム異常

膠芽腫（グリオブラストーマ，glioblastoma multiforme：GBM）は原発性脳腫瘍のなかで最も悪性度の高い腫瘍である．手術，放射線療法，化学療法などを組合わせた集学的治療が行われるが，いまだに5年生存率が5％以下と予後不良である．近年GBMにおける特徴的なゲノム・エピゲノム異常が明らかとなってきた．

1）GBMのサブタイプ

The Cancer Genome Atlas（TCGA）グループによるGBMの遺伝子発現解析の結果，GBMは4つのサブタイプに分かれることが2010年に報告された[1]．発現プロファイルからproneural type, neural type, clas-

Epigenetic abnormalities in glioblastoma multiforme
Keiko Shinjo/Yutaka Kondo：Department of Epigenomics, Nagoya City University School of Medical Sciences（名古屋市立大学大学院医学研究科遺伝子制御学）

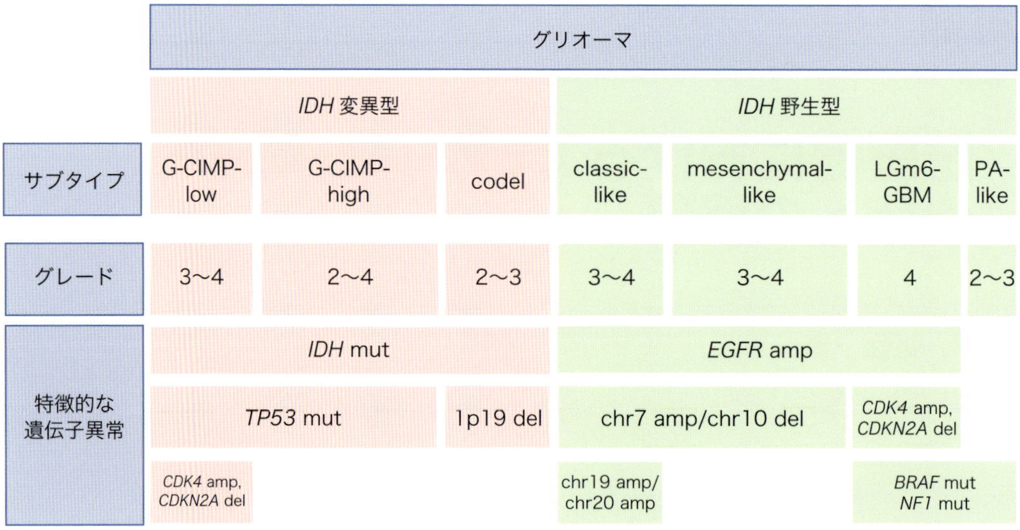

グリオーマ							
	IDH 変異型			*IDH* 野生型			
サブタイプ	G-CIMP-low	G-CIMP-high	codel	classic-like	mesenchymal-like	LGm6-GBM	PA-like
グレード	3〜4	2〜4	2〜3	3〜4	3〜4	4	2〜3
特徴的な遺伝子異常	*IDH* mut			*EGFR* amp			
	TP53 mut		1p19 del	chr7 amp/chr10 del		*CDK4* amp, *CDKN2A* del	
	CDK4 amp, *CDKN2A* del			chr19 amp/chr20 amp		*BRAF* mut *NF1* mut	

図1　グリオーマのサブタイプ
Amp：増幅，del：欠失，mut：変異．文献2をもとに作成．

sical type, mesenchymal typeに分類され，それぞれのサブタイプで遺伝子発現や遺伝子変異に特徴があることが示された．さらに2016年にはグレードII〜IVのグリオーマの統合解析が報告され，グリオーマは*IDH*遺伝子変異の有無によりまず2つのサブクラスに分けられ，DNAメチル化や遺伝子発現パターンからさらに分類されることが示されている[2]．*IDH*遺伝子変異のあるグリオーマではG-CIMP high, G-CIMP low, 1p/19q codelの3つの群に分けられ，*IDH*遺伝子野生型ではclassic-like, mesenchymal-like, LGm6-GBM（DNAメチル化の少ないクラスター6に属する比較的予後の悪いGBM），PA-like（pilocytic astrocytoma-like）に分けられる（**図1**）．これらのサブタイプではそれぞれ好発年齢や予後が異なるため，治療にあたりサブタイプの特徴に合わせた分子標的薬の選択が必要であることを示唆している．

2）GBMにおけるエピゲノム関連遺伝子の変異

ゲノムワイドな遺伝子変異解析の結果，約46％のGBMで少なくとも1つのエピゲノム関連遺伝子に変異があることが明らかとなった（**表**）[3]．前述のDNAメチル化関連酵素である*IDH*遺伝子のみならず，ヒストンH3リジン（K）27メチル化酵素であるenhancer of zeste homologue 2（*EZH2*），H3K36メチル化酵素のSET domain containing 2（*SETD2*），H3K27のtri-, di-メチルを脱メチル化するlysine-specific demethylase 6A（*KDM6A*），H3K4のメチル化にかかわるmixed lineage leukemia（*MLL*），ヒストン脱アセチル化酵素であるhistone deacetylase（*HDAC*）などがあげられる．またクロマチン再構成因子であるSWI/SNF-related matrix-associated, actin-dependent regulator of chromatin A2（*SMARCA2*），a-thalassaemia/mental retardation syndrome X-linked（*ATRX*）などに変異がみられることが報告されている．これらの遺伝子変異はいずれのサブタイプでも存在し，*EZH2*と*KDM6A*などの一部の遺伝子の変異は相互排他的である．

ヒストン遺伝子自体の変異も近年発見されている．小児の高悪性度のグリオーマであるdiffuse intrinsic pontine glioma（DIPG）※1の解析から，ヒストンH3.1※2, H3.3※2をコードする遺伝子（*HIST1H3B*, *HIST1H3C*, *H3F3A*）の変異が高頻度（*HIST1H3B*,

※1　diffuse intrinsic pontine glioma (DIPG)

悪性度の高い脳腫瘍で橋にできるため，治療が困難である．ほぼ小児にのみ発症し，5歳から9歳が好発年齢である．DIPGではヒストンH3.1やH3.3に変異が10〜40％存在する．

表　GBMで変異が存在するエピゲノム関連遺伝子

	遺伝子	成人GBMでの変異頻度（%）
HMT	*KMT2A*～*D* (MLL1～4)	8
	SETD1A	1
	SETD2	2
	BMI1	1
	EHMT2	1
	EZH2	1
HDMT	*KDM1B*	1
	KDM2B	1
	KDM4D	1
	KDM5A, B, C	3
	KDM6A, B	2
HDAC	*HDAC2*	1
	HDAC9	1
ヒストン	*H3F3A*	0～3*
	HIST1H3B or *HIST1H3C*	0
SWI/SNF	*ARID1A*	1
	ATRX	6
	HLTF	1
	SMARCA2	1
	SMARCA5	1
	SMARCAL1	1
	SMARCC2	1
その他	*BAP1*	1
	CREBBP	2
	IDH1	5～12*
	MYSM1	1
	SRCAP	1
	TEP1	1
	TERT	1
	TET2	1

HMT：ヒストンメチル化酵素，HDMT：ヒストン脱メチル化酵素，HDAC：ヒストン脱アセチル化酵素，SWI/SNF：switch/sucrose nonfermentable．文献3をもとに作成．*は文献6より．

3C：12～31％，*H3F3A*：12～60％）に存在することが明らかとなった[4)～6)]．このようにエピゲノム関連遺伝子の変異が高頻度に存在することは，グリオーマのエピゲノム異常を介した腫瘍形成に関与していると推測される．

3）*IDH*遺伝子変異とエピゲノム異常

GBMは*IDH*変異の有無により異なるサブタイプに分類できることから，*IDH*の遺伝子変異は脳腫瘍においてきわめて重要なイベントであると考えられる．IDHタンパク質はクエン酸回路においてNADPH依存的にイソクエン酸からα-ケトグルタル酸（α-KG）への変換を触媒する．一方，IDH変異タンパク質は基質特異性変化を生じ，α-KGから2-ヒドロキシグルタル酸（2-HG）へ変換する活性をもつ．oncometaboliteともよばれる2-HGはα-KG依存的に働くDNA脱メチル化酵素であるten-eleven translocation（TET）タンパク質やヒストン脱メチル化酵素の作用を阻害することが示されており[7)]，エピゲノム異常を誘導していると考えられる（**図2**）．

さらにIDH変異は遺伝子発現などに関与するゲノムの立体構造に影響を与えることも報告されている．近年，chromosome conformation capture（3C）[※3]，circular 3C/3C-on-chip（4C）[※3]という手法を利用して，ゲノムワイドな相互作用解析が可能となり，クロマチン構成の解明が進んできた．ゲノムの立体構造にかかわる因子の1つであるCTCF（CCCTC-binding factor）はクロマチンインスレーターに結合する因子であり，クロマチンループを形成したり，TAD（topological associated domain）とよばれるゲノム構造の形成に寄与している[8)]．*IDH*変異GBMでは，CTCFの結合モチーフのDNAメチル化レベルが高く，CTCFの

※2　H3.1，H3.3

ヒストンH3のバリアント．哺乳類ではH2A, H2B, H3バリアントが多数報告されている．H3.1は細胞周期依存的にS期につくられ，取り込まれる．H3.3は細胞周期非依存的にヌクレオソームに取り込まれ，転写活性化領域やテロメア，プロモーター，セントロメアなどに多く存在する．ヒストンバリアントによりヌクレオソームの安定性の違いが報告されており，転写活性化の調節にかかわっている可能性がある．

※3　3C，4C

chromosome conformation capture（3C），circular 3C/3C-on-chip（4C）．ゲノムの相互作用を解析する方法．架橋剤でDNAとクロマチンタンパク質を架橋し，制限酵素でクロマチンを断片化した後，ライゲーション反応を行うと，核内で近接して存在していた領域が連結される．この相互作用をPCRで確認するのが3C法，マイクロアレイや次世代シークエンスを用いて解析する方法が4C法である．近年5C，Hi-Cなどの方法も開発されている．

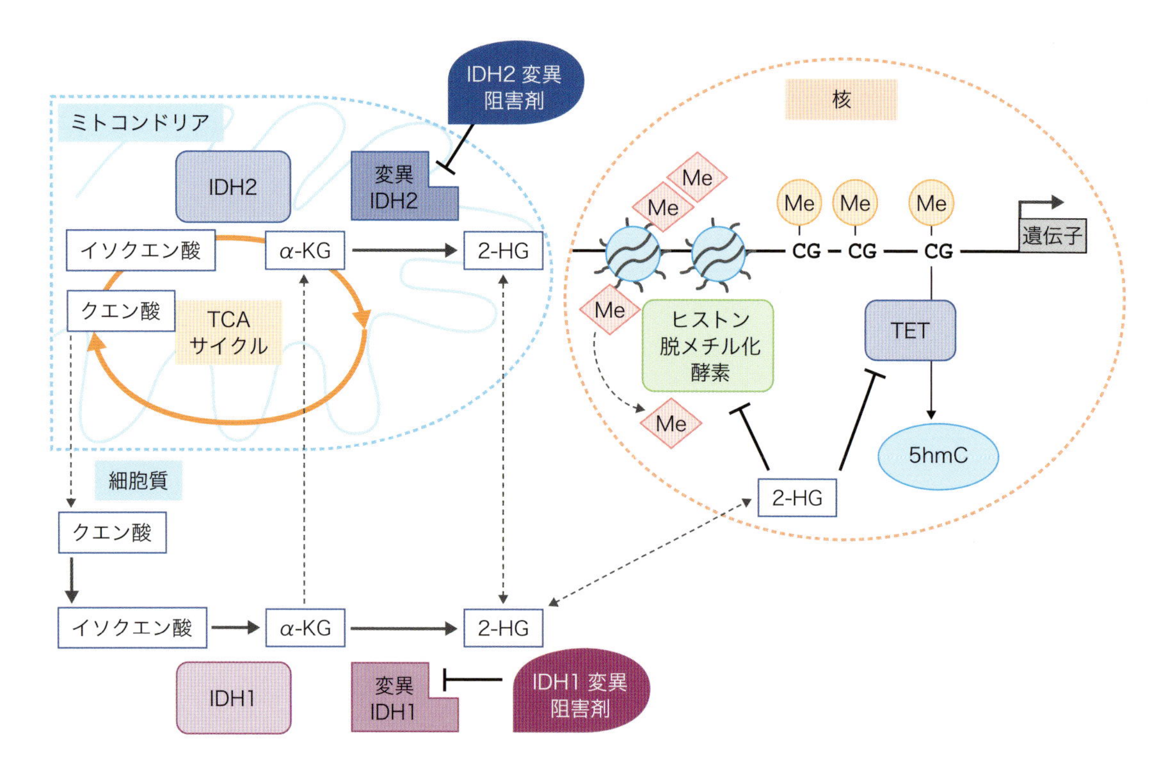

図2　*IDH*遺伝子変異によるメチル化への影響
IDH変異タンパク質はα-ケトグルタル酸（α-KG）から2-ヒドロキシグルタル酸（2-HG）へ変換する活性をもつ．2-HGはTETタンパク質やヒストン脱メチル化酵素の作用を阻害する．

DNAへの結合はメチル化感受性であるため*PDGFRA*領域近傍のCTCFの結合が低下していることがわかった．この結果ゲノムの立体構造変化が生じ，別の遺伝子（*FIP1L1*）の活性化エンハンサーにより*PDGFRA*の持続的な発現が誘導されることが報告された（**図3**）[9]．このように，*IDH*遺伝子変異がエピゲノム異常を介してゲノム構造まで影響を与えるということから，ゲノム・エピゲノム異常が腫瘍形成において密接に関与していることがうかがえる．

2 エピゲノム異常とGBMの治療

このように，グリオーマやGBMではエピゲノム異常が腫瘍化に関与していることは疑いがない．したがってエピゲノム異常を標的とした治療薬開発の試みが各国で行われている．

1）*MGMT*メチル化とテモゾロミド

現在のGBMに対する標準的な抗がん剤はテモゾロミドであるが，DNAミスマッチ修復酵素であるO^6-methylguanine-DNA methyltransferaseをコードする*MGMT*遺伝子のプロモーター領域にDNAメチル化が存在する腫瘍ではテモゾロミドに対して感受性が高いことが知られている．*MGMT*のDNAメチル化が存在するGBMでは予後良好であることが示されており，*MGMT*のDNAメチル化はバイオマーカーとして利用できる可能性がある[10]．

2）*IDH*遺伝子変異に対する治療

IDH1，*IDH2*変異に対する選択的化合物が開発され[11][12]，IDH1変異阻害剤はグリオーマIDH1変異細胞のマウスモデルで増殖を阻害することが示されている．IDH1変異阻害剤AG-120は2014年からIDH1変異をもつ血液腫瘍やGBMを含む固形がんで第1相治験が開始された（clinicaltrials.gov；NCT02073994）．

3）グリオーマ幹細胞を標的とした治療

GBMはその組織内の多様性が特徴的である．GBM組織内にはグリア細胞マーカー，神経細胞マーカー，

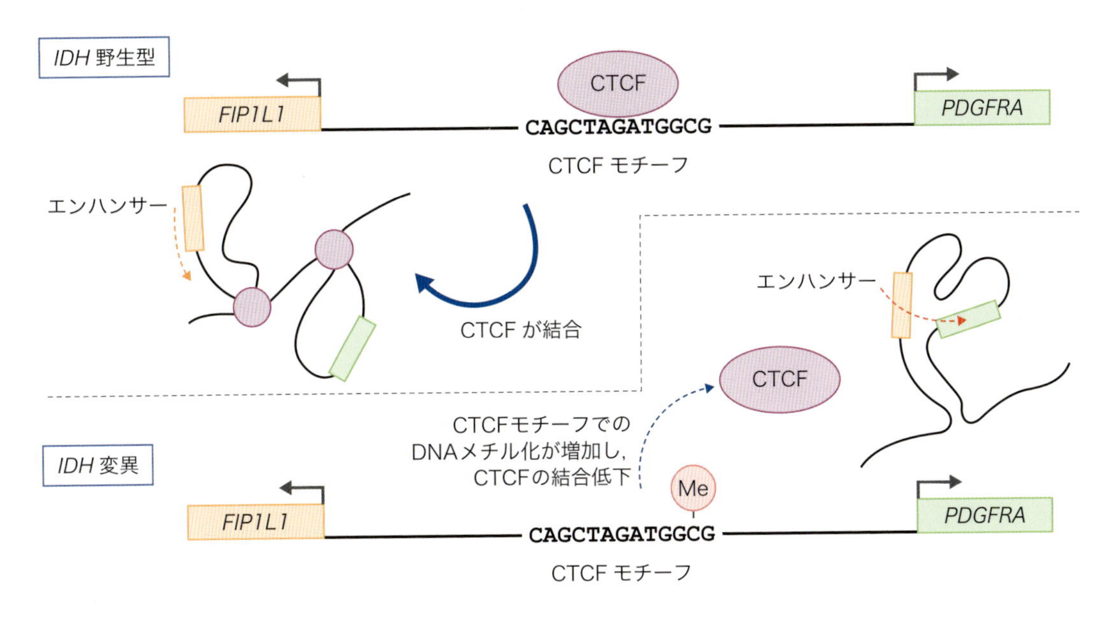

図3　*IDH*遺伝子変異があるとゲノムの立体構造が変化する
*IDH*遺伝子変異があるとCTCFモチーフのメチル化が増加し，CTCFの結合が低下する．ゲノムのドメイン構造が変化し，*FIP1L1*のエンハンサーによって*PDGFRA*遺伝子が活性化される．

未分化マーカーでなどを発現する細胞が混在しており，組織多様性の原因として，グリオーマ幹細胞の存在が指摘されている[13]．

われわれの研究室ではGBMから樹立したグリオーマ幹細胞を用いて研究を行ってきた．グリオーマ幹細胞はマウスの脳内に移植するとGBMを形成するが，その過程でヒストンH3K27メチル化酵素であるEZH2による遺伝子制御機構が重要であることを見出した[14]．さらにEZH2による標的遺伝子の制御はGBM組織内の組織不均一性にも寄与していた[15]．*EZH2*をノックダウンしたグリオーマ幹細胞では組織への定着浸潤が抑制され，がん幹細胞が周囲環境に応じて腫瘍形成するためには，EZH2による遺伝子制御機構が重要であることが示唆された．EZH2はさまざまながんで悪性化への関与が報告されており，EZH2を標的とした阻害剤開発や臨床応用が進められている．グリオーマ幹細胞におけるEZH2の機能の重要性を考えると，EZH2阻害剤はGBM治療の1つの選択肢となりうるかもしれない．

4）ヒストン変異を標的とした治療

小児DIPGでの*H3F3A*変異に対する治療薬も報告されている．H3.3のK27M変異はポリコーム複合体タンパク質の作用を阻害し，細胞全体でのH3K27me3レベルは減少する．H3K27の脱メチル化にはJMJD3やUTXが働くため，JMJD3阻害剤であるGSKJ4投与は，変異をもつ細胞株において一定の抗腫瘍効果をもたらしている[16]．しかし一方で変異を伴った細胞株では変異による基質（H3K27）の相対的減少により，変異を伴わないヒストンが存在するヌクレオソームでは過剰となったEZH2がH3K27の高メチル化状態を誘導するため，JMJD3阻害剤よりもむしろEZH2阻害剤が有効であるとの報告もある（私信）．

5）エピゲノム認識タンパク質を標的とした治療

近年スーパーエンハンサーとよばれる，転写因子，メディエーター，クロマチン調節因子などが結合している大きなエンハンサーの存在が明らかとなり，細胞種で特徴的な複数の遺伝子発現を効率的に制御していることがわかった[17]．アセチル化ヒストンを認識するBET（bromodomain and extra-terminal）ファミリータンパク質のうちのBRD4は，スーパーエンハンサー内のH3K27アセチル化と結合し，クロマチン構造の変化を介して*MYC*等のがん関連遺伝子の活性化にかかわっている．BRD4に対する阻害剤は複数のがん関連遺伝子を同時に抑制し抗腫瘍効果が期待できる．

BET阻害剤であるJQ-1はGBM細胞株でアポトーシスを誘導し，腫瘍の抑制効果を示すことが報告されており，今後GBM治療における応用も期待される[18].

おわりに：今後の展望

GBMではさまざまなゲノム・エピゲノム異常が明らかになりつつあり，そのうちの一部を紹介した．エピゲノム異常は治療薬により正常化する可能性が期待できるため，エピゲノム異常が蓄積したGBMの新しい治療選択肢となることが予想される．がん細胞の異常エピゲノムのみを特異的に調節できるエピゲノム治療薬（例：IDH1変異タンパク質阻害剤）は現時点では限られているが，がん細胞のエピゲノム制御メカニズムをより詳細に解明していくことで，今後可能となるかもしれない．例えば，長鎖非翻訳RNA（lncRNA）はさまざまな遺伝子発現制御にかかわっていることが明らかとなってきているが，そのうちのHOTAIRはEZH2などのヒストンメチル化酵素と複合体をつくり，Homeobox D遺伝子クラスターへリクルートし，遺伝子発現を調整していることが知られている．われわれはGBMで特異的に発現しているlncRNAを見出し，このlncRNAを標的とした治療がGBM治療に有効であると考え研究を進めている．

将来の効果的なGBM治療のためには，GBM発症にかかわるエピゲノム異常を標的とした新規治療薬の開発だけではなく，特定のエピゲノム異常を選択的に制御できる治療法の開発が期待される．

文献

1) Verhaak RG, et al：Cancer Cell, 17：98-110, 2010
2) Ceccarelli M, et al：Cell, 164：550-563, 2016
3) Brennan CW, et al：Cell, 155：462-477, 2013
4) Wu G, et al：Nat Genet, 44：251-253, 2012
5) Schwartzentruber J, et al：Nature, 482：226-231, 2012
6) Sturm D, et al：Nat Rev Cancer, 14：92-107, 2014
7) Xu W, et al：Cancer Cell, 19：17-30, 2011
8) Rao SS, et al：Cell, 159：1665-1680, 2014
9) Flavahan WA, et al：Nature, 529：110-114, 2016
10) Esteller M, et al：N Engl J Med, 343：1350-1354, 2000
11) Wang F, et al：Science, 340：622-626, 2013
12) Rohle D, et al：Science, 340：626-630, 2013
13) Reya T, et al：Nature, 414：105-111, 2001
14) Natsume A, et al：Cancer Res, 73：4559-4570, 2013
15) Katsushima K, et al：J Biol Chem, 287：27396-27406, 2012
16) Hashizume R, et al：Nat Med, 20：1394-1396, 2014
17) Whyte WA, et al：Cell, 153：307-319, 2013
18) Cheng Z, et al：Clin Cancer Res, 19：1748-1759, 2013

＜筆頭著者プロフィール＞
新城恵子：北海道大学医学部卒．呼吸器内科医として勤務後，2003年より2年間アメリカVanderbilt大学で肺がん研究にかかわる．'12年名古屋大学大学院医学系研究科修了後，愛知県がんセンター研究所主任研究員，'14年より名古屋市立大学大学院医学研究科助教．エピジェネティクス異常を標的としたがん診断法と治療法の開発をめざして研究している．

I．がん

5. DNAメチル化状態に基づいた新たな膀胱がん診断マーカー

大谷仁志，Peter A. Jones

膀胱がんは，筋層非浸潤性膀胱がん（NMIBC）および筋層浸潤性膀胱がん（MIBC）に大別される．罹患者の約80％はNMIBCであるが，そのうち70％以上において，初期治療を受けた後に再発が認められる．この高い再発率により，膀胱がんは身体的および経済的に負担の大きい疾患の1つとなっている．DNAメチル化マーカーは，膀胱がんの早期診断を可能にすると期待される，新たなバイオマーカーである．本稿では，現行の膀胱がん検査法についての概説をした後に，われわれを含む多くの研究グループから報告されている，膀胱がん診断におけるDNAメチル化マーカーの有用性について考察する．

はじめに

膀胱がんは，米国をはじめ先進国において，5番目に罹患者数の多い疾患である[1]．発症の主たるリスク因子は喫煙であるが，ベンジジンや2-ナフチルアミンなど，特定の化学物質の発がん性も指摘されている[2]．米国がん協会（ACS）は，2016年における新規膀胱がん発症数を76,960件，死亡数を16,390件と予測し，報告している．日本においても，国立がん研究センターの2015年予測に基づき，新規膀胱がん発症数が21,300件，死亡数が8,100件と報告されている．膀胱がんは，病理組織学に基づいた診断により，筋層非浸潤性膀胱がん（NMIBC）および筋層浸潤性膀胱がん（MIBC）に分類され，罹患者のうち，約80％がNMIBC，残る20％がMIBCとなる．一般的にMIBC患者の予後は悪く，5年生存率は50％程度である[3]．また，NMIBC患者のうち70％以上は，経尿道的膀胱腫瘍切除術（TUR-Bt）をはじめとする初期治療を受けた後，少なくとも一度は再発し，そのうち10～20％はMIBCへと移行する[3]．このような高い再発率は，罹

[キーワード＆略語]
膀胱がん，DNAメチル化，バイオマーカー，膀胱がん診断

LINE-1：long interspersed nuclear elements
MIBC：muscle-invasive bladder cancer（筋層浸潤性膀胱がん）
NMIBC：non-muscle-invasive bladder cancer（筋層非浸潤性膀胱がん）
NMP-22：nuclear matrix protein 22
TUR-Bt：transurethral resection of the bladder tumor（経尿道的膀胱腫瘍切除術）

Diagnostic markers of bladder cancer based on DNA methylation changes
Hitoshi Otani/Peter A. Jones：Van Andel Research Institute（ヴァン・アンデル研究所）

表1　尿細胞診および現行のバイオマーカーが示す，膀胱がん診断における感度と特異度

検査	罹患者数/研究件数	感度，％（95％CI）	特異度，％（95％CI）	膀胱がん以外の疾患による影響
尿細胞診	14,260/36	44（38-51）	96（94-98）	あり
NMP-22	10,119/28	68（62-74）	79（74-84）	あり
ImmunoCyt	2,896/8	84（77-91）	75（68-83）	あり
UroVysion	2,535/12	76（65-84）	85（78-92）	なし

文献5，6をもとに作成．

患者に継続的な検査を強い，膀胱がんを身体的および経済的に負担の大きい疾患としている[4]．

1 現行の膀胱がん検査法

現在，ゴールドスタンダードとして用いられている膀胱がん検査法は，膀胱鏡検査であり，感度（sensitivity）※1および特異度（specificity）※2は，それぞれ71％，72％と報告されている[5]．一方，代表的な非侵襲的検査である尿細胞診を行った場合では，感度が44％，特異度が96％と報告されている[5]．したがって，より感度の高いバイオマーカーを尿沈渣に見つけることが，膀胱がん診断を行う上で急務とされる．現在，NMP-22，ImmunoCyt，およびUroVysionが，米国食品医薬品局によって承認され，バイオマーカーとして用いられている．いずれも尿細胞診と比較し，高い感度を示している（**表1**）．しかしながら，下記の点において，これらのバイオマーカーは膀胱がん診断を行う上で理想的なものとなっていない．①尿細胞診と比較し，特異度が低い．②膀胱炎や尿路感染症など，膀胱がん以外の疾患による影響を受け，基準値を超える値が検出されることが報告されている．③検査に手間と時間がかかり，罹患者に対しても経済面での負担が大きい[7]．したがって，膀胱がんリスク診断に用いられる新たなバイオマーカーの開発が急務とされる．

※1　感度（sensitivity）

ある検査を罹患者集団に行った場合に，陽性と判定される者の割合．

※2　特異度（specificity）

ある検査を健常者集団に行った場合に，陰性と判定される者の割合．

2 DNAメチル化マーカー

今日，多くの研究機関によって，新規尿中バイオマーカーの探索が進められている．なかでも最も注目されている尿中バイオマーカーの1つとして，DNAメチル化マーカーがあげられる[6]．がん細胞は，種々のゲノム異常およびエピゲノム異常の蓄積により，その形質を獲得する．DNAメチル化やヒストン化学修飾，ヌクレオソームの配置などのエピジェネティクス機構は，DNA塩基配列の変化を伴わず，遺伝子の発現を制御している[8]．DNAメチル化は，ほとんどの場合，グアニンの直前に位置するシトシン第5位の炭素にメチル基を付加する化学修飾である（CpG）．多くのCpGサイトは，ゲノム中に散在しており高度にメチル化されているが，CpGアイランドとよばれるCpGサイトの密集した領域においては，低メチル化状態にあることが知られている．大部分のCpGアイランドは，遺伝子のプロモーター領域およびエクソン1に位置し，遺伝子の発現制御に関与している．

近年，われわれを含む多くの研究グループによりマイクロアレイを用いた包括的な解析が行われ，膀胱がんに多くのDNAメチル化異常が蓄積されていることが明らかにされている[9,10]．このことから，膀胱がんの発生過程に対する，エピジェネティックな遺伝子発現制御機構の寄与が示唆される．DNAメチル化マーカーは既存のバイオマーカーと比較し，下記の点においてアドバンテージがある．①DNAは化学的に安定な分子であること．②DNAメチル化は簡便で高感度な手法により定量できること．③解析結果が主観に基づいた判断によらないこと．④DNAメチル化状態の変化は，がん発生の初期段階で観察されるため，発症前診断のマーカーとしても利用できる可能性をもって

表2　これまでに報告されているDNAメチル化マーカーが示す，膀胱がん診断における感度と特異度

遺伝子セット	罹患者数	感度（%）	特異度（%）	文献
DAPK，RARβ，E-cadherin，p16	39	91	76	Chan MW, et al：Clin Cancer Res, 2002
RASSF1A	24	50	100	Chan MW, et al：Int J Cancer, 2003
APC，RASSF1A，CDKN2K	66	87	100	Dulaimi E, et al：Clin Cancer Res, 2004
DAPK，BCL2，hTERT	57	78	100	Friedrich MG, et al：Eur J Cancer, 2005
SFRP1，SFRP2，SFRP4，SFRP5，VIF-1，DKK3	264	61	93	Urakami S, et al：Clin Cancer Res, 2006
RASSF1a，E-cadherin，APC	104	69	60	Yates DR, et al：Clin Cancer Res, 2007
SALL3，CFTR，ABCC6，HPR1，RASSF1A，MT1A，RUNX3，ITGA4，BCL2，ALX4，MYOD1，DRM，CDH13，BMP3B，CCNA1，RPRM，MINT1，BRCA1	159	92	88	Yu J, et al：Clin Cancer Res, 2007
CDKN2A，ARF，MGMT，GSTP1	269	69	100	Hoque MO, et al：J Urol, 2008
IFNA，MBP，ACTBP2，D9S162，RASSF1A，WIF1	40	86	84	Rouprêt M, et al：BJU Int, 2008
PMF1	118	65	95	Aleman A, et al：Clin Cancer Res, 2008
Myopodin	164	65	80	Cebrian V, et al：J Pathol, 2008
GDF15，TMEFF2，VIM	110	94	90	Costa VL, et al：Clin Cancer Res, 2010
RASSF1A，p14，E-cadherin	66	80	100	Lin HH, et al：Urol Oncol, 2010
TWIST1，NID2	278	90	93	Renard I, et al：Eur Urol, 2010
IRF8，p14，SFRP1	49	87	95	Chen PC, et al：BMC Med Genomics, 2011
MYO3A，CA10，NKX6-2，DBC1，SOX11	238	85	95	Chung W, et al：Cancer Epidemiol Biomarkers Prev, 2011
ZNF154，HOXA9，POU4F2，EOMES	174	84	96	Reinert T, et al：Clin Cancer Res, 2011
APC，RASFF1A，RARB，DBC1，SFRP1，SFRP2，SFRP4，SFRP5	146	52	100	Serizawa RR, et al：Int J Cancer, 2011
BCL2，hTERT	213	76	98	Vinci S, et al：Urol Oncol, 2011
VAX1，KCNV1，TAL1，PPOX1，CFTR	212	89	88	Zhao Y, et al：PLoS One, 2012
APC，TERT，EDNRB	29	72	55	Zuiverloon TC, et al：BJU Int, 2012
TWIST1，NID2	24	88	96	Yegin Z, et al：DNA Cell Biol, 2013
SOX1，IRAK3，L1-MET	74	93	94	Su SF, et al：Clin Cancer Res, 2014
POU4F2，PCDH17	118	90	94	Wang Y, et al：Oncotarget, 2015
TBX3	179	71	76	Beukers W, et al：Mod Pathol, 2015
HOXA9，ISL1	48	44	91	Kitchen MO, et al：PLoS One, 2015

文献6，11〜15をもとに作成．

いること[6]．これまでに多くの研究グループが，膀胱がん罹患者の尿沈渣を用いた解析を行うことにより，DNAメチル化マーカーの有用性を検証し，報告している（**表2**）．

3 L1-*MET*の脱メチル化が膀胱がん発症前診断の新たなバイオマーカーとなる

正常細胞と比較し，一般的にがん細胞のDNAは低

3章　疾患エピゲノム研究

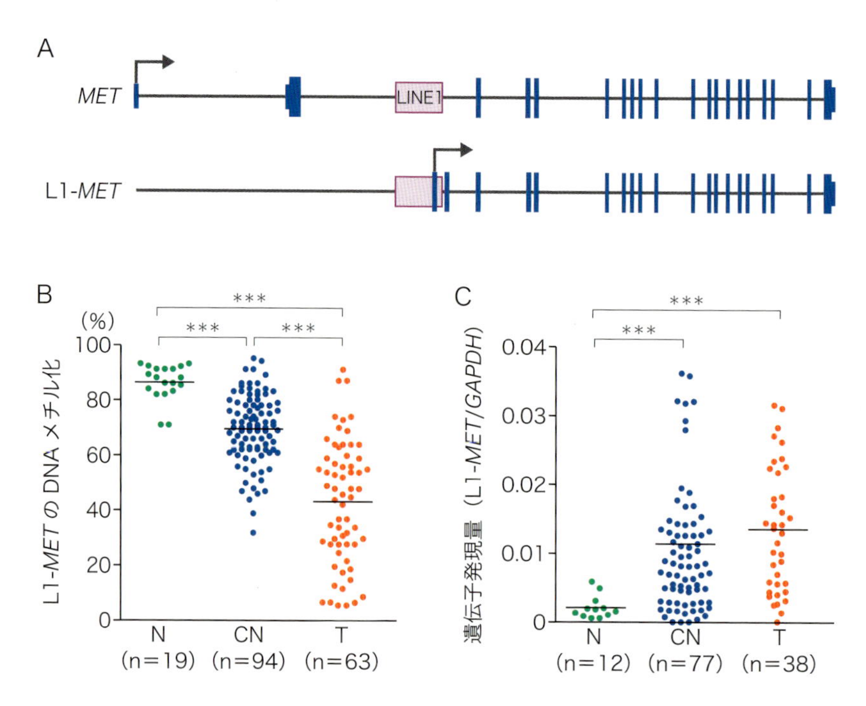

図1　膀胱の組織におけるL1-*MET*のDNAメチル化状態と遺伝子発現量
A) がん原遺伝子*MET*およびL1-*MET*のゲノム構造．青色のボックスはエクソン，紫色のボックスはLINE-1を表す．矢印は転写開始点を示す．L1-*MET*は，*MET*と異なる転写開始点をLINE-1内にもつ．**B)** DNAメチル化状態．**C)** 遺伝子発現量．N（緑）：正常組織，CN（青）：膀胱がん近傍の正常組織，T（赤）：膀胱がん．***は$p < 0.001$を示す．文献18より引用．

メチル化状態にあるが，その大部分は，long interspersed nuclear elements（LINE-1）のような，ゲノム内の反復配列にみられる現象であることが知られている[16]．LINE-1はゲノム内に散在する転位因子であり，約50万コピーあると考えられるLINE-1のほとんどは，進化の過程においてその機能を失っている．がん発生過程におけるLINE-1の低メチル化は，染色体不安定性に関与していることが示唆されているが，その詳細な役割はいまだ明らかとなっていない[17]．われわれは，がん原遺伝子*MET*のプロモーター領域に位置するLINE-1（L1-*MET*）のDNA低メチル化状態が，転写量を制御していることを示すと同時に，正常細胞と膀胱がん細胞におけるL1-*MET*発現量に有意な差がみられることを報告した（**図1A，B，C**）[18]．興味深いことに，有意な低メチル化状態は，がん細胞から少なくとも5 cm以上離れた位置にある，組織学的に正常細胞と判断された細胞においても観察された．この結果は，L1-*MET*はがん発生過程においてのみに限らず，前がん状態の細胞においても，DNA低メチル化状態にあることを示唆するものである．これらの研究結果より，L1-*MET*の脱メチル化は，膀胱がん発症前診断の新たな指標として有用なものになると期待される．

4 3種のDNAメチル化マーカーを用いた膀胱がん再発リスク診断

DNAメチル化は安定した化学修飾であり，その変動は尿沈渣中に排出された前がん状態の膀胱細胞においても，定量可能である．先行研究により，いくつかの尿中バイオマーカーが報告されているが，膀胱がん再発予測診断に用いられる有用なDNAメチル化マーカーは，いまだ確立されていない．そこでわれわれの研究グループは，TUR-Btを受けたNMIBC患者90名を対象に，予後を観察すると同時に，尿沈渣サンプルを用いてDNAメチル化マーカーの探索を行った．予後観察および尿沈渣サンプル収集はUSC Norris Compre-

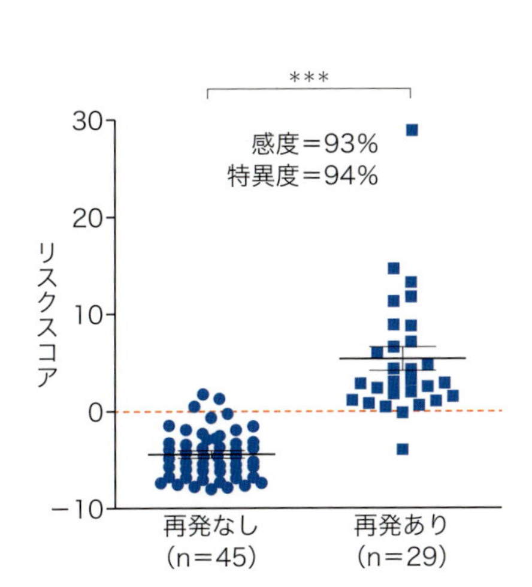

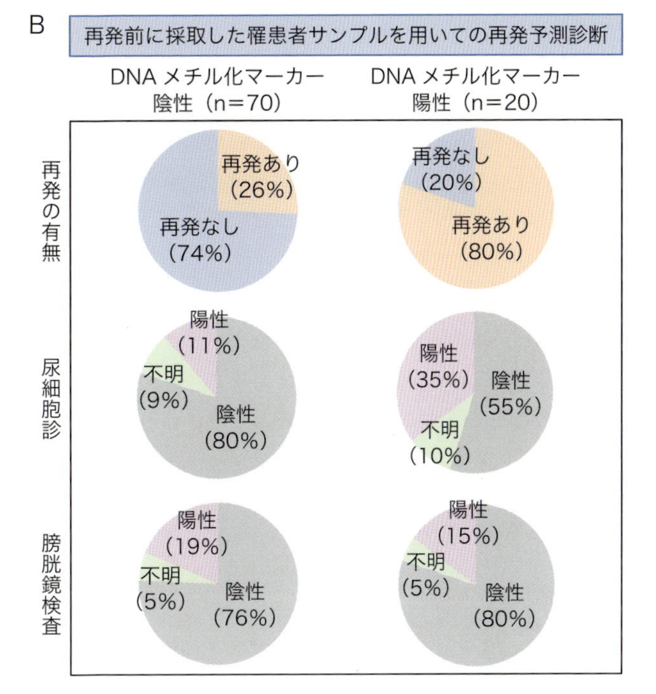

図2　*SOX1*, *IRAK3*, L1-*MET*の3種のDNAメチル化マーカーの組合わせによる膀胱がん再発予測診断

A）膀胱がん罹患者サンプル（n＝74）を，再発なし，再発ありの2群に分け，リスクスコアを算出．***は$P < 0.001$を示す．B）再発前の罹患者サンプルを用いての膀胱がん再発予測診断．DNAメチル化マーカーで陽性の値を示した罹患者20名のうち80％にあたる16名が，その後再発を経験したことに対して，尿細胞診では35％，膀胱鏡検査では15％に留まった．文献7より引用．

hensive Cancer Center（カリフォルニア州，ロサンゼルス）のガイドラインに沿って行われた．2004年から2011年にわたる予後観察期間中，34名において再発が確認され，残る56名においては確認されなかった．これらの尿沈渣サンプルを用いて，複数の既知のDNAメチル化マーカーおよび，それらの組合わせの評価を行った．その結果，*SOX1*, *IRAK3*, L1-*MET*の3種のDNAメチル化マーカーを組合わせて用いた場合に，最も高い感度（93％）および特異度（94％）が検出されることが明らかとなった（**図2A**）[7]．つまり，これら3種のDNAメチル化マーカーは，膀胱がんの診断マーカーとして有用なものであると考えられる．そこで，次にわれわれは，これら3種のDNAメチル化マーカーが，膀胱がん再発予測診断にも役立つものであるのかを検討した．**図2B**に示すように，再発前に採取した尿沈渣サンプルを用いた検査で陽性であった罹患者20名のうち，16名がその後，再発を起こした（80％）．一方で，同様の検査で陰性であった罹患者70名のうち，52名は再発を起こさなかった（74％）．つまり，これら3種のDNAメチル化マーカーを用いることで，8割の罹患者の再発を予測できるといえる．一方，DNAメチル化マーカーが陽性を示した20名に対して，同時期に尿細胞診および膀胱鏡検査を行った場合，これらの検査法のもつ特異度の低さも影響し，陽性率35％および15％を示したが，DNAメチル化マーカーの場合と比較し，低い値に留まった．

おわりに

膀胱がん診断におけるDNAメチル化マーカーは，米国食品医薬品局によって承認されたバイオマーカーと比較し，いまだ開発段階にある．その理由として，研究グループ間において，用いられている罹患者集団の背景が大きく異なること，さらにあらかじめ定められたカットオフ値（検査の陽性および陰性を判定するための閾値）を用いての評価がされていないことなどがあげられる[6]．しかしながら，既存の膀胱がん診断マーカーと比較し，多くのDNAメチル化マーカーは，より高い感度を計測し，特異度に関しても尿細胞診に匹敵する値を示すことが，複数の研究グループにより明らかにされている．高い再発率は，罹患者に尿細胞診および膀胱鏡検査を強い，そのことが膀胱がんを身体的，経済的に負担の大きい疾患としている．そのため，発症前診断は膀胱がんの治療戦略において必要不可欠な項目である．尿沈渣を用いた非侵襲的なバイオマーカーであるDNAメチル化マーカーは，膀胱がん診断に新たな可能性を提示するものになると期待される．

文献

1） Jemal A, et al：CA Cancer J Clin, 60：277-300, 2010
2） Silverman DT, et al：J Natl Cancer Inst, 81：1472-1480, 1989
3） Frantzi M, et al：Nat Rev Urol, 12：317-330, 2015
4） Avritscher EB, et al：Urology, 68：549-553, 2006
5） Mowatt G, et al：Health Technol Assess, 14：1-331, iii-iv, 2010
6） Reinert T：Adv Urol, 2012：503271, 2012
7） Su SF, et al：Clin Cancer Res, 20：1978-1989, 2014
8） Jones PA & Baylin SB：Nat Rev Genet, 3：415-428, 2002
9） Wolff EM, et al：Cancer Res, 70：8169-8178, 2010
10） Reinert T, et al：Clin Cancer Res, 17：5582-5592, 2011
11） Kandimalla R, et al：Nat Rev Urol, 10：327-335, 2013
12） Wang Y, et al：Oncotarget, 7：2754-2764, 2016
13） Beukers W, et al：Mod Pathol, 28：515-522, 2015
14） Kitchen MO, et al：PLoS One, 10：e0137003, 2015
15） Yegin Z, et al：DNA Cell Biol, 32：386-392, 2013
16） Baylin SB, et al：Adv Cancer Res, 72：141-196, 1998
17） Eden A, et al：Science, 300：455, 2003
18） Wolff EM, et al：PLoS Genet, 6：e1000917, 2010

＜筆頭著者プロフィール＞
大谷仁志：2005年，早稲田大学人間科学部卒業．'11年，東京医科歯科大学大学院生命情報科学教育部にて，免疫応答制御遺伝子群の分子進化に関する研究に従事し，博士（理学）の学位を取得．同年より'14年まで，慶應義塾大学医学部分子生物学教室にポスドクとして在籍．現在，Van Andel Research Institute（ミシガン州，グランドラピッズ）の所長であるPeter A. Jones教授のもと，がん発生過程におけるエピジェネティクス制御機構の解明をめざし，研究に取り組んでいる．

I．がん

6. リプログラミング技術を応用したがん研究

田口純平，山田泰広

細胞核にコードされた体細胞の運命は安定的に維持されている．一方で，卵への核移植実験や多能性幹細胞を用いた細胞融合実験によって細胞核の情報をリプログラミングしうることが示されてきた．現在ではiPS細胞技術の開発により，細胞自体の運命をダイナミックに改変することが可能となっている．iPS細胞技術による体細胞の運命転換過程では，特定の遺伝子配列の変化は必要としないものの，エピゲノムの大規模な改変が誘導される．iPS細胞技術をがん細胞に応用することで，遺伝子異常を背景としたままがん細胞のエピゲノムを積極的に改変することが可能であると考えられる．本稿では，リプログラミング技術を応用したがんエピゲノム研究の現状と，今後の展望について紹介したい．

はじめに

2006年山中伸弥博士らより，マウス線維芽細胞に初期化4因子※1と称される4つの遺伝子（*Oct3/4*, *Sox2*, *Klf4*, *c-Myc*）を導入することで，体細胞から多能性幹細胞（iPS細胞：induced pluripotent stem cell）が樹立可能であることが報告された[1]．体細胞からiPS細胞への運命転換では，遺伝子配列変化は必要としない一方で，転写ネットワークやエピゲノムの大規模な改変が誘導される[2]．最近では，細胞特異的な転写因子を一過性に強制発現させることで，体細胞運命を直接別の細胞へ変化させる手法（ダイレクトリプログラミング）も開発されている[3) 4]．このように，細胞の運命は細胞特異的な転写ネットワークを介して形成されるエピゲノムにより規定されると考えられる．したがって転写因子の一過性強制発現による細胞運命転換技術

[キーワード＆略語]
リプログラミング，がんエピゲノム，エピゲノム発がん

CML：chronic myeloid leukemia（慢性骨髄性白血病）
DGCs：differentiated glioblastoma cells
ES細胞：embryonic stem cell（胚性幹細胞）
iPS細胞：induced pluripotent stem cell（人工多能性幹細胞）
PDAC：pancreatic ductal adenocarcinoma（膵管腺がん）
SCNT：somatic cell nuclear transfer（体細胞核移植）
TPCs：tumor propagating cells

Exploring cancer epigenome with reprogramming technology

Jumpei Taguchi/Yasuhiro Yamada：Laboratory of Stem Cell Oncology, Department of Life Science Frontiers, Center for iPS Cell Research and Application（CiRA），Kyoto University（京都大学iPS細胞研究所未来生命科学開拓部門幹細胞腫瘍学分野）

（リプログラミング技術）は，エピゲノムを積極的に改変するツールとして捉えることができる．

がんは遺伝子変異の蓄積によって生じると考えられている．一方でがん細胞におけるDNAメチル化やヒストン修飾状態の解析により，がん細胞では遺伝子配列異常のみならず，正常細胞と比べてさまざまなエピジェネティクス修飾状態の変化が存在することが明らかとなっている．がん細胞特異的なエピゲノムががんの発生や維持，進展に寄与していることが示唆される（がん細胞におけるエピゲノム制御※2）．本稿では，リプログラミング技術を応用することでがんエピゲノムの意義解明をめざした研究の現状について，最近の知見も含めて紹介したい．

1 リプログラミング技術を用いたがんエピゲノムの理解

1）がん細胞のリプログラミング

iPS細胞の登場以前から，体細胞核移植技術（somatic cell nuclear transfer：SCNT）を用いてがん細胞のリプログラミングを試みた研究が行われてきた．体細胞核移植は，脱核した未受精卵に体細胞核を移植して細胞核のリプログラミングを誘導する方法である[5]．2004年にHochedlingerらはSCNTにより，さまざまながん細胞株核のリプログラミングを試みている[6]．しかし，がん細胞のリプログラミング効率はきわめて低く，SCNT後に発生した胚盤胞から樹立される胚性幹細胞（SCNT-ES細胞）はメラノーマ細胞株，胎児性がん細胞株からのみ樹立可能であり，その他の白血病細胞株やリンパ腫細胞株核はリプログラミングすることができなかった．この結果は，多くのがん細胞核が共通してリプログラミングに対する抵抗性をもっており，エピゲノムの改変が困難であることを示唆する（**図1A**）．

iPS細胞の登場以後，簡便なiPS細胞作製技術を用いたがん細胞のリプログラミングに注目が集まった．この場合でも，依然としてがん細胞のリプログラミング（がん細胞からのiPS細胞の樹立成功）の報告は乏しく，現在までに何例か報告されているのみである[7)〜9)]．

2010年，Kumanoらは慢性骨髄性白血病（chronic myeloid leukemia：CML）細胞株よりCML-iPS細胞を樹立した[10]．CML細胞は恒常活性型チロシンキナーゼである*BCR-ABL*融合遺伝子を発現し異常増殖を示す造血系腫瘍細胞である．CML細胞はこのチロシンキナーゼの分子標的薬であるイマチニブに感受性をもつが，興味深いことにCML-iPS細胞やCML-iPS細胞由来神経細胞や線維芽細胞は*BCR-ABL*融合遺伝子を発現しているにもかかわらず，イマチニブに対して抵抗性を示した．これらの細胞間に遺伝子配列情報の差はないと考えられるため，分化状態ごとにそれぞれ異なるエピゲノム状態が細胞のがん遺伝子依存性を規定しており，がんシグナルを遮断する分子標的薬の感受性に影響していることが示唆される．

また，特定のがん関連遺伝子の変異は，特定の細胞種に異常増殖を誘導することが示されている．$Kras^{G12D}$変異が高頻度に認められる膵管腺がん（pancreatic ductal adenocarcinoma：PDAC）モデルでは，膵臓を構成する導管細胞や幹細胞様のcentroacinar cells（CACs）に$Kras^{G12D}$変異を導入してもPDACはほとんど生じないのに対して，腺房細胞における$Kras^{G12D}$変異は*Sox9*遺伝子の局所的な発現誘導と協調して前がん領域の形成に関与することが示されている[11]．この結果は，同じ遺伝子変異をもった細胞であっても，腫瘍形成能の獲得には特定の細胞種が必要であることを示唆する．細胞の分化とその運命維持にはエピゲノム制御が必須であるため，特定のがん関連遺伝子変異と細胞分化に関連した特定のエピゲノム状態が協調して初めてがんとしての性質が獲得されることが予想される．リプログラミング技術により，がん細胞の分化状

※1　初期化4因子

ES細胞特異的に発現し，体細胞の初期化を可能にする転写因子遺伝子セットである．これらの因子が下流遺伝子を活性化することで，多能性獲得に向けた転写ネットワークを形成するとともに，エピゲノムの改変が開始される．現在では4因子以外にも代替可能な遺伝子セットが報告されている．

※2　がん細胞におけるエピゲノム制御

一般的にがん細胞はゲノムワイドなDNA低メチル化を示すことが知られている．一方で，一部のプロモーター領域のCpGアイランドでは高度なDNAメチル化が認められる．同時にさまざまながん細胞において特異的なヒストン修飾変化やncRNA，ヒストンバリアントの増加などが報告されており，発がんやがん細胞の維持，進展に関与していると考えられている．同時に治療の標的としても注目されている．

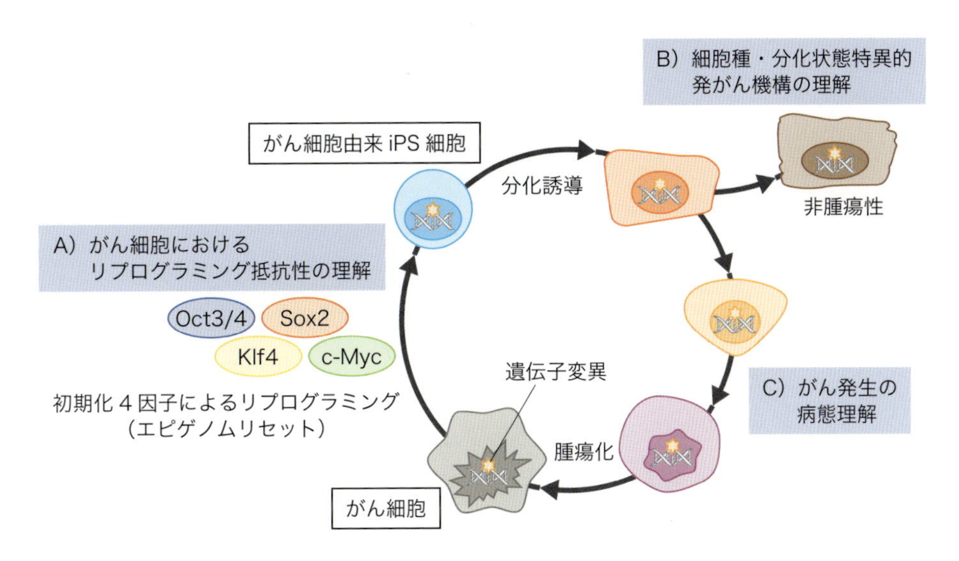

図1　がん細胞リプログラミングの有用性
A） 多くのがん細胞はリプログラミング抵抗性を有し，エピゲノムの改変が困難である．がん細胞のアイデンティティー維持にがん特異的なエピゲノムの安定性が存在することが示唆される．**B）** 同一ゲノムおよび遺伝子変異をもった細胞でも細胞種や分化状態で腫瘍性の有無や抗がん剤に対する感受性が異なる．遺伝子配列異常を背景とするがん細胞の性質には，それぞれの細胞状態（cellular context）におけるエピゲノム制御が大きな影響を与えることが示唆される．**C）** がん由来iPS細胞を目的細胞へ分化誘導することにより，臨床検体や細胞株を使用した解析では見出せなかったがん発生の早期過程を再現することが可能である．

態を積極的に改変することで，細胞種特異的な発がんのコンセプトが検証できると期待されている（**図1B**）．

がん細胞のリプログラミングは，iPS細胞の樹立を介してがんの病態理解にも用いられている．2013年，Kimらはヒト膵管腺がん（PDAC）発生の早期過程を観察するため，PDAC臨床検体よりiPSC様細胞株を樹立した[12]．iPSC様細胞株を免疫不全マウスに皮下移植したところ，PDACの前がん病変であるPanIN（pancreatic intraepithelial neoplasia）を経た後，PDACを形成することが明らかとなった．また，PDAC形成過程の初期から中期にのみ特異的に発現する*HNF4*遺伝子がPDACへの進展に重要であることが示され，がん細胞由来iPS細胞が多段階に進展する発がんメカニズム理解のために有用であることを示した．これらのiPSC様細胞株はPDACの遺伝子配列情報を有していることが予想されることから，この結果は発がんステージ特異的なエピゲノム制御の関与を示唆するものと考えられる（**図1C**）．

また2015年，Leeらは生殖細胞における*TP53*遺伝子変異を原因とし，あらゆる細胞を起源としたがんを多発的に発症する遺伝性疾患であるリ・フラウメニ症候群（Li-Fraumeni syndrome：LFS）患者の線維芽細胞からLFS iPS細胞を樹立した[13]．実際にLFS iPS細胞より再分化させた骨芽細胞（LFS osteoblasts：LFS OBs）は分化異常や腫瘍形成などの骨肉腫の特徴を再現していた．また，FLS OBsではインプリント遺伝子である*H19*遺伝子の発現低下が分化異常や腫瘍化に関連していることや，これらが新規治療の標的になりうることが示された．このように，リプログラミング技術はがん発生を特徴とする遺伝性疾患における病態理解のためにも有用である（**図1C**）．

2）腫瘤内におけるがん細胞の不均一性の理解

リプログラミング技術はがん細胞の不均一性（heterogeneity）を理解するうえでも用いられている．がん細胞は同腫瘤内でも多様性をもつことが知られており，そのなかでも自己複製能をもち，がん細胞の供給を司るとされるがん幹細胞の概念に注目が集まっている．

2014年，Suvàらはヒト神経膠芽腫（glioblastoma）においてもがん細胞の不均一性があることに着目し，腫瘍形成能を有する幹細胞様のtumor propagating cells（TPCs）および腫瘍形成能のないdifferentiated

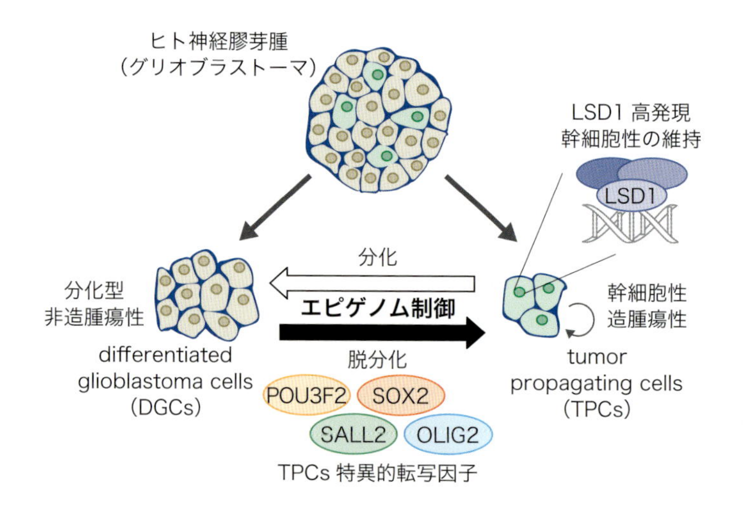

図2　エピゲノム変化に基づく神経膠芽腫におけるがん細胞の不均一性
ヒト神経膠芽腫における幹細胞様性質を有するtumor propagating cells（TPCs）の出現・維持には，TPCs特異的転写因子が形成する転写ネットワークおよびエピゲノム状態が重要であり，がん細胞の不均一性はエピゲノムの可塑性に基づいて制御されていることが示唆される．

glioblastoma cells（DGCs）を単離・比較し，TPCsに特異的に発現する転写因子群（*POU3F2*, *SOX2*, *SALL2*, *OLIG2*）を同定した[14]．また，これら4因子を一過性にDGCsに強制発現することで，がん幹細胞様の性質を有するinduced TPCs（iTPCs）の誘導に成功した．まさにリプログラミング技術を応用したiTPCsの誘導といえる．さらにTPCsでは，エピゲノム制御にかかわるH3K4脱メチル化酵素であるLSD1が高発現していることを見出し，LSD1がTPCsの腫瘍形成能維持に重要であることや，LSD1阻害剤がTPCs特異的に抗腫瘍効果をもつことを示した（**図2**）．これらの結果は，エピゲノム制御機構が腫瘤内におけるがん幹細胞様細胞の出現に関与することを示しただけでなく，がん幹細胞性にかかわるエピゲノム制御を標的とした治療の可能性を見出したという点で，リプログラミング技術の新たな有用性を示したといえる．

リプログラミング技術の1つである細胞融合もがん研究に応用されている．2015年，Yingらは細胞融合技術を用いて乳がんにおける不均一性の理解を試みている．乳がんは高度な不均一性を有しており，乳がん細胞はいくつかのサブタイプに分類される．Luminal型とBasal-like型という異なるサブタイプ間で細胞融合を行ったところ，大部分の融合細胞は予後不良なBasal-like型の形態を示した[15]．また興味深いことに，Basal-like型細胞株の核抽出液をLuminal型細胞株の培養液中に添加したところ，一部の細胞でBasal-like型の形態へスイッチが生じた．さらに，この分化転換に一部のBasal-like型特異的な転写因子が関与することや，これらの因子が抑制性ヒストン修飾であるH3K27me3を介しLuminal型特異的な転写ネットワークを抑制することでBasal-like型の維持に働くことを示し，乳がん細胞の不均一性はサブタイプごとで異なるエピゲノムの可塑性に基づくものであることが示唆された．

2 生体内初期化技術を用いたエピゲノム発がんの理解

前述のとおり，がんは遺伝子変異の蓄積によって生じる．現在までに多くのがん遺伝子およびがん抑制遺伝子の変異が報告されており，臨床がん検体の多くにこれらの変異が認められている．しかし一部の小児がんなどでは遺伝子変異の頻度が少なく，特定の遺伝子変異が認められないものも存在する．また近年，エピゲノム制御異常とがんの関連性が広く報告されてきたことから，エピゲノム異常に起因した発がん機構の存在を仮定し，リプログラミング技術を用いた発がんモデルの作製が試みられた．

1）生体内初期化マウスシステムの作製

Ohnishiらは生体内において体細胞初期化を誘導するため，既報より生体内の体細胞においてドキシサイクリン依存的に初期化因子の発現を誘導可能なキメラマウスを作製した[16]．このキメラマウスにドキシサイクリンを約1カ月間投与したところ，iPS細胞を含み，三胚葉への分化を示す奇形腫が形成された．これより，マウス生体内においても体細胞初期化が可能であることが示された．

2）中途半端な細胞初期化による腫瘍の形成

次にOhnishiらは，細胞初期化過程での経時的変化を調べるため，初期化3日～9日目のマウス諸臓器を観察した．初期化因子誘導直後より，さまざまな臓器に異型細胞の出現が認められ，初期化因子の発現に伴った活発な増殖を示していた．さらに，これらの異型細胞における初期化因子発現の依存性を調べるため，7日目で初期化を停止した後マウス諸臓器を観察した．その結果，初期化因子の発現に依存せず，異常増殖を続ける未分化な細胞が出現していた．興味深いことに，これらの未分化細胞は，周辺組織への浸潤能や免疫不全マウスへの皮下移植における腫瘍形成能を示し，がん細胞の性質をもつことが明らかとなった[17]．

3）不完全な初期化に伴うエピゲノム変化と発がん

初期化停止により出現した腎臓腫瘍における網羅的なDNAメチル化解析により，正常腎臓細胞と腎臓腫瘍細胞のDNAメチル化状態は大きく異なっていた．正常腎臓細胞において特異的にメチル化されている遺伝子の多くは腫瘍細胞においてもメチル化の維持が認められたが，腫瘍細胞はES細胞特異的にメチル化されている遺伝子のメチル化を新規に獲得していた．以上のことから，これらの腫瘍細胞では初期化過程における中途半端なエピゲノム状態の改変がなされていることが明らかとなった．また，腫瘍細胞におけるエピゲノムの意義を調べるため，腫瘍細胞を単離し，*in vitro*で完全初期化を試みた．その結果，腎臓腫瘍細胞からiPS細胞が樹立され，腫瘍由来iPS細胞はキメラマウス腎臓に寄与することが示された．興味深いことに，それらのキメラマウスの腎臓に腫瘍化は認められなかった．この結果は，中途半端な初期化にかかわるエピゲノム変化が腫瘍細胞の出現に関与していることを示唆する．

4）エピゲノム異常と小児がんの関連性

不完全な初期化による腎臓腫瘍の組織学的特徴はヒト小児腎がんとして知られるWilms腫瘍と類似していた．Wilms腫瘍は*WT1*などの遺伝子変異が認められるが，その頻度は低く，特定の遺伝子変異が同定されない症例も報告されている．また，Wilms腫瘍はインプリント領域である*IGF2-H19*遺伝子座のDNAメチル化異常が高頻度に認められ[18][19]，エピゲノムとの関与が示唆されるがんである．興味深いことに，不完全な初期化による腎臓腫瘍においても，特定のがん関連遺伝子の変異は認められない一方で，*Igf2-H19*遺伝子座におけるDNAメチル化異常が観察された．さらにこれらの腎臓腫瘍はWilms腫瘍と遺伝子発現パターンに関しても類似していることが示された．これらの結果から，体細胞初期化にかかわるエピゲノム変化がWilms腫瘍の形成に関与する可能性が示唆された．

細胞初期化過程に特定の遺伝子変異を必要としないことを考えると，以上の結果はエピゲノム制御異常を主体とした発がん機構の存在を示唆している（**図3**）．特に一部の小児がん発生に多能性獲得に関連したエピゲノム制御が関与しているのかもしれない．

おわりに

iPS細胞の登場により，リプログラミング技術がさまざまな方法でがん研究にも応用されつつある．リプログラミング技術による体細胞の運命転換過程にはさまざまなエピゲノム関連因子が関与する[20]．一例として，体細胞からiPS細胞への初期化過程では抑制性ヒストン修飾であるH3K9me3やH3K79me3にかかわる因子が初期化を負に制御することが報告されており[21][22]，これらのエピゲノム関連因子は体細胞の運命維持に関与していることが示唆される．このような特定のエピゲノム関連因子が体細胞の運命維持だけでなく，がん細胞の強固なアイデンティティー維持機構にも複合的に関与しているのかもしれない．依然としてがんエピゲノム異常の本質的な意義には不明な点が多いが，リプログラミング技術に基づいたがんエピゲノム研究のさらなる発展が期待される．

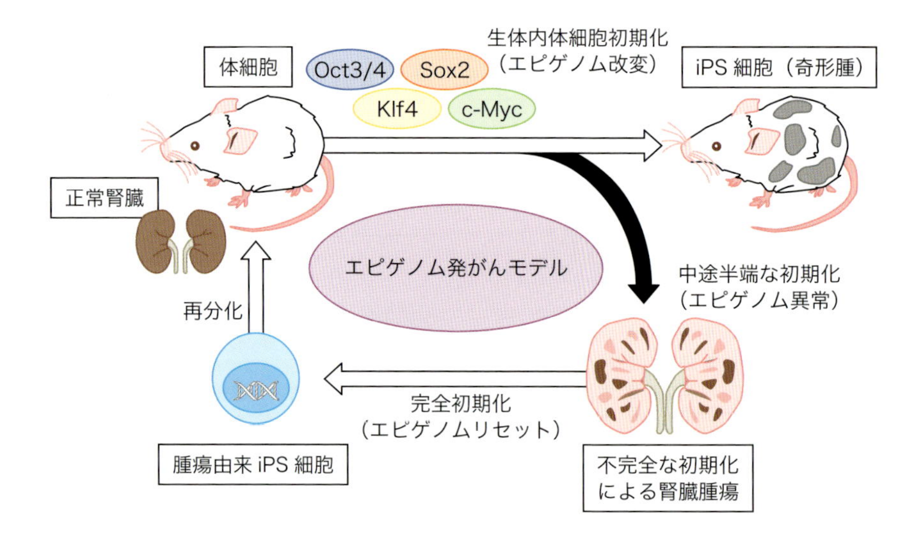

図3　生体内初期化技術を用いたエピゲノム発がんモデル

体細胞初期化は特定の遺伝子配列の変化を必要とせず，初期化因子の発現を介したエピゲノム制御状態の改変によって誘導される．体細胞からiPS細胞へのエピゲノム改変を中途半端な過程で停止させることで，エピゲノム異常を有した腫瘍が形成された．さらに，腫瘍細胞からiPS細胞を誘導することでエピゲノム状態をリセットしたところ，腫瘍由来iPS細胞は非腫瘍性組織に寄与した．この結果は，エピゲノム異常に起因する発がん機構の存在を示唆する．

文献

1）Takahashi K & Yamanaka S：Cell, 126：663-676, 2006
2）Polo JM, et al：Cell, 151：1617-1632, 2012
3）Vierbuchen T, et al：Nature, 463：1035-1041, 2010
4）Ieda M, et al：Cell, 142：375-386, 2010
5）Gurdon JB：Dev Biol, 4：256-273, 1962
6）Hochedlinger K, et al：Genes Dev, 18：1875-1885, 2004
7）Carette JE, et al：Blood, 115：4039-4042, 2010
8）Gandre-Babbe S, et al：Blood, 121：4925-4929, 2013
9）Kotini AG, et al：Nat Biotechnol, 33：646-655, 2015
10）Kumano K, et al：Blood, 119：6234-6242, 2012
11）Kopp JL, et al：Cancer Cell, 22：737-750, 2012
12）Kim J, et al：Cell Rep, 3：2088-2099, 2013
13）Lee DF, et al：Cell, 161：240-254, 2015
14）Suvà ML, et al：Cell, 157：580-594, 2014
15）Su Y, et al：Cell Rep, 11：1549-1563, 2015
16）Stadtfeld M, et al：Nat Methods, 7：53-55, 2010
17）Ohnishi K, et al：Cell, 156：663-677, 2014
18）Rainier S, et al：Nature, 362：747-749, 1993
19）Ogawa O, et al：Nature, 362：749-751, 1993
20）Buganim Y, et al：Nat Rev Genet, 14：427-439, 2013
21）Chen J, et al：Nat Genet, 45：34-42, 2013
22）Onder TT, et al：Nature, 483：598-602, 2012

＜筆頭著者プロフィール＞
田口純平：立命館大学生命科学部を卒業後，京都大学大学院医学研究科修士課程を修了．2016年度より同大学院博士後期課程に進学し，iPS細胞研究所未来生命科学開拓部門幹細胞腫瘍学分野（山田研究室）に所属．発生過程におけるエピゲノムのダイナミクスに興味をもっており，現在はその破綻によるがんの発生に着目し細胞初期化技術を用いて研究を行っている．

Ⅱ. 代謝疾患

7. 肥満のエピジェネティクスとその世代間継承

畑田出穂，森田純代

肥満の体質的要因には遺伝だけでは説明できない要因があることがこれまでの研究で示唆されている．近年親の栄養状態が子孫のメタボリックシンドロームに関係することが明らかになってきた．母の栄養状態だけでなく父の栄養状態も子に影響することから，次世代に表現型が引き継がれる世代間におけるエピジェネティクスの関与が示唆される．その機構は不明であったが，最近精子中のtRNAに由来する小分子が関与しているらしいことがわかってきた．

はじめに

肥満は世界中で年々増え続けており，2013年で21億人に達している．さらに肥満は心血管疾患，糖尿病などを併発する．肥満はエネルギーの摂取と消費のバランスの崩れに起因しており，エネルギーの摂取量が消費エネルギー量を上回ることによって脂肪組織が増大する．本稿では肥満を引き起こすエピゲノム機構について論じたい．

[キーワード＆略語]
肥満，脂肪，世代間エピジェネティクス

DOHaD：developmental origins of health and disease
GWAS：genome-wide association study（ゲノムワイド関連解析）
IGF2：insulin-like growth factor 2（インスリン様増殖因子2）
SNP：single nucleotide polymorphism（一塩基多型）

1 肥満の遺伝的要因

太りやすさは，一般的に遺伝的要因が体質的要因となり，エネルギーバランスの崩れなどの環境要因によって太るかどうかを決定すると考えられている．肥満を引き起こす遺伝子はobマウスで知られるような単一遺伝子によるものは稀で，多因子遺伝による．ゲノムワイド関連解析（GWAS）により，MC4R（melanocortin 4 receptor），NPY2R（neuropeptide Y receptor Y2），FTO（fat mass and obesity-associated），NPFFR2（neuropeptide FF receptor 2）などの一塩基多型（SNP）が肥満と相関することがわかってきた．しかしながら最も相関が高いFTOでも体重への影響の1 kg程度しか説明できない[1]．また一卵性双生児の解析も遺伝的要因を探る重要な方法であるが，これまでの研究で肥満発症における遺伝的素因は7割程度と考えられている[2]．残りの3割は何が素因なのかはわかっていない．

Epigenetics of obesity
Izuho Hatada/Sumiyo Morita：Laboratory of Genome Science, Biosignal Genome Resource Center, Institute for Molecular and Cellular Regulation, Gunma University（群馬大学生体調節研究所生体情報ゲノムリソースセンターゲノム科学リソース分野）

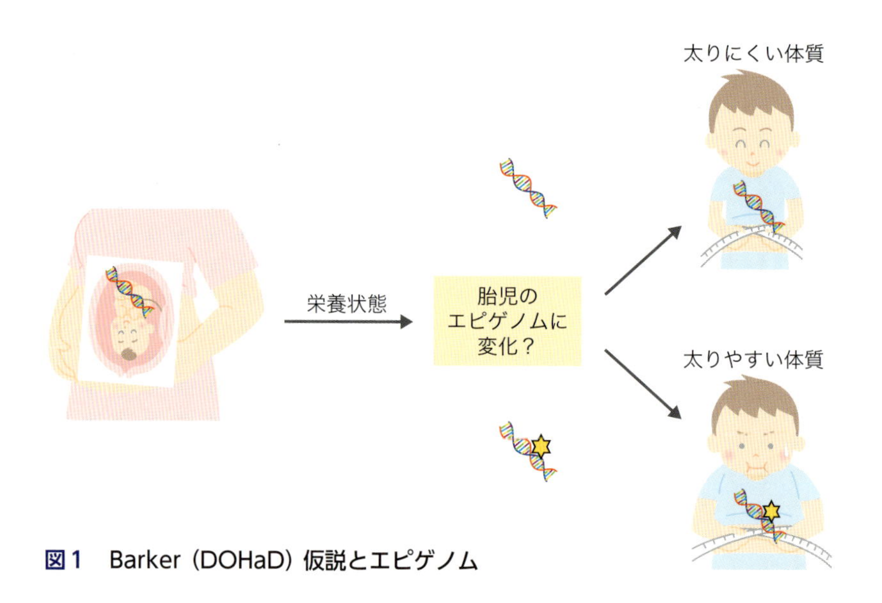

図1 Barker（DOHaD）仮説とエピゲノム

以上のことを考えると，遺伝以外の素因が肥満の発症に関与することが示唆される．

2 肥満のエピジェネティクス

エピジェネティクスとは遺伝子自体ではなく，DNAのシトシン塩基のメチル化やヒストン修飾など遺伝子の修飾により，遺伝子発現情報が維持される機構である．また遺伝子の修飾情報のことをエピゲノムとよぶ．一卵性双生児がゲノムは同じなのに表現型が異なる原因はエピゲノムが異なることによると考えられている．

一卵性双生児のエピゲノム研究で，環境がエピゲノムに影響していることを示唆する研究がある．すなわち一卵性双生児ペアのDNAメチル化やヒストン修飾の差は若年ではあまり大きくないが加齢とともに増加するという報告である[3]．また興味深いことにマウスを用いた実験で，太りやすい体質とそうでない体質が思春期までに，すでにエピゲノムの差として存在していることを示唆する報告もある[4]．この実験では遺伝的に均一である純系のマウスに高脂肪食を食べさせ，よく太る個体とそうでない個体の遺伝子発現を脂肪で調べている．もちろん発現の差がある遺伝子があるのは当たり前であるが，興味深いのはいくつかの遺伝子は，高脂肪食を食べさせる前の7週齢の段階ですでに発現に差があったことである．しかもその1つはインプリント遺伝子のPeg1（Mest）であった．ではこのようなエピゲノムの差が起きる原因は何であろうか？

3 胎児の栄養状態とエピゲノムの変化

胎児期および新生児期の栄養環境が将来の肥満や2型糖尿病の発症に影響を与えるというBarker仮説，近年ではDOHaD（developmental origins of health and disease）とよばれる仮説が提唱されている．Barkerらは疫学研究から，出生時の低体重が心血管障害で死亡する危険を高めることを発見した[5]．またメタボリックシンドロームや糖尿病などの発症も高まっている[6]．すなわちこれを解釈すると胎児期あるいは新生児期の低栄養環境が代謝関連遺伝子のエピゲノムに影響を与えるとともに，それが成人までエピジェネティックメモリーとして維持された結果，疾患が発症すると考えられる（**図1**）．

動物のモデル実験でも類似のことが示されている．胎児期の低栄養の動物のモデルを作製すると，胎児期の低栄養は出生体重の低下をもたらすが，その後の急激な体重増加により体重は正常になる．しかし，成獣になってから高脂肪食を食べさせると肥満になりやすいことが報告されている[7]．

では具体的にどのような遺伝子のエピゲノムに影響を与えるのであろうか？ これに関しては胎児期の低栄

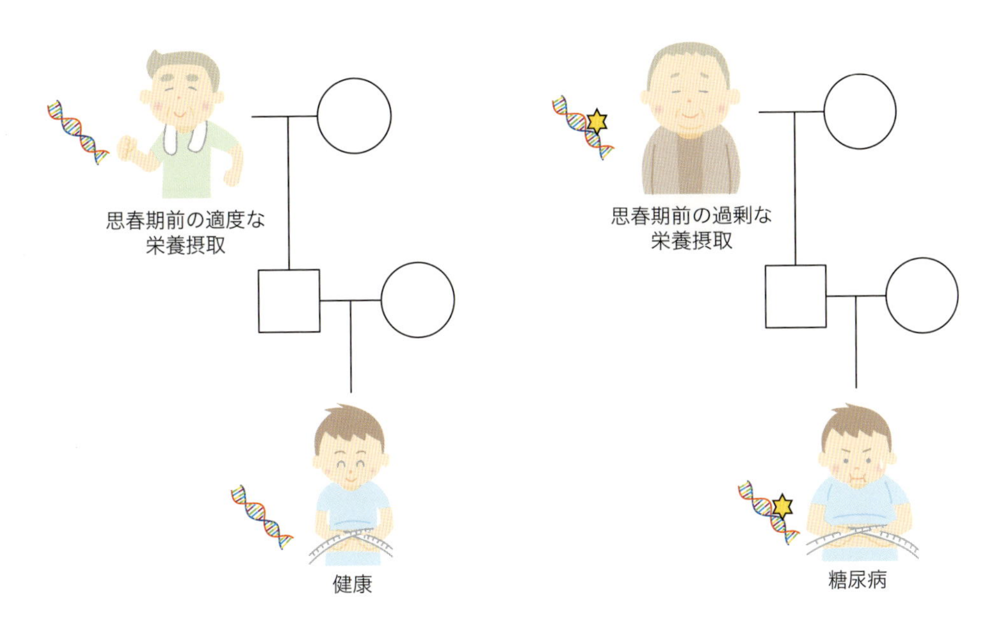

図2　祖父の栄養状態と孫の糖尿病

養がインプリント遺伝子の1つのIGF2の脱メチル化と関係しているという報告がある[8]．IGF2を脱メチル化すると一般には発現が低下するので，胎児期の低栄養状態においてIGF2の発現が低下していると考えられる．IGF2はGWASの解析から肥満との関係が報告されており[9]，興味深いことにマウスでこの遺伝子を1コピー欠損させると出生体重が低下することや[10]，高脂肪食を食べさせたマウスの脂肪で発現が低下していることが知られている[11]．これらのことを総合すると胎児期の低栄養はIGF2の脱メチル化と発現低下を招き，その結果，出生体重が低下し，成人になってから肥満をもたらすと考えられる．

IGF2は父親由来のアレルのみ発現する父性インプリント遺伝子であるが，父性インプリント遺伝子は肥満を防ぐ遺伝子が多いことが指摘されている[12] [13]．例えば肥満を特徴とするPrader-Willi症候群は，父性インプリント遺伝子が働かなくなることによって起こる．

胎児だけでなく乳児期の栄養，すなわち母乳が脂肪代謝に関与する遺伝子の脱メチル化を通して脂質代謝の活性化に結びつくという報告もあり，成人期の生活習慣病の危険を下げる先制医療の手がかりになるかもしれない[14]．

4 父親の栄養状態と子孫のエピゲノム変化

近年のエピジェネティクスにおけるホットな話題の1つはtransgenerational epigenetics（世代間エピジェネティクス）である．すなわちエピゲノムの状態が次世代に伝わっていくことである．通常エピゲノムは世代ごとにリプログラムされるというのが常識的考えであったが，近年その常識に従わない現象が報告されてきている．その1つの表現型が耐糖能異常である．そのなかでも有名なのはスウェーデンでの3世代にわたる疫学研究である．この研究によると，祖父が思春期までに摂取した食事量が多いと孫が糖尿病になりやすいというものである[15]．理論的に考えて祖父から孫に伝わるものはエピゲノムと考えられるので，祖父の過剰な栄養摂取が，精子のエピゲノム変化をもたらしその状態を維持して孫まで伝わり糖尿病を引き起こしたと考えることができる（**図2**）．ヒトだけでなく，動物でも類似の報告が出てきている．高脂肪食を交配前に食べさせた雄ラットの娘はインスリン分泌の低下と耐糖能の悪化が起こりやすいことが報告されている[16]．また低タンパク質の餌を食べた雄マウスの仔の肝臓の遺伝子発現を調べたところ，脂質やコレステロール生合

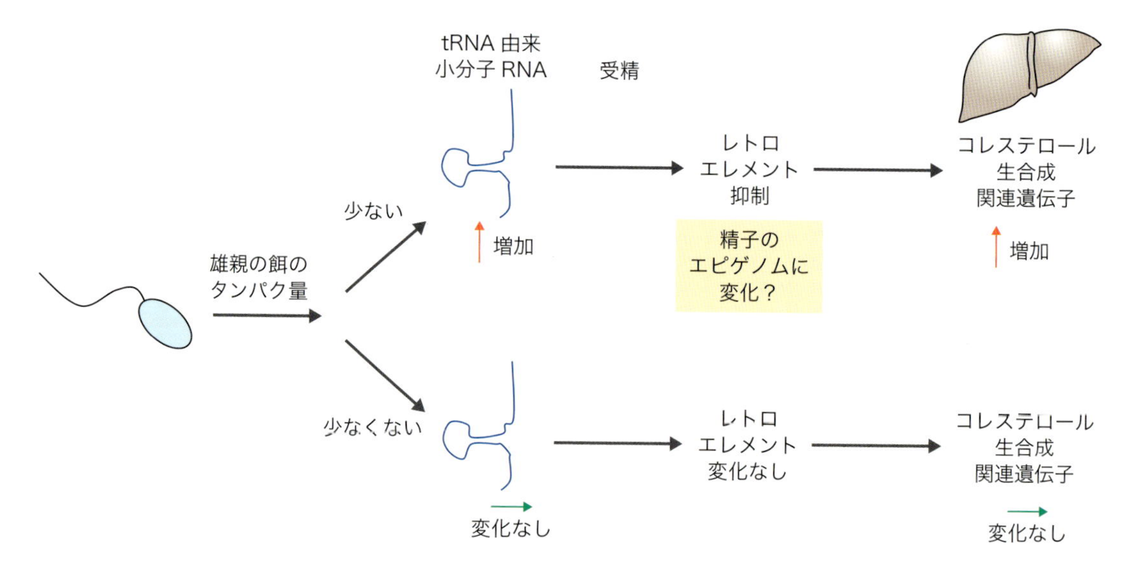

図3　雄親の低タンパク食と仔に対する影響

成に関与する遺伝子の発現が，低タンパク質の餌を食べてない雄マウスの仔と比べて上がっていた（**図3**）[17]．

5 エピゲノムを変える機構—父親の栄養状態の場合

では父親における環境の変化の情報がどのようなしくみで子孫に伝わっていくのであろう？ その情報は精子のなかにあると考えられる．なぜなら後者の研究で低タンパク質の餌を食べた雄の精子を用いて体外受精でつくった仔でも同じ現象がみられるからである[18]．またこの現象には特定のtRNAの5′側の30塩基程度に由来する小分子RNAが関与している（**図3**）．低タンパク食を食べた雄の精子ではこの小分子RNAが増えており，この増加は精子にepididymosomeという細胞外小胞が融合することによるらしい[18]．またこの小分子RNAの機能をES細胞や初期胚に導入して調べたところ，内在性レトロエレメントの発現抑制に関係していた．

類似した研究は他にも報告されている（**図4**）[19]．高脂肪食を食べた雄と通常食を食べた雄マウスの精子頭部をそれぞれ卵子に注入し，代理母に移植して産ませたところ体重などに差はなかったが，高脂肪食の雄の仔は耐糖能の悪化とインスリン抵抗性を示した．さらに精子頭部の代わりに精子から抽出したRNAを注入しても同様の現象はみられた．ただしこのときは耐糖能の悪化だけでインスリン抵抗性はみられなかった．さらにRNAを分子量で分画して調べたところ30～40塩基の小分子RNAが耐糖能の悪化を起こすことがわかった．またRNA-Seqによる解析から30～34塩基のtRNAに由来する小分子RNAが高脂肪食の雄の精子で増加していることがわかった．そして5-methylcytidine（m^5C）とN^2-methylguanosine（m^2G）の含量が増えており，これが小分子RNAの安定化をもたらしていることが重要なのかもしれない．実際合成したtRNAに由来する小分子RNAを卵子に注入しても効果はない．またm^5Cのメチル化酵素であるDnmt2が，ノックアウトマウスではRNA依存的世代間エピゲノム遺伝に関与するという報告[20]があることから興味深い．さらに小分子RNAを注入された初期胚で発現解析を行ったところ代謝制御に関連する遺伝子の発現に変化が多いことがわかった．

さてこれらの話を総合すると雄親の栄養状況がRNAの修飾を通して精子におけるtRNAに由来する小分子RNAの量の変化をもたらし，それが仔における遺伝子発現の変化をもたらすと考えることができる（**図4**）．小分子RNAがどのようなエピゲノム変化を引き起こすかは不明であるが，もしさらに次の世代（孫）まで伝

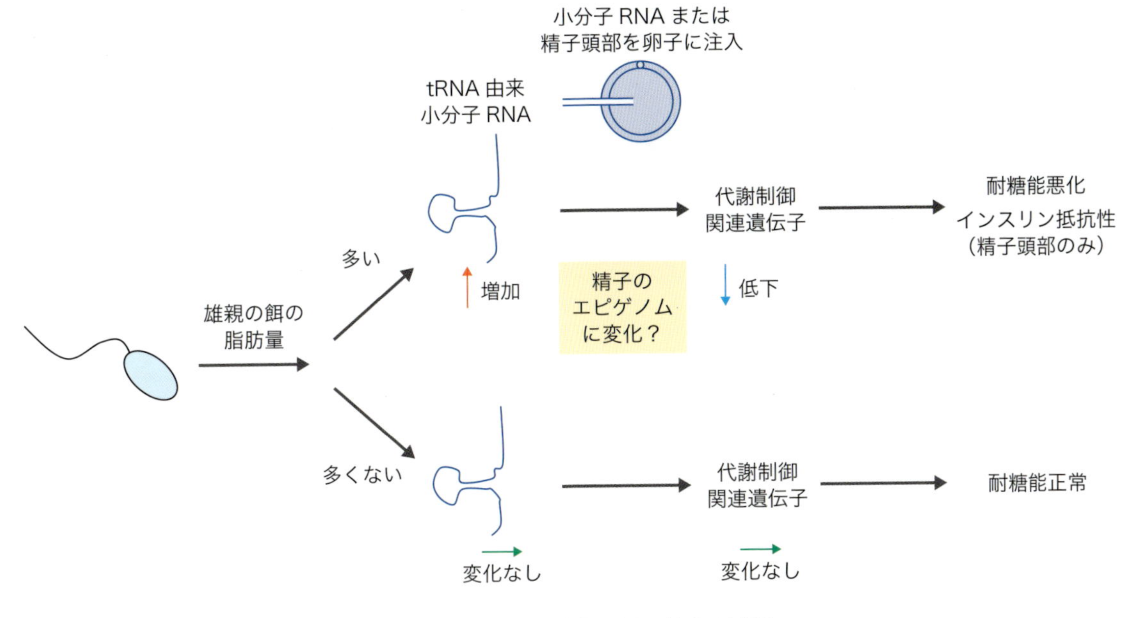

図4　雄親の高脂肪食と仔に対する影響

わるとするとある程度安定な形である必要がある．仮にDNAのメチル化がそのような役割を担っているとすると，そのような領域はリプログラミングを受けないはずである．リプログラミングが起こる始原生殖細胞でDNAメチル化が外れない遺伝子を調べた研究によると，GWASで肥満に関連するといわれている遺伝子でDNAメチル化が外れにくいことがわかった[21]．

おわりに

肥満とエピジェネティクスの関係はまだよくわからないことが多い．おそらく本稿を読まれた方もそのような印象をもたれたであろう．しかしながら今後，環境がエピゲノムに働きかけ，どのように維持されるかが解明されることにより，今までわかっていなかったエピジェネティクス機構が解明されることが期待される．

文献

1） Loos RJ & Yeo GS：Nat Rev Endocrinol, 10：51-61, 2014
2） Allison DB, et al：Am J Med Genet, 55：335-341, 1995
3） Fraga MF, et al：Proc Natl Acad Sci U S A, 102：10604-10609, 2005
4） Koza RA, et al：PLoS Genet, 2：e81, 2006
5） Barker DJ, et al：N Engl J Med, 353：1802-1809, 2005
6） Barker DJ：Obes Rev, 8 Suppl 1：45-49, 2007
7） Yura S, et al：Cell Metab, 1：371-378, 2005
8） Heijmans BT, et al：Proc Natl Acad Sci U S A, 105：17046-17049, 2008
9） Ng MC, et al：PLoS Genet, 10：e1004517, 2014
10） Hardouin SN, et al：Development, 138：203-213, 2011
11） Morita S, et al：PLoS One, 9：e85477, 2014
12） Dalgaard K, et al：Cell, 164：353-364, 2016
13） Morita S, et al：Sci Rep, 6：21693, 2016
14） Ehara T, et al：Diabetes, 64：775-784, 2015
15） Kaati G, et al：Eur J Hum Genet, 10：682-688, 2002
16） Ng SF, et al：Nature, 467：963-966, 2010
17） Carone BR, et al：Cell, 143：1084-1096, 2010
18） Sharma U, et al：Science, 351：391-396, 2016
19） Chen Q, et al：Science, 351：397-400, 2016
20） Kiani J, et al：PLoS Genet, 9：e1003498, 2013
21） Tang WW, et al：Cell, 161：1453-1467, 2015

<筆頭著者プロフィール>
畑田出穂：群馬大学生体調節研究所教授．大阪大学大学院理学研究科博士課程修了，国立循環器病センター研究所，英国Hammersmith Hospital, MRC Clinical Sciences Centreなどを経て現職．インプリンティングの研究をきっかけにエピジェネティクスの研究を行っている．

Ⅱ．代謝疾患

8. 糖尿病とエピゲノム ―DNAメチル化を中心に

大沼 裕，大澤春彦

糖尿病は遺伝因子，環境因子が関与する多因子疾患である．本稿では糖尿病とエピゲノム，特にDNAメチル化との関連について述べる．２型糖尿病において，インスリン分泌，インスリン抵抗性に関連する膵島・骨格筋・脂肪組織に加え末梢血のDNAにおいて，GWASで明らかにされた２型糖尿病感受性遺伝子を含めた多数の遺伝子領域でDNAメチル化の変化が認められる．また，DNAメチル化と遺伝子多型に関連が認められ，両者の相互作用が示唆される．

はじめに

エピゲノムとはDNA塩基配列以外で伝達される遺伝情報である．DNAのメチル化，ヒストンのメチル化・アセチル化，microRNAなどがその中心的な役割を果たしており，後天的な遺伝子制御の変化を伴う．エピゲノムは，ゲノムDNAとは異なり，同一個体でも疾患・臓器・細胞などによりそれぞれ異なる．

２型糖尿病研究のThe United Kingdom Prospective Diabetes Study（UKPDS）や１型糖尿病研究のThe Diabetes Control and Complication Trial（DCCT）において，治療初期の厳格な血糖管理が，細小血管症や大血管症のなどの糖尿病合併症の抑制に対する効果を後年になっても持ち続けるという現象がレガシー効果やメタボリックメモリー※1として報告されている[1)2)]．これらの現象に対して，エピゲノム変化による分子機構が関与している可能性が強く示唆されている．また，第２次世界大戦中のオランダ飢饉で，飢餓を経験した母親から生まれた低出生体重児は，後に糖尿病を発症することが多かったという事実が知られている．子宮内の栄養状態によるエピゲノムの変化が，後の糖尿病などの生活習慣病の発症と関連すると考えられている．糖尿病は，遺伝因子と環境因子が関与する多因子病である．エピゲノムは，この環境因子・

[キーワード＆略語]
エピゲノム，シトシンメチル化，CpG，インスリン抵抗性，インスリン分泌

DCCT：The Diabetes Control and Complication Trial
GWAS：genome-wide association study（全ゲノム関連解析）
SNP：single nucleotide polymorphism（一塩基多型）
UKPDS：The United Kingdom Prospective Diabetes Study

※1 メタボリックメモリー

糖尿病発症後早期の血糖値を良好に保つことが，長期にわたり細小血管障害や大血管障害の発症抑制に有効であるということで，疫学研究であるDCCT/EDIC研究で提唱された．その機構としてエピジェネティクスの関与が指摘されている．英国のUKPDS研究においては「レガシー効果」ともよばれる．

Diabetes mellitus and epigenome ―Focusing on DNA methylation

Hiroshi Onuma/Haruhiko Osawa：Department of Diabetes and Molecular Genetics, Ehime University Graduate School of Medicine（愛媛大学大学院医学系研究科糖尿病内科学）

遺伝因子と糖尿病の発症をつなぐ機序の1つであると考えられる．本稿では糖尿病とエピゲノムについてDNAメチル化を中心に述べる．

1 2型糖尿病におけるエピゲノム

2型糖尿病の成因として，膵β細胞におけるインスリン分泌障害とインスリン感受性組織のインスリン抵抗性がある．エピゲノムによる制御は，ゲノムによる制御とは異なり各臓器・組織・細胞により異なっていると考えられる．2型糖尿病の成因とエピゲノム制御を考える場合，インスリン分泌に関与する膵島・膵β細胞やインスリン抵抗性に関与する骨格筋・脂肪組織・肝臓が標的の組織になる．DNAメチル化は主としてCpG配列のシトシンに起こる．プロモーター領域のCpG配列はプロモーター活性に重要な役割を演じていると考えられ，一般的にCpG配列のシトシンメチル化は，遺伝子発現を負に調節する．

1）糖尿病と膵島のエピゲノム

ヒト膵島を用いた解析で，2型糖尿病患者は非糖尿病者に比べ，2型糖尿病感受性遺伝子である*PPARGC1A*の上流のメチル化が上昇しており，*PPARGC1A*発現の減少ならびにグルコース応答性のインスリン分泌の減少が認められた[3]．また，ヒトインスリン遺伝子プロモーター領域の複数のCpG配列のシトシンメチル化と膵島におけるインスリン遺伝子の発現が負に関連することが報告されている[4][5]．*PDX1*は膵β細胞の増殖・分化に重要な転写因子であるが，2型糖尿病患者の膵島では非糖尿病者に比べ，*PDX1*のプロモーター領域ならびにエンハンサー領域の複数のCpG配列のシトシンメチル化が増強しており，エンハンサー領域のメチル化は*PDX1* mRNAと負に関連していた[6]．

Dayehらは，2型糖尿病15人，非糖尿病34人の単離膵島を用いて全ゲノムにわたり479,927カ所のCpG配列のシトシンメチル化と遺伝子発現を解析した[7]．*TCF7L2*, *KCNQ1*, *THADA*, *IRS1*や*PPARG*などの2型糖尿病感受性遺伝子を含む853遺伝子，1,649カ所のCpG配列にシトシンメチル化の差が両群間で認められた．さらにそのうち102の遺伝子で遺伝子発現の差が認められた．また，β細胞を用いた機能解析では，同定された*PDE7B*, *CDKN1B*, *EXO3CL*がインスリン分泌やβ細胞の増殖に関連することが明らかにされた．このように，2型糖尿病と非糖尿病とでは，インスリン分泌の場である膵島におけるエピゲノムの差があることが明らかにされ，これらがインスリン分泌障害や2型糖尿病と関連していると考えられる．

2）糖尿病とその他の組織のエピゲノム

骨格筋および脂肪組織はインスリン感受性に関する主要な組織であり，糖尿病の成因を考えるうえでの標的組織である．エピゲノム変化とインスリン感受性との関連について，骨格筋および脂肪組織での解析が報告されている．Barresらは健常人を解析し，運動後の骨格筋におけるDNAメチル化がグローバルに減少していること，特に*PPARGC1A*, *PDK4*, *PPARD*のプロモーターにおけるメチル化が減少し，これらに相当する遺伝子の発現が増強していることを報告した[8]．脂肪組織においても，2型糖尿病と正常耐糖能者でDNAメチル化の差があることが報告されている．2型糖尿病28名，正常耐糖能28名の皮下脂肪組織を全ゲノムにわたり解析した結果，15,627カ所のCpG配列でシトシンメチル化の差が認められた[9]．さらに，2型糖尿病の一卵性双生児の解析でも，これらのうち1,410カ所のCpG配列におけるシトシンメチル化の差が認められた．

一方，末梢血由来のDNAを用いた解析も報告されている．2型糖尿病では，非糖尿病に対して*TCF7L2*, *KCNJ11*などこれまでに全ゲノム関連解析（GWAS）により2型糖尿病感受性遺伝子として同定された領域におけるメチル化に有意な差が認められた[10][11]．Canivellらの報告では，インスリン分泌・機能に関連する*TCF7L2*のプロモーター領域の22個のCpG配列のうち13カ所で2型糖尿病と非糖尿病間にシトシンメチル化の差が認められた．そのうち4カ所については空腹時血糖との関連があった．このことより，β細胞機能・インスリン分泌に関連する遺伝子のDNAメチル化の変化が，末梢血球にも反映されていると考えられる．

これらの研究は横断的な研究であり，メチル化と糖尿病との関連はあるが，メチル化の変化が糖尿病の発症に先だつのか，糖尿病の結果としてメチル化の変化を生じたかは明らかではない．

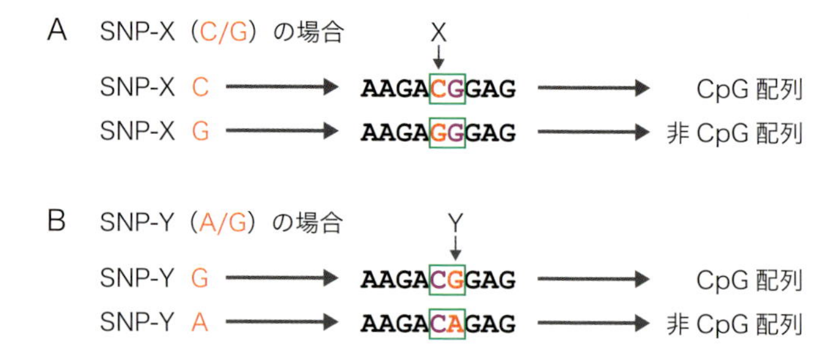

図　SNPのなかにはCpG配列を規定しメチル化に影響するものがある（CpG SNP）
A）例えば，X位がCまたはGをとるSNP-Xの場合：SNP-XがCの場合，5′-CG-3′とCpG配列となり，X位はメチル化可能．SNP-XがGの場合，5′-GG-3′と非CpG配列となり，X位はメチル化不可能．B）例えば，Y位がAまたはGをとるSNP-Yの場合：SNP-YがGの場合，5′-CG-3′とCpG配列となり，Y-1位はメチル化可能．SNP-YがAの場合，5′-CA-3′と非CpG配列となり，Y-1位はメチル化不可能．

2 遺伝子多型とエピゲノムの相互作用

これまでに80種類以上の糖尿病感受性SNP（single nucleotide polymorphism，一塩基多型）が同定されている．エピゲノムとはDNA塩基配列以外で伝達される遺伝情報であるが，近年エピゲノムが遺伝子多型により制御されていることが報告されている．Dayehらの報告では，当時GWASにより明らかにされていた40個の2型糖尿病感受性SNPを検討した結果，約半分の19個がSNPのアレルによってメチル化部位であるCpG配列が規定されるSNPであった（CpG SNP）（**図**）．ヒト膵島を用いて検討した結果，この19のSNPのうち16のSNPでメチル化とSNPの関連が認められた．さらに，6 SNPは近傍に存在するCpG配列のメチル化と関連した．さらに，相当する遺伝子発現や選択的スプライシング，インスリン分泌との関連も認められた[12]．一方，Olssonらは，全ゲノムにわたりCpG配列のメチル化とSNPの関連を解析している．89名のドナーの膵島を用いて，全ゲノム上の468,787カ所のCpG配列のメチル化を量的形質としたQTL（quantitative trait locus）解析を行った[13]．その結果，4,504遺伝子において，11,735カ所のCpGのメチル化が36,783のSNPと関連した．これらには，*ADCY5*, *KCNJ11*, *INS*, *GRB10*などのこれまでに糖尿病感受性遺伝子として同定されているものも含まれており，さらにヒト膵島におけるインスリン分泌や遺伝子発現と関連するメチル化が明らかにされた．また，22,773のCpG配列のメチル化と4,876遺伝子の発現との関連が認められた．

3 2型糖尿病原因遺伝子レジスチン SNP-420とDNAメチル化

われわれは，レジスチン※2遺伝子の転写調節領域のSNP-420（rs1862513）が2型糖尿病感受性と関連し，G/G型の場合，2型糖尿病のリスクを高めることを明らかにした[14]．血中レジスチンは，このSNP-420により遺伝的に強く規定される[15]．血中レジスチンの変動の26％がSNP-420により説明可能である．一方，血中レジスチンは環境因子の影響を反映するエピジェネティクスにより制御される可能性がある．SNP-420はCpG SNPであり，CまたはGをとるが，Cの場合の配列は5′-CG-3′でありCpG配列をとり，シトシンメチル化が可能となる．Gの場合は5′-GG-3′となりCpG配列はとれず，メチル化されないと想定される．そこで，レジスチン遺伝子のSNP-420に相当する部位のメチル化率を検討した．日本人一般住民を対象とし，血中レジスチンおよびSNP-420のメチル化率を，白血球から抽出したDNAを用いてパイロシークエンス法

※2　レジスチン
マウスにおいて，肥満・インスリン抵抗性に関与する脂肪細胞から分泌されるアディポカインとして同定された．ヒトにおいては，主に単球マクロファージに発現し，インスリン抵抗性・動脈硬化等に関連するサイトカインである．

により定量した．血中レジスチンはSNP-420の遺伝子型に強く関連し[15]，SNP-420のシトシンメチル化は，SNP-420の遺伝子型に関連した．

おわりに

多因子疾患である糖尿病のエピゲノム，特にDNAメチル化との関連について述べた．エピゲノムの領域はDNAメチル化に加え，ヒストン修飾やmicroRNAなど多岐にわたるが，次世代シークエンサーなどの解析手段の向上に伴い，エピゲノムに対する知識は深まりつつある．しかしながら，遺伝因子・環境因子の相互作用のもとに発症してくる糖尿病におけるエピゲノム研究には標的組織が複数存在し，残された課題は多い．今後の研究の進展に期待したい．

文献

1） Holman RR, et al：N Engl J Med, 359：1577-1589, 2008
2） Pop-Busui R, et al：Curr Diab Rep, 10：276-282, 2010
3） Ling C, et al：Diabetologia, 51：615-622, 2008
4） Yang BT, et al：Diabetologia, 54：360-367, 2011
5） Kuroda A, et al：PLoS One, 4：e6953, 2009
6） Yang BT, et al：Mol Endocrinol, 26：1203-1212, 2012
7） Dayeh T, et al：PLoS Genet, 10：e1004160, 2014
8） Barrès R, et al：Cell Metab, 15：405-411, 2012
9） Nilsson E, et al：Diabetes, 63：2962-2976, 2014
10） Toperoff G, et al：Hum Mol Genet, 21：371-383, 2012
11） Canivell S, et al：PLoS One, 9：e99310, 2014
12） Dayeh TA, et al：Diabetologia, 56：1036-1046, 2013
13） Olsson AH, et al：PLoS Genet, 10：e1004735, 2014
14） Osawa H, et al：Am J Hum Genet, 75：678-686, 2004
15） Osawa H, et al：Diabetes Care, 30：1501-1506, 2007

＜筆頭著者プロフィール＞
大沼　裕：1990年千葉大学医学部卒業．千葉大学医学部，愛媛大学医学部，バンダービルト大学などを経て，2008年より愛媛大学大学院医学系研究科糖尿病内科学准教授．2型糖尿病の成因についての研究を行っている．

Ⅱ．代謝疾患

9. 高血圧・腎疾患のエピゲノム異常 —環境因子とメタボリックメモリー

丸茂文史，藤田敏郎

高血圧と腎疾患の発症と進展には，食塩過剰摂取や肥満などの環境因子が大きく影響する．腎臓は多種類の細胞から構成されるため細胞系列を考慮した解析が欠かせないが，環境因子によって生じる腎臓エピゲノム異常がしだいに解明されてきた．ヒストン脱アセチル化酵素阻害薬をはじめとしてエピゲノム作用薬が腎疾患に対して有効であることも報告されている．今後エピゲノム情報に基づいた高血圧と腎疾患の診断・治療戦略の実用化が期待される．

はじめに

高血圧および腎疾患の成り立ちには遺伝要因がかかわると考えられるが，これまでのゲノムワイド関連解析（GWAS）の結果では，十分な説明がついていない．遺伝因子とともに環境因子が高血圧・腎疾患の成立には重要な役割を果たすが，環境はエピゲノムを変化させて長期の細胞記憶に影響を与えることが明らかになってきた．エピゲノム異常が遺伝因子と高血圧・腎疾患との間のmissing linkになっている可能性が考えられ，新たな診断・治療の標的として期待される．

腎臓は多くの種類の細胞から成り立っている．糸球体，尿細管各セグメントと間質細胞は独自の役割を果たしており，それぞれが固有のエピゲノムをもつため，腎臓のエピゲノム異常は細胞系列の違いを考慮に入れて解析する必要がある．これまでの高血圧・腎疾患の進展にかかわる腎臓エピゲノム異常の報告は断片的であるが，解析方法の進歩に伴い新しい知見が得られてきている．

また，がんに対して複数のエピゲノム作用薬が臨床応用されているため，腎疾患のエピゲノム異常解明に先行して，エピゲノム作用薬の高血圧・腎疾患に対する効果が数多く発表されている．本稿では，これまでに明らかにされてきた腎臓でのエピゲノム異常に，エピゲノム作用薬の腎疾患に対する作用の知見を加えて腎臓エピゲノム研究の今後の展望について概説する．

[キーワード＆略語]
高血圧，糖尿病性腎症，DNAメチル化，虚血，HDAC阻害薬

11β-HSD2：11β-hydroxysteroid dehydrogenase type 2

ENaC：epithelial Na channel（上皮型ナトリウムチャネル）

HDAC：histone deacetylase（ヒストン脱アセチル化酵素）

MR：mineralocorticoid receptor（ミネラルコルチコイド受容体）

NCC：Na-Cl cotransporter（Na-Cl共輸送体）

Aberrant epigenome in hypertension and kidney disease

Takeshi Marumo/Toshiro Fujita：Division of Clinical Epigenetics, Research Center for Advanced Science and Technology, The University of Tokyo（東京大学先端科学技術研究センター臨床エピジェネティクス講座）

1 高血圧のエピゲノム異常

塩分の摂り過ぎが高血圧をきたすことはよく知られているが，食塩に対する血圧の反応は個人によって大きく異なる．敏感に反応して血圧が上がりやすい食塩感受性の人はとりわけ腎臓病や心臓病などの合併症にかかりやすく問題である．また，肥満や精神的ストレスなどの環境因子も交感神経活性化を介して食塩感受性を上げることが知られている．

1）Na-Cl共輸送体（NCC）活性化

この過程にエピゲノム異常がかかわるかどうか，われわれは食塩感受性高血圧を示すノルエピネフリン持続投与マウスを用いて調べた．このマウスの食塩感受性高血圧には遠位尿細管のNa-Cl共輸送体（NCC）の活性化がかかわっていた．正常状態ではリン酸化酵素WNK4によってNCC活性は抑制されているが，このマウスではβアドレナリン受容体刺激を介してWNK4が減少しているためNCCの活性化が生じ高血圧を呈していた．さらに，WNK4遺伝子転写活性の減少にはヒストンのアセチル化によるエピゲノム修飾が関与することがわかった．WNK4遺伝子プロモーターのヒストンアセチル化は，βアドレナリン受容体刺激によるヒストン脱アセチル化酵素（HDAC）8の不活性化によって生じていた．さらにヒストンアセチル化によってクロマチン構造がゆるんだプロモーターの陰性グルココルチコイド応答配列にグルココルチコイドが付着してWNK4の転写を抑制することがわかった（**図1**）．以上から，腎臓交感神経の活性化がβアドレナリン受容体刺激を介してWNK4のヒストンアセチル化異常を生じ食塩感受性高血圧を発症させるという，環境因子からエピゲノム異常に至る1つの経路を明らかにすることができた[1]．

2）ミネラルコルチコイド受容体（MR）活性化

生まれてくる前の子宮内環境も高血圧発症に大きく影響する．アルドステロンとその受容体ミネラルコルチコイド受容体（MR）は腎尿細管でNa再吸収を促し，体液量や血圧の維持調節を行っている．11β-hydroxysteroid dehydrogenase type 2（11β-HSD2）は腎臓内でグルココルチコイドを分解してMRが過剰に活性化するのを防いでいる．したがって11β-HSD2が減少するとグルココルチコイド過剰となり，

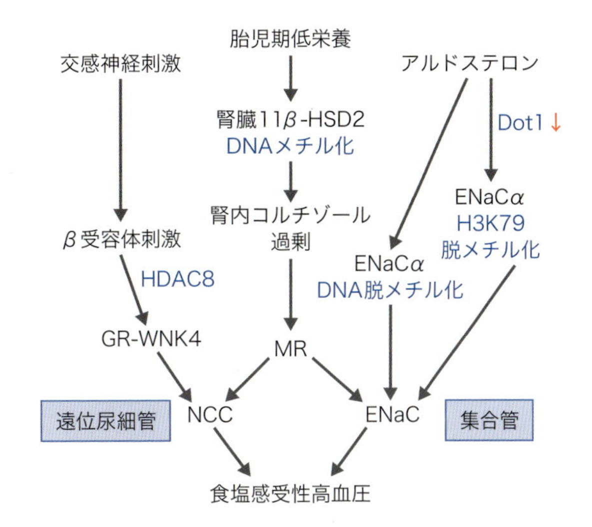

図1　DNA脱メチル化およびヒストン修飾変化による食塩感受性高血圧の発症

腎尿細管の遠位曲尿細管にはNa-Cl共輸送体（NCC），集合管には上皮性Naチャネル（ENaC）があり，Naの再吸収を促すことにより，体液・血圧調節を司る．交感神経刺激やアルドステロン過剰はそれらの異常活性化を介してNa貯留により食塩感受性高血圧を生じる．交感神経刺激はヒストンアセチル化の変化を介してNCCを活性化し，一方アルドステロン過剰はヒストンH3K79脱メチル化とDNA脱メチル化によりENaCを活性化させ，食塩感受性高血圧を生じる．妊娠時低栄養の胎児は成長後に高血圧を生じるが，その過程において，ヒストンメチル化が関与し11β-HSD2不活性化が腎内グルココルチコイド過剰を招き，その結果ミネラルコルチコイド受容体（MR）を活性化して食塩感受性高血圧の発症をきたす．

その結果MR経路が活性化されて食塩感受性高血圧が生じる．子宮内胎児発育遅延モデルで生まれてきたラット腎臓では11β-HSD2プロモーターのDNAメチル化が増加していることが示された[2]．胎児期に生じた腎臓11β-HSD2の高メチル化が11β-HSD2活性低下を引き起こしアルドステロン感受性尿細管のMRの活性化を介して高血圧発症に至ることが推察される（**図1**）．子宮内の環境がエピゲノム異常を介して生後に高血圧を生じるメカニズムの一端を示唆しているが，Basergaらの論文では腎臓全体の11β-HSD2メチル化増加がどの程度，腎臓のなかのごく一部の尿細管のメチル化変化を反映するかわからず，エピゲノム異常の観点からはもう少し踏み込んだ解明が待たれる．

3）上皮型Naチャネル（ENaC）活性化

MR経路の下流にもエピゲノム変化を介した血圧調節機構が存在することが知られている．アルドステロンが刺激するNa再吸収分子のなかでも遠位尿細管後半から腎臓皮質集合管に発現している上皮型Naチャネル（ENaC）は血圧調節に重要な役割を果たす．ENaCのαサブユニットは通常プロモーター領域でヒストンメチル化酵素Dot1によるH3K79メチル化により転写が抑制されており，アルドステロンがこの抑制を外してENaC転写を活性化することがわかった（**図1**）．ヒストンメチル化に加えて，培養細胞での所見ではあるがアルドステロンがENaC 遺伝子のDNA脱メチル化を介して発現を上昇させることが示された[3]．アルドステロン-MR系は肥満などの環境要因で活性化することが知られているが，ENaCのエピゲノム変化を介して高血圧発症に至るのかは今後の検討課題として残されている．

高血圧に対しては多くの降圧薬が上市されているが，元から直すわけではないので継続して服薬する必要がある．環境因子から高血圧に至るエピゲノム異常を標的にすることができれば先制医療や完治をめざした治療も可能になると思われる．

2 腎疾患のエピゲノム異常

1）急性腎障害

腎疾患のなかでも慢性腎臓病は進行性である一方，急性の虚血性腎疾患では，腎臓は旺盛な再生能力を発揮する．腎臓還流が障害されて一過性に腎虚血になると，腎臓のなかでも酸素消費量の多い近位尿細管が壊死に陥り腎機能は著明に低下する．しかし，血流が早期に戻ると，一時的に透析療法が必要であったような症例でも腎機能はほぼ正常レベルまで回復する．この尿細管再生の過程では，胎児期に腎臓発生にかかわったBMP7などの成長因子や転写因子が再誘導され腎臓の修復を促す．再誘導される因子は腎臓発生過程ではエピゲノムレベルの調節を受けているので，腎虚血後もエピゲノムが変化する可能性が考えられた．

そこでわれわれはヒストン修飾のなかでも転写活性と関連の強いH3K9Acがマウスの一過性腎虚血モデルで変化するか調べた．その結果，虚血になるとATP不足を反映してH3K9Acが虚血に弱い近位尿細管で一時的に減少するが，血流再開後に徐々に元に戻ることが観察された．このアセチルヒストンの回復にはHDAC5の減少が関与すること，さらにHDAC5の減少は成長因子BMP7の誘導にかかわることがわかった（**図2**）[4]．その後虚血性腎障害にはクロマチンリモデリング因子Brahma-related gene-1の炎症性サイトカインの誘導への関与など[5]，各種のエピゲノムレベルでの変化が報告されている．

2）HDAC阻害薬の腎保護効果

内因性のHDAC5の減少が腎保護因子BMP7を増加させたため，われわれはHDAC阻害薬が腎保護効果を示すかどうか調べた．HDAC阻害薬トリコスタチンAが抗炎症効果をもち腎臓障害を改善することはすでに報告されていたが[6]，培養尿細管細胞の実験[7]およびHDAC1, 2の増加がみられる尿管結紮モデル[8]で抗線維化作用を発揮することがわかった（**図2**）．HDAC阻害薬は培養尿細管細胞で上皮因子E-cadherinを保ち，BMP7を増加させて，並行して遺伝子プロモーターのヒストンアセチル化を変化させた[7]．しかしHDAC阻害薬はヒストン以外にも多くのタンパク質をアセチル化させるので腎保護の作用点はエピゲノムに限らず複数にわたると考えられる．HDAC阻害薬は抗がん薬として臨床応用され，てんかんに使われているバルプロ酸もHDAC阻害作用をもつ．重篤な副作用が稀なバルプロ酸は，動物モデルで腎保護効果を示すことが報告されており[9]，HDAC阻害薬は腎疾患治療の候補薬として期待できる．また，アイソザイム特異的なHDAC阻害薬も開発されてきており，病態ごとに役割を果たすHDACアイソザイムの解明も今後可能となろう．

3）慢性腎臓病

慢性腎臓病ではエピゲノム変化が蓄積し，DNAメチル化レベルでの異常が生じることが最近の報告でしだいに明らかになってきた．タンパク尿の持続は慢性腎臓病の主要な所見であり，腎臓糸球体の上皮細胞ポドサイトが障害されるとタンパク尿を呈する．ポドサイトではスリット膜タンパク質Nephrinが血中から尿へのタンパク質漏出を防いでいるが，転写因子Klf4がNephrin発現にかかわることが示された[10]．培養ポドサイトでKlf4がNephrin発現とプロモーターDNAメチル化を調節していることが示されている．また，ス

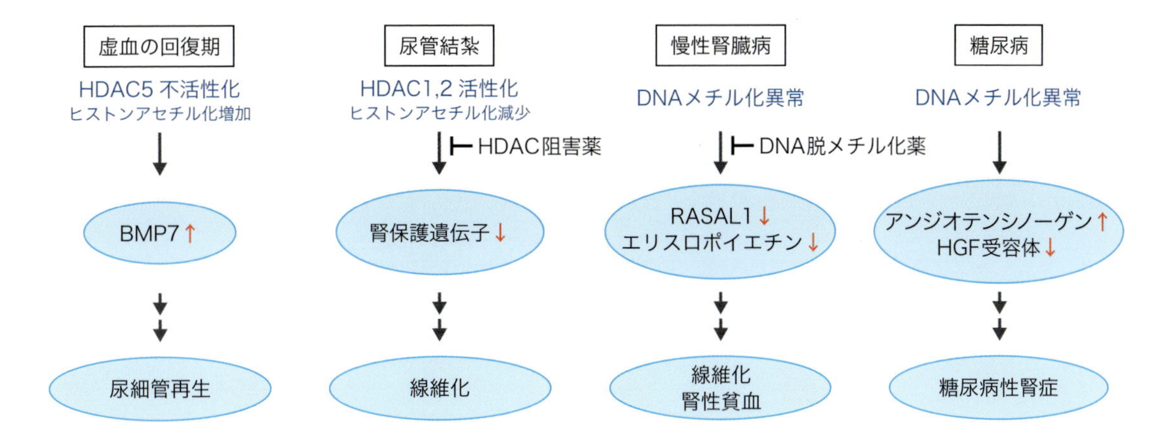

図2　腎障害におけるエピゲノム修飾

腎臓虚血により，一過性にヒストンアセチル化は低下する．血流が回復するとHDAC5の減少を介してヒストンのアセチル化は回復して腎保護因子BMP7が増加し，引き続いて尿細管は再生する[4]．尿管結紮モデルでは尿細管のHDAC1，2の発現の増加とヒストンアセチル化の減少がみられる．腎保護因子の低下が線維化の一因になっていると思われるが，HDAC阻害薬は線維化を抑制する[8]．糖尿病では近位尿細管で複数のDNAメチル化異常がみられ[16]，DNAメチル化異常に基づくアンジオテンシノーゲンの増加やHGF受容体の減少が糖尿病性腎症進展にかかわると思われる．

トレプトゾトシンによる糖尿病性腎症では，近位尿細管のSirt1減少が尿細管・糸球体連関によってポドサイトでは本来発現のない上皮間接着タンパク質のClaudin-1を発現させて，アルブミン尿を引き起こすことが示された[11]．Sirt1はクラスⅢのHDACであり，糖尿病で減少するとさまざまな悪影響が生じることが知られている．Claudin-1の発現にはエピジェネティック制御が重要であることが，培養ヒト腎臓上皮細胞で示された．いずれも生体内ポドサイトでのDNAメチル化変化の検証が待たれる．

エピゲノム作用薬であるDNA脱メチル化薬5-アザシチジンは骨髄異型性症候群に対して臨床応用されているが，腎臓線維化に対して有効であることが報告された．慢性腎臓病マウスではRas抑制遺伝子RASAL1のDNAメチル化増加が間質の線維化にかかわり，5-アザシチジンはRASAL1のDNAメチル化を予防して抗線維化作用を示した[12]．しかし，この報告でRASAL1のDNAメチル化は，線維芽細胞が著明に増加した腎臓全体を用いて解析されているため，単なる腎臓構成細胞の変化（線維芽細胞の増加）を反映している可能性が残される．慢性腎臓病では腎臓間質に存在するペリサイトから産生される造血ホルモン，エリスロポイエチンが減少して腎性貧血になる．慢性腎臓病でペリサイトは筋線維芽細胞に変化するが，最近，慢性腎臓病モデルマウスからGFPでマークしたペリサイトをセルソーターで単離しDNAメチル化を解析する論文が発表された．ペリサイトが筋線維芽細胞に変化する過程で，エリスロポイエチンのプロモーターDNAがメチル化されるため産生が減少する．5-アザシチジンはエリスロポイエチンのメチル化を予防し腎性貧血を抑制することが示された[13]．ほかにもエピゲノム作用薬である，ヒストンメチル化酵素EZH2阻害薬[14]，ならびにSET7/9阻害薬[15]が慢性腎臓病モデルで抗線維化作用を示すことが報告され，新たな治療薬候補として期待される．これらのエピゲノム作用薬が抗線維化作用を発揮するうえでターゲットとなっている細胞種とエピゲノム異常の解明が待たれる．

われわれはソーターを用いて近位尿細管細胞を分取し，ゲノムワイドなDNAメチル化解析により正常マウス腎臓内の近位尿細管で特異的に脱メチル化状態であるCpG部位を見出した．Hnf4α，Pck1，G6pc，Sglt2など近位尿細管特異的に発現している遺伝子プロモーター部位は近位尿細管で脱メチル化されている一方，ほかの腎臓細胞ではメチル化されていた[16]．ヒトの正常腎組織でも同様の所見がみられ，腎臓内で重要な機能をもつ分子はDNAメチル化レベルの調節がさ

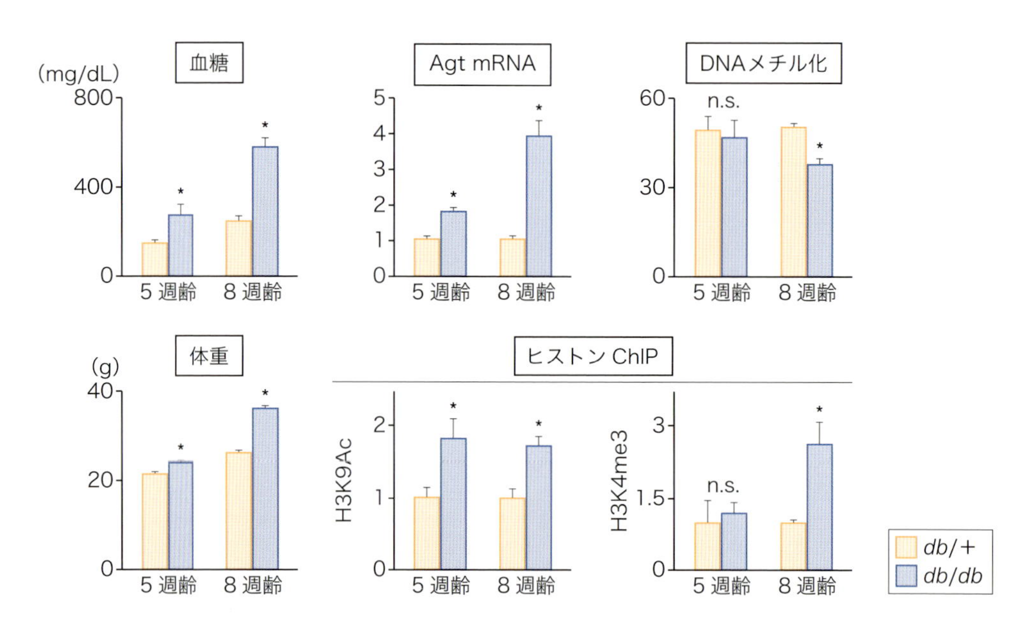

図3　代謝異常進行に伴うエピゲノム異常の蓄積－アンジオテンシノーゲン－
5週齢の時点ではコントロール*db*/＋マウスよりも糖尿病*db*/*db*マウスの血糖・体重は若干多く，8週齢には著明に上昇を認めた．アンジオテンシノーゲン（Agt）mRNAも5週齢では糖尿病マウス腎臓で発現は上昇しており，8週齢にはさらに増加した．AgtプロモーターH3K9アセチル化（Ac）は5週齢ですでに糖尿病マウスの腎臓で上昇がみられたが，H3K4トリメチル化（me3）とDNAメチル化は不変であった．8週齢では血糖上昇と体重増加に伴い糖尿病マウスの腎臓ではAgtプロモーターにH3K4me3増加とDNA脱メチル化がみられ，代謝異常の進行とともにエピゲノム異常の多層化が腎臓に生じていると思われた．文献16より改変して転載．

れていると思われた．

次に糖尿病性腎症での異常メチル化を調べるため，2型糖尿病マウス*db*/*db*と正常マウスの近位尿細管を比べたところ，糖尿病でアンジオテンシノーゲンなどの遺伝子で脱メチル化がみられる一方，逆にSlco1a1などのメチル化が増加する遺伝子もあることがわかった[16]．なかでもアンジオテンシノーゲンとHGF受容体は，高血圧や糖尿病性腎症にかかわる可能性が指摘されており[17][18]，DNAメチル化異常が糖尿病性腎症の進行に関与することが示唆された（**図2**）．アンジオテンシノーゲンのDNA脱メチル化がみられない初期の段階ではヒストンアセチル化が先行して生じており，エピゲノム異常は経時的にヒストンアセチル化からH3K4me3化，DNA脱メチル化へと段階を経て生じていると思われた（**図3**）[16]．次に糖尿病によって腎臓に生じたDNAメチル化が戻りやすいかどうか，糖尿病マウスの血糖が上昇しはじめる5週齢から血糖降下薬のピオグリタゾンを投与して調べた．血糖上昇をある程度抑えてもメチル化異常は抑制できず治療抵抗性を示した．糖尿病性腎症の大規模臨床試験では，早期の血糖コントロールが記憶に残り後年の腎症進展を左右する，いわゆるメタボリックメモリー現象が提唱されている．治療抵抗性を示すDNAメチル化を伴うmRNA発現の変化は，細胞の異常フェノタイプの保持を通じて糖尿病性腎症のメタボリックメモリーにかかわると考えられた[16]．

慢性腎臓病患者の尿細管でのDNAメチル化変化についてもゲノムワイドの解析が報告されている[19]．しかしこの論文と先行論文では「尿細管分画」に間質細胞や血管が含まれているため[20]，慢性腎臓病で著明に増加する間質の線維芽細胞や炎症細胞の影響を除いた検証が今後必要である．

おわりに

高血圧・腎疾患でさまざまなエピゲノム変化が生じることが明らかにされてきた．エピゲノム異常が環境因子によってどのように成立するか解明が進めば，先制医療に生かすことができるであろう．また，エピゲノム情報の診断への応用も期待できる．糖尿病の発症早期には血糖値の厳格なコントロールが後年の合併症を防ぐのに対して，ある程度ステージの進んだ患者に対する厳格なコントロールは低血糖による心血管病を増やして予後をかえって悪化させることが大規模臨床試験で報告されている．しかし，厳格なコントロールの適応を決める病期診断法や，合併症が進行しやすいハイリスク群を抽出するためのよい方法がない．発現の固定化にかかわるエピゲノム情報は，こうした診断に活用できると思われる．エピゲノム作用薬の治療への応用の面からは，すでに上市されているHDAC阻害薬や5-アザシチジンが腎疾患モデルに対して有効であるという報告は期待をもたせるものであり，臨床応用のために薬の標的となるエピゲノム異常の解明が望まれる．

文献

1）Mu S, et al：Nat Med, 17：573-580, 2011
2）Baserga M, et al：Am J Physiol Regul Integr Comp Physiol, 299：R334-R342, 2010
3）Yu Z, et al：Am J Physiol Renal Physiol, 305：F1006-F1013, 2013
4）Marumo T, et al：J Am Soc Nephrol, 19：1311-1320, 2008
5）Naito M, et al：J Am Soc Nephrol, 20：1787-1796, 2009
6）Mishra N, et al：J Clin Invest, 111：539-552, 2003
7）Yoshikawa M, et al：J Am Soc Nephrol, 18：58-65, 2007
8）Marumo T, et al：Am J Physiol Renal Physiol, 298：F133-F141, 2010
9）Van Beneden K, et al：J Am Soc Nephrol, 22：1863-1875, 2011
10）Hayashi K, et al：J Clin Invest, 124：2523-2537, 2014
11）Hasegawa K, et al：Nat Med, 19：1496-1504, 2013
12）Bechtel W, et al：Nat Med, 16：544-550, 2010
13）Chang YT, et al：J Clin Invest, 126：721-731, 2016
14）Zhou X, et al：J Am Soc Nephrol, in press（2016）
15）Sasaki K, et al：J Am Soc Nephrol, 27：203-215, 2016
16）Marumo T, et al：J Am Soc Nephrol, 26：2388-2397, 2015
17）Reudelhuber TL：J Clin Invest, 123：1934-1936, 2013
18）Cruzado JM, et al：Diabetes, 53：1119-1127, 2004
19）Ko YA, et al：Genome Biol, 14：R108, 2013
20）Woroniecka KI, et al：Diabetes, 60：2354-2369, 2011

＜筆頭著者プロフィール＞
丸茂丈史：1990年，慶應義塾大学医学部卒業．同年，慶應義塾大学大学院内科学．'96年，フランクフルト大学生理学研究員（フンボルト財団助成）．'98年，稲城市立病院内科．2002年，東京大学医学部腎臓内分泌内科．'11年，杏林大学医学部薬理学．'12年，東京大学先端科学技術研究センター．高血圧と糖尿病の血管・腎臓合併症についての研究を進めてきている．最近は，進行性の経過をとる糖尿病性腎症に対して，エピゲノム情報を利用した診断・治療法の開発をめざしている．

Ⅲ．神経疾患

10. 双極性障害におけるDNAメチル化の研究

加藤忠史

双極性障害の患者におけるDNAメチル化の研究においては，死後脳，あるいは血液を用いて，網羅的解析あるいは治療薬の標的分子などを対象とした候補遺伝子解析が行われている．網羅的解析による研究の結果では，研究ごとに異なる遺伝子のメチル化差異が指摘されている．血液では，セロトニン関連遺伝子やBDNF（脳由来神経栄養因子）などの変化が報告されている．しかしながら，いずれの解析においても，いまだ一致した見解に至っているとはいえない．今後，脳においては細胞種特異的な解析が必要になるであろう．

はじめに

双極性障害は，統合失調症と並ぶ主要な精神疾患であり，20～30歳代頃に発症し，躁状態とうつ状態を反復することにより，社会生活に支障をきたす疾患である（**表1**）．激しい躁を伴う場合をⅠ型，軽躁とうつのみの場合をⅡ型とよぶ．リチウムやラモトリギンなどの気分安定薬がその予防に有効である．双生児研究から，ゲノム要因が大きく関与すると考えられているが，一卵性双生児の一致率が100％でないことからその他の要因も関与すると考えられ，父親の高年齢がリスクを高めること[1)]，妊娠中の母親の喫煙[2)]およびインフルエンザ感染[3)]がリスクとなることが明らかにされている．このように，発達早期の非遺伝的要因が成人期の発症に関与することは，この疾患にエピジェネティック要因が関与していることを示唆する．

筆者は2010年に本誌で「精神疾患とDNAメチル化」と題して，精神疾患のDNAメチル化研究について総説した[4)]．本稿では，それ以降の研究の進歩をまとめた．

［キーワード＆略語］
双極性障害，エピジェネティクス，セロトニントランスポーター，BDNF

BDNF： brain-derived neurotrophic factor（脳由来神経栄養因子）
DMR： differentially methylated region（メチル化可変領域）
GWAS： genome-wide association study（ゲノムワイド関連解析）
HLA： human leukocyte antigen（ヒト白血球抗原）
MeDIP： methylated DNA immunoprecipitation（メチル化DNA免疫沈降）

Studies on DNA methylation in bipolar disorder
Tadafumi Kato：Laboratory for Molecular Dynamics of Mental Disorders, RIKEN Brain Science Institute（理化学研究所脳科学総合研究センター精神疾患動態研究チーム）

表1　双極性障害の症状

うつ状態	躁状態
気分が落ち込む	高揚した気分
何にも興味が持てず楽しめない	発想があふれて集中できない
生きている価値がないと思う	自信満々
頭が回転しない	止めどもなくしゃべり続ける
食欲がなく体重が減る	食事もせず活動し続ける
決断力がなくなる	何百万円も無駄遣いをする
眠れない	一晩中眠らなくても平気で活動する
自殺を考える	

1 方法

PubMedで“bipolar disorder DNA methylation”または“bipolar disorder DNA hydroxymethylation”のキーワードにより2011年以降に出版された文献を検索した．前者の方法で検索された文献は72本，後者は3本であったが，後の3本はすべて前の72本に含まれていた．このうち，総説，動物や培養細胞実験のみの論文，双極性障害を対象としていない論文を除外した34本について検討した．その他，これらの論文の解釈において必要な関連論文も引用した．

2 双極性障害に関与するDNAメチル化の網羅的解析

1）死後脳における研究（表2）

Petronisのグループは，以前，双極性障害患者死後脳の網羅的DNAメチル化解析から，human leukocyte antigen（HLA）complex group 9 gene（*HCG9*）のメチル化差異を見出した．同グループのKaminskyらは，この所見を確認するため，多数例での確認を行った，その結果，双極性障害患者の死後脳における*HCG9*の低メチル化を確認した[5]．この領域のSNPとの相互作用を考慮して解析した結果，血液でも差異がみられたという．

双極性障害患者死後脳をアルツハイマー病患者および対照群と比較した研究では，グローバルな高メチル化という，両患者群で共通の所見がみられた．シクロオキシゲナーゼ2では低メチル化，BDNFでは高メチル化がみられた．双極性障害では，ヒストンH3のアセチル化の亢進，drebrin-like proteinのプロモーターの高メチル化がみられた．多くのエピゲノム変化は，mRNAおよびタンパク質レベルの変化を伴っていた[6]．

LiuのグループのXiaoらは，双極性障害患者7名，統合失調症患者5名，および対照群6名の前頭葉および前部帯状回の網羅的DNAメチル化解析をMeDIP-seq（メチル化DNA免疫沈降－シークエンス法）により行った[7]．脳部位によって異なったメチル化差異がみられ，前頭葉では両疾患ともに全般的な低メチル化を認め，低メチル化は特に染色体の両端で顕著であった．一方，前部帯状回では，逆に高メチル化を認めた．こうしたメチル化差異は，プロモーターとは重なりが少なく，イントロンや遺伝子間領域に多かった．イントロンの差異は，神経発達にかかわる遺伝子にエンリッチしていた．遺伝子発現差異では，両疾患を対照群から区別することは難しかったが，メチル化差異を認めた領域では区別できたことから，これらの疾患において，DNAメチル化変化が重要な働きをしていると考えられた．

36名の双極性障害と43名の対照群において小脳のDNAメチル化の網羅的な解析を行ったLiuのグループのChenらの研究では，まず遺伝子発現とメチル化が相関するCpGサイトを同定し，これらの部位のメチル化が疾患により異なるかどうかが検討された[8]．その結果，4遺伝子（*PIK3R1*, *BTN3A3*, *NHLH1*, *SLC16A7*）について，疾患に伴う変化がみられた．

BenesのグループのRuzickaらは，統合失調症患者，双極性障害および対照群おのおの8名において，海馬CA2/3, CA1のDNAをIllumina社のビーズアレイにより解析し，*GAD1*を制御する遺伝子ネットワークのDNAメチル化を調べた．その結果，*MSX1*, *CCND2*, *DAXX*にメチル化差異を認めた．これらの遺伝子はク

表2　双極性障害患者の網羅的解析により見出された主なDNAメチル化変化

DNAメチル化の変化	文献
死後脳における研究	
HCG9（human leukocyte antigen complex group 9）の低メチル化	5
グローバルな高メチル化, シクロオキシゲナーゼ2遺伝子の低メチル化, BDNF遺伝子の高メチル化, drebrin-like protein遺伝子プロモーターの高メチル化	6
前頭葉における全般的な低メチル化および前部帯状回における高メチル化 （イントロンや遺伝子間領域に多い）	7
小脳における*PIK3R1*, *BTN3A3*, *NHLH1*, *SLC16A7*のメチル化変化	8
海馬CA2/3, CA1における*MSX1*, *CCND2*, *DAXX*のメチル化変化	9
前頭葉におけるイントロン（転写因子結合部位やmicroRNAを含む）のメチル化変化	10
双生児研究	
リンパ芽球，死後脳および末梢血におけるセロトニントランスポーター遺伝子*SLC6A4* CpGアイランドの高メチル化	12,13
末梢血における*ST6GALNAC1*（alpha-N-acetylgalactosaminide alpha-2,6-sialyltransferase 1）プロモーターの低メチル化	15
血液を用いた研究	
*FANCI*のメチル化増加 *CACNB2*のメチル化変化	16
グローバルなメチル化低下	18

ロマチン制御や細胞周期制御に関連しており，統合失調症および双極性障害におけるGABA神経機能障害の分子メカニズムの手がかりになると考えられた[9]．

統合失調症5名，双極性障害7名，対照群6名の前頭葉で遺伝子発現とDNAメチル化をRNA-seqおよびMeDIP-seqで調べた研究では，メチル化差異を認めた領域（DMR）は特にイントロンに多く，これらの領域には転写因子結合部位などの制御エレメントが多く含まれていた．また，DMRのなかにはmicroRNA（hsa-mir-7-3）も含まれており，その標的配列で発現変化を示す遺伝子も多かった．また，DMRに含まれるmicroRNAの標的遺伝子には，神経新生にかかわる遺伝子などが多く含まれていた[10]．

その他，統合失調症と双極性障害患者の死後脳における網羅的DNAメチル化解析の結果をまとめたPD_NGSAtlasというデータベースがつくられている[11]．

2）双生児研究（表2）

われわれは双極性障害に関して不一致な一卵性双生児の培養リンパ芽球における網羅的エピゲノム解析を行った[12]．その結果，同定された唯一の遺伝子は，驚くべきことに，これまで気分障害の候補分子として最も注目されていた分子の1つである，セロトニントランスポーター（HTT）をコードする遺伝子，*SLC6A4*であった．双極性障害における*SLC6A4*のCpGアイランドショアの2つのCpGサイト（CpG3, CpG4）の高メチル化は，培養リンパ芽球における症例対照研究，および死後脳における症例対照研究で確認された．池亀らは，この双極性障害におけるHTTの高メチル化を，より多数例の双極性障害患者の末梢血における検討で確認するとともに，この部位のメチル化差異がHTTの発現変化を引き起こすことを見出した[13]．また，HTTLPR（HTT-linked polymorphic region）の多型により，メチル化の差異がみられた．五十嵐らのグループは，HTTの高メチル化が双極性障害の病態に与える影響を明らかにするため，マウスにおいて，組織特異的なメチル化変化やストレスによる影響を受けるHTTのCpGサイトを特定しつつある[14]．

Dempsterら[15]は，統合失調症および双極性障害に関して不一致な一卵性双生児22ペアにおいて末梢血のDNAメチル化のゲノムワイド解析を行い，罹患双生児におけるメチル化変化を探索した．その結果，これらの疾患との関連が指摘されているパスウェイや神経発達にかかわる遺伝子群にメチル化変化を認めた．最も顕著な低メチル化は，*ST6GALNAC1*（alpha-N-acetylgalactosaminide alpha-2,6-sialyltransferase 1）のプロモーターであった．メチル化差異は平均6％であった．別の患者群の死後脳を解析したところ，この領域の高メチル化を認めた．

3）血液を用いた研究（表2）

双極性障害では，多発家系における連鎖解析で4番染色体短腕との連鎖が報告されているものの，遺伝的異種性，表現型多様性により確実な原因遺伝子は同定されていない．そこで，4番染色体との連鎖を認めた家系において，連鎖ハプロタイプを有する罹患者および非罹患者で対照者とのDNAメチル化差異を探索した．その結果ハプロタイプを有する罹患者では*FANCI*のメチル化増加がみられ，これは発現量の増加を伴っていた．また，メチル化差異を認める遺伝子には，ゲノムワイド関連解析（GWAS）で関連を認めた*CACNB2*などが含まれていた[16]．

双極性障害患者50名および同数の対照群で血液のグローバルなDNAメチル化などを調べた研究では，患者で8-ヒドロキシ-デオキシグアノシン（8-OHdG）レベルは患者で高かったが，シトシンのメチル化に差はみられなかった[17]．一方，双極性障害患者の血液では，グローバルなメチル化が低下していたとの報告もある[18]．

その他，3名の双極性障害患者，6名の統合失調症患者，および1名の対照者の血液でMeDIP-Seqにより網羅的エピゲノム解析を行い，メチル化差異を探索しようとした研究が報告されている[19]．

4）治療薬の影響

172名の双極性障害患者の血液のメチル化プロファイルと服薬の関連を調べた研究では，バルプロ酸とクエチアピンが，細胞分画による補正を行っても，メチル化変化と関連していた[20]．神経芽細胞腫細胞株を用いた実験では，リチウムによるメチル化変化がバルプロ酸，カルバマゼピンに比して大きかったことから[21]，細胞種によっても薬の影響は異なる可能性がある．

5）一般的な網羅的解析から双極性障害につなげた研究

LiuのグループのGamazonらは，ヒト小脳サンプルを用いて，mRNA発現（eQTL）およびDNAメチル化に影響するSNP（mQTL）を網羅的に探索した[22]．GWASで双極性障害と関連しているSNPには，eQTLおよびmQTLがエンリッチしていた．リンパ球のmQTLはエンリッチしていないことから，mQTLとの関連は脳特異的なものと考えられた．

Chuangらは，既報の双極性障害のGWASデータと脳におけるアレル特異的メチル化データを統合し，GWASのシグナルをアレル特異的メチル化のみられるものとみられないものとに分けて検討したところ，アレル特異的メチル化されている部位のGWASシグナルのパスウェイ解析により，陽イオンチャネル活性，ゲートチャネル活性，金属イオン膜貫通輸送体活性など，双極性障害との関連が示唆されているパスウェイにエンリッチしていた[23]．

Beckwith-Wiedemann症候群などのインプリンティング病で，Illumina社のビーズアレイによりインプリンティング部位を探索した研究では，既知のインプリンティング領域に加え，25個の新たなインプリンティングを受けると思われる遺伝子が見出された[24]．このうち1つはPPIELであり，以前，われわれが双極性障害に関して不一致な一卵性双生児におけるメチル化差異をMS-RDA法で探索した折に同定した遺伝子であったことが注目された．

加齢による精子のDNAメチル化変化を調べた研究で，加齢とともにメチル化が低下する139の領域および上昇する8の領域が見出された．こうした領域に含まれる遺伝子には，双極性障害との関連が報告されている遺伝子が有意に多くみられたことから，父親の加齢が双極性障害の危険因子と報告されていることの分子メカニズムにつながる可能性がある所見として注目される[25]．

115名の双極性障害患者の白血球でグローバルなメチル化を調べた研究では，グローバルなメチル化変化はインスリン耐性，第二世代抗精神病薬の使用，および喫煙の影響がみられた[26]．

3 候補遺伝子の研究

1）セロトニン関連

末梢血でセロトニン1A受容体のプロモーターの

DNAメチル化が亢進していた[27]，唾液でセロトニン2A受容体の一部位のDNAメチル化が低下していた[28]，血液でセロトニン3A受容体のメチル化が重症度と関係していた[29]，死後脳でセロトニン2A受容体のメチル化が亢進していた[30]，唾液でMB-COMT（膜結合型catechol-O-methyltransferase）のDNAメチル化が低下していた[31]，精神病症状を伴う双極性障害ではdysbindin（DTNBP1）のメチル化が亢進していた[32]といった報告がある．

前述の網羅的解析でも見出されたセロトニントランスポーター遺伝子については，双極性障害患者死後脳でプロモーターのメチル化を調べ，メチル化が高い傾向がみられたとの報告もあるが，メチル化特異的PCRによる報告であるため，定量性に難があると思われる[33]．

2）BDNF

94名の双極性障害患者と52名の健常者由来末梢血単核球でBDNFのプロモーターのDNAメチル化を調べた研究では，双極II型障害のみでBDNFのプロモーターの高メチル化および発現低下がみられた．気分安定薬のみで治療されている者に比べ，気分安定薬と抗うつ薬を併用している患者で，BDNFのメチル化が高かった．リチウム治療中の患者では，DNAメチル化が低下していた[34]．

PetronisのグループのStraussらは，50名の双極性障害患者および同数の対照群において，BDNFのプロモーター3およびプロモーター5のDNAメチル化を調べた．調べた36のCpGサイト中，11サイトでは患者群で差があり，うち5カ所ではFDR補正でも有意な変化を認めた[35]．

BDNFエクソン1のDNAメチル化について207名のうつ病患者と59名の双極性障害患者を278名の対照群と比較した研究では，うつ病患者においてメチル化が亢進しており，これは抗うつ薬治療と関連していた[36]．双極性障害ではメチル化上昇はみられなかった．末梢血単核球におけるBDNFのメチル化を調べ，うつ病と双極II型障害で亢進していた一方，双極I型障害では差がなかったという同様の報告がある[37]．

このBDNFのプロモーター1については，脳および筋肉における個体差を比較した研究があり，同一人物では筋と脳のメチル化レベルは有意に相関していた[38]．

3）DNMT1

DNAメチル化を調べた研究ではないが，末梢血におけるDNMT1の発現がうつ状態で低下していたとの報告もある[39]．一方，双極性障害および統合失調症患者の死後脳ではDNMT1陽性ニューロンが増加していたとの報告もある[40]．さらに彼らは，DNMT1タンパク質のGAD1，RELNプロモーター，およびBDNFのプロモーターIXへの結合が双極性障害および統合失調症で増加していたが，これは必ずしもプロモーターのメチル化変化を伴っていなかった，と報告している．この所見は，大脳皮質ではみられたが，小脳ではみられなかった．この結果は，統合失調症および双極性障害でみられるGABAニューロン関連遺伝子の発現異常の一部は，DNMT1のDNAメチル化活性と関係のない活性により制御されている可能性があると解釈された[41]．

おわりに

これまで述べた通り，双極性障害におけるDNAメチル化研究では，さまざまな研究が報告されているものの，一致した結果は得られていない．不一致の要因としては，DNAメチル化の測定方法にさまざまな手法が用いられており，脳で多いヒドロキシメチル化がメチル化と同様の挙動を示す場合（バイサルファイト法をベースとした方法）と，ヒドロキシメチル化は含まれない場合（メチル化CpG結合タンパク質や免疫沈降を用いた方法）があるうえ，一塩基レベルの解析（ビーズアレイ等）とメチル化領域を同定する方法（MeDIP等）が混在するという方法論的な問題があげられる[42]．しかも，臨床研究においては，定量性に欠ける古い手法もいまだ使われている．さらに，対象とする試料は，脳の場合，対象数が少なく，対象によって結果が変わる可能性があることはもちろん，部位によっても結果が異なる可能性がある．さらに，神経細胞とグリア細胞ではメチル化状態が大きく異なり[43]，凍結脳からDNAを抽出したのみでは，ほぼグリアを反映してしまうにもかかわらず，神経細胞のデータであるかのように解釈される場合も少なくない．血液試料を用いている場合には，脳疾患において，組織特異的な性質をもつDNAメチル化の変化を血液で調べることの意義自体に議論があるうえ，血液細胞の分画の影響も受ける．

また，BDNFやセロトニントランスポーターなど，一見同一の遺伝子を調べているようでも，論文によって全く異なるゲノム領域を調べている場合が多い．さらに，死後脳，血液ともに，疾患の影響と薬物の影響とを区別することが難しく，比較的類似した傾向が報告されているBDNFのメチル化変化は，むしろ薬物の影響であることが指摘されている．

また，散発的な候補遺伝子の解析も行われているが，こうした研究では擬陽性所見が得られる可能性が高く，解釈には注意を要すると思われる．

このように，双極性障害のDNAメチル化研究は，盛んになってはきたものの，まだまだデータが出はじめた段階であり，その生物学的な意義について考察できる段階にはない．細胞種特異的な網羅的解析を複数の手法を用いて行うなど，洗練された手法でしっかりしたデータを積み重ねていくことが最も大切であろう．

文献

1）Frans EM, et al：Arch Gen Psychiatry, 65：1034-1040, 2008
2）Talati A, et al：Am J Psychiatry, 170：1178-1185, 2013
3）Parboosing R, et al：JAMA Psychiatry, 70：677-685, 2013
4）加藤忠史：実験医学，28：2503-2509, 2010
5）Kaminsky Z, et al：Mol Psychiatry, 17：728-740, 2012
6）Rao JS, et al：Transl Psychiatry, 2：e132, 2012
7）Xiao Y, et al：PLoS One, 9：e95875, 2014
8）Chen C, et al：Bipolar Disord, 16：790-799, 2014
9）Ruzicka WB, et al：JAMA Psychiatry, 72：541-551, 2015
10）Zhao H, et al：BMC Med Genomics, 8：62, 2015
11）Zhao Z, et al：BMC Med Genomics, 7：71, 2014
12）Sugawara H, et al：Transl Psychiatry, 1：e24, 2011
13）池亀天平：双極性障害患者で見出されたセロトニントランスポーター高メチル化CpG部位の機能解析．第9回エピジェネティクス研究会，東京，2015
14）大塚まき：マウスセロトニントランスポーターのDNAメチル化が発現を制御する領域の探索とその人為的メチル化の試み．第9回エピジェネティクス研究会，東京，2015
15）Dempster EL, et al：Hum Mol Genet, 20：4786-4796, 2011
16）Walker RM, et al：Clin Epigenetics, 8：5, 2016
17）Soeiro-de-Souza MG, et al：Int J Neuropsychopharmacol, 16：1505-1512, 2013
18）Huzayyin AA, et al：Int J Neuropsychopharmacol, 17：561-569, 2014
19）Li Y, et al：Biomed Res Int, 2015：201587, 2015
20）Houtepen LC, et al：Epigenomics, 8：197-208, 2016
21）Asai T, et al：Int J Neuropsychopharmacol, 16：2285-2294, 2013
22）Gamazon ER, et al：Mol Psychiatry, 18：340-346, 2013
23）Chuang LC, et al：PLoS One, 8：e53092, 2013
24）Docherty LE, et al：J Med Genet, 51：229-238, 2014
25）Jenkins TG, et al：PLoS Genet, 10：e1004458, 2014
26）Burghardt KJ, et al：Epigenomics, 7：343-352, 2015
27）Carrard A, et al：J Affect Disord, 132：450-453, 2011
28）Ghadirivasfi M, et al：Am J Med Genet B Neuropsychiatr Genet, 156B：536-545, 2011
29）Perroud N, et al：Depress Anxiety, 33：45-55, 2016
30）Abdolmaleky HM, et al：Schizophr Res, 129：183-190, 2011
31）Nohesara S, et al：J Psychiatr Res, 45：1432-1438, 2011
32）Abdolmaleky HM, et al：Am J Med Genet B Neuropsychiatr Genet, 168：687-696, 2015
33）Abdolmaleky HM, et al：Schizophr Res, 152：373-380, 2014
34）D'Addario C, et al：Neuropsychopharmacology, 37：1647-1655, 2012
35）Strauss JS, et al：Int J Bipolar Disord, 1：28, 2013
36）Carlberg L, et al：J Affect Disord, 168：399-406, 2014
37）Dell'Osso B, et al：J Affect Disord, 166：330-333, 2014
38）Stenz L, et al：Neurosci Res, 91：1-7, 2015
39）Higuchi F, et al：J Psychiatr Res, 45：1295-1300, 2011
40）Guidotti A, et al：Alcohol Clin Exp Res, 37：417-424, 2013
41）Dong E, et al：Schizophr Res, 167：35-41, 2015
42）Kato T & Iwamoto K：Neuropharmacology, 80：133-139, 2014
43）Iwamoto K, et al：Genome Res, 21：688-696, 2011

＜著者プロフィール＞
加藤忠史：1988年，東京大学医学部卒業．滋賀医科大学精神科（その間，文部省在外研究員としてアイオワ大学精神科にて研究），東京大学医学部附属病院精神科を経て，2001年より現職（理化学研究所脳科学総合研究センターチームリーダー）．ゲノム解析，死後脳のエピゲノム解析，動物モデルなどを用いて，双極性障害の原因解明をめざしている．基礎研究と臨床研究が乖離している現状を克服し，真に精神疾患解明，新規診断法，治療法につながる研究をめざしたいと考えている．

Ⅲ．神経疾患

11. 統合失調症におけるエピゲノム異常 ―患者由来脳組織および末梢組織を用いた最新研究

村田　唯，文東美紀，笠井清登，岩本和也

統合失調症は個人の生活・社会・経済に大きく影響を与える主要な精神疾患の1つであるが，その病因はいまだ解明されていない．近年，病因病態のメカニズムの1つとしてエピゲノムが注目されている．最近のアレイベースの解析や次世代シークエンサーの技術発展により，疾患に関連する遺伝子領域の同定が進められ，精度を高めたエピゲノムデータが得られつつある．今後，エピゲノム研究は精神疾患における診断ツールや治療法の開発に大きく貢献することが期待される．

はじめに

統合失調症は，幻覚・幻聴・妄想といった陽性症状，感情の平板化や社会性の低下といった陰性症状，認知機能の低下といった症状を示し，人口の約1％が罹患している主要な精神疾患の1つである．過去の疫学研究から，発症には遺伝要因が強く関与していることが明らかにされている．例えば，両親が統合失調症を罹

[キーワード＆略語]
次世代シークエンサー，脳神経組織・細胞，末梢組織，神経伝達物質，神経発達

ASTN2：astrotactin 2
BDNF：brain-derived neurotrophic factor
C8A：complement component 8 alpha subunit
CHRM1：cholinergic receptor muscarinic 1
COMT：catechol-o-methyltransferase
CTLA4：cytotoxic T-lymphocyte associated protein 4
DNMT1：DNA methyltransferase 1
DRD：dopamine receptor D
DTNBP1：dystrobrevin binding protein 1
FOXP2：forkhead box P2
GABA：gamma-aminobutyric acid
GAD67：glutamate decarboxylase 67
GRM：glutamate receptor, metabotropic
H3K4me3：histone H3 trimethyl lysine 4
H3K9K14：histone H3 lysine 9/14
HCG9：HLA（human leukocyte antigen）complex group 9
HTR：serotonin receptor
IL1RAP：interleukin 1 receptor accessory protein
MAO：monoamine oxidase
MHC：major histocompatibility complex
NRN1：neuritin 1
RASA3：Ras p21 protein activator 3
RELN：reelin
SLC6A4：solute carrier family 6 member 4
SOX10：SRY（sex determining region Y）-box 10
ST6GALNAC1：alpha-2, 6-sialyltransferase 1

Epigenomic abnormalities in schizophrenia

Yui Murata[1) 2)] /Miki Bundo[2)] /Kiyoto Kasai[1)] /Kazuya Iwamoto[2)] ：Department of Neuropsychiatry, Graduate School of Medicine, The University of Tokyo[1)] /Department of Molecular Brain Science, Graduate School of Medical Sciences, Kumamoto University[2)]（東京大学大学院医学系研究科精神医学分野[1)]/熊本大学大学院生命科学研究部分子脳科学分野[2)]）

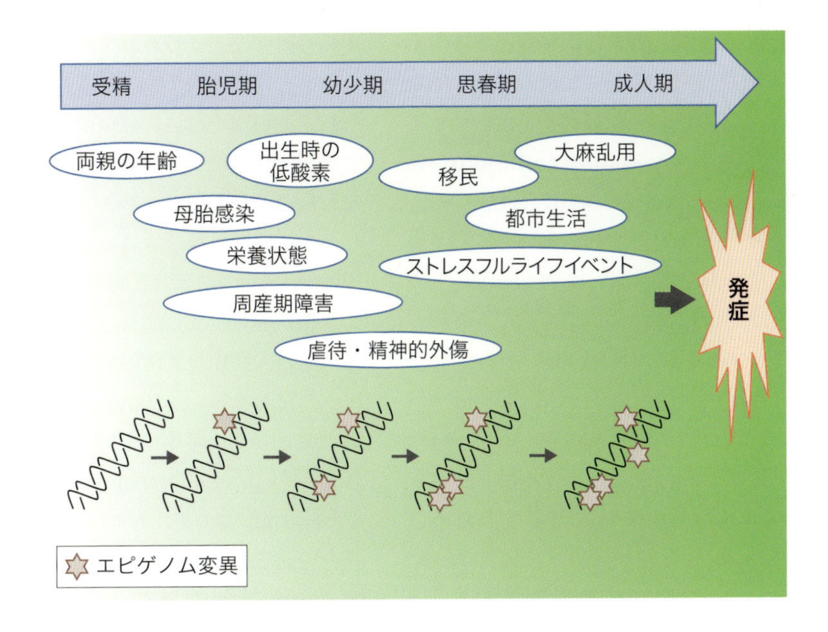

図　統合失調症発症リスクとエピゲノム変異の蓄積
統合失調症では，発達期に曝露されるさまざまなライフイベント（環境要因）が発症を高め，エピゲノム変異の蓄積が疾患の病因病態と関連していると考えられている．

患している場合，子の罹患率は46％と見積もられ，一卵性双生児においては，発症の一致率（両方の双生児が発症する確率）は48％と二卵性双生児の15％よりも高い数値を示す．遺伝要因の関与を示す証拠から，古くから原因遺伝子を同定するための膨大な遺伝学的解析が行われてきた．しかし，再現性に乏しく，近年の多施設大規模研究によるゲノムワイド関連研究においても，オッズ比の小さな因子の同定にとどまっているなど，統合失調症に確実に関与する遺伝子は現在も特定されていない．近年では，次世代シークエンサー技術の発展による*de novo*全ゲノム関連解析やエクソーム解析から，頻度は高いが効果の小さな多数の遺伝因子の組合わせ（common variants）や，頻度は低いが影響度の強いコピー数変異などのrare variantsが精神疾患と関連があると見出されてきている．

先述の一卵性双生児では不一致例（片方の双生児は発症しているがもう一方は発症していない，つまり一致率が100％ではない）の存在が知られており，発症には遺伝要因と環境要因の複雑な相互作用が関与していると考えられる．疫学研究から，胎児期におけるウイルス感染や栄養失調，周産期障害，成長期の社会・心理的ストレスや移住，大麻などの薬物使用など，多くの環境要因が統合失調症の罹患リスクを上昇させることも明らかにされている（**図**）．

このような個体内外の環境要因により，DNA修飾などエピジェネティックな状態が変動し，遺伝子発現調節を介し細胞・組織の性質が長期的に変質すると考えられている．このため，エピジェネティクス研究により，統合失調症の病因・病態研究，また，環境要因による罹患リスク上昇の分子メカニズム理解やバイオマーカー開発に貢献すると期待されている．

1 脳組織を用いたエピゲノム解析

1）候補遺伝子に注目した研究

これまでの遺伝学的・薬理学的な知見などから，統合失調症と強く関連があると考えられる神経伝達物質，神経成長因子，シナプス可塑性，オリゴデンドロサイトなどといった特定の遺伝子群に着目したエピゲノム解析が行われてきた．

COMT（catechol-o-methyltransferase）は，ドーパミン代謝に重要なCOMTをコードする遺伝子で，統合失調症患者由来前頭葉を用いた解析から，プロモーター領域の低メチル化と高発現が認められた[1]．*RELN* (reelin）は細胞運動や神経細胞の移動に関連する細胞外マトリクスタンパク質をコードする遺伝子として知られており，患者前頭葉において高メチル化を示すことが報告され[2) 3)]，GABA（gamma-aminobutyric acid）の合成酵素をコードする*GAD67*（glutamate decarboxylase 67）とともに低発現していることが報告されている[4)]．しかし，*COMT*[5) 6)]や*RELN*[7) 8)]においては，独立したサンプルにおいてメチル化異常が再現されていない．*GAD67*の低発現は，転写活性のマーカーであるH3K4me3（histone H3 trimethyl lysine 4）の低メチル化[9)]やH3K9K14（histone H3 lysine 9/14）の低アセチル化[10)]とよく相関していることや，DNAメチル化を触媒する*DNMT1*（DNA methyltransferase 1）の発現がGABA系の抑制性介在神経細胞において上昇していること[11)]，さらに*GAD67*および*RELN*領域におけるDNMT1結合が増大していたこと[12)]が発表され，GABA系神経回路ないし細胞におけるエピゲノム動態が患者脳組織において変化していると推察されている．

HTR（serotonin receptor）*2A*はセロトニン受容体2Aをコードする遺伝子で，統合失調症および双極性障害前頭葉を用いた解析から，高メチル化および低発現が認められている[13)]．そのほか統合失調症脳組織においては，オリゴデンドロサイトで特異的に発現している転写因子である*SOX10*〔SRY（sex determining region Y）-box 10〕[14)]や神経可塑性および言語発達に関連している*FOXP2*（forkhead box P2）[15)]，統合失調症の候補ゲノム領域であるMHC（major histocompatibility complex）class I内に位置している*HCG9*〔HLA（human leukocyte antigen）complex group 9〕[16)]，アセチルコリン受容体結合に重要な*CHRM1*（cholinergic receptor muscarinic 1）[17)]といった遺伝子においてメチル化変化が報告されている．*SOX10*については後の網羅的解析においてもメチル化変化が報告された[18)]．

2）網羅的解析

単一あるいは少数の候補遺伝子のエピゲノム変化に関する知見は蓄積されているが，まだ注目されていない候補遺伝子が存在する可能性も考えられ，全ゲノムを網羅的に解析する必要がある．簡便さと定量性の高さ，コスト面から，主にIllumina社のビーズアレイを用いた研究などが行われている．

Millらは，統合失調症患者および双極性障害患者由来前頭葉組織を用い約8,000カ所のプロモーター領域をターゲットにマイクロアレイベースのメチル化解析を行ったところ，グルタミン酸・GABA系神経伝達にかかわる遺伝子群，さらに脳神経発達やミトコンドリア機能，ストレス応答に関連した遺伝子領域のDNAメチル化状態に差異が認められた[8)]．その後同グループは，統合失調症患者前頭前野を用いてビーズアレイを用いた検討を行い，*NRN1*（neuritin 1），*C8A*（complement component 8 alpha subunit），*RASA3*（Ras p21 protein activator 3）といった遺伝子を同定した．また，DNAメチル化変化を示した遺伝子群は，統合失調症やその他の精神疾患，脳神経系発達に関連する遺伝子群に集中していることを報告した．これら遺伝子の多くは，受精後23～184日目といった妊娠初期から中期において劇的なDNAメチル化の挙動を示す遺伝子群と重なっていた[19)]．同様に，Jaffeらは統合失調症患者由来脳検体におけるDNAメチル化変化は，胎児から新生児にかけて大きく変化するDNAメチル化領域と一致していたことを報告している[20)]．Chenらの統合失調症および双極性障害小脳組織におけるDNAメチル化と遺伝子発現データを照合した研究では，神経伝達，神経発達や可塑性に関連した遺伝子群のDNAメチル化および発現量の変動が同定されている[21)]．

2 末梢組織を用いたエピゲノム解析

脳組織を用いた解析では，精神疾患患者においてどのような遺伝子が疾患と関連しているのかについて重要な知見を得られるものの，生体からの組織採取は現実的ではない，多検体の収集は困難であるといった問題がある．そのため，採取が比較的容易で大規模研究が可能な血液や唾液をはじめとした末梢組織を活用した研究が行われている．

*COMT*プロモーター領域におけるDNAメチル化状態は，血液や唾液試料においても変化を示している[22) 23)]．また，血液における*COMT*のDNAメチル化率が，病気の有無にかかわらず，左側背外前頭前野の活動と正の相関を示したことが報告されている[24)]．ドー

パミン受容体をコードしている遺伝子においても，*DRD* (dopamine receptor D) *3*[25] や*DRD4*[26] のほか，*DRD2*や*DRD5*[27] においてDNAメチル化変動が認められているが，*DRD2*は一卵性双生児不一致例を用いた別グループによる検討では再現されていない[28]．また，統合失調症および双極性障害唾液試料で*HTR2A*が低メチル化，末梢血試料で別のサブタイプ*HTR1A*が高メチル化を示すとの報告がある[29]．モノアミン神経伝達物質の生成を調整するMAO (monoamine oxidase) Aをコードする*MAOA*[26] や*GRM* (glutamate receptor, metabotropic) *2*および*GRM5*[30] といった遺伝子においても患者特異的なDNAメチル化変化が報告されている．脳由来神経栄養因子*BDNF* (brain-derived neurotrophic factor) [31] についてもDNAメチル化変動が報告されているが，血液および脳組織を用いた別のグループの研究によって否定されている[32] [33]．

その他，免疫活性に関連している*CTLA4* (cytotoxic T-lymphocyte associated protein 4) は，患者で低メチル化および高発現を示している[34]．約1,500人という多検体の血液試料から次世代シークエンサーを用いてDNAメチル化状態を解析した研究では，神経細胞の分化や低酸素，そして感染に関連した遺伝子のDNAメチル化変化が報告されている[35] ほか，別のグループの網羅的解析においても炎症反応に関連した遺伝子群にDNAメチル化と遺伝子発現の変化を認めている[36]．

セロトニントランスポーターをコードする*SLC6A4* (solute carrier family 6 member 4) [13] や*DTNBP1* (dystrobrevin binding protein 1) [18] [37] といった遺伝子において，脳組織と末梢組織で一致した結果が報告されている．van den Oordらは，約1,400の血液検体および66の前頭葉検体を用いて網羅的なメチル化解析を行ったところ，*IL1RAP* (interleukin 1 receptor accessory protein) において両組織で共通したDNAメチル化変化を見出しており[38]，末梢組織を用いた解析が脳での異常を反映するといったバイオマーカーとしての有用性を示す可能性がある．

一卵性双生児不一致例由来血液試料を用いた解析では，リンパ芽球における*DRD2*のDNAメチル化状態が，罹患している検体同士で発症していない同胞よりも似た挙動を示すといった報告がなされた[39]．最近の報告では，HIPPOシグナリングやMAPK (mitogen-activated protein kinase) など神経伝達をはじめとする神経系機能に重要な経路の遺伝子群においてDNAメチル化の変動が報告されている[40] が，これらの変化については抗精神病薬を投与された動物モデルにおいても認められ，単に服薬による影響を反映した可能性は否定できない．統合失調症および双極性障害を含む精神異常 (psychosis) を発症している一卵性双生児において*ST6GALNAC1* (alpha-2, 6-sialyltransferase 1) が低メチル化状態にあることが報告されている[41]．また，幼少時のpsychosisと関連のあるDNAメチル化変化が，神経発達に重要な遺伝子と作用する*C5ORF420*に認められている[42]．これらのDNAメチル化変化は，死後脳検体を用いた解析においても共通した変化を示しており興味深い．また，一卵性双生児不一致例2ペアを用いたCastellaniらの解析では，cell death and survival，cellular movementおよびimmune cell traffickingに関する遺伝子群がメチル化変化を示していたことが報告されている[43]．

おわりに

死後脳組織を用いた研究では，先行研究の知見が蓄積している前頭葉や海馬，サンプル量が豊富に入手できる小脳試料を用いた検討が多く行われているが，統合失調症の責任脳領域は不明であり，どの脳領域が研究に適しているかは明らかではない．一般的に検体は非常に希少であり，品質や検体数，患者のバックグラウンドや投薬状況など多くのリミテーションが存在し，限られた検体数で確実な所見を得る工夫が求められる．また，解析対象のサンプルは発症後数年～数十年を経過した検体である場合が多く，二次的あるいは間接的な影響を検討している可能性にも留意する必要がある．一方，血液や唾液といった末梢組織を用いた研究も多数行われている．末梢試料は比較的非侵襲的に採取できるため，縦断研究や大規模な研究の展開が可能であるものの，末梢のエピゲノム状態と脳神経系のエピゲノム状態との関連は明らかではない．またエピゲノム状態は，死後脳や血液試料ともに細胞の種類によって大きな変動を示すことが知られており，バルクの脳や血液検体を使用したデータ解析は慎重に進めていかなければならない．

また，神経細胞においては，非神経細胞と比較しエピゲノムの個人差が大きい[44]，非CpG部位におけるゲノム修飾やメチルシトシンとは異なるハイドロキシメチルシトシンといった修飾を多く含む[45]などといった特徴を示している．特にシトシン修飾状態についてはハイドロキシメチル化に加え，カルボキシル化やフォルミル化シトシンが存在し，これまで想定されてこなかった多様性と機能が存在することが明らかになりつつある．

統合失調症では本稿で概説したように，神経伝達物質を含む細胞内外のシグナル伝達系のほか，脳神経発達，免疫・感染に関する遺伝子群におけるエピゲノム異常がくり返し報告されている．これらは環境要因のなかでも特に神経発達期の要因に影響を受けたエピゲノム変化が統合失調症の病態と関係していることを強く示唆しているが，新規解析技術を用いた新たな観点からの研究を進めていくことで，遺伝・環境の複雑な相互作用がさらに解明されていくと期待される．

本総説の内容の一部は，国立研究開発法人日本医療研究開発機構（AMED）の「革新的技術による脳機能ネットワークの全容解明プロジェクト」の支援によって行われた．

文献

1） Abdolmaleky HM, et al：Hum Mol Genet, 15：3132-3145, 2006
2） Abdolmaleky HM, et al：Am J Med Genet B Neuropsychiatr Genet, 134B：60-66, 2005
3） Grayson DR, et al：Proc Natl Acad Sci U S A, 102：9341-9346, 2005
4） Guidotti A, et al：Arch Gen Psychiatry, 57：1061-1069, 2000
5） Murphy BC, et al：Am J Med Genet B Neuropsychiatr Genet, 133B：37-42, 2005
6） Dempster EL, et al：BMC Med Genet, 7：10, 2006
7） Tochigi M, et al：Biol Psychiatry, 63：530-533, 2008
8） Mill J, et al：Am J Hum Genet, 82：696-711, 2008
9） Huang HS, et al：J Neurosci, 27：11254-11262, 2007
10） Tang B, et al：Transl Psychiatry, 1：e64, 2011
11） Ruzicka WB, et al：Mol Psychiatry, 12：385-397, 2007
12） Dong E, et al：Schizophr Res, 167：35-41, 2015
13） Abdolmaleky HM, et al：Schizophr Res, 129：183-190, 2011
14） Iwamoto K, et al：J Neurosci, 25：5376-5381, 2005
15） Tolosa A, et al：BMC Med Genet, 11：114, 2010
16） Pal M, et al：Schizophr Bull, 42：170-177, 2016
17） Scarr E, et al：Transl Psychiatry, 3：e230, 2013
18） Wockner LF, et al：Transl Psychiatry, 4：e339, 2014
19） Pidsley R, et al：Genome Biol, 15：483, 2014
20） Jaffe AE, et al：Nat Neurosci, 19：40-47, 2016
21） Chen C, et al：Bipolar Disord, 16：790-799, 2014
22） Melas PA, et al：FASEB J, 26：2712-2718, 2012
23） Nohesara S, et al：J Psychiatr Res, 45：1432-1438, 2011
24） Walton E, et al：Epigenetics, 9：1101-1107, 2014
25） Dai D, et al：Psychiatry Res, 220：772-777, 2014
26） Cheng J, et al：PLoS One, 9：e89128, 2014
27） Kordi-Tamandani DM, et al：Psychiatr Genet, 23：183-187, 2013
28） Zhang AP, et al：Schizophr Res, 90：97-103, 2007
29） Ghadirivasfi M, et al：Am J Med Genet B Neuropsychiatr Genet, 156B：536-545, 2011
30） Kordi-Tamandani DM, et al：Gene, 515：163-166, 2013
31） Ikegame T, et al：Neurosci Res, 77：208-214, 2013
32） Çöpoğlu ÜS, et al：Med Sci Monit, 22：397-402, 2016
33） Keller S, et al：Psychiatry Res, 220：1147-1150, 2014
34） Kordi-Tamandani DM, et al：Mol Biol Rep, 40：5123-5128, 2013
35） Aberg KA, et al：JAMA Psychiatry, 71：255-264, 2014
36） Liu J, et al：Schizophr Bull, 40：769-776, 2014
37） Abdolmaleky HM, et al：Am J Med Genet B Neuropsychiatr Genet, 168：687-696, 2015
38） van den Oord EJ, et al：Schizophr Bull, in press（2016）
39） Petronis A, et al：Schizophr Bull, 29：169-178, 2003
40） Melka MG, et al：J Mol Psychiatry, 3：7, 2015
41） Dempster EL, et al：Hum Mol Genet, 20：4786-4796, 2011
42） Fisher HL, et al：Epigenetics, 10：1014-1023, 2015
43） Castellani CA, et al：BMC Med Genomics, 8：17, 2015
44） Iwamoto K, et al：Genome Res, 21：688-696, 2011
45） Lister R, et al：Science, 341：1237905, 2013

＜筆頭著者プロフィール＞
村田　唯：学部時代は主に神経科学に興味をもち，シドニー大学理学部医科学科Honours課程にてマウスにおける老化と運動による神経筋接合部構造の変化について研究を行った．筑波大学大学院人間総合科学研究科ではマウスにおける情動・社会性行動を中心に解析し，現在，東京大学大学院医学系研究科精神医学分野・熊本大学大学院生命科学研究部分子脳科学分野にて，統合失調症患者由来末梢検体におけるメチル化状態の解析，およびモデル動物を用いたエピゲノム動態が与える脳発達異常・精神疾患様行動への影響について研究を進めている．

Ⅳ．免疫疾患

12. 免疫疾患のエピゲノムとT細胞のエピゲノム改変によるその制御

吉村昭彦，岡田匡央，金森光広，中司寛子

獲得免疫応答の破綻は，アレルギーや自己免疫疾患，また腫瘍といった多様な疾患の要因となっている．獲得免疫応答の中心を担うCD4陽性ヘルパーT細胞は，その分化・増殖がエピジェネティックに制御されており，さまざまなエピジェネティック修飾酵素が新たな免疫制御薬の治療標的として期待されている．さらにそのなかでも制御性T細胞（Treg）に関する研究が著しく進んでおり，安定なTregを人工的に生み出すことで自己免疫疾患やアレルギー疾患の治療に，あるいは逆にTregを不安定化することで抗腫瘍免疫を増強するなど，実用化に向けた検討も進められている．

はじめに

免疫系はもともと微生物を排除するために発達してきたシステムであるが，無害であるべき自己や外来抗原（アレルゲン）に応答し，かつ過剰に反応すると免疫疾患となる．一方でがん治療に用いられる抗腫瘍免疫は免疫応答を増強させて腫瘍を排除するものである．免疫応答の制御を行うのがCD4陽性ヘルパーT細胞であり，免疫の司令塔といわれ，各種サイトカインを放出して，実行部隊であるB細胞，細胞傷害性T細胞（CTL），マクロファージなどの自然免疫系の細胞群を増員，活性化する．ヘルパーT細胞は免疫を促進するエフェクターT細胞としてTh1, Th2, Th17, Tfhが，抑制するT細胞として制御性T細胞（Treg）が存在する（**図1**）．それぞれのThサブセットのマスター転写因子がT-bet, GATA3, RORγt, Bcl6, Foxp3で，それぞれのThの分化と性質を決定づける．Tfhは胚中心に集積してB細胞に抗体遺伝子のクラススイッチや親和

[キーワード＆略語]
ヘルパーT細胞，制御性T細胞，自己免疫疾患，腫瘍免疫，DNAメチル化

HAT：histone acetyltransferase（ヒストンアセチル化酵素）
HDAC：histone deacetylase（ヒストン脱アセチル化酵素）
SLE：systemic lupus erythematosus（全身性紅斑性狼瘡）
Tfh：follicular helper T cells（濾胞ヘルパーT細胞）
Th：helper T cell（ヘルパーT細胞）
Treg：regulatory T cell（制御性T細胞）

Epigenome editing of T cells and Regulation of Immunological Diseases

Akihiko Yoshimura/Masahiro Okada/Mitsuhiro Kanamori/Hiroko Nakatsukasa：Department of Microbiology and Immunology, Keio University School of Medicine（慶應義塾大学医学部微生物学免疫学教室）

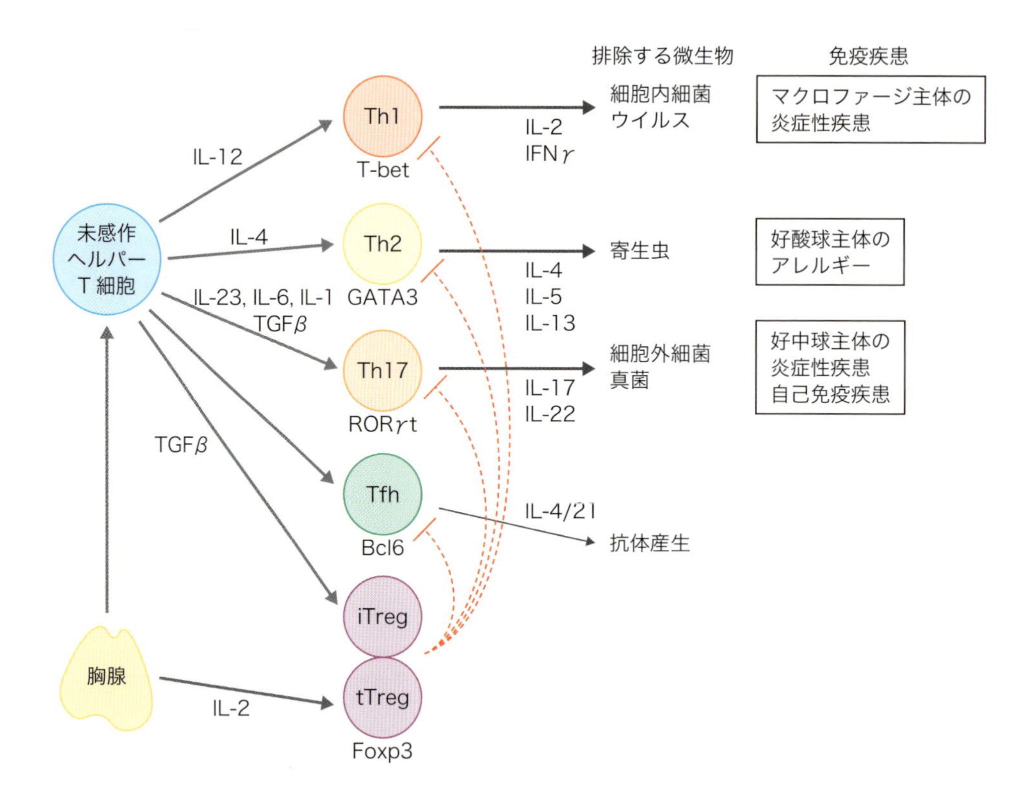

図1　ヘルパーT細胞の分化と生体防御および関連免疫疾患
Th1，Th2，Th17，Tregを誘導するサイトカインと重要な転写因子．ヘルパーT細胞の分化を規定するマスター転写因子としてTh1においてはT-betが，Th2ではGATA3，Th17ではRORγt，TfhではBcl6，TregではFoxp3が知られている．ここではpTregとiTregを総称してiTregとしている．

性成熟を誘導する．Tregには胸腺で分化するtTreg（thymic Treg）と末梢でTGFβの作用によりナイーブT細胞から分化するpTreg（peripheral Treg）が存在する．またpTregに類似しているが，試験管内でTGFβによって誘導されるTregをiTreg（induced Treg）とよぶ（**図1**）．ここではpTregもiTregも総称してiTregとする．これらヘルパーT細胞の分化はクロマチンのヒストン修飾とDNAのメチル化，脱メチル化によって厳密に制御されている．またエピジェネティック制御の破綻がアレルギーや自己免疫疾患などの免疫疾患と密接にかかわっていることがしだいに明らかにされつつある．

さらに現在腫瘍に対する免疫療法が注目を集めている．特に腫瘍ではTregが増加しており抗腫瘍免疫を抑制していると考えられている．よってTregを除去あるいはエフェクターT細胞へ脱分化すれば効果的に抗腫瘍免疫を増強できる．

1 T細胞のエピジェネティクスと免疫疾患

エピジェネティックな遺伝子発現制御は免疫疾患との関連でも注目されている．特に免疫疾患には遺伝的要因のほかに，環境要因も多く寄与すると考えられ，環境からのシグナルが染色体のエピジェネティックな変動を誘発していると予想される．例えば疫学調査では一卵性双生児で同一の自己免疫疾患を発症する割合は20～30％であり，DNAの遺伝情報以外の環境要因が大きいことが示唆される[1]．特にエピジェネティクス研究が進んでいるのは自己免疫疾患とアレルギー性疾患である．

SLE（systemic lupus erythematosus，全身性紅斑性狼瘡）は全身性の自己免疫疾患で自己抗体（抗核抗体，抗DNA抗体，抗リン脂質抗体）が陽性となり，抗原抗体複合体が腎臓に沈着すると糸球体腎炎（ループス腎炎）が引き起こされる．抗体産生にかかわるTh2やTfhが病態形成に関与する．古くよりSLEとT細胞のDNA脱メチル化との関連が示唆されてきた[2) 3)]．マウスよりCD4陽性T細胞を単離して，5-アザシチジン処理により脱メチル化を促進してT細胞欠損マウスに移入した場合にSLE様の症状を示すとの報告もある[4)]．またループス腎炎を起こす薬物がT細胞のDNAの脱メチル化を亢進することも報告されている[5)]．最近のゲノムワイドバイサルファイトシークエンスによると，SLE患者と健常人のT細胞で1,033カ所のCpGのメチル化の変化があったという[6)]．その多くはインターフェロン（IFN）シグナルに関係する遺伝子の低メチル化であり，SLE患者ではIFNαの発現が高く，IFN関連遺伝子の発現も高いことと符合する．

関節リウマチはTh1やTh17の活性化，それに伴うマクロファージ・滑膜細胞の過剰な活性化や増殖，さらに骨破壊を伴う自己免疫疾患である．関節リウマチ患者においてもT細胞や末梢血細胞でのDNAメチル化の低下が報告されている[7)]．例えばIL-6プロモーターの −1099Cのメチル化の低下とIL-6レベルの相関がみられる[8)]．また滑膜細胞を用いた研究ではHDACの発現低下が多く報告されており，滑膜細胞の活性化との相関がみられる．HDAC阻害剤のsuberoylanilide hydroxamic acid（vorinostat）やHDAC Ⅰ/Ⅲ阻害剤MS-275（entinostat）は滑膜細胞の増殖を抑制しマウスの関節炎モデルの症状を軽減する[9)]．実際にHDAC阻害剤であるgivinostat（ITF2357）が若年性特発性関節炎に試行されて良好な成績であったことが報告されている[10)]．

2 ヒストン修飾とヘルパーT細胞分化制御

ヒストン修飾はヘルパーT細胞の分化と機能維持に重要である．Th分化に関するサイトカイン遺伝子やマスター遺伝子群の発現制御にかかわるヒストン修飾に関しては，O'Sheaらのグループがゲノムワイドに精力的に研究を行っている．転写促進型の修飾であるH3K4me1/me2/me3やH3K36me3はTh特異的に発現する遺伝子では高く，逆に抑制型のH3K27me3やH3K9me3は他のTh系譜の遺伝子で増えている（**図2**）[11)]．例えばTh1ではT-bet（*Tbx21*）やIfngの発現が高く転写促進型のヒストン修飾を受けているのに対してGata3, IL-4やRORγt, IL-17といったTh2やTh1に特徴的な遺伝子群では抑制型のヒストン修飾を受けている．またTh1誘導に必要なSTAT4は転写促進型のヒストン修飾を，Th2を誘導するSTAT6は抑制型の修飾を起こしやすいことも報告されている[12)]．またSTAT3はTh17分化に関連する遺伝子群の転写促進型のヒストン修飾を誘導する[13)]．

ヒストン修飾酵素のT細胞特異的遺伝子欠損マウスの解析からそれぞれの酵素の機能が明らかにされ，多くはT細胞サブセットに特徴的な表現型を示している．例えばMLLやmeninはH3K4のトリメチル化を誘導するメチル基転移酵素，あるいはそのコンポーネントである．これらの欠損マウスは*Il4*, *Il5*, *Il13*, *Gata3*発現の維持ができないことからTh2の維持に必須である[14) 15)]．またH3K27me3に会合するpolycomb repressor complex 1（PRC1）タンパク質のコンポーネントMel18を欠損させてもGATA3の誘導とTh2分化の抑制がみられた[16)]．EZH2は主要なH3K27メチル基転移酵素であるが，*Gata3*や*Il4/Il13*発現抑制に主に働き，欠損マウスはアレルギー喘息モデルに高感受性を示した[17)]．このようにH3K4のメチル化はTh2の誘導維持に，H3K27のメチル化はTh2の抑制に寄与している．

われわれは，Th1サイトカインであるIL-2産生のTGFβによる抑制にH3K9のトリメチル化が重要であること，その際にH3K9メチル基転移酵素群のなかでSuv39H1がSmad2/3によってIL-2プロモーターにリクルートされることを報告した[18)]．T細胞特異的にSuv39H1を欠損したマウスではTh2分化には影響しないが，Th1分化が亢進することが報告されている[19)]．これはTh1遺伝子（*T-bet*や*Ifng*）のサイレンシングが十分機能しないためと報告されている．他の遺伝子には大きな影響がないことから，Suv39H1はT細胞では*Tbx21*と*Ifng*に特異性が高いと考えられる．Suv31H1の阻害剤はTh1優位な状況を誘導するためにアレルギー喘息モデルを抑制することが示されている．もう1つのH3K9メチル基転移酵素であるG9a（主にH3K9のジメチル化に関与）の欠損はTh2サイトカインの発現が低下する一方でIL-17の発現上昇が認め

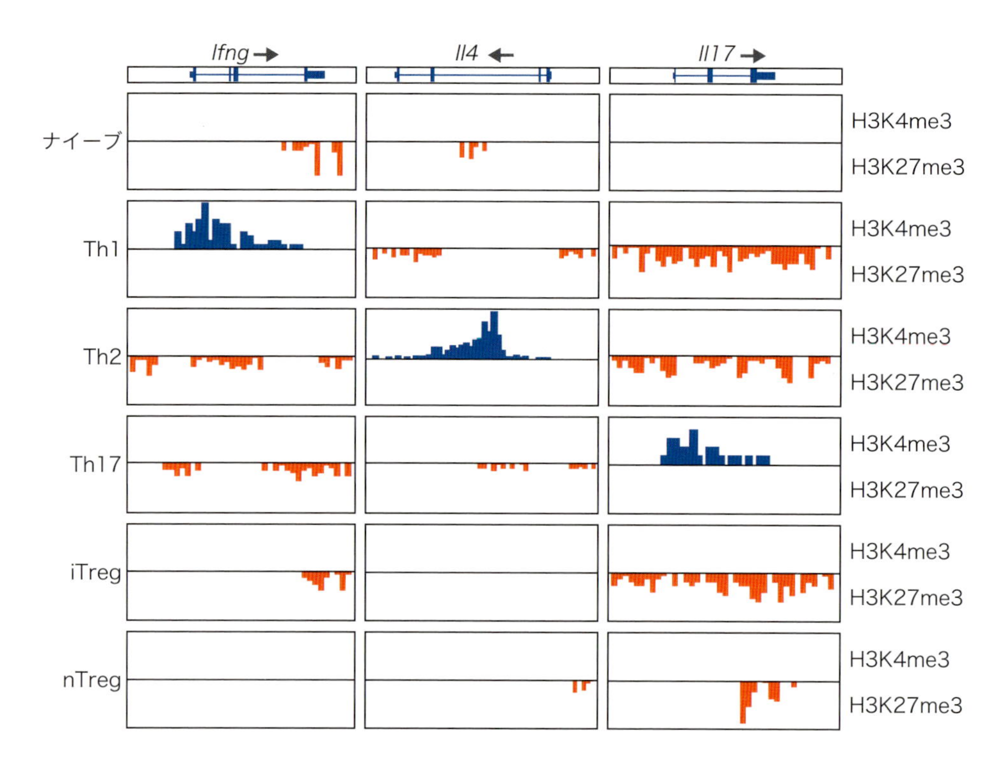

図2　各エフェクターサイトカイン遺伝子のヒストン修飾状態
それぞれの分化条件でIFNγ，IL-4，IL-17遺伝子座のヒストンH3のK4およびK27のトリメチル化状態をChIPシークエンス法にて決定した．文献11より引用．

られた[20]．したがってG9aはTh2において他のヘルパーT細胞系譜の遺伝子のサイレンシングに寄与するようである．

3 DNAメチル化制御とヘルパーT細胞分化制御

DNAメチル化もT細胞分化および機能に重要である．ゲノムワイドのTh1とTh2のCpGアイランドのメチル化の比較では，*Gata3*などの遺伝子座におけるDNAメチル化が報告されている[21]．DNAメチルトランスフェラーゼDnmt1やメチルCpG結合タンパク質MBD2をT細胞特異的に欠損させるとTh1, Th2両方のタイプのサイトカインの産生が亢進し，さらにTh分化後のサイトカインのサイレンシングも不十分となる[22)～24]．Dnmt1は通常は*Il4-Il13*遺伝子座にリクルートされIL-4の発現を抑制しているが，Dnmt1の欠損によって*Il4*遺伝子座のCpGメチル化の減少とIL-4の過剰な産生が起きる[23]．MBD2の欠損T細胞でもIL-4の発現が亢進していることから，MBD2が*Il4*遺伝子座のDNAメチル化部位に結合するとGATA3が結合できずにIL-4の発現がサイレンシングされると考えられる[24]．一方Th2分化の場合にはDnmt1は*Il4-Il13*遺伝子座から外れ脱DNAメチル化が促進され，その結果MBD2が外れ，GATA3が結合してH3K4トリメチル化を促進してIL-4産生が亢進すると考えられる．

4 Treg産生および維持のエピジェネティック制御

Tregの誘導や安定性にもエピジェネティック制御が関与する．TGFβによって誘導されるFoxp3は不安定でそのままではやがて発現は低下する．このときにヒストン脱アセチル化酵素（HDAC）の阻害剤として作用するブチル酸はFoxp3の発現を上昇させTregを安定化する．腸内細菌はブチル酸を産生するものが多く，これが消化管内でiTregが多い理由ではないかと考え

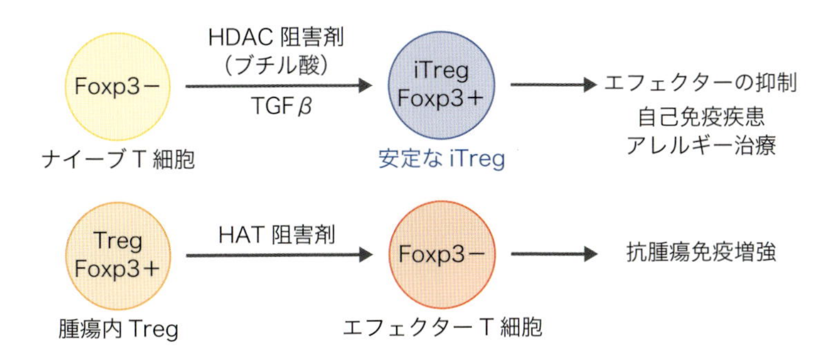

図3　ヒストンアセチル化とTregの制御
HDAC阻害剤はFoxp3のプロモーターのヒストンアセチル化を促進しFoxp3の発現を促進する．よって免疫を抑制し自己免疫疾患やアレルギーの治療に役立つ．一方でHAT阻害剤はFoxp3の発現を不安定化する．これによって腫瘍内のTregをエフェクターに転換して抗腫瘍免疫を増強できる．

られる（**図3**）[25]．

しかしTregの安定性に最も重要な要因はFoxp3遺伝子座のCNS2領域にあるCpGアイランドのDNA脱メチル化であると考えられている．tTregでない細胞ではこの部分がメチル化を受けており，刺激を受けてもFoxp3の発現が一過性となる．DNAメチル化を維持する酵素はDnmt1である．T細胞特異的Dnmt1欠損マウスではFoxp3がTCR刺激のみで誘導されたりCD8でも発現がみられるようになる[26]．このCNS2領域にはSTAT5, CREB, Est1, NF-κBなどの結合サイトが集積しており，この領域が脱メチル化されると多くの転写因子が集まってFoxp3の転写を安定なものにする[27]．さらにFoxp3タンパク質自身が他の転写因子と複合体を形成して脱メチル化CpG領域に結合するためにDnmt1が近づけず脱メチル化状態が維持される（**図4**）[27]．しかしメチル化を受けたCNS2はこれらの転写因子をリクルートできないためにFoxp3の発現はやがて低下すると考えられる[28]．胸腺においてtTregの発生段階でCNS2領域を脱メチル化するのは5-メチルシトシンをヒドロキシ化して脱メチル化を促進するten-eleven-translocation family（Tet）ではないかといわれている[29]．興味深いことにTetを活性化するビタミンCでiTregを処理をするとCNS2が脱メチル化されFoxp3の発現が安定化し，自己免疫疾患等の治療に有効である[30]．

Foxp3以外にもいくつかのtTregに特徴的に発現する遺伝子座の脱メチル化が報告されている[31]．坂口らのグループはこれらtTregに特徴的な遺伝子群のDNAメチル化の詳細な検討を行い，安定なTregを維持するためにはFoxp3の発現だけでなくtTregのエピジェネティックな状態〔主に*Foxp3*, *Ctal4*, *Ikzf2*（Helios），*Ikzf4*（Eos），*Tnfrsf18*（GITR）などのTreg特徴的遺伝子群のDNA脱メチル化状態の維持〕が必要であることを見出した[32]．Treg機能に重要な遺伝子群にTreg特異的な脱メチル化がみられることは，tTregの発生にエピジェネティックな変化が重要であることを意味する[33]．

5 Tregの不安定化と抗腫瘍免疫の増強

通常リンパ節や脾臓でのTregの割合はヘルパーT細胞の10％程度であるが，腫瘍内に浸潤するTregは場合によってはヘルパーT細胞の30～50％を占める場合がある．なぜ腫瘍内でTregが多いのかは諸説あるが，1つは腫瘍のつくるTGFβのためと考えられる．多くの実験モデルではTregの除去によってがんは縮退する[34]．さらにTregを除去するよりもFoxp3の発現を低下させてTregをエフェクターT細胞に転換して抗腫瘍免疫を増強させる方法が考案されている．先に述べたようにHDAC阻害剤はFoxp3の発現を上昇させTregを安定化する．逆にヒストンアセチル化酵素（HAT）の阻害はTregを不安定化する．この性質を利用してp300HATの阻害剤で担がんマウスを処理するとTregがエフェクター様T細胞に転換して腫瘍が退縮することが報告された（**図3**）[35]．

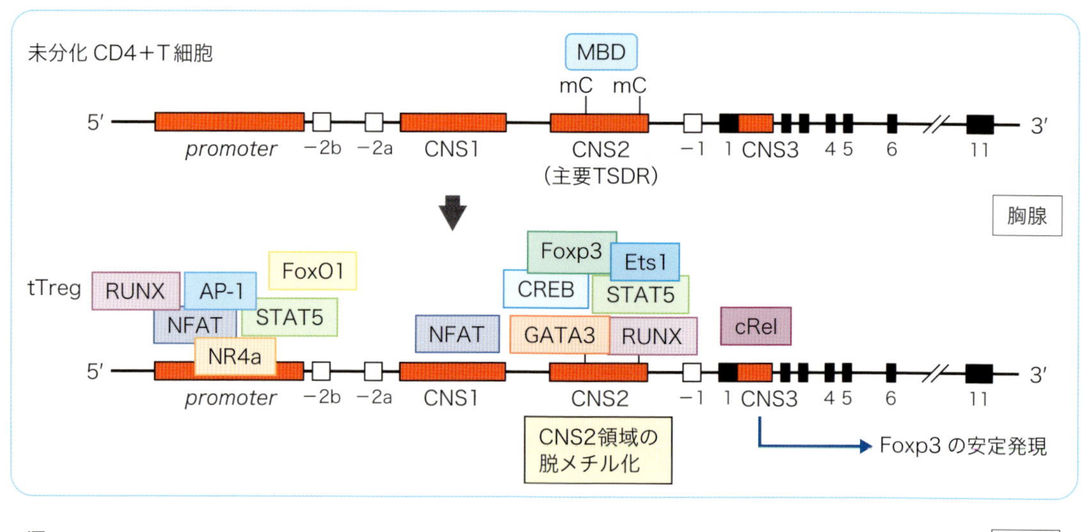

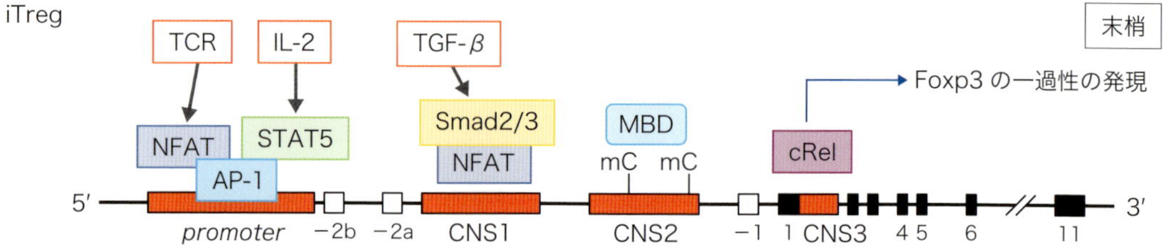

図4　CNS2領域の脱メチル化の意義

胸腺においてTregになる前はFoxp3のCNS2はメチル化を受けておりFoxp3は発現していない．tTregに分化する段階で強いTCR刺激を受けてNR4aやNFATなどの多数の転写因子がFoxp3プロモーターやCNS1，2，3領域を活性化する．CNS2はやがて脱メチル化されてTregは末梢に流出する．脱メチル化されたCNS2にはFoxp3やEts1，CREBが会合できるようになり，Foxp3の発現は安定化する．さらにCNS2はこれらの転写因子の結合によりメチル化から保護され脱メチル化状態が維持される．一方，ナイーブT細胞ではCNS2はメチル化されている．TGFβとIL-2のシグナルによりiTregが誘導されるが，CNS2には転写因子が効率よく結合できないためにFoxp3の発現は不安定である．

6 人為的なエピゲノム改変

近年，新たなるゲノム編集のツールとして，TALENやCRISPRの技術の進歩が著しい．TALENは，TALEと*Fok* Iのヌクレアーゼドメインの融合タンパク質であり，TALEのDNA結合領域の可変領域を適切に設計することで，標的DNAを特異的に認識し，切断する．またCRISPRは，ヌクレアーゼCas9が，gRNA（ガイドRNA）と相補的なDNA配列を特異的に認識し，切断する．切断されたDNAは，非相同末端再結合や相同組換えの細胞内の修復機構を受ける．この際に，非相同末端再結合の場合ではランダムに遺伝子の挿入欠失が起こり，配列に変異が生じる．その結果として，タンパク質が正常な翻訳を受けられず，欠損状態になる．また相同組換えの場合では，あらかじめ設計した配列を目的遺伝子領域に組換えることができる[36) 37)]．

こうしたゲノム編集技術は，DNA配列認識の特異性を利用して，部位特異的なエピゲノム編集にも応用できることが報告されている（**図5**）．TALEの場合では，*Fok* Iの代わりとして，別のエフェクタータンパク質との融合タンパク質を用いる方法がある．CRISPRの場合では，Cas9の酵素失活体dCas9とエフェクタータンパク質の融合タンパク質を用いる方法である．いずれもDNA切断を介さずに，部位特異的にエフェクタータンパク質を機能させることができる．例えば，エフェクタータンパク質として，p300のHATドメイン，あるいは転写抑制ドメインKRABによる直接的な遺伝子発現ON/OFFの制御や，DNAメチル化酵素

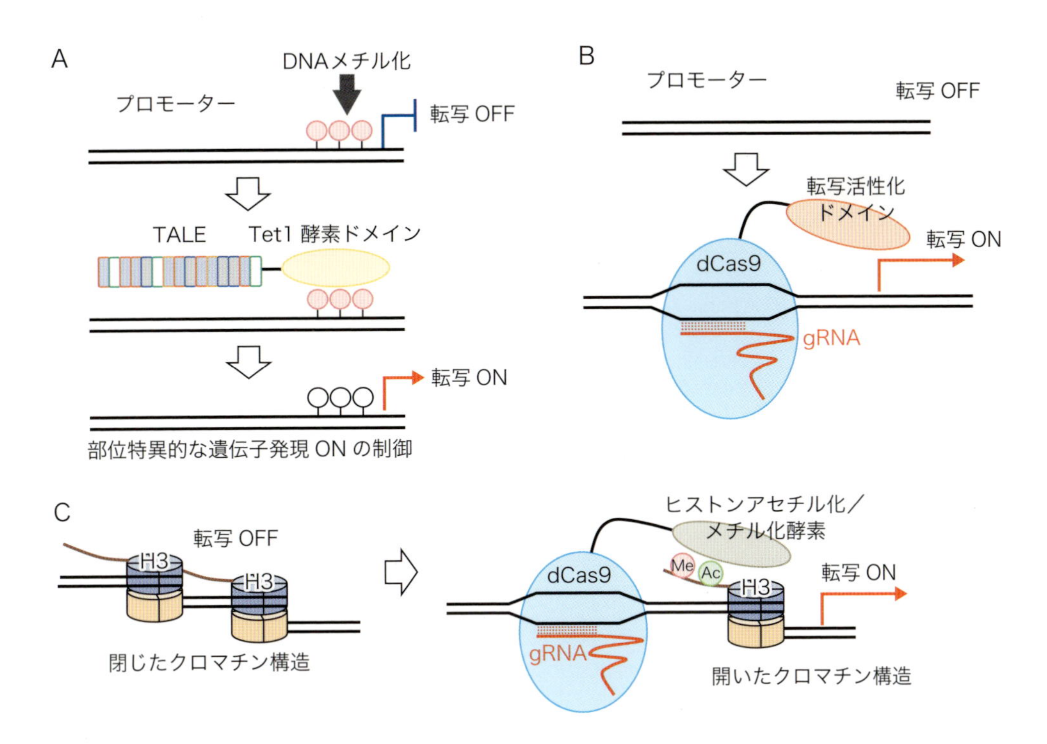

図5　ゲノム編集技術による人為的転写制御の例
A）ある遺伝子はプロモーター領域のDNAがメチル化を受けており転写は行われない．しかしメチル化領域周辺のDNA配列を特異的に認識するTALEとTet1の酵素ドメインを融合させた遺伝子を強制発現させることで部位特異的に脱メチル化を誘導し転写をONにする．同様のことはdCas9を用いても可能である．B）Cas9の酵素失活体dCas9とp300などを融合させた遺伝子を強制発現させることで特異的な遺伝子の転写をONにできる．なおCas9をDNAに結合させるにはgRNA（ガイドRNA）とよばれる相補的なRNAを発現させる必要がある．逆に転写抑制ドメインを融合させることで遺伝子特異的に転写をOFFにもできる．C）クロマチンが閉じた状態で転写がサイレンシングされている場合，ヒストンの修飾酵素（アセチル基転移酵素p300HATの酵素ドメインやH3K4メチル基転移酵素の酵素活性ドメイン）との融合タンパク質を用いることでクロマチン構造をオープンにして転写を促進できる．

DNMTや脱メチル化酵素TETなど，エピゲノム修飾を介した遺伝子発現ON/OFFを制御する方法が考案されている[38)39)]．この技術を用いてT細胞サブセットのエピゲノム修飾を改変し，他の種類のT細胞サブセットをつくり出すことも可能であると期待される．しかしながらこれらのゲノム編集技術の応用は培養細胞レベルに留まっており，プライマリーT細胞を用いた実用的な研究は今後の課題である．

おわりに

ヒストン修飾とDNAメチル化を中心としたヘルパーT細胞の分化と免疫関連疾患についてまとめた．これらの研究からHDAC阻害剤を中心にすでに免疫疾患への応用が検討されている．Tregを含めてT細胞の人為的エピジェネティック制御によって免疫疾患や移植拒絶の緩和が実現できる日が遠からずやって来ると思われる．

文献

1） Greer JM & McCombe PA：Biologics, 6：307-327, 2012
2） Richardson B：Nat Clin Pract Rheumatol, 3：521-527, 2007
3） Richardson B, et al：Arthritis Rheum, 33：1665-1673, 1990
4） Quddus J, et al：J Clin Invest, 92：38-53, 1993
5） Cornacchia E, et al：J Immunol, 140：2197-2200, 1988
6） Absher DM, et al：PLoS Genet, 9：e1003678, 2013
7） Bottini N & Firestein GS：Curr Rheumatol Rep, 15：372, 2013
8） Nile CJ, et al：Arthritis Rheum, 58：2686-2693, 2008
9） Joosten LA, et al：Mol Med, 17：391-396, 2011

10) Vojinovic J, et al：Arthritis Rheum, 63：1452-1458, 2011
11) Wei G, et al：Immunity, 30：155-167, 2009
12) Wei L, et al：Immunity, 32：840-851, 2010
13) Durant L, et al：Immunity, 32：605-615, 2010
14) Yamashita M, et al：Immunity, 24：611-622, 2006
15) Onodera A, et al：J Exp Med, 207：2493-2506, 2010
16) Kimura M, et al：Immunity, 15：275-287, 2001
17) Tumes DJ, et al：Immunity, 39：819-832, 2013
18) Wakabayashi Y, et al：J Biol Chem, 286：35456-35465, 2011
19) Allan RS, et al：Nature, 487：249-253, 2012
20) Lehnertz B, et al：J Exp Med, 207：915-922, 2010
21) Deaton AM, et al：Genome Res, 21：1074-1086, 2011
22) Lee PP, et al：Immunity, 15：763-774, 2001
23) Makar KW, et al：Nat Immunol, 4：1183-1190, 2003
24) Hutchins AS, et al：Mol Cell, 10：81-91, 2002
25) Furusawa Y, et al：Nature, 504：446-450, 2013
26) Josefowicz SZ, et al：J Immunol, 182：6648-6652, 2009
27) Zheng Y, et al：Nature, 463：808-812, 2010
28) Kim HP & Leonard WJ：J Exp Med, 204：1543-1551, 2007
29) Toker A, et al：J Immunol, 190：3180-3188, 2013
30) Sasidharan Nair V, et al：J Immunol, 196：2119-2131, 2016
31) Schmidl C, et al：Genome Res, 19：1165-1174, 2009
32) Ohkura N, et al：Immunity, 37：785-799, 2012
33) Kitagawa Y, et al：Front Immunol, 4：106, 2013
34) Nishikawa H & Sakaguchi S：Curr Opin Immunol, 27：1-7, 2014
35) Liu Y, et al：Nat Med, 19：1173-1177, 2013
36) Kim H & Kim JS：Nat Rev Genet, 15：321-334, 2014
37) Sander JD & Joung JK：Nat Biotechnol, 32：347-355, 2014
38) Tanenbaum ME, et al：Cell, 159：635-646, 2014
39) Konermann S, et al：Nature, 517：583-588, 2015

＜筆頭著者プロフィール＞
吉村昭彦：1958年佐賀県生まれ．'85年京都大学大学院理学研究科博士課程修了，理学博士．大分大学助手，鹿児島大学助教授を経て'95年より久留米大学分子生命科学研究所・教授．2001年より九州大学生体防御医学研究所・教授．'08年4月より慶應義塾大学医学部・教授．'01年度日本免疫学会賞，'07年度持田科学賞，日本生化学会柿内三郎賞．研究テーマはサイトカインを中心とした疾患の分子レベルでの理解．大学院生など募集中．詳しくはHP：http://new2.immunoreg.jp/

Ⅳ．免疫疾患

13. エピゲノム解析によりアレルギー疾患の病態理解は進んだか

滝沢琢己

アレルギー疾患の発症には，遺伝的素因に加えて環境因子が関与している．免疫細胞の分化や機能にはエピジェネティクスが深くかかわっていることから，環境因子によるエピゲノムの変動がアレルギー発症や罹患率の上昇の機構の1つと想定されている．エピゲノム解析は，アレルギー疾患の罹患率が近年急速に増加している原因解明など，アレルギー疾患の病態解明に肉薄するための一助となると期待される．本稿では，DNAメチル化を中心としたアレルギー疾患におけるエピゲノム解析を紹介したい．

はじめに

アレルギー疾患の発症には，遺伝的素因に加えて，季節，生活環境などの環境因子が関与している．また，環境因子に曝露される年齢も発症を左右する重要な因子である．例えば，小児喘息は2歳までに約6割が発症するが，その発症にはアレルゲンへの曝露の程度や，衛生環境，気道ウイルス感染，腸内マイクロバイオームなどの環境因子が影響している．このように遺伝素因の変化なく，年齢や環境の影響により罹患率が変化することから，アレルギー疾患病態の基礎にエピジェネティクス機構の存在が想定される．

アレルギー疾患は，人から人へ感染しないいわゆるnoncommunicable diseases（NCDs）であり，先進国での罹患率がとりわけ高い．特に食物アレルギーの罹患率は急速に増加しており，その原因やメカニズムの解明および発症予防が急務といえる．エピゲノム解析は，先進国のライフスタイルや環境とアレルギー疾患との関連について一定の答えを与えうる研究として，アレルギー疾患の分野において非常に大きな注目を集めている．本稿では，アレルギー疾患でのエピゲノム解析に関する文献データを紹介するとともに，臨床における意義についても論じてみたい．

[キーワード&略語]
アレルギー，DNAメチル化，環境因子

IgE：immunoglobulin E（免疫グロブリンE）
NCDs：noncommunicable diseases

1 アレルギー疾患におけるエピゲノム解析

1）気管支喘息患者におけるDNAメチル化解析

IgEは，1型アレルギー※の中心的役割を担う抗体であり，種々のアレルギー疾患で血清中濃度が増加している．Cooksonら[1]は，重症小児気管支喘息患者を有

Does genome-wide epigenetic analysis provide insights into pathophysiology of allergic diseases?
Takumi Takizawa：Department of Pediatrics, Gunma University Graduate School of Medicine（群馬大学大学院医学系研究科小児科学分野）

する家系からなる355, 149, 160名の3つのコホートを対象に末梢白血球でのDNAメチル化を網羅的に解析し，血清中IgE値との関連を検討したところ，34遺伝子の制御領域のメチル化が血清総IgE値と逆相関することを見出した．好酸球の制御にかかわる遺伝子が多く含まれており，なかでも6遺伝子の末梢血好酸球におけるDNAメチル化は，IgE値や喘息の罹患と相関して低下していた．また，IgE値や好酸球数との関連が最も高い3つの遺伝子のメチル化を見ることで，約13％の対象者の血清IgE値高値を予測できうるとしている．これら領域のメチル化が，気管支喘息サブタイプ解析などのバイオマーカーや，新規治療の標的となりうることが示唆される．

Gunawardhanaら[2]は，成人喘息患者52名の単球のDNAメチル化解析を行った．52名の患者は誘発喀痰中の好酸球数と好中球数により，好酸球性喘息，好中球性喘息ならびに好酸球・好中球ともに少ない乏顆粒球性喘息のサブグループに分けて検討し，それぞれ対照群と比較し223, 72, 237カ所が有意に高メチル化状態にあった．そのなかで3群に共通して高メチル化状態であった遺伝子は9遺伝子のみであった．特定の遺伝子を選出しメチル化を調べることが，気管支喘息のエンドタイピング，それに基づいた個別化治療の一助となることを示している．

Yangら[3]は，97名のアトピー型気管支喘息児の末梢血単核球でのDNAメチル化を検討し，それぞれ高IgE値や呼吸機能低下と関連する別の遺伝子群を見出した．

DNAメチル化の程度とSNPsとの関連が指摘されている．SNPsの影響を除くために，ゲノムワイド解析ではないが，Runyonら[4]は，一方が気管支喘息を発症している一卵性双生児の制御性T細胞を回収し制御性T細胞特異的転写因子をコードする*FOXP3*のDNAメチル化を同胞間で比較した．喘息発症群では，*FOXP3*のDNAメチル化が有意に高かった．この結果は，全くDNA配列が同様の場合でも，DNA配列とは独立した機構でDNAメチル化の変化が制御され，その変化が気管支喘息発症に関連していることを示している．

> **※　1型アレルギー**
> 肥満細胞や好塩基球表面上のIgE受容体に結合する抗原特異的IgEにアレルゲンが結合することで，これらの細胞からヒスタミンなどの物質が放出され，血管拡張，血管透過性亢進，掻痒などが誘導される反応．蕁麻疹，アレルギー性鼻炎，気管支喘息，アナフィラキシーなどのアレルギー疾患の基本的病態．

2）気管支喘息患者におけるヒストン修飾解析

ヒストン修飾の解析は，より複雑な過程を必要とするため，アレルギー患者検体を用いた報告はほとんどない．Seumoisら[5]は，12名の気管支喘息患者，および健康対照者からナイーブT細胞，Th1細胞，Th2細胞を回収し，ヒストンH3の4番目リジンのジメチル化修飾（H3K4me2）のゲノムワイドな分布を検討し気管支喘息に関連があるとされるSNPsの多くがTh2細胞へと分化する際にH3K4me2が増加する領域に存在することを見出した．SNPsの遺伝子発現制御への関連を示唆する結果となっている．一方，気管支喘息と対照群との比較では，200カ所のエンハンサー領域でH3K4me2修飾の量に差があることが確認された．しかしながら，個々のエンハンサーのアレルギーにおける役割については明らかでないものが多く，今後の検討課題であると考えられる．このように気管支喘息患者でヒストン修飾変化が認められたことは，病態解明という点においては大きな前進といえるであろう．

2 アレルギーにおける環境因子とエピゲノム解析

アレルギー疾患の発症・増悪には，環境因子がかかわっている．ある環境因子への曝露が遺伝子発現の変化等を通して細胞の分化や機能の変化を惹起することが，その本態であると考えられる．この際に遺伝子発現の変化を媒介する機構の1つとしてエピゲノムの変化が想定されるが，実際にアレルギー疾患発症と関連するとされるアレルゲン[6]，大気汚染物質[7]，喫煙[8]，細菌[9]，栄養[10)~12]などへの曝露がDNAメチル化変化を誘導することが報告されている．

1）アレルゲン

アレルゲンに関しては，家塵を用いたマウス喘息モデルにおいて肺組織のDNAメチル化がゲノムワイドに検討され，*Acsl3*, *Akt1s1*など6つの遺伝子が，メチル化ならびに発現が変化する遺伝子として同定された．

興味深いことにこの*Acsl3*に関しては，ヒトの気管支喘息との関連も示唆されている．すなわち，妊娠中に曝露された排気ガス汚染物質の一種である多環芳香族炭化水素の量と，臍帯血の*ACSL3*遺伝子のDNAメチル化および気管支喘息発症率とが相関することが報告されている[7]．

2）喫煙

母親の妊娠中の喫煙は，児の気管支喘息発症のリスク因子である[13]．Joubertら[8]は，喫煙の客観的指標であるコチニンの血漿中濃度を妊婦で測定し，生まれてきた子どもの臍帯血のメチル化との関連を検討したところ，26カ所のメチル化が喫煙と非喫煙との間で異なっていることが確認された．

3）衛生仮説とエピゲノム

清潔な環境では細菌や細菌由来物質などによる免疫学的刺激が乏しく，アレルギー性疾患の発症率が高くなるという衛生仮説[14]は，環境とアレルギーに関する代表的な考え方である．この衛生仮説に関して，ヨーロッパのアレルギー疾患コホート調査では，臍帯血と4歳半のときの全血を用いてDNAメチル化を検討し，農場に住む母親由来の臍帯血では農場以外の場合と比較し，*ORMDL1*, *STAT6*遺伝子のDNAメチル化頻度が有意に低く，アレルギー発症と関連の深い*RAD50*と*IL-13*のメチル化頻度が高いことを明らかにしている[15]．

3 アレルギーにおけるバイオマーカーとしてのDNAメチル化

臨床検体を用いたエピジェネティクス研究の問題点の1つとして，異なる細胞種からなる雑多な集団をまとめて解析していることがあげられる．このような場合，検出した変化がその細胞集団を構成する細胞種の変化を反映したものなのか，同一の細胞種の性質変化を反映しているのか不明である．環境変化や治療などの摂動に対する免疫応答の結果として免疫構成細胞の割合に変化が生じていれば，単核球分画でのDNAメチル化解析よりも，構成細胞の変化を直接検出するフローサイトメトリー法の方が優れている．単核球から特定の細胞集団を分取したうえでメチル化変化を解析すれば，フローサイトメトリーでは把握できなかった新たな観点からの病態解析が可能となる．

この点に関して小林ら[16]は，アレルギー性疾患ではないが，小児ネフローゼ症候群の患者を対象に，有症状時と無症状時の末梢血より磁気ビーズ法により単球とナイーブCD4陽性T細胞を分取してDNAメチル化の変化を検討し，単球とナイーブCD4陽性T細胞間では大きくDNAメチル化パターンが異なることを指摘している．さらに，ネフローゼ症候群では，その病勢に関連してナイーブCD4陽性T細胞において，より大きなDNAメチル化変化が起こっていることを明らかにしている．

一方で，雑多な細胞集団における特定のゲノム領域のメチル化が細胞構成の変化を反映する指標としても用いられうる[17]．例えば末梢血単核球において*FOXP3*遺伝子の発現との相関が高い領域のメチル化を評価することで，制御性T細胞の割合を推定することが可能となる．すなわち，同領域のDNAメチル化が低いほど制御性T細胞の割合が多いとされる．このDNAメチル化による細胞構成の評価は間接的ではあるが，細胞形態を保持する必要がなく，保存されていたゲノムDNAで後方視的に解析できる点で，特に臨床的な有用性が高い．いわば，バイオマーカーとしてのDNAメチル化修飾の利用である．

例えば，臍帯血の*FOXP3*制御領域のメチル化の程度が高い児すなわち臍帯血中の制御性T細胞の数が少ないと推定される児の方が，1歳時にアトピー性皮膚炎に罹患するリスクが高いことが指摘されている[18]．

また，網羅的な遺伝子メチル化解析により，バイオマーカーとなる部位の探索を試みている報告もある．Martinoら[19]は生後11～15カ月の卵あるいはピーナッツに感作された児の末梢血単核球を用いて網羅的DNAメチル化解析を行った．感作されていても摂取可能な群と症状が誘発される群で，95カ所の領域でメチル化が異なっていた．この95カ所のDNAメチル化をスコア化した方法によるアレルギー症状誘発の予測は，血清抗原特異的IgE値よりも感度・特異度ともに優れていた．すなわち，食物アレルゲンに感作されていてもアレルギー症状を呈さない群と症状が誘発される群を判別するバイオマーカーとしてDNAメチル化が利用できうると考えられた．

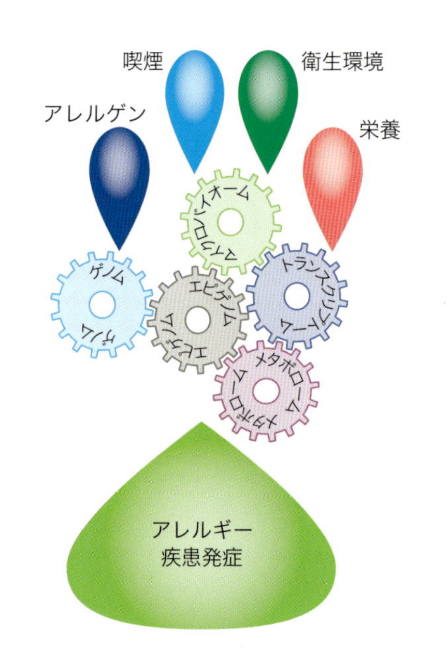

図　アレルギー病態におけるオミックス解析
複雑なアレルギー疾患の発症機構解明には，ゲノム，エピゲノム，トランスクリプトーム，メタボロームなどの複数のオミックス解析ならびにこれらに影響を及ぼすアレルゲン，喫煙，衛生環境，栄養などの環境因子を複合的に解析していく必要があるだろう．文献20を参考に筆者作成．

おわりに

アレルギーにおけるエピゲノム研究成果の一端を紹介した．冒頭に述べた通り，エピジェネティクスは，アレルギー疾患罹患率の近年の急速な増加を説明する要因を解き明かすものとして大いに期待されている．一方で，SNPsや変異のゲノムワイド解析でも，アレルギーの病態を解明するような十分な結果が得られていないのと同様に，エピジェネティクスからの解析も今のところ，新規な病態を明らかにするような研究成果は得られていないのが現状であろう．特に，臨床検体を用いている限り，エピジェネティクスの変動は，結果であるのか原因であるのかといった因果関係を解き明かすことは難しい．しかしながら，因果関係を問わず現象として捉えれば，新規バイオマーカーとして利用できることがわかってきた．また，現象にとどまっているものの，予想しない遺伝子群のメチル化がマーカーとなっていることなどもわかり，病態解明への契機になるような発見もみられる．

現在は，エピゲノムのみならず，ゲノム，トランスクリプトーム，メタボローム，マイクロバイオームなどの種々のオミックス解析が容易になってきた[20]．これら複数のドメインのオミックス解析から得られるビッグデータを統合的に解析することが，生体で起こっている現象をより詳細に描出し，アレルギー病態を解明するための1つの手段として期待される（**図**）[20]．

文献

1）Liang L, et al：Nature, 520：670-674, 2015
2）Gunawardhana LP, et al：Epigenetics, 9：1302-1316, 2014
3）Yang IV, et al：J Allergy Clin Immunol, 136：69-80, 2015
4）Runyon RS, et al：PLoS One, 7：e48796, 2012
5）Seumois G, et al：Nat Immunol, 15：777-788, 2014
6）Shang Y, et al：Am J Respir Cell Mol Biol, 49：279-287, 2013
7）Perera F, et al：PLoS One, 4：e4488, 2009
8）Joubert BR, et al：Environ Health Perspect, 120：1425-1431, 2012
9）Brand S, et al：J Allergy Clin Immunol, 128：618-625.e1-7, 2011
10）Burris HH, et al：J Dev Orig Health Dis, 3：173-181, 2012
11）Cooper WN, et al：FASEB J, 26：1782-1790, 2012
12）Hollingsworth JW, et al：J Clin Invest, 118：3462-3469, 2008
13）de Planell-Saguer M, et al：Environ Mol Mutagen, 55：231-243, 2014
14）von Mutius E & Vercelli D：Nat Rev Immunol, 10：861-868, 2010
15）Michel S, et al：Allergy, 68：355-364, 2013
16）Kobayashi Y, et al：Pediatr Nephrol, 27：2233-2241, 2012
17）Houseman EA, et al：BMC Bioinformatics, 13：86, 2012
18）Hinz D, et al：Allergy, 67：380-389, 2012
19）Martino D, et al：J Allergy Clin Immunol, 135：1319-1328.e1-12, 2015
20）Bunyavanich S & Schadt EE：J Allergy Clin Immunol, 135：31-42, 2015

＜著者プロフィール＞
滝沢琢己：1995年，群馬大学医学部卒業．2002年，同大大学院修了．東京医科歯科大学・田賀哲也教授に師事．テーマ：神経細胞分化とエピジェネティクス．'02～'04年，日本学術振興会特別研究員．'04～'08年，HFSP長期フェローとして米国NCIへ留学（Tom Misteli博士）．テーマ：神経細胞における遺伝子座の核内配置．'08年，奈良先端科学技術大学院大学助教（中島欽一教授）．'11年，現所属．小児アレルギー臨床，アレルギー研究，神経細胞の核構造研究に従事．趣味：キャンプ，BBQ，庭いじり，アイロンがけ．

V．発達障害

14. エピゲノムに基づく神経発達障害の先制医療

久保田健夫

先天性の神経発達障害疾患（neurodevelopmental disorder）の原因として，ゲノムインプリンティングやX染色体不活化の異常のほか，クロマチン再構成にかかわる各種タンパク質の遺伝子変異が明らかにされてきた．またゲノムインプリンティング異常を原因とするPrader-Willi症候群においては，生後早期のエピゲノム診断に基づいた早期介入（栄養指導・運動療法・薬物投与）の結果，肥満・糖尿病が予防でき発達障害の程度も軽減すること，すなわち先制医療が有効であることが判明した．一方，種々の環境ストレスによってエピゲノムが変化し神経発達障害の要因が形成されることもわかってきた．以上より，環境エピゲノム変化に起因する後天性の神経発達障害疾患に対する早期エピゲノム診断に基づく先制医療の実現が期待されている．

はじめに

神経発達障害は広汎な疾患概念で，精神科の診断基準であるDSM-4では広汎性発達障害という名称で，最新のDSM-5では自閉症スペクトラム障害という名称でよばれてきた[1]．その特徴は社会におけるコミュニケーション能力の低下，限られた興味や関心，反復する動作などであり，精神的問題を抱えた親による虐待，環境化学物質，ウイルス感染などの環境要因が想定され，剖検脳でミクログリアなどによる炎症所見が見出されてきた[2)3]．

[キーワード＆略語]
エピゲノム，環境エピゲノム変化，DNAメチル化，神経発達障害，先制医療

BDNF：brain-derived neurotrophic factor（脳由来神経栄養因子）
HDAC：histone deacetylase（ヒストン脱アセチル化酵素）

一方，神経発達障害を認める患者において，神経伝達物質や神経細胞の樹状突起形成や神経シナプスなど神経機能関連タンパク質の遺伝子変異が見出されてきた．このうち，神経シナプスの足場タンパク質である*SHANK*遺伝子ではノックアウトマウスが神経発達障害所見を呈し，神経発達障害の基盤にシナプス機能異常が関与していると裏づけられ[4]，神経発達障害疾患は「シナプス病」として理解されるようになった[5]．

近年，次世代シークエンサーによる網羅的な遺伝子探索により，クロマチンのリモデリング（動態）にかかわるタンパク質の遺伝子変異も神経発達障害の原因であることが明らかにされ，エピジェネティックな遺

Epigenomic-based preemptive medicine for neurodevelopmental disorders
Takeo Kubota：Department of Epigenetic Medicine, Graduate School of Interdisciplinary Research, University of Yamanashi（山梨大学大学院総合研究部環境遺伝医学講座）

伝子の調節機構の異常が神経発達に重要であることが示された[6]．また，神経細胞の遊走や樹状突起形成に関与するAUTS2タンパク質の遺伝子変異が神経発達障害患者で見出され[7]，さらにAUTS2がクロマチンのリモデリングに関係するポリコームタンパク質に結合し，その遺伝子発現抑制効果を解除することで神経発生遺伝子の発現が促され前頭葉の発達が促されることも明らかになった[8]．以上より，神経発達には神経発達分子とクロマチン分子の相互作用が重要であることから，神経発達障害疾患は，その遺伝学的知見から「シナプス・クロマチン病」として理解されるようになった[9]．

以上をふまえ，本稿では，先天性のエピゲノム異常に起因する神経発達障害，後天性のエピゲノム異常に起因する神経発達障害を概説し，これに根ざした先制医療の現状と展望について論ずる．

1 エピゲノム異常に起因する先天性の神経発達障害

1）ゲノムインプリンティング異常に起因する神経発達障害

遺伝子は，父由来の染色体と母由来の染色体の上に同等に並び，同等に発現していると考えられてきた．しかし同等に発現しない一群の遺伝子が存在することが判明した．父由来染色体上では発現するが母由来染色体上では発現しない，あるいは母由来染色体上では発現するが父由来染色体上では発現しないゲノムインプリンティング遺伝子である．

例えば15番染色体上に存在する*SNRPN*遺伝子は，父由来染色体上では発現するが母由来染色体上では発現しない．発現しない母方の遺伝子はプロモーター領域がメチル化修飾され，発現が抑制されている．このような親由来によってメチル化や発現が異なるゲノムインプリンティングパターンは，配偶子形成過程に形成される．したがって，*SNRPN*遺伝子領域は卵子形成過程でメチル化修飾され，精子形成過程で脱メチル化される[10]．このようなゲノムインプリンティング過程の脱メチル化は，TET1やTET2とよばれる10番と11番の染色体転座の症例から同定されたメチル化シトシン酸化還元酵素の働きで，メチル化シトシンが脱メチル化シトシンに変換されることで達成される[11]（第2章-2参照）．いったん定まったインプリンティングパターン（この場合は母由来特異的メチル化パターン）はその後の個体発生期の細胞分裂に際しても維持され，生涯維持される．一方，Prader-Willi症候群でみられる母親片親性ダイソミー（一対の15番染色体が両親由来ではなく，ともに母由来）では，いずれの*SNPRN*遺伝子ともにメチル化され，結果として，無発現となり，このような遺伝子群が本症候群の病態にかかわっていることが明らかにされてきた（**図1A**）[12]．

2）X染色体不活化異常に起因する神経発達障害

性染色体は男性がXYであり，女性はXXである．X染色体はY染色体よりも大きいため，女性の方が男性より多数の遺伝子を有する．しかし女性の片方のX染色体は不活化されており，機能的には男女の遺伝子数は同等となる．この現象をX染色体の不活化とよんでおり，女性特有の現象である．不活化X染色体上では遺伝子はメチル化されて発現が抑制されている．

しかし，このような不活化がなされず両方のX染色体が活性化するとその個体は流産することが体細胞クローンマウスの研究から判明した（**図1B**）[13]．一方，片方のX染色体が極端に小さく遺伝子の過剰発現効果が小さいケースでは生誕することがあるが，重篤な神経発達障害を認める[14]．これらより，遺伝子や染色体のエピジェネティックな不活化は正常な個体発生に必須であることが示唆される．

3）エピゲノム酵素の異常に起因する神経発達障害

DNAにメチル化修飾を施す酵素はこれまで数種同定されてきたが，その1つ*DNMT3B*の遺伝子の変異がICF症候群とよばれる稀な先天性疾患の原因となることが判明した．本症は，免疫不全（immunodeficiency），染色体の不安定（centromere instability），特異顔貌（facial anomalies）の3主症状の頭文字をとって命名された疾患であり，軽度の神経発達障害を伴う[15]．最近，患者iPS細胞から分化誘導して作製した間葉系幹細胞におけるエピゲノム（ゲノム全体の低メチル化）パターンが明らかにされた[16]．しかしながら低メチル化によって異常発現することで免疫不全を生じさせる遺伝子が免疫病態の鍵を握っていると思われるが，まだ明らかにされていない（**図1C**）．

一方，DNA上にメチル基を付加する酵素をコードす

A）ゲノムインプリンティング

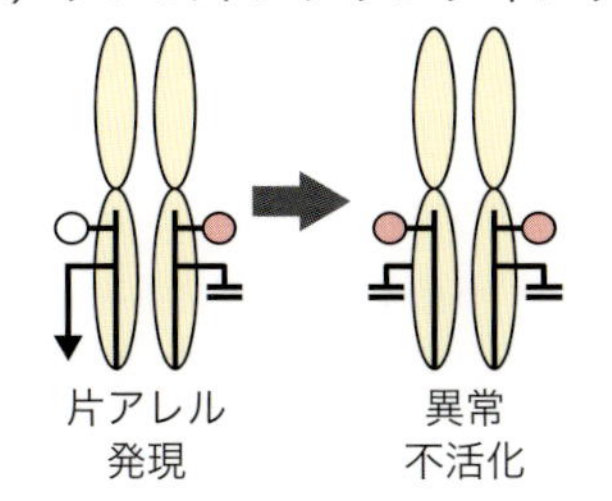

B）X染色体の不活化

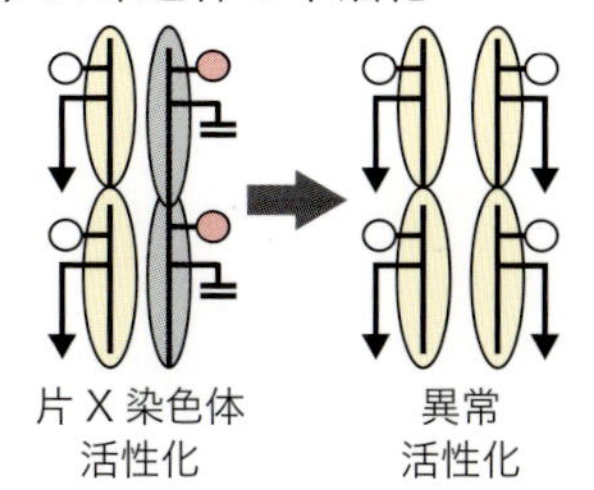

C）DNAメチル化酵素

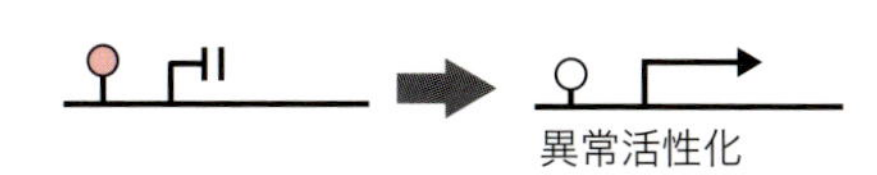

D）メチル化DNA結合タンパク質

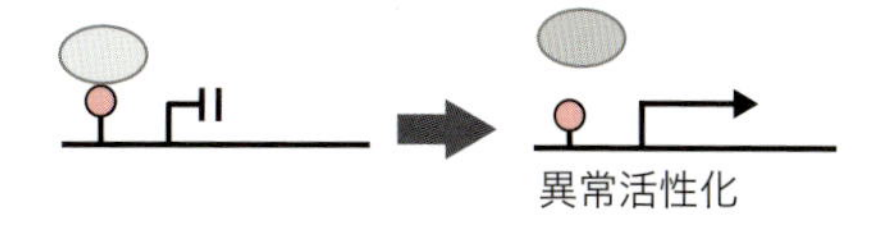

図1　先天性神経発達障害のエピゲノム異常のパターン

る*DNMT3A*の遺伝子変異が過成長を伴う神経発達障害の原因であることも明らかにされた[17]．これらより，DNAのメチル化が神経系や免疫系の発達に必須であることが示唆される（**図1C**）．

ヒストン修飾酵素の異常も神経発達障害の原因になることがわかってきた．具体的には，ヒストンH3の9番目のリジン残基にメチル基を結合させる酵素euchromatin histone methyltransferase 1をコードする*EHMT1*の遺伝子変異が筋緊張低下や特異顔貌を伴う重篤な神経発達障害疾患のKleefstra症候群の原因であることが明らかにされ[18]，この分子が神経学的発達に重要であることがノックアウトマウスの研究で裏づけられた[19]．

4）エピゲノム結合タンパク質の異常に起因する神経発達障害

MeCP2はメチル化されたDNAを認識して結合するタンパク質である．ヒストン脱アセチル化酵素（HDAC）と複合体を形成し，メチル化修飾を受けた遺伝子のプロモーター領域に結合してその発現を抑制する（**図1D**）．*MECP2*の変異が自閉症やてんかん発作，失調性歩行，特有の手の常同運動を特徴とする神経発達障害疾患のRett症候群の原因であることが判明した[20]．Rett症候群はX連鎖優性遺伝病であり，男性は胎生致死となるため患者はすべて女性（2本あるX染色体のうち片方は変異した*MECP2*を，もう片方は正常な*MECP2*を有する）である．遺伝子変異のタイプやX染色体不活化パターン（正常*MECP2*発現の程度）といった遺伝学的影響を受けて，患者の重症度はバラエティに富んでいる．本症候群患者の変異を導入したノックインマウスが神経症状を呈したことから，MeCP2の機能障害が本症候群の原因であることが判明した[21]．

MeCP2によって発現調節を受け，その変異によって患者では調節不全による異常発現が生じている神経関連分子の探索研究がなされた．その結果，脳由来神経栄養因子（BDNF）やシナプス機能にかかわる多数の遺伝子が同定され[22]，神経生理学的アプローチによる知見と合わせ，Rett症候群の神経病態はシナプスの調節障害と考えられるようになった[23]．また，MeCP2は大脳皮質の発生に重要な役割を果たすCajal-Retzius細胞をはじめとする神経細胞において高い発現を呈すること，神経細胞の周辺のグリア細胞でも発現していること，グリア細胞でMeCP2機能不全が生じると神経細胞にダメージを認めること，さらにグリア細胞でMeCP2の発現を回復させれば神経細胞の樹状突起の異常所見が改善され神経機能が回復することなどから，MeCP2は神経細胞とグリア細胞のいずれでも重要な働きをしており，グリア細胞を治療標的としても有効な薬剤を開発できることが示された[24] [25]．また，正常なミクログリアをノックアウトアウスに移植すると神経症状が改善することが示され，本症候群の治療への展望が拓かれた[26]．

モデルマウスの研究が進んだ一方，実際にヒト患者においてどのように神経病態が形成されるかは不明な点が多かった．これを明らかにするために患者由来のiPS細胞を用いた研究が行われ，その結果，神経分化の初期に，MeCP2欠損のため発現抑制が効かず神経細胞内でグリア細胞特異的遺伝子が異常に発現していることが明らかにされ，またこの過程でX染色体不活化現象により同一患者からMeCP2発現iPS株とMeCP2無発現iPS株を樹立することができた[27]．これを受け，MeCP2無発現iPS株で認められた遺伝子の異常発現所見を軽減し，MeCP2発現iPS株の正常な状態に近づける薬剤のスクリーニングが可能となった．

2 後天性のエピゲノム異常に起因する神経発達障害

今から12年前にセンセーショナルな研究報告がなされた．たった1週間の環境ストレスがエピゲノムを変えてしまうという報告である．それまで発生過程でいったん定まったエピゲノムパターンは，がん化を除き，生涯安定と考えられており，その常識を覆す報告であった[28]．具体的には，生後1週間，授乳時間を除き母親から引き離された子どものラットは，脳の海馬におけるストレス耐性ホルモンであるグルココルチコイド受容体遺伝子のプロモーター領域がメチル化され発現が低下し，行動障害を引き起こすというものであった[28]．この成果は虐待による神経発達障害のメカニズムを示唆するものとなった．実際，同様なメチル化の異常は，虐待を受けて亡くなった子どもの剖検脳でも観察され[29]，これらの知見は幼少期環境で形成された性質が一生涯持続すること（三つ子の魂百まで）の科学的基盤となった[30]．

さらに早期の胎児期に劣悪な環境に晒されることでもエピゲノムに異常が生じることが示された．具体的には，戦争や飢饉により栄養状態が悪化した時期に妊娠した女性から生まれた子どもは，成人期に肥満や糖尿病，精神疾患のリスクが上昇することが疫学調査で示され[31]，妊娠中の低栄養を模したマウスの研究で脂質代謝にかかわるPPAR γ などの遺伝子の低メチル化による過剰発現が示され[32]，さらに飢饉の際に生まれた世代の末梢血DNAの解析でゲノムインプリンティング遺伝子の異常な低メチル化が実証された[33]．

環境化学物質，とりわけ内分泌撹乱物質が成長や代謝，健康に影響を与えることが知られてきたが，その基盤にエピゲノム変化があることがわかってきた．最近のビーズチップを用いた網羅的エピゲノム解析法によると，例えば，4,000種類の化学物質を含むタバコ由来の喫煙物質が，末梢血DNAの*F2RL3*遺伝子に脱メチル化を生じさせ，この遺伝子の血小板の凝集機能から心血管系の合併症にかかわる変化として報告された[34]．これを皮切りに，解毒にかかわる*AHRR*遺伝子の脱メチル化やBリンパ球機能にかかわる*MYO1G*遺伝子の喫煙による高メチル化が，喫煙者本人の末梢血だけでなく，妊婦が喫煙した場合は臍帯血にも生じることが明らかにされ[35]，さらに喫煙妊婦から生まれた児の追跡調査でこれらの変化が17歳時点でも観察されることが報告された[36]．このことから，胎児期の環境化学物質曝露によるエピゲノム変化が生後も長期間にわたって継続し，喫煙妊婦から生まれた児の疾患リスクの上昇（例えば喘息など）に関与している可能性が示唆された（**図2**）．

最近，再びエピゲノムに関するセンセーショナルな報告がなされた．これまで否定されてきた「獲得形質（経験）の遺伝」を示唆する環境エピゲノム変化の次世代・継世代伝達の報告である．具体的には，ヴィンクロゾリンやメチルオキシクロールといった殺虫剤や農薬に含まれる化学物質やビスフェノールAといったプラスチック可塑材によるDNAメチル化変化は精子を経由してひ孫の世代まで伝達され，これが男性不妊や生殖腺の異常などの表現型と関連していることがラットの実験で報告された[37][38]．

さらに前述の通り精神ストレスで生じたグルココルチコイド受容体のDNAメチル化変化が，同じく精子を経由して孫の世代にまで行動障害という表現型とともに伝達されること，またこのような「環境エピゲノム変化の遺伝」が*Mecp2*やカンナビノイド受容体1，コルチコトロピン放出因子受容体2，エストロゲン受容体 α 1の各遺伝子を介しても生じることが動物実験で示された[39]．ただし，エピゲノムを介する前の世代の経験の遺伝は，遺伝子変異に基づく絶対的な遺伝とは異なり，世代を経るごとに表現型が薄まる[40]，ソフトインヘリタンス[41]と理解することが妥当と思われる．

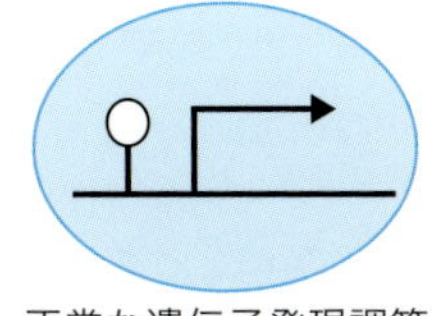
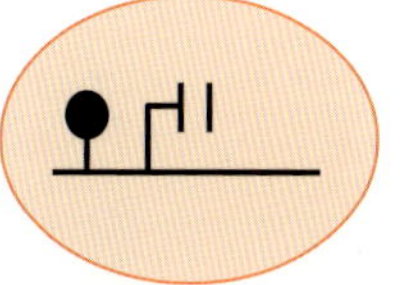

図2　エピゲノムの可逆性
環境要因によってDNAメチル化などのエピゲノムに異常が生じ，遺伝子が異常に発現する．一方，よい環境の提供や薬物投与により異常となったエピゲノムが修復され，遺伝子発現状態は元に戻る．

3 エピゲノム知見に根ざした先制医療の現状

先制医療とは，個々人の遺伝情報や早期診断マーカーを活用して早期に疾患リスクや兆候を把握し，これに基づく介入を行うことで健康の質の高い人生を送れるようにする医療のことである．個別化医療の1つの形であり，集団を対象にした予防医療とは異なる概念である[42]．

エピゲノム診断法の普及とともに，前述のPrader-Willi症候群において近年，先制医療が実施され，その効果が明らかになってきた．具体的には，本症候群患者のすべての遺伝学的タイプ（父由来染色体欠失，母由来片親性ダイソミー，ゲノムインプリンティング変異）を検出可能な*SNRPN*遺伝子のメチル化テスト[10]による早期診断を実施し，過食による肥満を予防するための食事指導，運動療法，薬物療法（成長ホルモン投与）を実施することにより，糖尿病につながる肥満が予防され，良好な精神運動発達が認められたことが報告された（**図3**）[43] [44]．

おわりに

本稿では，エピゲノムの機能にかかわる種々の酵素やタンパク質，これらの異常によって生じる先天性の神経発達障害疾患，エピゲノム異常を惹起するさまざまな環境要因，そして（筆者が米国留学中に開発した検査法を活用した）エピゲノム異常に起因する神経発達障害疾患であるPrader-Willi症候群の先制医療について概説した．

エピゲノムは環境によって変化する性質を有すると同時に，遺伝学的[45)～47)]，薬理学的[48]，栄養学的[49]，養育環境的アプローチ[50]により正常に復する性質，すなわち可変性を有する遺伝情報である（**図2**）．すなわち，原因がエピゲノム分子であれば，原理的には治療回復が期待できる疾患であるともいえる．またその治療のタイミングは，可変性に富んだ幼若期がベストである．したがって，エピゲノム異常に起因する神経発達障害は早期からの先制医療が重要かつ有効な疾患群と考えられる（**図4**）．

実際，最近の研究で早期エピゲノムマーカーが見出されてきた．例えばわが国の精神科医によってうつ病患者特異的な末梢血中の*BDNF*遺伝子プロモーターの異常な高メチル化がエピゲノム診断マーカーとして提唱され[51]，さらに環境化学物質のビスフェノールAに曝露させた妊娠マウスから生まれた仔の脳と血液においてDNAメチル化異常が認められ，同様な所見がヒトの高曝露胎児（臍帯血）でも認められたとの報告がなされている[52]．

エピジェネティックな基礎知見を医療に応用する研究が世界各国で盛んに行われ始めようとしている．先日，エピゲノム遺伝に関するミーティングが，日本学術振興財団のストックホルム事務所の協賛でスウェーデンのLinköping大学で開催され，参加してきた[53]．

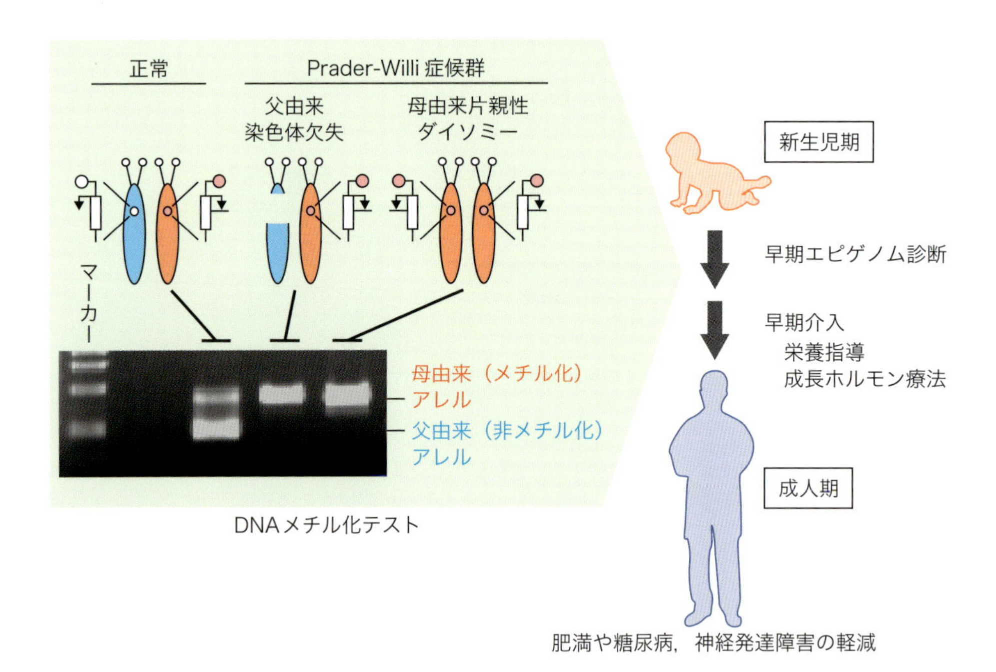

図3　Prader-Willi 症候群を対象にしたエピゲノム先制医療
ゲノムインプリンティング遺伝子の*SNRPN*は，正常ではメチル化アレルと非メチル化アレルが検出される．一方，Prader-Willi症候群ではメチル化アレルしか検出されない．この検査法により早期診断が普及し，その結果，早期介入による合併症予防が図られるようになった．

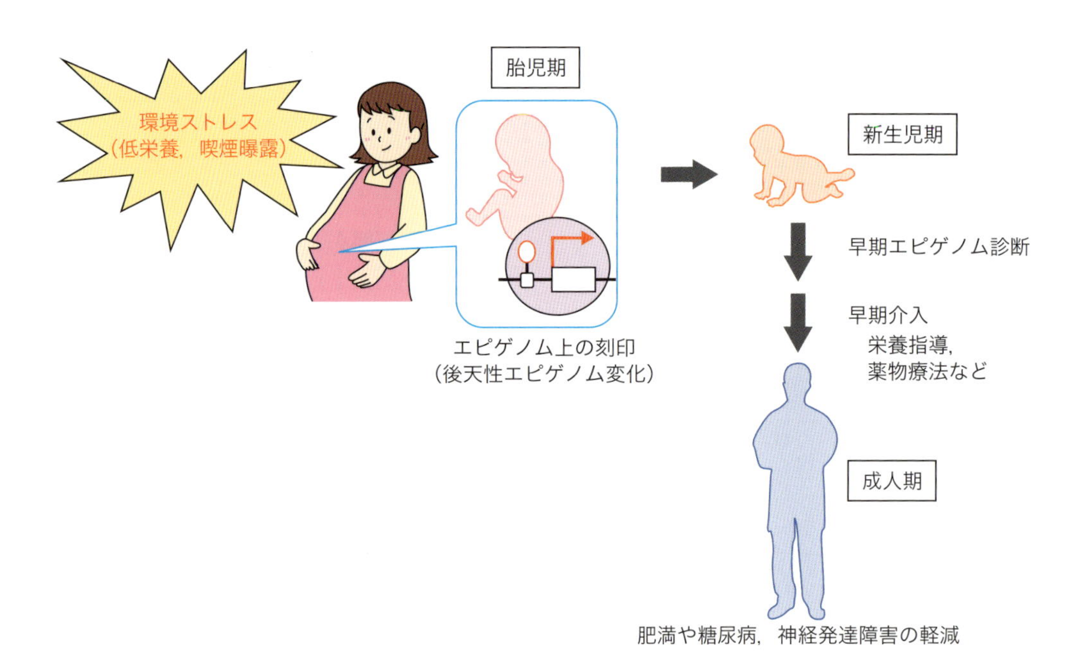

図4　後天性神経発達障害を対象にしたエピゲノム先制医療
胎児期の低栄養や喫煙曝露などの環境要因で生じたエピゲノム上の刻印を生後早期に検出することで，その後に予測される神経発達障害や糖尿病，アレルギー疾患の発症を予測し，その予防に努めることが可能になる．

その最後に米国留学から戻ったばかりの新進気鋭の教授の発案で，その場に参加していた学内の基礎，臨床，社会医学系研究者を巻き込んでのエピゲノム基礎知見の臨床応用をめざすコンソーシアムが立ち上げられた．翻ってわが国は，世界各国の留学組を含む頭脳集団を擁する世界に冠たるエピジェネティクス研究の聖地である．今後も，医療応用においても，わが国が世界をリードしてもらいたいと思っている．

末筆ながら，本稿を読んでいただいた若き研究者の方々に，エピゲノム研究，特にその医療や社会へ応用研究に興味をもっていただけたら，筆者の望外の喜びである．

文献

1）Hudziak JJ & Novins DK：J Am Acad Child Adolesc Psychiatry, 51：343, 2012
2）Roberts AL, et al：JAMA Psychiatry, 70：508-515, 2013
3）Berger BE, et al：BMC Public Health, 11：340, 2011
4）Sala C, et al：J Neurochem, 135：849-858, 2015
5）Zoghbi HY：Science, 302：826-830, 2003
6）Boettiger AN, et al：Nature, 529：418-422, 2016
7）Kalscheuer VM, et al：Hum Genet, 121：501-509, 2007
8）Gao Z, et al：Nature, 516：349-354, 2014
9）De Rubeis S, et al：Nature, 515：209-215, 2014
10）Kubota T, et al：Nat Genet, 16：16-17, 1997
11）Hackett JA, et al：Science, 339：448-452, 2013
12）Stelzer Y, et al：Nat Genet, 46：551-557, 2014
13）Nolen LD, et al：Dev Biol, 279：525-540, 2005
14）Kubota T, et al：Cytogenet Genome Res, 99：276-284, 2002
15）Kubota T, et al：Am J Med Genet A, 129A：290-293, 2004
16）Huang K, et al：Hum Mol Genet, 23：6448-6457, 2014
17）Tatton-Brown K, et al：Nat Genet, 46：385-388, 2014
18）Kleefstra T, et al：Am J Hum Genet, 91：73-82, 2012
19）Balemans MC, et al：Hum Mol Genet, 22：852-866, 2013
20）Amir RE, et al：Nat Genet, 23：185-188, 1999
21）Goffin D, et al：Nat Neurosci, 15：274-283, 2011
22）Miyake K, et al：BMC Neurosci, 12：81, 2011
23）Chao HT, et al：Neuron, 56：58-65, 2007
24）Shahbazian MD, et al：Hum Mol Genet, 11：115-124, 2002
25）Lioy DT, et al：Nature, 475：497-500, 2011
26）Derecki NC, et al：Nature, 484：105-109, 2012
27）Andoh-Noda T, et al：Mol Brain, 8：31, 2015
28）Weaver IC, et al：Nat Neurosci, 7：847-854, 2004
29）McGowan PO, et al：Nat Neurosci, 12：342-348, 2009
30）Murgatroyd C, et al：Nat Neurosci, 12：1559-1566, 2009
31）St Clair D, et al：JAMA, 294：557-562, 2005
32）Lillycrop KA, et al：Br J Nutr, 100：278-282, 2008
33）Tobi EW, et al：Hum Mol Genet, 18：4046-4053, 2009
34）Breitling LP, et al：Am J Hum Genet, 88：450-457, 2011
35）Ivorra C, et al：J Transl Med, 13：25, 2015
36）Richmond RC, et al：Hum Mol Genet, 24：2201-2217, 2015
37）Anway MD, et al：Science, 308：1466-1469, 2005
38）Manikkam M, et al：PLoS One, 8：e55387, 2013
39）Franklin TB, et al：Biol Psychiatry, 68：408-415, 2010
40）Stouder C & Paoloni-Giacobino A：Reproduction, 141：207-216, 2011
41）Dickins TE & Rahman Q：Proc Biol Sci, 279：2913-2921, 2012
42）Imura H：Proc Jpn Acad Ser B Phys Biol Sci, 89：462-473, 2013
43）Siemensma EP, et al：J Clin Endocrinol Metab, 97：2307-2314, 2012
44）Osório J：Nat Rev Endocrinol, 8：382, 2012
45）Guy J, et al：Science, 315：1143-1147, 2007
46）Sztainberg Y, et al：Nature, 528：123-126, 2015
47）Vojta A, et al：Nucleic Acids Res, in press（2016）
48）Tsankova NM, et al：Nat Neurosci, 9：519-525, 2006
49）Surén P, et al：JAMA, 309：570-577, 2013
50）Lonetti G, et al：Biol Psychiatry, 67：657-665, 2010
51）Fuchikami M, et al：PLoS One, 6：e23881, 2011
52）Kundakovic M, et al：Proc Natl Acad Sci U S A, 112：6807-6813, 2015
53）Epigenetics in disease and well-being "Trans-generational disease vulnerability: does epigenesis explain it all?" Linköping University, January 20-21, 2016 http://www.jsps-sto.com/admin/UploadFile.aspx?path=/UserUploadFiles/Colloquium/Prelim-programme.pdf

<著者プロフィール>
久保田健夫：1985年北海道大学医学部卒業．同年，昭和大学小児科入局．'91年昭和大学大学院修了．長崎大学原爆後障害医療研究施設で遺伝の基本を学んだあと，'93年より4年間米国留学（ベイラー医科大学，NIHゲノムセンター，シカゴ大学）．'97年信州大学助手，2000年国立精神・神経センター室長，'03年山梨大学教授．今後の抱負は，エピゲノムに基づく先制医療の実践．

V．発達障害

15. 自閉症スペクトラムのエピゲノム異常

Janine M. LaSalle

自閉症スペクトラム（autism spectrum disorders：ASD）とは，社会的言語コミュニケーションの障害，そして興味や関心の限局および常同性行動のくり返しにより特徴づけられる神経発達症の分類である．ASDの遺伝性要因は多彩である．ASDの多くは特発性であり，おそらく遺伝性要因と環境性要因の複合によって発症すると考えられ，その診断にはエピジェネティックバイオマーカーが有用と推測される．現在ASDのエピゲノム解析はまだ一部にとどまっているが，今後エピゲノム情報の集積や解析法の進歩によりASDの病態解明および診断法の開発が期待される．

はじめに：ASDと遺伝

これまでASDの発症は，従来報告されている一卵性双生児が二卵性双生児と比べASDを高率に発症するという研究結果を根拠として，遺伝の関与が非常に強いと考えられてきた[1]．しかし，最近の双生児研究により，二卵性双生児のASD発症危険度が遺伝的因子により36～92％とかなり変動しうることがわかってきている[2]．異常を有する複数の兄姉がいる場合には，弟妹ASD発症率もまた高率となることが報告されている[3]．さらに，近年のエクソーム解析技術により，稀な単一遺伝子疾患であるASDが複数報告されている[4]．具体的には，*FMR1*遺伝子異常による脆弱X症候群，*MECP2*によるRett症候群，*UBE3A*によるAngelman症候群，*TSC1*, *TSC2*による結節性硬化症，*ARID1B*によるCoffin-Siris症候群，*CHD7*によるCHRGE症候群，*EHMT1*によるKleefstra症候群，*NPBL*, *SMC1A*によるCornelia de Lange症候群などがあげられる[5]．

［キーワード＆略語］
ASD，環境因子，周産期組織，DMRs

ASD：autism spectrum disorders（自閉症スペクトラム）
cfDNA：cell free DNA（細胞フリーDNA）
CNV：copy number variants（コピー数多型）
DMRs：differentially methylated regions（メチル化可変領域）
HMDs：regions of high levels of methylation（高度メチル化領域）
IHEC：International Human Epigenome Consortium
PMDs：partially methylated domains（部分メチル化領域）
SSRI：serotonin reuptake inhibitor（セロトニン再取り込み阻害薬）
WGBS：whole genome bisulfite sequencing（全ゲノムバイサルファイトシークエンス法）

Epigenome abnormalities in autism spectrum disorders
Janine M. LaSalle：Medical Microbiology and Immunology, MIND Institute, Genome Center, University of California（カリフォルニア大学ゲノムセンターMIND研究所医微生物学・免疫学）

広い範囲のコピー数多型（copy number variants：CNV）は，ASDを発症する小児の最も一般的な遺伝性要因と考えられているが，Simons Simplex Collectionとよばれる遺伝子異常の親子データベースを用いた解析では，CNVがASDの明確な原因となりうるケースはわずか4％であった[6]．ASD患者で最も高率に認められる*de novo* CNVは15q11.2-q13.3と16p11.2の重複であるが[6]，頻度にかかわらず*de novo* CNVの蓄積はASD発症リスクを高めると報告されている[7]．

エクソーム解析やコピー数多型解析から，ASD原因遺伝子は胎児期の発達におけるクロマチン形成，シナプス伝達や遺伝子転写調節にかかわる遺伝子群，特にWntシグナルやNotchシグナルにかかわる経路，を多く含んでいることが明らかとなっている[4][6]．ASD患者の死後脳を用いたトランスクリプトーム解析においても，免疫・炎症反応関連遺伝子の発現上昇とともに，シナプス機能にかかわる転写産物の有意な減少が認められている[8]．したがって，これまでのゲノム研究は，ASD発症に多くの遺伝子が複雑に関与していることを示すとともに，本疾患におけるゲノム・遺伝子異常が共通した経路に収束することも明らかにしている．

1 ASDと環境因子

近年の一卵性双生児研究によると，ASD発症要因として，子宮内環境において認められる非遺伝性因子の役割が指摘されている．これまでの疫学的研究から，一般的な殺虫剤や大気汚染源などの種々の環境性因子がASD発症の危険因子であることがわかってきた[9]〜[11]．また，ASD発症に関係する母体の環境性因子として，妊娠中の発熱・感染，栄養状態，セロトニン再取り込み阻害薬（serotonin reuptake inhibitor：SSRI）の服用[12]〜[14]，早期出産があげられる[15]．一方，妊婦用ビタミン剤服用や妊娠間隔の延長といった因子は，ASD発症を抑制することが報告されている[16]〜[19]．

妊婦用ビタミン剤は，興味深いことに，DNAのメチル化に必要なメチル基を供給する栄養源である葉酸を高レベルに含有している．したがって，妊婦用ビタミン剤や妊娠間隔の延長によりASDに対する抑制作用がみられることは，DNAメチル化などによるエピジェネティック制御が，複雑な遺伝性要因と環境性要因の複合によるASDの発症に深く関与していることを示しているかもしれない．

2 ASD患者におけるエピゲノム研究

エピジェネティクスはここ10年の間にASDの主要な病因として理解されるようになってきたが，新規疾患マーカーの探索にエピゲノム研究が用いられるようになったのはつい最近である．これらの背景には，はじめに，Rett症候群，Angelman症候群，Prader-Willi症候群やDup15q症候群などといった遺伝性疾患発症にエピジェネティック経路が関与していることが明らかとなった点があげられる[20]．さらに，ASD患者の脳検体を用いた候補遺伝子アプローチによるASD原因遺伝子探索により，*UBE3A*や*MECP2*に加え，oxcitocin receptor（*OXTR*），glutamate decarboxylase 65（*GAD65*），reelin（*RELN*），*SHANK3*などの遺伝子群がASD発症に強く関連していることが報告されている[21]．

これまでに報告されているゲノム網羅的DNAメチル化解析を**表**に要約した．解析組織の選定はASDエピゲノムワイドな研究デザインにとって非常に重要である．脳はASDにより最も影響を受け，エピゲノム変化に深くかかわる臓器と考えられるが，その採取には制限があるとともに，精神疾患患者の死後脳は薬物投薬歴や死因にかかわるさまざまな交絡因子による影響を受けている．また，脳組織には非神経細胞も多く含まれているため，細胞の不均一性が解析での問題となりうる．

試料採取の容易な父親の精子，患児の血液，頬粘膜細胞，リンパ芽球などの代用組織の解析により，興味深いエピジェネティック変化が報告されている．**表**に記載した研究の多くは市販のIllumina Infinium 450 k arrayを用いた解析であるが，27 k arrayやCpG island arrayを用いた解析も含まれている．現在までに行われている研究ではサンプル数やゲノムCpG解析領域に制限があるものの，将来的にはより多くの症例解析や全ゲノムバイサルファイトシークエンス（whole genome bisulfite sequencing：WGBS）が可能となると考えられ，今後詳細な解析が期待される．

脳解析研究では，同様の手法を用いても，検出され

表　これまでのASD患者エピゲノム研究コホート

組織	プラットホーム	サンプル数	#DMRs (FDR 0.05)	遺伝子座（抜粋）	文献
脳（大脳皮質前頭前野）(BA10)	Illumina Infinium 450 k	12 ASD 12 対照群	5,329	*HDAC4*, *C11orf21/TSPAN32*, *C1qA*, *IRF8*, *CTSZ*	22
脳（前帯状回）(BA24)	Illumina Infinium 450 k	11 ASD 11 対照群	10,745	*C11orf21/TSPAN32*, *C1qA*, *IRF8*, *CTSZ*	22
脳（大脳皮質前頭前野）	Illumina Infinium 450 k	6 ASD 5 対照群	0	*PRRT1*（replication）	23
脳（大脳皮質側頭葉）	Illumina Infinium 450 k	6 ASD 10 対照群	3	*PRRT1*, *C11orf21*, *ZFP57*	23
脳（小脳）	Illumina Infinium 450 k	7 ASD 6 対照群	1	*ZFP57*（replication）	23
血液	Illumina Infinium 27 k	6 ASD発症および非発症一卵性双生児ペア	0	*OR2L13*, *NFYC*, *DNPEP*, *TSNAX*	26
リンパ芽球	8.1 k CpG island microarrays	3 ASD発症および非発症一卵性双生児ペア	73	*BCL2*, *RORA*	25
精子	CHARM 3.0 Illumina Infinium 450 k	44 ASDハイリスク父親由来DNA	193	*SNORD115-11*, *SNORD115-15*, *SNORD115-17*, *SMYD1*, *WDR1*	28
頬粘膜上皮細胞	Illumina Infinium 450 k	47 ASD 48 対照群	15	*OR2L13*, *PAX8*, *GPC1*, *ADRA2C*, *FAM134B*, *CREB5*, *NOS1*, *MAPK8IP3*, *HOOK2*, *NRG2*, *KCNQ5*, *ZG16B*, *LOC643802*	27

るメチル化可変領域（differentially methylated regions：DMRs）の数に違いがみられることがある．Nardoneらは，少数例のASD患者の脳とコントロール脳を用いて大脳皮質前頭前野と前帯状回をInfinium 450 k arrayで解析した結果，両組織中には多数のDMRが存在することを報告した[22]．一方，Ladd-Acostaらは，より少ない個体の脳組織（大脳皮質前頭前野，側頭葉，小脳）を解析し，少数のDMRしか同定することができなかったが，そのうち3つのDMRは部位にかかわらず共通して認められた[23]．これら両研究では，1つの共通した低メチル化遺伝子領域として，近接した2つの遺伝子である*C11orf21/TSPAN32*を同定している．さらに，Nardoneらの解析では，ASD患者脳の低メチル化DMRは免疫応答経路に多く含まれているのに対し，トランスクリプトーム解析と同様に，高メチル化DMRはシナプス機能に関連した遺伝子を多く含んでいることを明らかにした[22]．しかし一方で，ASD関連DMRは，450 k arrayでは網羅しきれていないCpGの疎なゲノム領域にも多数認められることが明らかとなっている[22]．

また，一卵性双生児研究は，ASDに関連したゲノム網羅的DNAメチル化解析にも利用されている．Nguyenらは，ASD発症および非発症一卵性双生児ペア3組から単離したリンパ芽球細胞由来DNAを用いて8.1 k CpG island arrayを行い，メチル化率の異なる2つの興味深い遺伝子（*BCL2*と*RORA*）を同定した．両遺伝子は，ASD患者脳において発現が低下していることが報告されている[24) 25]．また，Wongらは，ASD発症および非発症一卵性双生児ペア6組から採取した血液由来DNAを用いてInfinium 27 k array解析を行った[26]．本研究では，FDRカットオフ値以上のDMRは見出されなかったものの，エピジェネティック変化にかかわるいくつかの候補遺伝子が同定された[26]．

頬粘膜上皮細胞は，発生において神経細胞と同様の細胞系譜に由来するとともに，検体採取の際にも血液検体で常々問題になる検体内細胞不均一性を回避することが可能であることから，ASD患者のエピゲノム解析において血液にも勝る適切な検体と考えられている．Berkoらは，47症例のASD患者検体と48症例のコントロール検体を用いた大規模なInfinium 450 k array解析を行い，メチル化率の異なる15遺伝子領域を同定した．これらの遺伝子のうち，*OR2L13*遺伝子は血液検体を用いたASD研究においても同定されている[27]．また，前向きASD研究においてFeinbergらは，自閉症の子どもをもつ父方精子由来DNAを用いて，生後12カ月におけるASDの臨床的評価法と相関のあるDMRを同定した[28]．興味深いことに，彼らは，父親アレルで発現，母親アレルでインプリントされたPrader-Willi 15q11.2-q13.3に含まれる*SNORD115*遺伝子領域に設計された複数のプローブが，父方精子由来DNAにおけるASD関連DMRに含まれることを見出した[28]．

3 ASD病因解明と胎生期発達におけるダイナミックなゲノムワイドDNAメチル化

ASDに関するこれまでのエピゲノム研究は，サンプル数や解析できるゲノム領域に限界があったものの，一部ではASD原因遺伝子群の同定に役立ってきた．しかし，今後のエピゲノム研究では，全ゲノムバイサルファイトシークエンス法を用いたダイナミックなDNAメチル化パターンの解析を推進していくことが重要であろう．

卵子，着床前胎芽，胎盤組織を用いたWGBS解析における最も興味深い成果の1つは，ヒトやその他の哺乳類の胎芽におけるDNAメチル化パターンが体細胞組織のパターンと大きく異なっていることである[29) 30]．発達早期の生体組織は概してグローバルな低メチル化状態により特徴づけられるが，転写されている遺伝子の体部（gene body）においては高メチル化となっている．胎児組織は，プロモーター領域のCpGアイランドを除いて，着床後高度メチル化状態となるが[29]，胎盤組織は妊娠期間を通してグローバルな低メチル化状態が維持される[30]．胎盤組織におけるメチル化パターンは，部分メチル化領域（partially methylated domains：PMDs）とよばれる100 kbを超える長い遺伝子領域を有しており，そのなかに高度メチル化領域（regions of high levels of methylation：HMDs）が介在している[31]．PMDは，胎盤において転写は抑制されており，染色体のうち核膜の内側のラミナと相互作用している部分（nuclear laminar associated domains）に位置し，抑制性ヒストン修飾を受けている[32]．興味深いことは，神経細胞接着分子や神経伝達物質受容体をコードする神経細胞特異的遺伝子の多くが胎盤のPMD内に存在している一方で，神経細胞においては高度メチル化修飾を受けるようになることである[31]．自閉症の候補遺伝子は非神経細胞のPMD内にしばしば認められるので[33]，胎盤組織がASDに関連したエピジェネティックマーカーの重要試料となる可能性がある．

ヒト胎児および成人脳組織を用いたWGBS研究の第二の大きな成果は，出生後の脳神経細胞特異的な非CpG領域におけるメチル化のダイナミックな変化である[34) 35]．CpG領域以外（CpA，CpT，CpC）の2塩基のメチル化をCpHメチル化という．CpH部位はCpG部位と比べメチル化を受ける頻度がきわめて低いが，哺乳類のゲノムにおいては，CpH領域はCpG領域よりはるかに多数あり，シトシンメチル化の標的となりうる[34) 35]．胎児脳においてCpHメチル化の頻度は全シトシンの1％未満であるが，出生後初期においては，特に神経細胞においてシナプス形成の発達に伴い，メチル化が徐々に増加してくる[34]．メチル化CpG結合タンパク質であるMeCP2は，メチル化CpG部位に加えメチル化CpH部位にも結合し，CpAメチル化を介して神経細胞の遺伝子を抑制することが証明されており[36]，神経細胞における新規メチル化の機能的な意義が示唆される．

おわりに：将来的展望

今後ASD発症リスクを診断しうるエピジェネティックマーカーを同定する際の大きな課題は，いかに最適な組織とエピゲノム手法を用いるかにある．脳は明らかにASDの病因と最も関連の強い組織であるが，上記で述べたように種々の問題から発症リスク診断に有用な臓器ではない．ASD発症には遺伝性因子と同様に子宮内環境性因子が重要であるという疫学的な双生児研

ASD発症を予測する胎児における遺伝性・環境性エピジェネティック相互作用

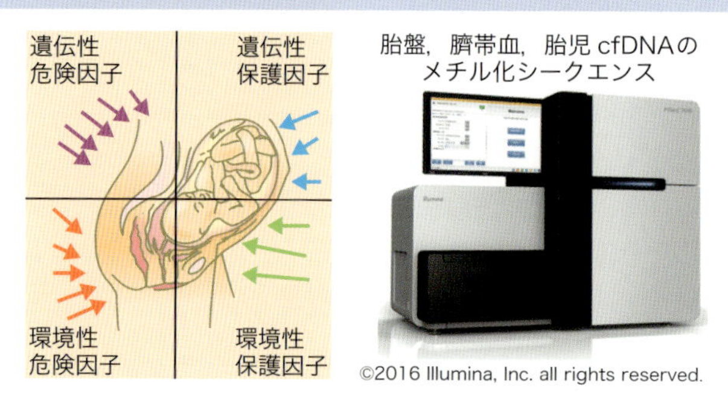

図1　シークエンス手法に基づき解析されたASD患者の周産期組織
胎児の発達は，ASD発症に関連したさまざまな遺伝性・環境性のリスク因子と保護因子が複雑に関連している．ASD発症リスクの診断には，周産期に採取された組織，特に胎盤・臍帯血，母体血中の胎児細胞フリーDNA（cell free DNA：cfDNA），新生児包皮皮膚より初代培養した細胞が解析に適している可能性があるが，これまでこれらの組織を用いたエピゲノム研究は行われていない．シークエンス解析費用が安価になるに従い，今後アレイに代わりシークエンスを用いた研究が主流になると期待される．

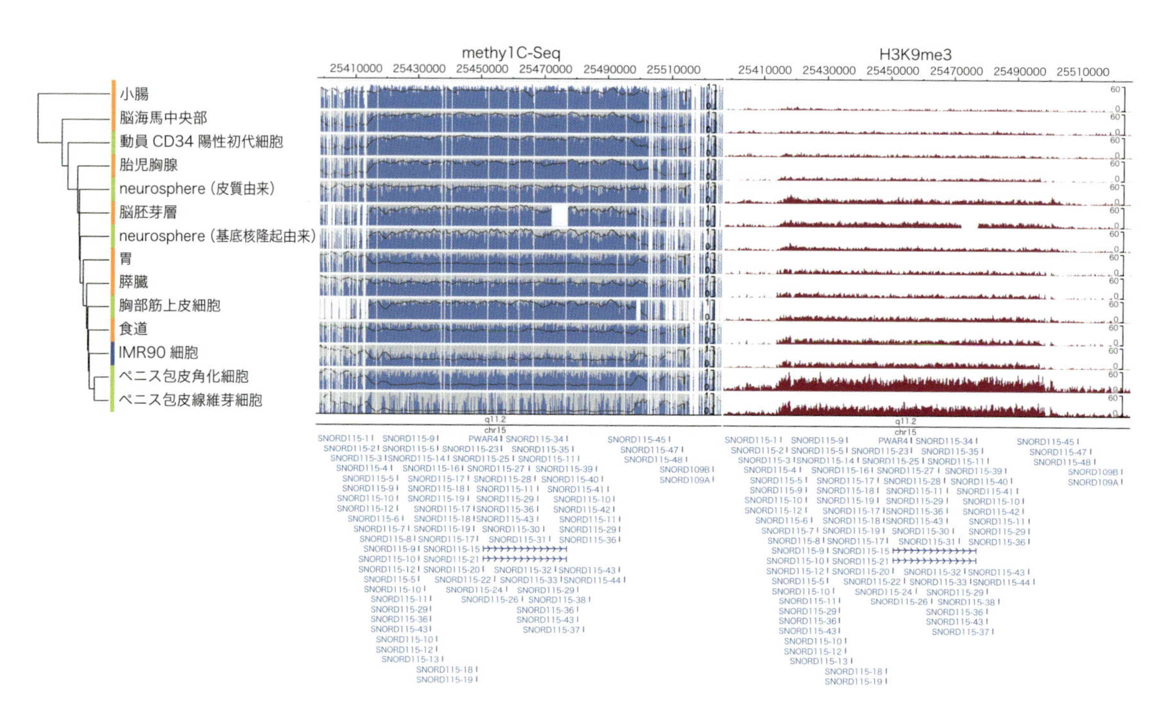

図2　Epigenome Roadmapによる15q11.2上*SNORD115*インプリント部位の組織特異的エピジェネティックパターン
*SNORD115*遺伝子領域の1細胞株（青色），6つの初代培養細胞（緑色），7つの組織を含む計14検体のmethylC-seqデータプロット．WashU RoadMap EpiGenome Browser v1.19 を用いて作成した．神経細胞のみにおいて父方アレルから発現し，インプリンティングにより母方アレルでは転写抑制された小さなnoncoding RNAのくり返しが認められる[39]．左パネルのmethylC-seq解析では，CpGメチル化率が青いヒストグラムで示されており，非メチル化率は灰色，シークエンスカバー率は黒線で表示されている．また，同じ*SNORD115*遺伝子領域について，転写抑制性ヒストン修飾であるH3K9me3が右パネルにプロットされている（赤色）．PMDを含むことが報告されている胎児由来肺線維芽細胞株IMR90細胞に加え[33]，2つの周産期組織（ペニス包皮角化細胞と線維芽細胞）は*SNORD115*遺伝子領域を含むPMDを有していることがわかった．これら2種類の包皮由来細胞は，このクラスター上で，低メチル化と同時にH3K9me3の濃縮を示す．

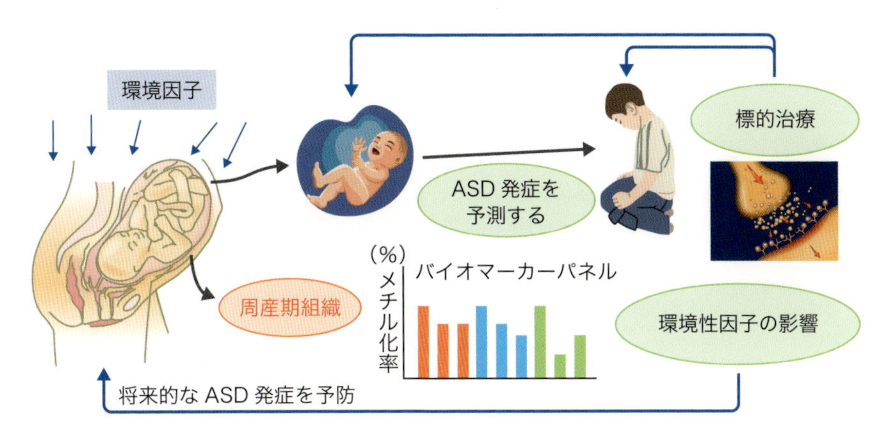

図3　ASD患者でのエピジェネティックバイオマーカー確立のための将来的目標
ASD患者のエピゲノム解析においてまだやるべきことが多く残っているが，採取可能な周産期組織から，環境因子への曝露やASD発症リスクを予測できる確実なバイオマーカーパネルを開発することが将来的な目標となる．これらのなかには，特殊なシナプス変化の予測に基づく標的治療につながるマーカーもあるかもしれないし，バイオマーカーを確立することによりどの子どもが行動的治療の適応となるかを推測したり，発症予防のために排除すべき環境因子を同定できるかもしれない．

究[37]や発生早期において遺伝子体部のメチル化が転写と相関するというWGBS研究成果を考慮すると，胎児期により近い出生後の組織が診断に最も適しているかもしれない（**図1**）．

子宮内期間は，脳発達における遺伝性要因と環境性要因（危険因子と保護因子）の複合した時期であり，子宮内組織でリスクマーカーとなるエピジェネティックな変化を検出できる可能性がある．特に胎盤と臍帯組織は出生時に破棄されるが，子宮内で形成されたジェネティックなあるいはエピジェネティックなバイオマーカーを検出する重要な試料となりうる．また，母体血中の胎児細胞フリーDNA（cell free DNA：cfDNA）のシークエンシングによる遺伝子診断[38]が急速に進歩することにより，将来的に非侵襲的なエピゲノムバイオマーカーが出生前診断の1つとして実用化される可能性があるかもしれない．

DNAシークエンス費用が安価になるに伴い，ゲノム網羅的なASD研究やバイオマーカー探索でのアプローチとして，シークエンスによる解析がアレイを用いた解析にとって代わると思われる．シークエンスに基づいた解析は，メチル化部位をより包括的に網羅できるとともに，Epigenome Roadmap，International Human Epigenome Consortium（IHEC）やPsychENCODE projectsで作成されたリファレンスマップを利用することが可能である点で優位である．例えば，**図2**はEpigenome Roadmapによる14種類の異なる初代培養細胞や組織における15q11.2上*SNORD115*遺伝子領域のmethylC-Seqデータを，H3K9me3 ChIP-seqデータと対比させて示したものである．これまで未解析のさまざまな組織を用いたWGBSデータを，ヒストン修飾・転写因子結合部位・ゲノム多型データと照合することにより，ASDバイオマーカー候補部位の組織特異的なメチル化の理解が進展するだろう．

ASDあるいはその発症リスクに関連した子宮内曝露物質を予測する早期エピジェネティックバイオマーカーを同定することは，将来的に臨床的意義が非常にありそうである（**図3**）．第一に，現在ASDの診断は生後1～3歳の間に現れてくる行動をもとに行われているが，出生時のエピジェネティック診断を行うことにより，通常診断されるよりも早く，どの子どもが行動的治療を受けることにより恩恵を受けることができるかわかるようになる可能性がある．第二に，エピジェネティックマーカーには創薬標的候補をコードする遺伝子が含まれていたり，エピジェネティックマーカーが薬剤選択に有益な情報を提供するかもしれない．最後に，エピジェネティックマーカーのなかには，ASD特異的な発症リスク予測因子よりも，特定の環境物質への曝露の指標となるマーカーがあるかもしれないが，予防的な面からはいずれにしても有用といえるだろう．

文献

1）Bailey A, et al：Psychol Med, 25：63-77, 1995
2）Ronald A & Hoekstra RA：Am J Med Genet B Neuropsychiatr Genet, 156B：255-274, 2011
3）Ozonoff S, et al：Pediatrics, 128：e488-e495, 2011
4）Geschwind DH & State MW：Lancet Neurol, 14：1109-1120, 2015
5）Crawley JN, et al：Trends Genet, 32：139-146, 2016
6）Sanders SJ, et al：Neuron, 87：1215-1233, 2015
7）Girirajan S, et al：Hum Mol Genet, 22：2870-2880, 2013
8）Voineagu I：Neurobiol Dis, 45：69-75, 2012
9）Shelton JF, et al：Environ Health Perspect, 122：1103-1109, 2014
10）Becerra TA, et al：Environ Health Perspect, 121：380-386, 2013
11）Volk HE, et al：Epidemiology, 25：44-47, 2014
12）Croen LA, et al：Arch Gen Psychiatry, 68：1104-1112, 2011
13）Krakowiak P, et al：Pediatrics, 129：e1121-e1128, 2012
14）Zerbo O, et al：J Autism Dev Disord, 43：25-33, 2013
15）Johnson S, et al：J Pediatr, 156：525-531 e2, 2010
16）Schmidt RJ：Evid Based Med, 18：e53, 2013
17）Schmidt RJ, et al：Am J Clin Nutr, 96：80-89, 2012
18）Surén P, et al：JAMA, 309：570-577, 2013
19）Cheslack-Postava K, et al：Pediatrics, 127：246-253, 2011
20）Schanen NC：Hum Mol Genet, 15（suppl 2）：R138-R150, 2006
21）LaSalle JM：J Hum Genet, 58：396-401, 2013
22）Nardone S, et al：Transl Psychiatry, 4：e433, 2014
23）Ladd-Acosta C, et al：Mol Psychiatry, 19：862-871, 2014
24）Sheikh AM, et al：J Neurosci Res, 88：2641-2647, 2010
25）Nguyen A, et al：FASEB J, 24：3036-3051, 2010
26）Wong CC, et al：Mol Psychiatry, 19：495-503, 2014
27）Berko ER, et al：PLoS Genet, 10：e1004402, 2014
28）Feinberg JI, et al：Int J Epidemiol, 44：1199-1210, 2015
29）Guo H, et al：Nature, 511：606-610, 2014
30）Schroeder DI, et al：PLoS Genet, 11：e1005442, 2015
31）Schroeder DI, et al：Proc Natl Acad Sci U S A, 110：6037-6042, 2013
32）Schroeder DI & LaSalle JM：Epigenomics, 5：645-654, 2013
33）Schroeder DI, et al：Genome Res, 21：1583-1591, 2011
34）Guo JU, et al：Nat Neurosci, 17：215-222, 2014
35）Lister R, et al：Science, 341：1237905, 2013
36）Gabel HW, et al：Nature, 522：89-93, 2015
37）Hallmayer J, et al：Arch Gen Psychiatry, 68：1095-1102, 2011
38）Cuckle H, et al：Clin Biochem, 48：932-941, 2015
39）LaSalle JM, et al：Epigenomics, 7：1213-1228, 2015

<著者プロフィール>
Janine M. LaSalle：Harvard medical schoolにて博士号（免疫学）取得および博士研究員（人類遺伝学）として従事後，1997年にカリフォルニア大学デービス校に異動．現在はカリフォルニア大学医微生物学・免疫学講座教授，UCDゲノムセンターゲノミクス部門アソシエイトディレクター，UCD MIND研究所メンバー．自閉症関連環境因子により制御される遺伝子とともに，Rett症候群，Angelman症候群，Prader-Willi症候群，Dup 15q症候群を含めた神経発達症のエピジェネティクスに焦点を当て研究を行っている．LaSalle研究室では，ASD発症におけるDNAメチル化，noncoding RNA，MeCP2の機能解析に，ゲノム・エピゲノム解析技術を用いている．
ホームページ：http://lasallelab.ucdavis.edu

〔翻訳：下田将之（慶應義塾大学医学部）〕

RiboCluster Profiler™

研究用試薬

BRIC Kit

5-Bromouridine Immunoprecipitation Chase

論文実績がある手法で測定できます！

細胞内の目的RNAの変化を簡便・高効率・正確に測定可能！

<BRIC作業工程>

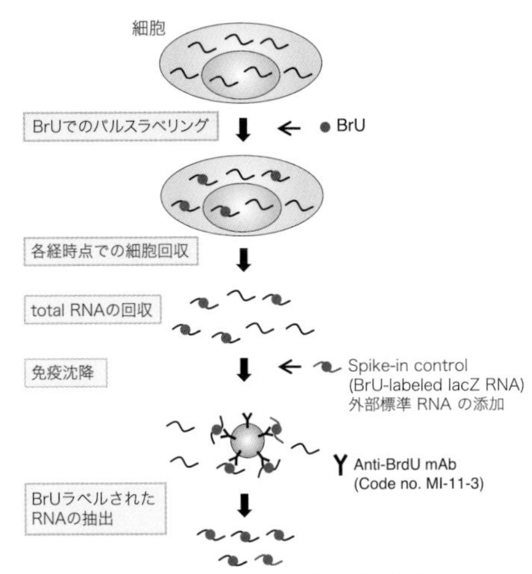

- 新規のバイオマーカーや創薬ターゲットの探索に！
- RNA分解制御に着目した新しい経路の発見に！
- lncRNAや新規転写産物の解析に！

BRICとは?

RNA 分解は細胞内の RNA 量の調節や異常な RNA の排除を担う重要な遺伝子発現制御機構です。
BRIC (5-Bromouridine Immunoprecipitation Chase) は 5-Bromouridine (BrU) を細胞にパルスして得られた BrU 標識 RNA を、抗体を用いて回収する方法です。転写阻害剤などを用いる従来法と異なり、細胞への悪影響が少なく RNA の分解を招く可能性が少ないため、正確なデータが得られる方法として注目されています。BRIC は東京大学アイソトープ総合センター・秋光 信佳 教授らが発明した特許技術です。
(特許第 5791140 号)

<実施例>

HeLa細胞でのBrU標識RNAの半減期解析

HeLa 細胞を 150 μM の BrU を 24 時間パルスし、wash して 0, 4, 8, 12, 24 時間後、BRIC を行いました。回収した RNA について qRT-PCR を行い、解析しました。ハウスキーピング遺伝子である 18S rRNA は長い半減期を示しました。一方、強力な降圧ペプチドである ADM の mRNA では半減期が短いことがわかりました。

ハウスキーピング遺伝子

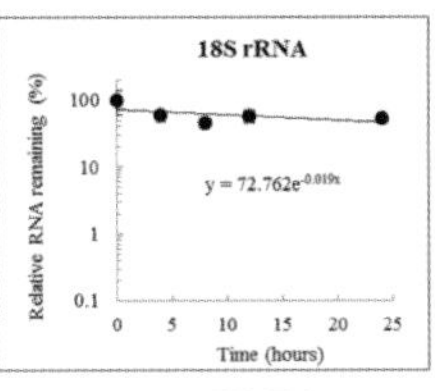

$t_{1/2}$=36.5 h

生理活性ペプチド

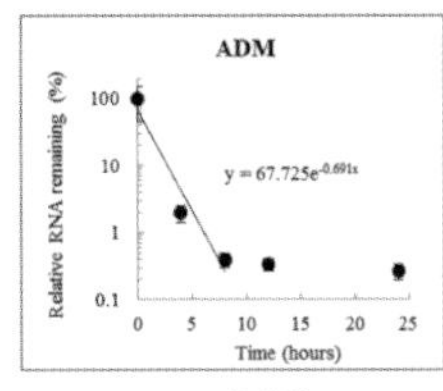

$t_{1/2}$=1.0 h

● **参考文献**

1. Maekawa S *et al.* BMC Genomics 16,154 (2015)
⇒ RNA-seq、ChIP-seq、BRIC-seq データを比較し、RNA 分解制御による遺伝子発現制御の重要性を示唆した論文
2. Tani H *et al.* Genome Res. 22, 947-56 (2012)
⇒ BRIC と従来法の比較解析を実施。BRIC-seq による分解速度の速い RNA の同定、解析を行った論文

Code No.	製品名	包装	価格（税別）
RN1007* RN1008*	BRIC Kit	20 assays	¥198,000

*RN1007 と RN1008 はセット販売となっています。

製品の詳細はウェブでご覧ください
Webページ ID【135】

MBL 株式会社 医学生物学研究所
http://ruo.mbl.co.jp/

◎基礎試薬グループ
〒460-0008 名古屋市中区栄四丁目5番3号 KDX名古屋栄ビル10階
TEL : (052) 238-1904　FAX : (052) 238-1441
E-mail : support@mbl.co.jp

1. 先制・個別化医療のためのエピゲノムマーカー・診断機器開発

與谷卓也，田 迎

DNAメチル化異常は，がん等の疾患の発症リスク診断・存在診断・予後診断・コンパニオン診断等のよい指標になりうる．本稿では，バイオマーカーとしてのDNAメチル化の特性と各がん種の診断指標について述べ，臨床検査への適用をめざして開発中の高速液体クロマトグラフィーを原理とした新規解析法を紹介する．臨床検査に適した診断機器の開発が，エピゲノムマーカーを基盤としたがんの先制・個別化医療の実現につながると期待される．

はじめに

第3章の各稿で解説されているように，エピゲノム異常は，染色体不安定性やがん関連遺伝子の発現異常を惹起して，諸臓器がんの発生と進展に寄与している．がん同様に遺伝子の安定した発現異常が発症の背景にある，代謝疾患・神経疾患・免疫疾患へのエピゲノムの関与も大いに注目されている．エピゲノム異常を標的にして，新規治療法開発が行われるのと並行して，エピゲノム診断の実用化にも期待がかかる．生検・手術検体においてクロマチン免疫沈降の至適条件を決定することは困難で，大きなコホートの多数検体において統一した条件で解析を行い難く，ゲノム網羅的ヒストン修飾解析によりバイオマーカーを探索する試みは現状では一般的でない．これに対し，ゲノム網羅的なDNAメチル化解析すなわちメチローム解析をもとに探索・開発されたバイオマーカーが，個別化医療に力を発揮する日が近いと考えられる．

[キーワード&略語]
DNAメチル化，CpGアイランドメチル化形質，高速液体クロマトグラフィー，淡明細胞型腎細胞がん

ccRCC：clear cell renal cell carcinoma（淡明細胞型腎細胞がん）
CIMP：CpG island methylator phenotype（CpGアイランドメチル化形質）
HPLC：high performance liquid chromatography（高速液体クロマトグラフィー）

1 バイオマーカーとしてのDNAメチル化の特性

DNAメチル化プロファイルは組織・細胞系列ごとに概して定まっているので，がん等の母地となる臓器や組織の正常な構成細胞や血球細胞等では通常DNAメチル化を受けず，がん細胞等の病変細胞特異的にDNA

Development of epigenome marker and diagnostic instrument for preemptive and personalized medicine

Takuya Yotani[1) 2) 3)] /Ying Tian[3)] ：Tsukuba Research Institute, Research and Development Division, Sekisui Medical Co., Ltd. [1)] /Division of Molecular Pathology, National Cancer Center Research Institute[2)] /Department of Pathology, Keio University School of Medicine[3)]（積水メディカル株式会社研究開発統括部つくば研究所[1)]／国立がん研究センター研究所分子病理分野[2)]／慶應義塾大学医学部病理学教室[3)]）

メチル化を受けるCpG部位を診断マーカーとして，生検・手術で得られた組織検体や血液・尿等の体液検体を用いて，がんの存在診断を行うことができる．

がんの臨床病理学的悪性度や症例の予後とよく相関するDNAメチル化プロファイルが，諸臓器で同定されている．このため，DNAメチル化プロファイルを指標にした，がんの予後診断が可能である．他方で，DNAメチル化は，ウイルスの持続感染・遷延する慢性炎症・喫煙といった環境要因に応じて変化する．いったん起こったDNAメチル化異常は維持メチル化酵素DNMT1の働きで継承されるので，DNAメチル化プロファイルはその人が生涯にわたって曝露されてきた発がん要因を含む環境要因の影響の蓄積を反映する．そこで，がんの発生母地となる組織等で適切なマーカーCpG部位のDNAメチル化率を定量することにより，発がんリスク診断を行うこともできる．

さらに，DNAメチル化はDNA二重鎖上に共有結合で保持されているので，mRNAやタンパク質の発現量等の診断指標に比して安定しており，高感度な検出法で再現性をもって検出可能である．

以上のような諸処の観点から，DNAメチル化はバイオマーカーとして優位性をもつと考えられる．

2 DNAメチル化診断指標の開発

1）腎細胞がん予後診断・コンパニオン診断指標

第3章-1でも触れたように，われわれの所属する研究室では，CpGアイランドにおけるDNAメチル化亢進が蓄積し，臨床病理学的に悪性度が高く予後不良である，CpGアイランドメチル化形質（CpG island methylator phenotype：CIMP）陽性淡明細胞型腎細胞がん※1の存在を明らかにし，腎細胞がん固有のCIMPマーカー遺伝子を同定した[1]．遠隔転移を伴う腎細胞がんは難治がんであるが，手術検体で細胞異型度グレード1で胞巣型の組織構築をとるといった，最もありふれた組織像の腎細胞がんのなかに，臨床病理学的に予測のつかない早期転移・再発例が存在するので，予後診断は臨床的に意義がある．そこでわれわれは，腎細胞がん固有のCIMPマーカー遺伝子のプロモーター領域にある299CpG部位のDNAメチル化率を定量し，受信者動作特性曲線（receiver operating characteristic curve：ROC）解析で，曲線下面積（area under the curve：AUC）が0.95より大きい32CpG部位を同定した（**図1**）[2]．32CpG部位のDNAメチル化診断閾値を組合わせたCIMP診断指標を策定し，検証コホートで再現性の検証を行ったところ，CIMP陽性症例の再発・死亡のハザード比はそれぞれ10.6倍・75.8倍であった（**図1**）[2]．さらにわれわれは多層的オミックス解析でCIMP陽性腎細胞がんの治療標的候補分子を同定したので，われわれのCIMP診断は，分子標的治療のためのコンパニオン診断指標としても有用であると期待される．

> **※1　CIMP陽性がん**
>
> CpGアイランドのメチル化亢進が蓄積し臨床病理学的因子と相関するがんのことで，CIMPマーカーとなる遺伝子のメチル化状態を解析することでがんの悪性度や発症リスク，予後を診断することが可能になると考えられる．第3章-3参照．

2）慢性肝障害患者における肝発がんリスク診断指標

肝細胞がん症例は，診断時にウイルス性肝炎・肝硬変症等によりすでに肝予備能が低下しているため，拡大手術等は行えないことが多い．治療成績の向上には早期診断が肝要であるが，経過観察が数十年にわたるため，患者に対する継続受診への強い動機づけが必要である．また，生涯肝発がんを見ない患者にとって，頻繁の画像診断は大きな負担である．そこで，個々の慢性肝障害患者の発がんリスクを診断し，高危険群の患者において特に密な経過観察を行うことが理想である．

われわれは，正常肝組織に比して肝細胞がん症例より得られた非がん肝組織でDNAメチル化状態が変化し，その変化が肝細胞がんに継承されるような45CpG部位のDNAメチル化率が，優れた発がんリスク診断指標となることを示した．ホルマリン固定・パラフィン包埋に起因するDNA剪断化の影響を受けにくい発がんリスク診断指標を策定して，検証コホートにおいてこの診断基準の有用性を検証した[3][4]．マーカー領域のDNAメチル化率は肝細胞がんの原発巣からの距離に依存しなかったので，生検部位に依存せずに発がんリスク診断が可能であると考えられた．インターフェロン療法の適応を決定するために施行した肝針生検標本等を用いた，発がんリスク診断の実用化をめざしている．さらに，新たなDNAメチル化診断法開発も視

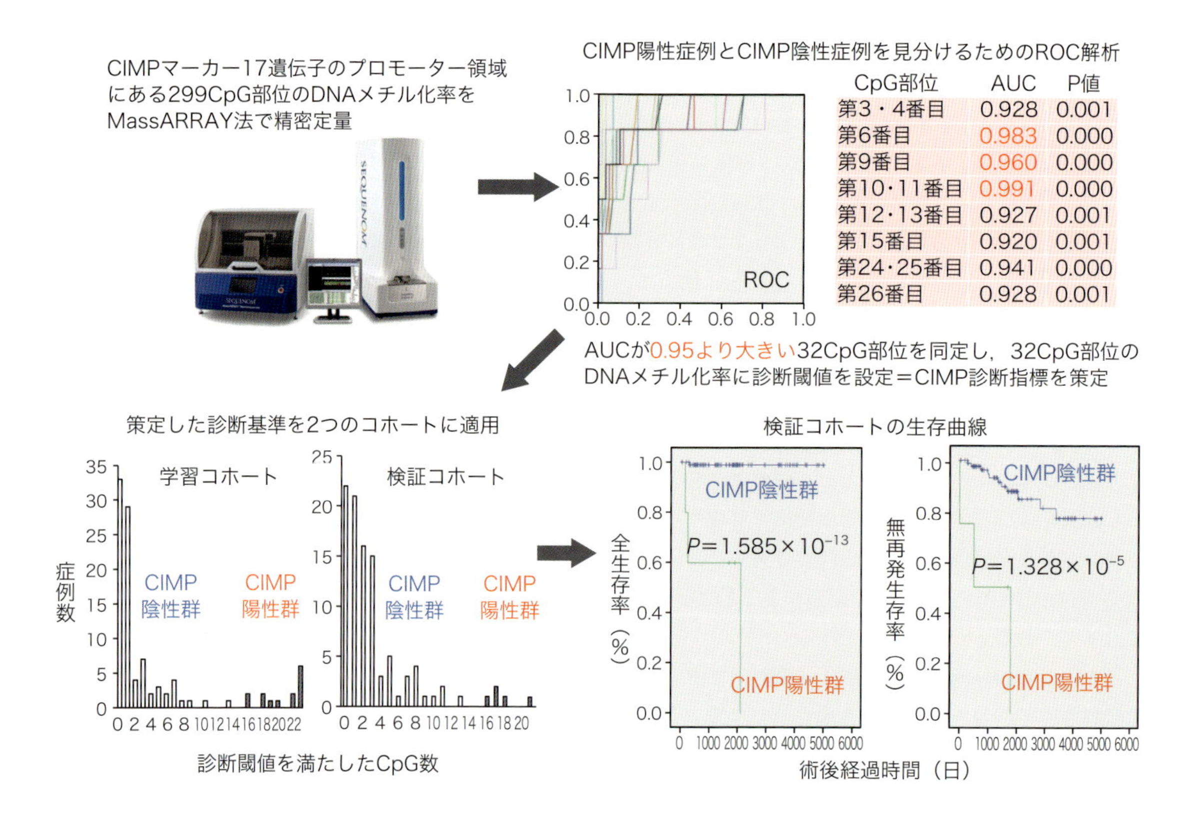

図1　腎淡明細胞がんのCIMP診断法（予後診断法）の開発

細胞がん固有のCIMPマーカー17遺伝子を同定し，そのプロモーター領域にある299CpG部位のDNAメチル化率を精密定量して，受信者動作特性曲線（receiver operating characteristic curve（ROC）解析で，曲線下面積〔area under the curve（AUC）〕が0.95より大きい32CpG部位を同定した．32CpG部位のDNAメチル化診断閾値を組み合わせたCIMP診断指標を策定し，検証コホートで再現性の検証を行った．策定した診断基準により，予後不良であるCIMP陽性症例を再現性を持って診断できることが確かめられた．

野に入れて，近年急増する非アルコール性脂肪性肝炎（NASH）におけるメチローム解析も進めている．

3）諸臓器がんのDNAメチル化診断指標

DNA修復酵素*MGMT*遺伝子がプロモーター領域のDNAメチル化でサイレンシングされた膠芽腫は，アルキル化剤への感受性が高いことが知られる（第3章-4参照）など，治療指針を得るためのDNAメチル化解析がなされることがある[5]．臨床的なニーズに即したDNAメチル化診断法の開発例としては，胃の内視鏡的粘膜下層剥離術（Endoscopic submucosal dissection：ESD）前後の洗浄液中でがん特異的なメチル化DNAを検出し，ESDの切除範囲が適切であるか確認する試みがあげられる[6]．がん細胞が剥離しやすいという浸潤がんの性質に基づき，大腸内視鏡検査時の腸管洗浄液中のメチル化DNAを検出し，内視鏡的切除ではなく外科切除の適応になる浸潤がんであるか，見極める試みもなされている[7]．さらに，ドイツのEpigenomics社は*SEPT9*遺伝子のDNAメチル化を血液検体で検出する大腸がん診断薬“Epi proColon®”の製造承認を欧州医薬庁（European Medicines Agency：EMA）より得て，米国食品医薬品局（Food and Drug Administration：FDA）の承認もめざしている[8]．以上のように，バイオマーカーとしてのDNAメチル化の有用性は十分認識されて実用化も近いが，DNAメチル化診断が真に普及するか否かは，測定方法や機器の開発や選択にも依存すると考えられる．

3 診断手法として用いるための DNAメチル化解析法

1）DNAメチル化定量の従来法

マーカー遺伝子・CpG部位のDNAメチル化率を定量する手技として，修飾塩基を直接読み取れる一分子リアルタイムDNAシークエンサー等はいまだ充分に普及しているとはいえず，MassARRAY法[9]・パイロシークエンス法[10]・メチル化特異的PCR（methylation-specific PCR：MSP）法[11]等，バイサルファイト処理[12]に基づく方法が一般的である．MassARRAY法は質量分析計と組合わせた方法（base-specific cleavage/MALDI-TOF）で，①大型で高額な専用装置を必要とすること，②*in vitro* transcriptionやRNA分解酵素処理など質量分析で測定するまでの前処理に手間と時間がかかること，③多数検体処理に対応した仕様であるため，少数検体の場合には消耗品のコスト面でロスが大きいこと，等が課題である．1塩基伸長反応で取り込まれたdNTPから生じるピロリン酸を定量するパイロシークエンス法の課題として，①ストレプトアビジンビーズへの固定化やシークエンスプライマーのアニーリング等の前処理に手間と時間がかかること，②解析できるリード長が最大でも100 bp程度であるため，それ以上の領域を解析したい場合にはその分だけ解析に手間と時間を要すること，③比較的高額な専用装置を必要とすることなどがあげられる．MSP法は，メチル化DNA分子が極少量である場合等にも有効だが，メチル化特異的・非メチル化特異的プライマーのPCR効率が異なり定量が困難な場合もある．いずれも研究手法として多用されてきた解析法で，病院の検査室等での使用を考えると多くの課題がある．

2）臨床応用をめざした新規なメチル化DNA解析法開発

われわれは，臨床診断への適用に向け，迅速・簡便なDNAメチル化解析法の研究開発を進めている[13]．具体的には，バイサルファイト処理後のPCR増幅産物を高速液体クロマトグラフィー（high performance liquid chromatography：HPLC）※2で解析する．バイサルファイト処理後，鋳型DNA中のメチル化の有無がシトシンとチミンの違いとなって現れる．われわれが開発したHPLCでは，アニオン交換による核酸分離を基本原理とし，シトシンとチミンの化学構造の差に起因したカラム充填剤との相互作用の差を利用して領域中のメチル化状態を解析する．**図2**に示すように，シトシンよりもチミンの方がカラム充填剤と強く相互作用するため，メチル化していないDNAに由来するピークの溶出時間は遅くなる．そして，陰性（メチル化率0％）および陽性（メチル化率100％）対照ピークと比較することによって，DNAメチル化状態を視覚的に把握できるだけでなく，溶出時間に基づく解析からDNAメチル化率を定量することもできる．

ここで，新規に開発したHPLC法を用いて，CIMP陰性および陽性と診断された淡明細胞型腎細胞がん検体の解析を試みたので，その結果について示す（**図3**）．**図3A**はCIMP陰性検体，**図3B**はCIMP陽性検体に対して得られたクロマトグラムであり，メチル化率が0％（ネガティブコントロール）および100％（ポジティブコントロール）のコントロールDNA（Qiagen社）を同時に測定した結果である．この結果から，CIMP陰性検体はネガティブコントロールとほぼ同じ位置に溶出したことから，ほとんどメチル化されていないことがわかった．一方で，CIMP陽性検体ではネガティブおよびポジティブコントロールそれぞれに近い溶出時間の二峰性ピークとして検出されたことから，高度にメチル化が亢進したDNAが含まれることが明らかとなった．約100例の検体に対して解析を行った結果，検出されるピークパターンの違いからCIMP陰性と陽性検体を精度よく見分けることができることを確認した．なお，ピークの溶出時間から算出したメチル化率は，パイロシークエンス法やMassARRAY法で解析される値とよく一致することを確認している．本内容については，腎細胞がんの予後診断法開発と題し，2015年3月に国立がん研究センターと積水メディカルの共同でプレスリリースを行っている（http://www.sekisuimedical.jp/news/release/150317.html）．

腎細胞がん固有のCIMPマーカー遺伝子以外のDNAメチル化定量にもHPLC解析が有用であることを示す

※2 高速液体クロマトグラフィー（HPLC）

分析化学の手法の1つ．分析したい試料を含む移動相（溶離液）を固定相（充填剤）が充填されたカラムのなかに流し，固定相との相互作用の差を利用して試料中の複数の成分を分離検出する方法．

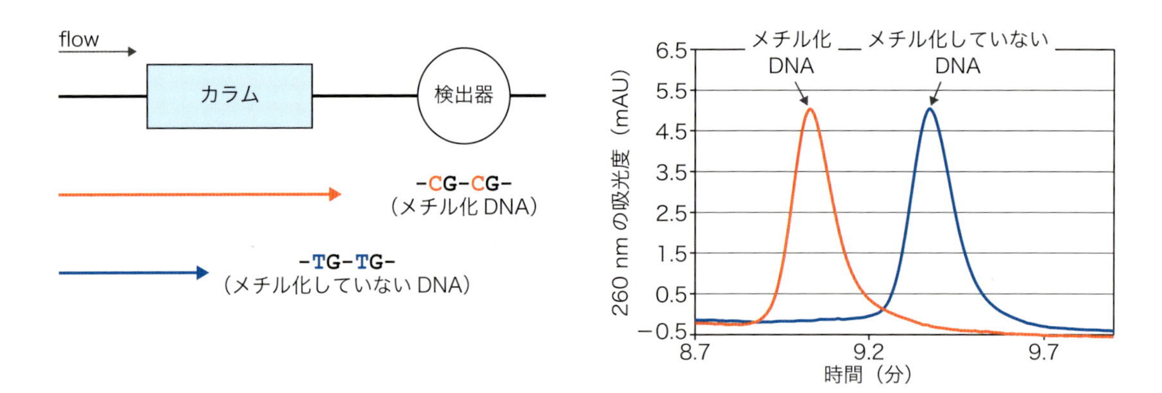

図2　高速液体クロマトグラフィー（HPLC）法による新規メチル化DNA解析概略図
アニオン交換による核酸分離を基本原理とし，バイサルファイト処理後に生じたシトシンとチミンの化学構造の差に起因したカラム充填剤との相互作用の差を利用して，領域中のメチル化状態を解析する．シトシンよりもチミンの方がカラム充填剤と強く相互作用するため，メチル化していないDNAに由来するピークの溶出時間は遅くなる．陰性（メチル化率0％）および陽性（メチル化率100％）対照ピークと比較して，メチル化状態を視覚的に把握するとともに，溶出時間に基づいてDNAメチル化率を定量する．

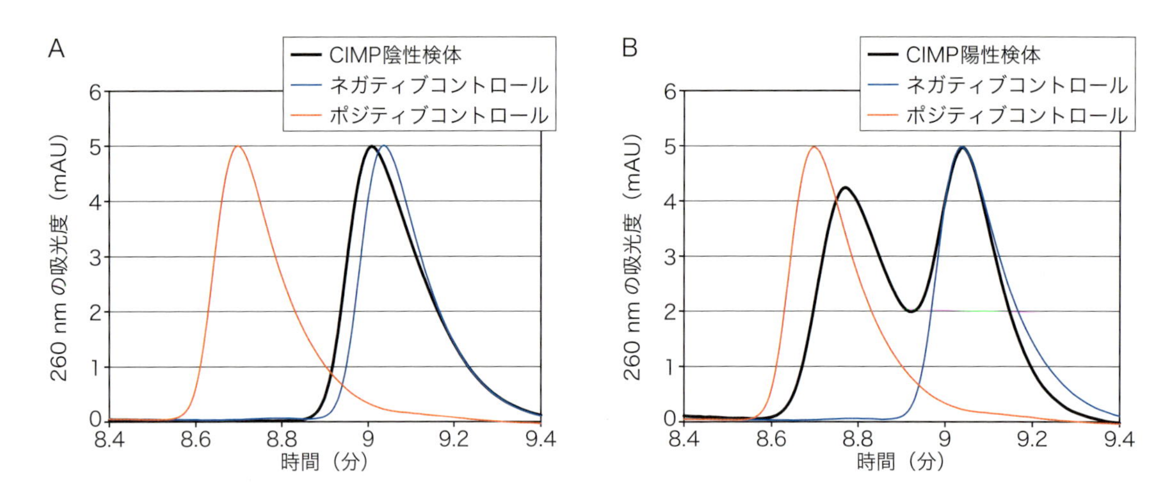

図3　淡明細胞型腎細胞がん検体における高速液体クロマトグラフィー（HPLC）法を用いたCIMPマーカー遺伝子のDNAメチル化解析
A）CIMP陰性検体に対するクロマトグラム．ネガティブコントロールとほぼ同じ位置に溶出しており，ほとんどメチル化されていないことがわかった．B）CIMP陽性検体に対するクロマトグラム．ネガティブおよびポジティブコントロールそれぞれに近い溶出時間の二峰性ピークとして検出されたことから，高度にメチル化されたDNAが含まれることが明らかとなった．

ために，次に，肝細胞がん検体から抽出した核酸のp16遺伝子の解析例を紹介する（**図4**）．**図4A**はネガティブコントロールにほぼ重なる単峰ピークとして検出された例，**図4B**はネガティブコントロールおよびポジティブコントロールにほぼ重なる二峰化ピークとして検出された例である．肝細胞がん検体30数例に対して解析を行ったが，結果は**図4A**または**図4B**に一致するどちらかのパターンに分類された．つまり，肝細胞がんにおけるp16遺伝子のDNAメチル化状態は，高度にメチル化が亢進した場合とそうでない場合のどちらかであることがわかった．p16遺伝子自体のDNAメチル化定量が直ちに診断につながるわけではないが，先

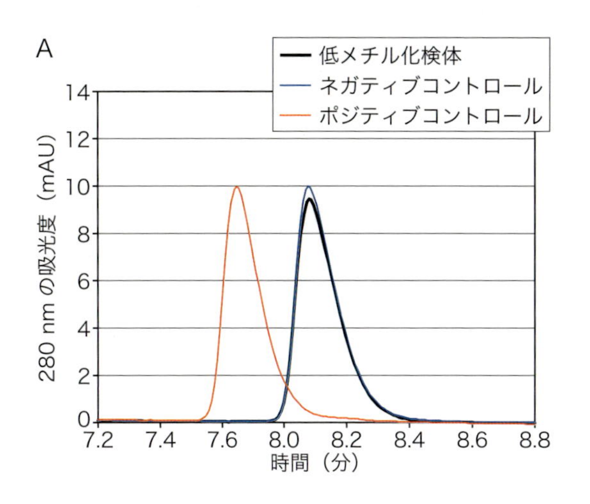

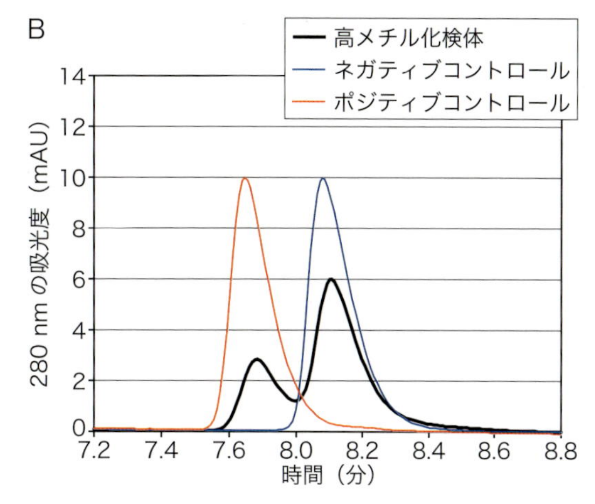

図4　肝がん検体における高速液体クロマトグラフィー（HPLC）法を用いたp16遺伝子のDNAメチル化解析
A）高メチル化DNA由来のピークが確認されなかったクロマトグラム例．B）高メチル化DNA由来のピークが確認されたクロマトグラム例．

の腎細胞がんのCIMPマーカー遺伝子の事例と同様に，クロマトグラムの解析から簡便にDNAメチル化状態を把握できたことから，他のマーカー遺伝子・CpG部位にもHPLC解析を適用できると考えられた．

おわりに

メチル化DNA解析を研究の域に留めず，臨床検査の場にも広く普及させるためには，迅速・簡便かつ検査室での使用に見合ったサイズ，価格の専用装置からなる解析システムの開発が必要である．また，院内検査においては，手術や生検後すみやかにメチル化状態を診断する必要があるため，少数検体の解析にも適した仕様であることも重要な要素である．本稿で紹介したHPLC法では，個々のCpGに対するメチル化状態を解析することはできないが，PCR産物を前処理することなく測定できるので，解析領域全体のメチル化状態を迅速・簡便に評価することができる．また，積水メディカルがクリニックや小病院向けに販売している底面積がA4サイズよりやや大きい程度のグリコヘモグロビン測定装置をメチル化DNA解析用に応用することで，既存法のもつ課題を解決し，臨床診断への適用拡大の機会を得ることができると考えている．エピゲノムから見た先制医療・個別化医療の実現に向け，まずは，腎細胞がんの予後診断機器の開発・実用化をめざし，順次，カラムやキットをかえて他のがん種におけるがんの存在診断・発がんリスク診断・予後診断・コンパニオン診断への適用を図る計画である．

文献

1）Arai E, et al：Carcinogenesis, 33：1487-1493, 2012
2）Tian Y, et al：BMC Cancer, 14：772-781, 2014
3）Nagashio R, et al：Int J Cancer, 129：1170-1179, 2011
4）Arai E, et al：Int J Cancer, 125：2854-2862, 2009
5）Franceschi E, et al：J Neurooncol, 128：157-162, 2016
6）Watanabe Y, et al：Gastroenterology, 136：2149-2158, 2009
7）Kamimae S, et al：Cancer Prev Res（Phila）, 4：674-683, 2011
8）deVos T, et al：Clin Chem, 55：1337-1346, 2009
9）Jurinke C, et al：Mutat Res, 573：83-95, 2005
10）Shen L, et al：Biotechniques, 42：48-58, 2007
11）Herman JG, et al：Proc Natl Acad Sci U S A, 93：9821-9826, 1996
12）Hayatsu H, et al：J Am Chem Soc, 92：724-726, 1970
13）Yotani T, et al：BIO Clinica, 30：551-555, 2015

<筆頭著者プロフィール>
與谷卓也：三重大学大学院工学研究科分子素材工学専攻修了（工学修士）．専門は，生体材料化学，高分子化学．現在は，積水メディカル株式会社のつくば研究所に勤務する傍ら，国立がん研究センター研究所・分子病理分野の外来研究員として，金井分野長のもとDNAメチル化診断の実用化に向けた研究開発活動を推進している．

2. エピジェネティック創薬スクリーニング

伊藤昭博，吉田　稔

エピジェネティクスとはDNAの塩基配列によらずに遺伝子発現の差違を生み出すしくみのことである．近年，細胞のがん化は遺伝子の変異のみでなく，エピジェネティクスの異常も原因となることが明らかになってきた．実際，エピジェネティック因子であるDNAメチル化酵素，ヒストン脱アセチル化酵素の阻害剤は抗がん剤として臨床の場で使用されており，エピジェネティクス因子を標的としたがん治療が現実に行われている．本稿では，エピジェネティック創薬におけるエピジェネティック制御因子を標的とした化合物のスクリーニング技術および評価系について紹介したい．

はじめに

われわれの体を構成する約60兆個の細胞のDNAの塩基配列は同一であるが，細胞の個性は同一ではない．これは，エピジェネティクスによる遺伝子発現の差違が個々の細胞の運命を決定しているからである．エピジェネティック制御の中心は，ヒストンの化学修飾（アセチル化およびメチル化）とDNAのメチル化である．これらの化学修飾は可逆的でダイナミックに制御されており，修飾酵素（ライター）により書き込まれ，修飾基認識タンパク質（リーダー）により読みとられ，脱修飾酵素（イレイサー）により消去される．

近年，がんなどの疾患の発症原因が，遺伝子の変異によるものだけでなく，エピジェネティックな細胞記憶の異常もかかわることが明らかになりつつある．遺伝子の変異と異なり，エピジェネティックな遺伝子発現パターンの記憶はさまざまな環境要因などにより容易に変化する．このことは，人為的操作により比較的容易にエピジェネティックな遺伝子発現パターンを調節できることを意味し，エピジェネティクス異常を起因とする疾患も化合物等により治療可能であることを示唆する．実際，エピジェネティック因子阻害剤としてはじめてDNAメチル化酵素（DNMT）阻害剤である5-アザシチジン（Vidaza）が骨髄異形成症候群（MDS）の治療薬として認可されたのを皮切りに，現在4種類のヒストン脱アセチル化酵素（HDAC）阻害剤が皮膚T細胞リンパ腫（CTCL）あるいは多発性骨髄腫の治療薬として臨床の場で使用されている．これらの治療薬は，標的酵素の過剰発現等により異常となった遺伝子発現パターンを正常に戻すことで抗がん活性を発揮していると考えられている．加えて最近，エピジェネティック因子のなかに発がんのドライバー遺伝子となる体細胞突然変異や染色体転座が見つかり，それらエピジェネティック因子を標的とした阻害剤は，

Screening for epigenetic drug discovery
Akihiro Ito/Minoru Yoshida：Chemical Genetics Laboratory, RIKEN/Chemical Genomics Research Group, RIKEN Center for Sustainable Resource Science（国立研究開発法人理化学研究所吉田化学遺伝学研究室/国立研究開発法人理化学研究所環境資源科学研究センターケミカルゲノミクス研究グループ）

がんの根本治療薬になりうると期待されている[1]．

このようにエピジェネティック創薬は，がんの根本治療をめざす次世代のがん治療法として期待されており，必然的に多くの大学，企業が参入して激しい開発競争が行われている．本稿では，エピジェネティック因子のなかでも特に阻害剤開発が活発に行われているHDACとヒストンメチル化酵素（HMT）について，その阻害剤スクリーニング技術について解説したい．加えて，高次評価系としてわれわれの研究室で開発した生細胞内でヒストンの化学修飾を観察可能な蛍光プローブについても概説する．

1 ヒストンのアセチル化

4種類のコアヒストン（H2A, H2B, H3, H4）のN末端領域（ヒストンテール）に存在する複数のリジン残基がアセチル化を受ける．そのレベルは，ヒストンアセチル化酵素（HAT）とHDACにより可逆的かつ部位特異的に制御されている．ヒストンのアセチル化は転写を活性化する方向に働く．アセチル化によるエピジェネティクス情報は，アセチル化リジンを特異的に認識するブロモドメインを有するタンパク質によって読みとられている．したがって，ヒストンアセチル化を標的とした創薬において，HAT, HDAC, ブロモドメイン含有タンパク質が標的となるが，ここでは臨床の場で使用されているHDACについて，その阻害剤スクリーニングについて解説する．

2 HDAC阻害剤スクリーニング

ヒトのHDACは主に活性中心に亜鉛が存在するHDACと補酵素としてNADを必要とするSirtuinの2種類に大別される．両者とも創薬標的として阻害剤開発が行われているが，創薬研究が進んでいるのは亜鉛依存的なHDACである．その契機となった化合物は，放線菌が産生する二次代謝産物であるトリコスタチンA（TSA）である．TSAは抗かび抗生物質として報告された化合物であるが，筆者らによりフレンド白血病細胞の分化を誘導する化合物として再発見され，その後，特異的にHDACの活性を阻害することが示された最初の化合物である[2]．TSAはヒドロキサム酸を有し，これがリガンド部位として活性中心の亜鉛と配位することでHDACの酵素活性を阻害する．このように，最初の特異的で強力なHDAC阻害剤は白血病細胞の分化

[キーワード＆略語]
スクリーニング，ヒストンアセチル化，ヒストンメチル化，FRET

7BS：seven-stranded β-sheet
α-KG：α-ketoglutaric acid（α-ケトグルタル酸）
Alpha：amplified luminescence proximity homogeneous assay（化学増幅型ルミネッセンスプロキシミティホモジニアスアッセイ）
AMC：7-amino-4-methylcoumarin（アミノメチルクマリン）
BET：bromodomain and extra-terminal
CTCL：cutaneous T cell lymphoma（皮膚T細胞リンパ腫）
DNMT：DNA methyltransferase（DNAメチル化酵素）
ELISA：enzyme linked immuno solvent assay
FAD：flavin adenine dinucleotide（フラビンアデニンジヌクレオチド）
HAT：histone acetyltransferase（ヒストンアセチル化酵素）
HDAC：histone deacetylase（ヒストン脱アセチル化酵素）
HDM：histone demethylase（ヒストン脱メチル化酵素）
HMT：histone methyltransferase（ヒストンメチル化酵素）
HTS：high-throughput screening（ハイスループットスクリーニング）
JHDM：Jumonji domain-containing histone demethylase（十文字ドメイン含有ヒストン脱メチル化酵素）
MDS：myelodysplastic syndromes（骨髄異形成症候群）
NAD：nicotinamide adenine dinucleotide（ニコチンアミドアデニンジヌクレオチド）
SAM：*S*-adenosylmethionine（*S*-アデノシルメチオニン）
SET：Su (var) 3-9, enhancer-of-Zeste, Trithorax
SUMO：small ubiquitin-related modifier
TSA：trichostatin A（トリコスタチンA）

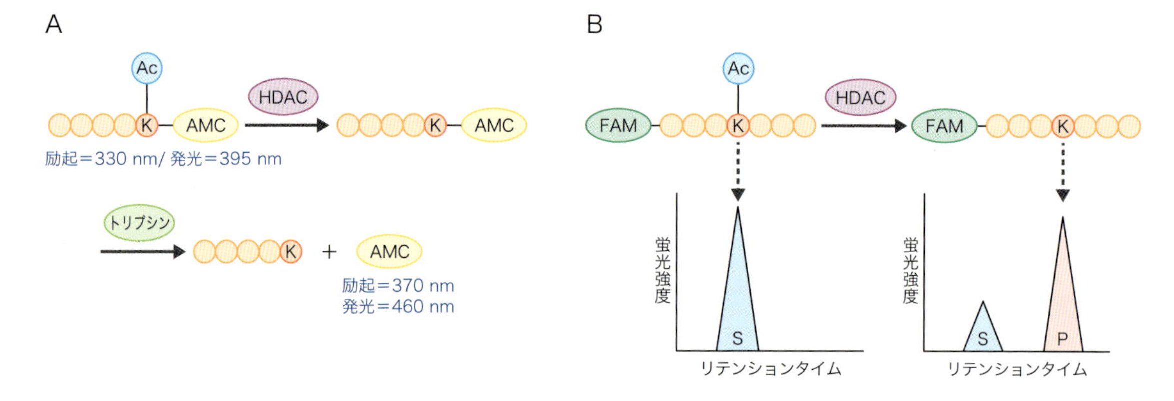

図1　HDAC活性測定法
A) AMCペプチドを用いた*in vitro* HDACアッセイ．**B)** EZ Readerを用いたモビリティシフト法による*in vitro* HDACアッセイ．S：substrate（アセチル化ペプチド），P：product（非アセチル化ペプチド）．

を指標にした表現型スクリーニングにより同定されたが，現在はHDACの酵素活性を直接測定する方法が主にスクリーニングに用いられている．

HDACの*in vitro*酵素活性を検出するアッセイ系は，アセチルリジンをC末端にもつペプチドのカルボキシル基にアミノメチルクマリン（AMC）を付加した蛍光ペプチドを基質として用いた方法がよく使われている（**図1A**）[3]．この蛍光ペプチドとAMC間のアミド結合はアセチルリジンのままではトリプシンにより切断されない．HDAC反応により脱アセチル化されると定量的にトリプシンによりアミド結合が切断されAMCが遊離する．基質とAMCの蛍光特性は異なることから，遊離したAMCの蛍光を測定することによりHDACの酵素活性を間接的に測定することができる．本法は，トリプシン阻害物質も偽陽性となることから，ヒット化合物について別途トリプシン阻害活性を検討する必要があるが，比較的低コストで，ハイスループットスクリーニング（HTS）※1にも向いており，われわれも本法を用いてHTSを行っている．一方本法は，自家蛍光を有する化合物の評価には使用できないという欠点がある．また，蛍光分子との直接相互作用による偽陽性にも気をつける必要がある．その代表的な例として，ポリフェノールであるレスベラトロールの例が有名である．市販の蛍光ペプチドを用いたアッセイ系によりSirtuin活性化物質として同定されたレスベラトロールは，ミトコンドリアの機能を亢進し，高脂肪食マウスの代謝パラメーターを改善させたことから，抗老化剤，カロリー制限模倣剤として非常に着目された[4][5]．しかしその後，*in vitro*におけるレスベラトロールによるSIRT1の活性化は，蛍光分子と直接相互作用することによる実験上の偽活性であることが相次いで示された[6][7]．

※1　ハイスループットスクリーニング（HTS）
膨大な数の化合物から自動化されたロボットなどを用いて，有用な活性をもつ化合物を高効率で選別する技術のこと．

われわれは，AMCを付加した蛍光ペプチドを用いたアッセイ系に加えて，パーキンエルマー社が開発したEZ Readerを用いたマイクロキャピラリー電気泳動法によるモビリティシフトアッセイ系も*in vitro* HDAC活性評価に用いている（**図1B**）．本法の原理は，アセチル化により中和されていた基質ペプチドのリジン残基の電荷が，脱アセチル化されることによりプラス側に変化する．この電荷のずれを利用してアセチル化ペプチド（基質）と非アセチル化ペプチド（プロダクト）を分離する．基質ペプチドをFAMなどで蛍光標識することにより，アセチル化ペプチドと非アセチル化ペプチドの蛍光強度比からHDAC活性を測定する．本法は自家蛍光を有する化合物にも適用でき，ELISA等のアッセイ系に比べてばらつきが少なく，電気泳動の結果として目で確認することもできる．また，リアルタイムでの測定が可能なため，カイネティック測定も容易である．384ウェルプレートでの測定もできるのでHTSも可能である．しかし，アッセイに用いるチップを定期的に交換する必要があり，AMCペプチドを用いたアッセイ系に比べてコストが高い．われわれは，HTSはAMCペプチドを用いたアッセイ系で，得られたヒット化合物の二次評価をモビリティシフトアッセイ系で行っている．

このEZ Readerを用いたモビリティシフトアッセイ系は，HDAC阻害剤のほかに，HAT阻害剤，リン酸化酵素阻害剤，SUMO化酵素阻害剤のスクリーニングなどの評価にも用いられている[8)～10)]．

3 ヒストンのメチル化

コアヒストンのN末端に存在する複数のリジン残基は，*S*-アデノシルメチオニン（SAM）をメチル基供与体としてHMTによりメチル化される．修飾部位に加えて，メチル基が導入される数（モノ，ジ，トリ）によりメチル化の転写への寄与は異なる．HMTには，SET〔Su（var）3-9, enhancer-of-Zeste, Trithorax〕ドメインを有するタイプと，seven-stranded β-sheet（7BS）を有するDot1Lがある．一方，ヒストン脱メチル化酵素（HDM）は，flavin adenine dinucleotide（FAD）依存的なアミン酸化酵素であるLSD1と，Fe^{2+}およびα-ケトグルタル酸（α-KG）を必要とするJumonjiドメイン含有ヒストン脱メチル化酵素（JHDM）の2つのタイプが知られている．メチル化によるエピジェネティクス情報は，メチル化リジンを特異的に認識するクロモドメイン，PHDドメイン，Tudorドメイン，MBTドメインを有するタンパク質によって読みとられる．これまでヒストンリジンメチル化を標的とした化合物としては，リジンメチル化酵素阻害剤およびリジン脱メチル化阻害剤の2種類であったが，最近ポリコーム複合体PRC1の構成因子CBXのクロモドメインによるメチル化リジン認識を阻害するペプチド阻害剤が報告され[11)]，アセチル化と同様にメチル化のリーダータンパク質も創薬標的として注目されはじめている．ここでは臨床応用まで開発が進んでいるHMT阻害剤スクリーニングについて概説する．

4 ヒストンメチル化酵素阻害剤スクリーニング

Chaetocinはスクリーニングにより2005年に報告された天然のHMT阻害剤であり，ヒストンH3K9トリメチル化酵素であるSuv39h1およびヒストンH3K9ジメチル化酵素であるG9aを1 μM前後のIC50値で選択的に阻害する[12)]．Chaetocinは放射性同位体含有SAMを用いたradioactive filter-bindingアッセイによるスクリーニングにより見出された．本アッセイのスループットは低く，HTSには適していない．実際，Chaetocinを同定した際は，スループットを向上させるために8個の化合物を混合してスクリーニングを行っている．一方，BIX-01294はELISAをベースとしたスクリーニング系を用いて2007年に報告されたはじめての特異的なG9a阻害剤である[13)]．BIX-01294は12万5千化合物のスクリーニングにより同定されているが，ELISAは洗浄などの複数のステップを必要とすることから，ELISAによるアッセイ系はHTSには明らかに適していない．

われわれはメチル化されたリジン残基はトリプシンにより認識されないという特性を利用して，スループット性の高いアッセイ系を開発した（**図2A**）[14)]．本法の原理は，AMCペプチドを用いたHDACアッセイと同様である．リジンをC末端にもつペプチドのカルボキシル基にAMCを付加した蛍光ペプチドを基質として用い，HMT化反応によりメチル化されるとAMC間のアミド結合がトリプシンにより切断されなくなることから，残存している蛍光ペプチドあるいは遊離したAMCの蛍光強度を測定することにより，間接的にHMTの酵素活性を測定できる．本法はHTSに応用可能であり，実際われわれは本法を用いたHTSによりH3K4モノメチル化酵素Set7/9の阻害剤を探索したところ，アレルギー薬として臨床で使用されているシプロペプタジンをSet7/9阻害剤として再発見した[15)]．このように本法はHTS可能かつ比較的低コストである一方，メチル化されるリジンのC末にペプチド配列が付加できないためアッセイ可能なHMTアイソフォームが限定されること，比較的高い濃度のSAMを必要とすることなどの欠点も存在する．

われわれは最近，パーキンエルマー社が開発した化

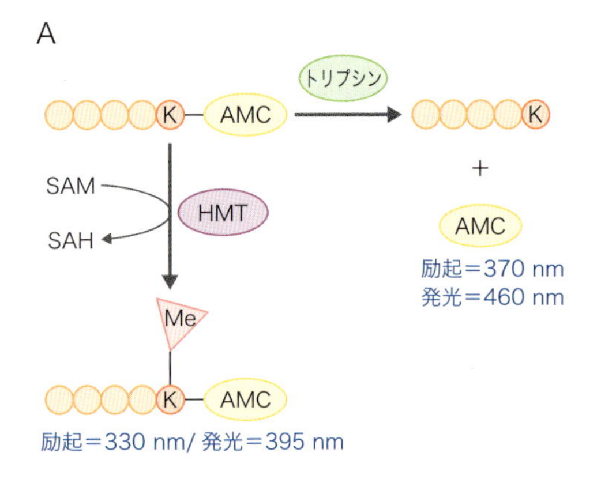

図2　HMT活性測定法
A）AMCペプチドを用いた *in vitro* HMTアッセイ．B）Alphaテクノロジーによる *in vitro* HMTアッセイ．

学増幅型ルミネッセンスプロキシミティホモジニアスアッセイ（Alpha）テクノロジーを利用したアッセイ系も頻用している（**図2B**）．本法は，ドナーとアクセプターの2つのビーズを使用する．ドナービーズに結合した分子が，アクセプタービーズに結合した分子と相互作用し，2つのビーズが近接した状態のときにのみ蛍光を発する．680 nmの光によって励起されたドナービーズ内のフォトセンシタイザーによって周辺の酸素から変換された一重項酸素（$^1O_2$）が，近接しているアクセプタービーズ内で化学発光反応を引き起こし，615 nmの光が放出される．したがって，615 nmの光を測定することにより，2つの分子の相互作用を検出することが可能である．具体的には，N末端をビオチン化したヒストンペプチドとHMTを反応させ，その後，特異的なヒストンメチル化リジン抗体を付加させたアクセプタービーズおよびストレプトアビジンを付加させたドナービーズと反応させた後，615 nmの光を測定することにより，HMTの酵素活性を測定する[16]．抗体を用いる点はELISAと同様であるが，洗浄ステップが必要ないホモジニアスアッセイであるのでスループットは格段に高い．本法はHMT以外にも，HDM，HDAC，HAT，リン酸化酵素などの酵素活性のみでなく，ブロモドメインなどのリーダータンパク質の阻害剤の評価にも使用可能である．例えば，bromodomain and extra-terminal（BET）ファミリーに属するBRD4と結合活性を有する特異的で強力なBETブロモドメインタンパク質阻害剤JQ1のアセチル化ヒストンとブロモドメインの結合阻害活性は，本法を用いて評価されている[17]．

他のハイスループットなHMTアッセイ法としては，プロメガ社が最近開発したMTase-Gloを用いた生物発光ベースのアッセイがある[18][19]．本法は，HMT反応の産物である*S*-アデノシルホモシステイン（SAH）を検出するので，HMTのみでなく，SAMをメチル基供与体とするあらゆるメチル化酵素の活性を測定可能である．

5 FRETプローブによる生細胞でのエピジェネティック因子阻害剤評価

われわれは蛍光共鳴エネルギー移動（FRET）※2の原理を用いることで，生細胞内におけるヒストンアセチル化の時空間分解能を有するリアルタイム解析を可

> **※2　蛍光共鳴エネルギー移動（FRET）**
> 近接した2個の蛍光分子の間で励起エネルギーが，電子の共鳴により隣の蛍光分子へ直接移動する現象のこと．生命科学の分野において，タンパク質間相互作用やシグナル伝達の可視化に利用されている．

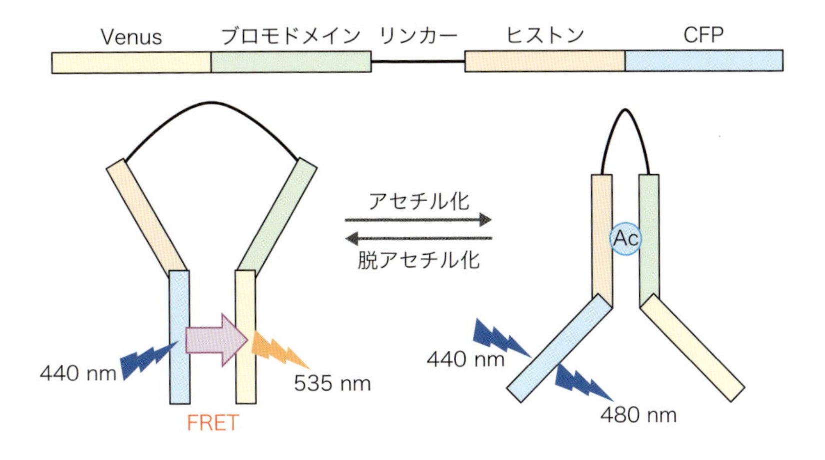

図3　蛍光プローブHistacの構造とヒストンアセチル化検出の原理
Histac内のヒストンがアセチル化されていない場合，２つの蛍光分子VenusとCFPが接近しFRETが生じる．Histac内のヒストンがアセチル化されると，ブロモドメインと結合することにより構造変換が生じ，VenusとCFPの距離が離れ，FRETが解消する．535 nmと480 nmの蛍光を測定することにより，ヒストンアセチル化レベルを検出することができる．

能にする蛍光プローブHistacシリーズを開発した（**図3**）[20]．Histacはヒストンとそのアセチル化を認識するブロモドメイン，FRETを起こす2つの蛍光タンパク質CFP，Venusおよび，リンカーからなる．Histac内のヒストンがアセチル化されると，ブロモドメインと結合する．この結合によってHistacが構造変化を起こし，CFPとVenus間の距離が変化し，FRETが解消する．このFRETによる蛍光強度比の変化を指標としてヒストンアセチル化を検出するしくみである．異なるブロモドメインを使用することにより，これまでにヒストンH4K5およびK8，ヒストンH4K12，ヒストンH3K9およびK14のアセチル化を特異的に検出可能なプローブの作製に成功している[21)～23]．本蛍光プローブは，生細胞でのライターおよびイレイサー阻害剤の評価が可能である．例えば，われわれは本蛍光プローブを用いることにより，TSAと比べてベンズアミド系HDAC阻害剤であるMS-275は，細胞内で長時間HDACの活性を阻害できることを示した[22]．また本プローブは，リーダータンパク質の阻害剤の評価にも使用可能であり，実際，JQ-1によるアセチル化ヒストンとブロモドメインの結合阻害活性を示した[23]．

Histac以外の生細胞でのヒストン化学修飾の評価系としては，抗体の抗原結合フラグメントに蛍光分子を結合させた蛍光プローブがある[24]．

おわりに

本稿では，臨床の場ですでに使用されている，あるいは臨床研究が行われているHDACおよびHMTに焦点をあて，それら阻害剤スクリーニング技術について主に概説した．

近年のエピジェネティック創薬に関する注目するべき成果は，特定のがん腫に共通するドライバー変異※3の発見であろう．ドライバー変異を有するエピジェネティック因子を標的とする疾患の場合は，分子標的としての妥当性がより明確である．エピジェネティック創薬はドライバー変異の発見によって新たな段階に入った感がある．今後は，さらなるドライバー変異を有するエピジェネティック因子の同定とともに，ドライバー変異を標的とした化合物スクリーニング技術の開発が，今後のエピジェネティック創薬にとって重要になることは間違いない．

※3　ドライバー変異
がんの発生や悪化の直接的な原因となる遺伝子変異のこと．変異により機能を失う場合と，新たに機能を獲得する場合がある．

文献

1） Aumann S & Abdel-Wahab O：Biochem Biophys Res Commun, 455：24-34, 2014
2） Yoshida M, et al：J Biol Chem, 265：17174-17179, 1990
3） Wegener D, et al：Chem Biol, 10：61-68, 2003
4） Howitz KT, et al：Nature, 425：191-196, 2003
5） Baur JA, et al：Nature, 444：337-342, 2006
6） Kaeberlein M, et al：J Biol Chem, 280：17038-17045, 2005
7） Borra MT, et al：J Biol Chem, 280：17187-17195, 2005
8） Xiang Y, et al：Bioorg Med Chem Lett, 19：6119-6121, 2009
9） Fanslau C, et al：Anal Biochem, 402：65-68, 2010
10） Kim YS, et al：Chem Biol, 20：604-613, 2013
11） Milosevich N, et al：ACS Med Chem Lett, 7：139-144, 2016
12） Greiner D, et al：Nat Chem Biol, 1：143-145, 2005
13） Kubicek S, et al：Mol Cell, 25：473-481, 2007
14） Chi H, et al：Bioorg Med Chem, 22：1268-1275, 2014
15） Takemoto Y, et al：J Med Chem, 59：3650-3660, 2016
16） Gauthier N, et al：J Biomol Screen, 17：49-58, 2012
17） Filippakopoulos P, et al：Nature, 468：1067-1073, 2010
18） Koh-Stenta X, et al：Biochem J, 461：323-334, 2014
19） Hsiao K, et al：Epigenomics, 8：321-339, 2016
20） Sasaki K, et al：Bioorg Med Chem, 20：1887-1892, 2012
21） Sasaki K, et al：Proc Natl Acad Sci U S A, 106：16257-16262, 2009
22） Ito T, et al：Chem Biol, 18：495-507, 2011
23） Nakaoka S, et al：ACS Chem Biol, 11：729-733, 2016
24） Hayashi-Takanaka Y, et al：Nucleic Acids Res, 39：6475-6488, 2011

＜筆頭著者プロフィール＞
伊藤昭博：1998年北海道大学大学院薬学研究科博士課程修了．'99年からアメリカDuke大学Tso-Pang Yao博士の研究室にポスドクとして留学し，タンパク質のアセチル化に関する研究に従事．2003年から理化学研究所吉田化学遺伝学研究室に研究員として赴任．'07年に専任研究員．ケミカルバイオロジーの手法を主に用いて，リジン残基上で起こる翻訳後修飾の多彩な生理的意義を明らかにし，創薬につなげたいと思っている．

3. エピゲノム制御タンパク質の阻害剤開発

鈴木孝禎

エピジェネティクス機構の一部であるDNAメチル化やヒストンの化学修飾は，がんなどの疾患に関与していることが知られており，エピゲノムを制御するタンパク質を創薬標的とした研究が盛んに進められている．現在，特に，非核酸系DNAメチル基転移酵素（DNMT）阻害剤やリジンメチル基転移酵素（KMT）阻害剤，リジン脱メチル化酵素（KDM）阻害剤，アイソザイム選択的ヒストン脱アセチル化酵素（HDAC）阻害剤，ブロモドメイン（BRD）タンパク質阻害剤が新しいエピジェネティック薬として強く期待されている．

はじめに

DNAのメチル化やヒストンのメチル化・アセチル化などの翻訳後修飾は，エピジェネティクス機構の一部として知られている．これらの化学修飾は，基本的には，メチル基やアセチル基を導入する「書き込み酵素（ライター）」とそれを取り除く「消去酵素（イレイサー）」により可逆的に制御されている（**図1**）．これらの酵素に質的もしくは量的異常が生じると，DNAのメチル化やヒストンのアセチル化・メチル化状態が異常となる．これらのエピゲノム異常は，遺伝子の発現状態に影響を与え，正常細胞の異常化（病気）が起こる．実際に，がんなどの疾病細胞では，アセチル化やメチル化異常がみられる．しかし，このような病気の細胞においてもアセチル化やメチル化異常に伴うエピゲノム異常の修正を行えば，細胞の機能を正常化することができ，疾患治療が可能になると考えられる．また，エピジェネティクスはアセチル基やメチル基といった小さな官能基を認識する生体システムといえる．したがって，高分子を使わずとも小分子でエピゲノムを

[キーワード＆略語]
DNA，ヒストン，メチル化，アセチル化，阻害剤

BRD：bromodomain（ブロモドメイン）
DNMT：DNA methyltransferase（DNAメチル基転移酵素）
HDAC：histone deacetylase（ヒストン脱アセチル化酵素）
JHDM：Jumonji C domain-containing histone demethylase（α-ケトグルタル酸依存的脱メチル化酵素）
KDM：lysine demethylase（リジン脱メチル化酵素）
KMT：lysine methyltransferase（リジンメチル基転移酵素）
LSD：lysine-specific demethylase（フラビン依存的脱メチル化酵素）

Development of epigenomic regulatory protein inhibitors
Takayoshi Suzuki：Graduate School of Medical Science, Kyoto Prefectural University of Medicine（京都府立医科大学大学院医学研究科）

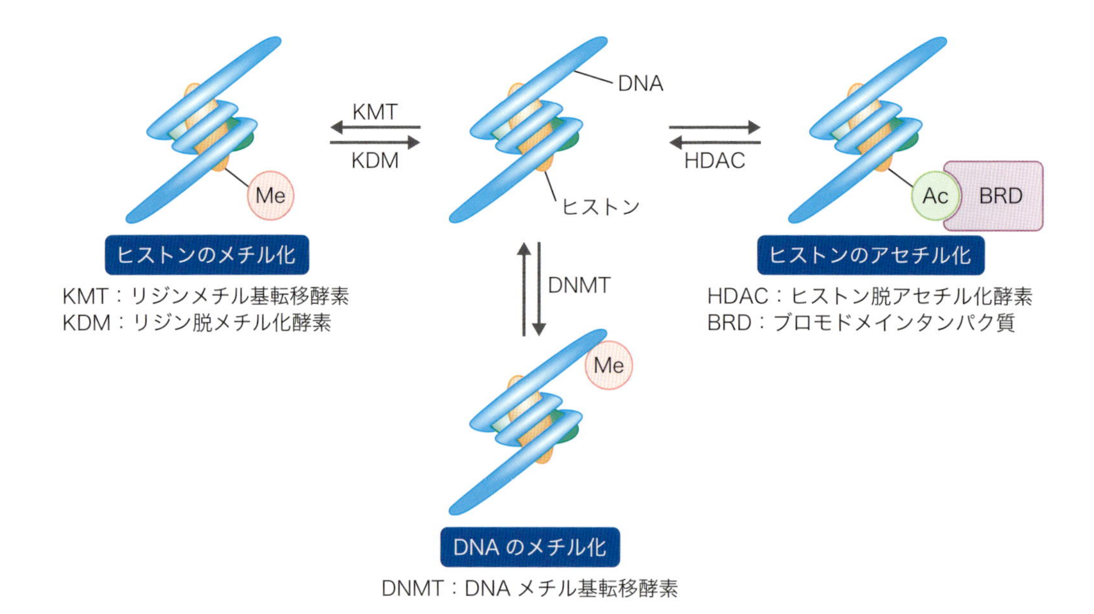

図1　DNAのメチル化とヒストンのアセチル化・メチル化，および創薬標的エピゲノム制御タンパク質

制御することが十分可能であると考えられる．このような考えをもとに，エピゲノムを化学的に制御する小分子化合物を創製し，治療薬として応用する研究が世界中で活発に行われている．本稿では，現在，特に注目されているDNAメチル基転移酵素，リジンメチル基転移酵素，リジン脱メチル化酵素，ヒストン脱アセチル化酵素，ブロモドメインタンパク質に対する阻害剤の開発について概説する．

1 DNAメチル基転移酵素（DNMT）阻害剤

DNAの塩基の1つであるシトシンは，DNMTによってメチル化される（**図1**）．DNAがメチル化されると，遺伝子転写が抑制される．多くのがんでは，プロモーター領域のDNAメチル化によるがん抑制遺伝子発現抑制が高頻度に認められることから，DNAのメチル化を触媒するDNMTの阻害によりがん抑制遺伝子を再活性化し，がんを抑制できると考えられている．

骨髄異形性症候群（MDS）由来の細胞をDNMT阻害剤であるazacitidineとdecitabine（**図2**）で処理すると，がん抑制遺伝子のプロモーター領域は低メチル化状態となる．それにより，がん抑制遺伝子の転写の再活性化とMDS細胞の増殖阻害が起こる．azacitidineとdecitabineはMDS治療薬として，現在，臨床で用いられている[1]．しかし，azacitidineとdecitabineは治療効果に制限があるため，いろいろなDNMT阻害剤の開発が進められている．DNMT1のアンチセンス分子であるMG98の腎細胞がんに対する効果が確認され[2]，現在臨床試験が行われている．一方，緑茶由来小分子ポリフェノールであるEGCG（**図2**）は，DNMTを阻害する作用をもち，皮膚がんに対する効果があることが確認された[3]．現在，EGCGの第II相試験が行われているところである．

2 ヒストンリジン残基のメチル化に関するエピジェネティック阻害剤

1）リジンメチル基転移酵素（KMT）阻害剤

KMTは，ヒストンのリジン残基にメチル基を転移する酵素である（**図1**）．現在までに多くのKMT阻害剤が報告されたが，最も開発の進んでいるものがEZH2阻害剤である．EZH2はH3K27をメチル化し，そのメチル化を介して細胞増殖にかかわる遺伝子の発現を制御している．リンパ腫細胞においてEZH2におけるTyr641およびAla677の点変異がH3K27のトリメチ

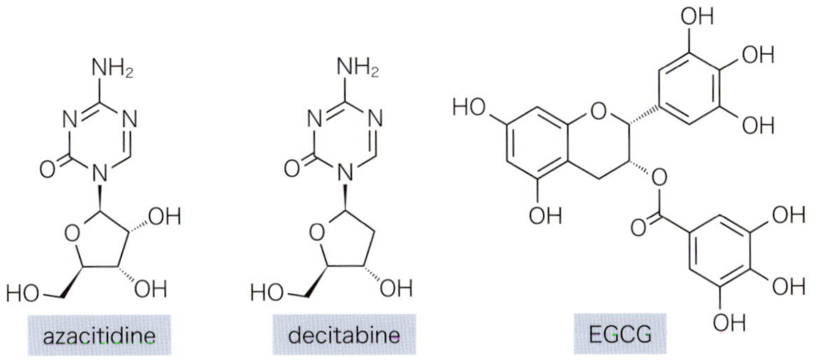

azacitidine　　decitabine　　EGCG

図2　DNMT阻害剤

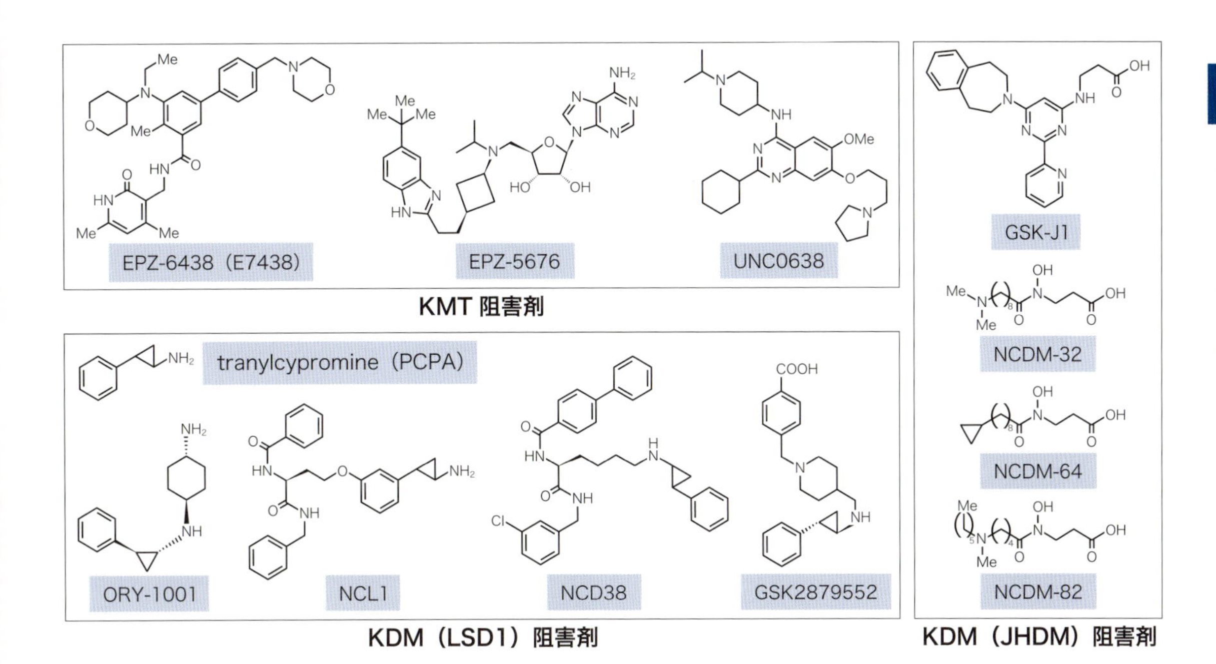

図3　KMT阻害剤とKDM阻害剤

ル化を亢進し，がん抑制遺伝子の発現が抑制されリンパ腫細胞が増殖することが示されていた．最近報告されたEPZ-6438（E7438）[4]（**図3**）は，変異型EZH2に対する阻害活性が強力で，変異型EZH2を発現したリンパ腫細胞に対して殺細胞効果を示す一方，野生型EZH2を発現する細胞では毒性を示さない．現在，非ホジキンリンパ腫患者に対するEPZ-6438（E7438）の第Ⅰ/Ⅱ相試験が進められている．

KMTの1つであるDOT1Lも，創薬標的として大きな注目を浴びている．DOT1L阻害剤であるEPZ-5676[5]（**図3**）は，混合系統白血病（MLL）細胞においてH3K79のメチル化を選択的に阻害し，白血病誘発遺伝子の発現を抑制する．また，EPZ-5676はMLL細胞の増殖を特異的に阻害する．現在，白血病治療薬としてのEPZ-5676の臨床試験が行われている．

H3K9メチル化酵素であるG9aのノックダウンにより，肺がん，白血病，前立腺がん細胞の増殖が抑制され，アポトーシスが誘導されることから，G9a選択的阻害剤は，抗がん剤として期待されている[6]．G9a選択性が高く細胞毒性の低い阻害剤として，UNC0638[7]

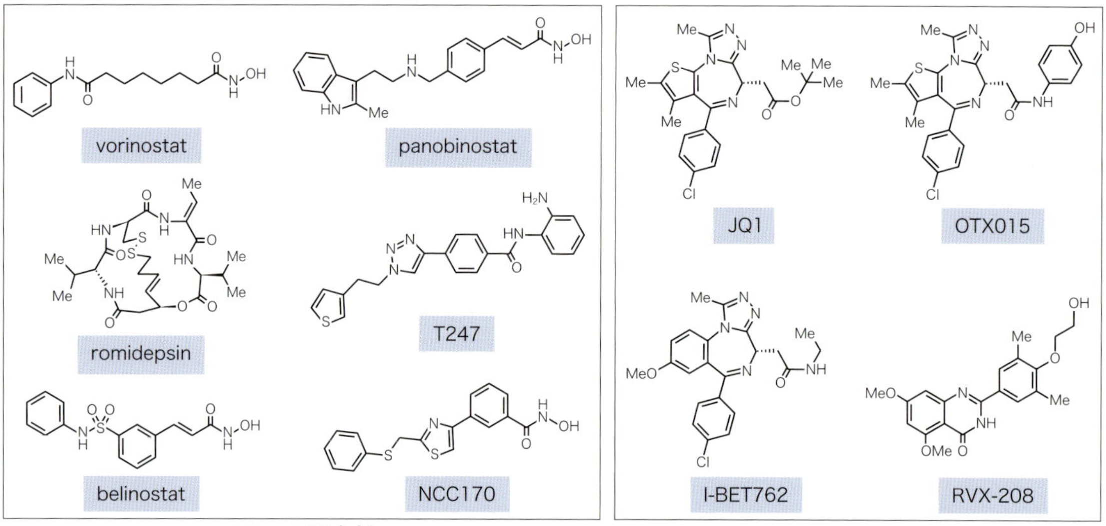

図4　HDAC阻害剤とBRDタンパク質阻害剤

（**図3**）が知られている．

2）リジン脱メチル化酵素（KDM）阻害剤

KDM（**図1**）として，フラビン依存的脱メチル化酵素（LSD）とFe^{2+}およびα－ケトグルタル酸依存的脱メチル化酵素（JHDM）の2種類が知られている．KDMファミリーのいくつかの酵素も創薬標的として研究されている[8]．

H3K4のジメチル化体とモノメチル化体を脱メチル化する酵素であるLSD1は，さまざまながん細胞に高発現し，かつその増殖に関与していることから，抗がん剤の創薬標的として期待されている．近年，非選択的なLSD1阻害剤として知られていたトラニルシプロミン（PCPA，**図3**）の構造をもとにした創薬研究により，低分子LSD1阻害剤NCL1[9]やNCD38[10]，GSK2879552[11]，ORY-1001[12]（**図3**）などが見出された．これらのLSD1阻害剤は，LSD1を強力かつ選択的に阻害する化合物であり，*in vivo*でも抗がん効果を示す．現在，GSK2879552，ORY-1001の急性骨髄性白血病患者に対する臨床試験が行われている．

JHDMも疾患に関与することがわかっており[8]，創薬研究が開始されている．JHDMの1つであるH3K27のトリメチル体とジメチル体の脱メチル化酵素KDM6を阻害するGSK-J1が報告された[13]．GSK-J1は炎症性サイトカインの産生抑制活性を示すことから，抗炎症薬としての応用が期待されている．また，NCDM-32[14]やNCDM-64[15]，NCDM-82[16]といったKDM4，KDM2/7，KDM5に対する阻害剤も報告されている（**図3**）．KDM4阻害剤であるNCDM-32は乳がん細胞の増殖を阻害し[17]，KDM2/7阻害剤であるNCDM-64は細胞周期調節因子E2F1の遺伝子発現抑制によりG1期で細胞周期を停止させ，子宮頸がん細胞と食道がん細胞の増殖を阻害する[15]．これらの研究結果から，KDM4阻害剤とKDM2/7阻害剤は抗がん剤として期待されている．

3 ヒストンのアセチル化に関するエピジェネティック阻害剤

1）ヒストン脱アセチル化酵素（HDAC）阻害剤

HDACは，ヒストンのアセチル化されたリジン残基を脱アセチル化する反応を触媒する酵素である（**図1**）．HDAC阻害剤のなかでも，亜鉛イオン依存性HDAC阻害剤は，高い抗がん作用を示す．vorinostatとromidepsin（**図4**）は，皮膚T細胞リンパ腫（CTCL）患者に対し，高い効果を示し，それぞれ，2006年，2009年にFDAにCTCL治療薬として認可された．また，最近，romidepsinとbelinostat（**図4**）が末梢性T細胞リンパ腫（PTCL）治療薬として，panobinostat

（**図4**）も多発性骨髄腫治療薬として認可された．

HDACアイソザイムと疾患の関連も数多く報告されているが[18)]，承認されたHDAC阻害剤はアイソザイム選択性が低い．最近，HDAC3選択的阻害剤T247[19)]やHDAC8選択的阻害剤NCC170[20)]（**図4**）が見出され，T247が大腸がんや前立腺がんに有効であること，NCC170およびその誘導体がT細胞性リンパ腫や神経芽腫に有効であることが示された．

2）ブロモドメイン（BRD）タンパク質阻害剤

近年まで，エピジェネティクスを制御する酵素が創薬における分子標的の主役であったが，最近，エピジェネティクス情報の「読み取りタンパク質（リーダー）」であるBRDタンパク質（**図1**）に結合し，薬効を示すJQ1[21)]とI-BET762[22)]が報告された（**図4**）．BRDタンパク質の1つであるBRD4は，染色体異常によってNUTタンパク質と融合し，致死性の高いNUT midline carcinoma（NMC）を誘発する．JQ1は，BRD4を阻害することで，患者由来異種移植片モデル実験において，NMC腫瘍の形成を抑制した．I-BET762は，ヒト混合系統白血病（MLL）細胞の細胞周期を停止し，アポトーシスを誘導した．現在，NMCや他のがん種に対する抗がん剤として，I-BET762の臨床試験が行われている[23)]．I-BET762以外にも，BRDタンパク質阻害剤OTX015（**図4**）が，血液系がん治療薬として，臨床開発に入っている．また，BRDタンパク質阻害剤RVX-208（**図4**）については，アテローム性動脈硬化治療薬としての臨床応用が期待されている．

おわりに

現在，すでに抗がん剤として臨床で用いられているazacitidine, decitabine, vorinostat, romidepsin, belinostat, panobinostatに続いて，本稿で述べたDNMT阻害剤，KMT阻害剤，KDM阻害剤，アイソザイム選択的HDAC阻害剤およびBRDタンパク質阻害剤が，次世代エピジェネティック阻害剤として期待されている．いくつかの阻害剤はすでに臨床開発段階にあり，有望な臨床試験結果が得られつつある．さらに，今後のエピゲノム研究により，本分野から新規治療薬候補化合物が登場することも予想される．近い将来，エピゲノム研究者の努力が実を結び，新しいエピジェネティック治療薬が臨床で活躍することを期待している．

文献

1） Egger G, et al : Nature, 429 : 457-463, 2004
2） Amato RJ, et al : Cancer Invest, 30 : 415-421, 2012
3） Nandakumar V, et al : Carcinogenesis, 32 : 537-544, 2011
4） Knutson SK, et al : Mol Cancer Ther, 13 : 842-854, 2014
5） Daigle SR, et al : Blood, 122 : 1017-1025, 2013
6） Goyama S, et al : Leukemia, 24 : 81-88, 2010
7） Vedadi M, et al : Nat Chem Biol, 7 : 566-574, 2011
8） Suzuki T & Miyata N : J Med Chem, 54 : 8236-8250, 2011
9） Ueda R, et al : J Am Chem Soc, 131 : 17536-17537, 2009
10） Ogasawara D, et al : Angew Chem Int Ed Engl, 52 : 8620-8624, 2013
11） Mohammad HP, et al : Cancer Cell, 28 : 57-69, 2015
12） Maes T, et al : Epigenomics, 7 : 609-626, 2015
13） Kruidenier L, et al : Nature, 488 : 404-408, 2012
14） Hamada S, et al : J Med Chem, 53 : 5629-5638, 2010
15） Suzuki T, et al : J Med Chem, 56 : 7222-7231, 2013
16） Itoh Y, et al : ACS Med Chem Lett, 6 : 665-670, 2015
17） Ye Q, et al : Am J Cancer Res, 5 : 1519-1530, 2015
18） Itoh Y, et al : Curr Pharm Des, 14 : 529-544, 2008
19） Suzuki T, et al : PLoS One, 8 : e68669, 2013
20） Suzuki T, et al : ChemMedChem, 9 : 657-664, 2014
21） Filippakopoulos P, et al : Nature, 468 : 1067-1073, 2010
22） Nicodeme E, et al : Nature, 468 : 1119-1123, 2010
23） Mirguet O, et al : J Med Chem, 56 : 7501-7515, 2013

＜著者プロフィール＞
鈴木孝禎：1995年東京大学薬学部薬学科卒業，'97年東京大学大学院薬学系研究科修士課程修了，同年JT医薬総合研究所入社，2003年名古屋市立大学大学院薬学研究科助手，'05年博士（薬学）取得．'07年スクリプス研究所客員研究員，'09年名古屋市立大学大学院薬学研究科講師，同年科学技術振興機構さきがけ研究者（兼任），'11年より現職．有機化学を基盤としたエピジェネティクス制御により，疾患の根本治療をめざしている．

4. 神経系におけるエピジェネティック制御と再生医療への応用

入江浩一郎，安井徹郎，中島欽一

中枢神経系は損傷や変性によって神経回路網が破綻し，重篤な障害に陥る．これらの中枢神経疾患に対する有効な治療法は困難であるとされてきた．しかしながら，神経幹細胞の分化制御機構の解明やiPS細胞の誕生により，神経疾患に対する神経再生医療の研究は目覚ましく発展してきた．さらに近年，神経疾患のエピジェネティックな病態の解析が盛んに行われており，このエピジェネティック制御を利用した神経再生に注目が集まっている．本稿では神経再生におけるエピジェネティック制御の応用とその有用性について最新の知見を踏まえて概説する．

はじめに

脳や脊髄からなる中枢神経系は，神経幹細胞より分化したニューロン，アストロサイトおよびオリゴデンドロサイトが密接に連携することで高次機能を司っている．中枢神経系が損傷を受けるとニューロンの軸索の途絶および損傷部周辺の細胞死により神経回路網が破綻する．成体哺乳類において一度破綻した中枢神経回路網は末梢神経と違い，十分に再生することができない．そのため中枢神経疾患に対する有効な治療法はいまだ存在せず，その病態の解明と治療法の確立は急を要している．

胚性幹細胞（embryonic stem cells：ES細胞）や人工多能性幹細胞（induced pluripotent stem cells：iPS細胞）の誕生に伴い，生体内への細胞移植によって失われた機能の再生をめざす再生医療の実現に向け，日々多くの研究が行われている．その結果，DNA配列の改変ではなく，DNAメチル化やヒストン修飾，microRNA（miRNA）※1などのエピジェネティック制御によって神経再生を促すことが可能であることが明らかとなってきた．本稿では，神経再生においてエピジェネティック制御がどのようにかかわっているのか

［キーワード＆略語］
ヒストン修飾，microRNA（miRNA），軸索再生，細胞移植

CSPG：chondroitin sulfate proteoglycan（コンドロイチン硫酸プロテオグリカン）
HDAC：histone deacetylase（ヒストン脱アセチル化酵素）
iPS細胞：induced pluripotent stem cells（人工多能性幹細胞）
RAGs：regeneration-associated genes（軸索再生関連遺伝子）
VPA：valproic acid（バルプロ酸）

Epigenetic regulation in the nervous system and its application for regenerative medicine

Koichiro Irie/Tetsuro Yasui/Kinichi Nakashima：Department of Stem Cell Biology and Medicine, Graduate School of Medical Science, Kyushu University（九州大学大学院医学研究院応用幹細胞学部門基盤幹細胞分野）

について最新の知見を踏まえて紹介する．

1 神経損傷後の病態と軸索再生におけるエピジェネティック制御

中枢神経疾患には脊髄損傷・脳挫傷といった外傷性疾患，脊髄梗塞・脳梗塞などの虚血性疾患，パーキンソン病などの変性疾患，遺伝子の変異や欠損による先天性疾患などがあげられるが，その病態はほぼ共通して炎症を伴う細胞死による神経回路網の崩壊であると考えられている．そのなかでも脊髄損傷は臨床応用への直近の目標として特に盛んに研究がなされている．脊髄損傷においては，中枢神経系が損傷を受けると急性期には直接外力により損傷部のニューロン，アストロサイトおよびオリゴデンドロサイトの細胞死が引き起こされる．続いて血液脊髄関門の破綻により白血球，マクロファージなどの炎症性細胞が微小血管から浸潤し，常在するミクログリアなどとともにその貪食作用や炎症性サイトカインの放出により周囲へ炎症が拡大し，神経回路網に二次損傷が引き起こされる．この炎症性細胞の浸潤の拡大および周辺細胞の細胞死に対して，亜急性期に反応性アストロサイトが損傷部周辺に遊走し，グリア瘢痕とよばれる瘢痕を形成する．グリア瘢痕は，亜急性期においては組織修復に関して重要な役割を担っているが，慢性期においては残存ニューロンの軸索伸展を阻害する．近年ではこの損傷部のエピジェネティック変化に着目した研究が報告されている．

1）microRNA制御による軸索再生

中枢神経系の損傷における軸索伸長阻害因子として，グリア瘢痕から産生されるコンドロイチン硫酸プロテオグリカン（chondroitin sulfate proteoglycan：CSPG）や，髄鞘の残骸に存在するNogo-A, myelin-associated glycoprotein（MAG）, oligodendrocyte-myelin glycoprotein（OMgp）などのミエリン関連タンパク質が近年報告されている．これらの軸索伸長阻害因子は残存するニューロンのRhoAを活性化し，Rhoキナーゼ系を介して軸索の成長円錐の細胞骨格を破壊する．このRhoAの発現を制御するエピジェネティクス因子として，成体ゼブラフィッシュの脊髄損傷後のニューロンでmiR-133bの発現が上昇しており，RhoAの発現を抑制することで軸索伸展を促進し，運動機能改善に寄与することが報告された[1]．さらに，脳梗塞モデルラットの尾静脈にmiR-133bを過剰発現させた間葉系幹細胞（mesenchymal stem cells：MSCs）を投与すると，MSCsより分泌されたエクソソーム内に含まれるmiR-133bが損傷部位のニューロンおよびアストロサイトに取り込まれ，双方でのRhoAおよび結合組織成長因子の発現を抑制し，軸索再生を促すことで脳梗塞後の機能も回復することが報告されている（**図1**）[2]．この他にもmiR-431やmiR-26など損傷後の軸索再生に関与するmiRNAがこの数年で多数報告されはじめている[3][4]．

> **※1　microRNA（miRNA）**
>
> 約22塩基のsmall non-coding RNAで，自身と相補的な配列をもつメッセンジャーRNA（mRNA）に結合し，翻訳の阻害またはmRNAの分解を促進することで遺伝子発現を負に制御する転写後調節因子として機能している．

さらに脊髄損傷後のグリア瘢痕形成についても，miRNAの機能を制御し瘢痕形成を抑制することで，軸索再生促進が可能であることも報告されている（**図2**）．アストロサイト特異的にmiR-21と相補的配列を複数もつスポンジRNAを発現させ，miR-21の機能を阻害したマウスでは，脊髄損傷後の反応性アストロサイトにみられる特徴的な肥大化が増強され，おそらくその機能が亢進した結果，損傷領域の縮小およびグリア瘢痕を通過する軸索の数の増加がみられることが報告されている[5]．また，miR-145をアストロサイトに過剰発現させると脊髄損傷後のグリア瘢痕が縮小することも報告されている[6]．さらにmiR-486に対する阻害オリゴヌクレオチドを脊髄損傷モデルマウスに投与したところ，神経保護機能をもつ遺伝子の発現を促進するbHLH（basic helix-loop-helix）型転写因子NeuroD6の発現減弱が回復し，神経変性が抑制されることで後肢の運動機能が改善されることも明らかとなっている[7]．

以上のことより，今後は損傷後のmiRNA制御によりグリア瘢痕や軸索伸展阻害因子の抑制を促すような新規治療法の開発が期待されている．

2）ヒストン修飾変換による軸索再生

損傷後の軸索再生を制御しているエピジェネティクス機構としてmiRNAの他にヒストン修飾が知られている．末梢神経系では，軸索が損傷を受け途絶すると

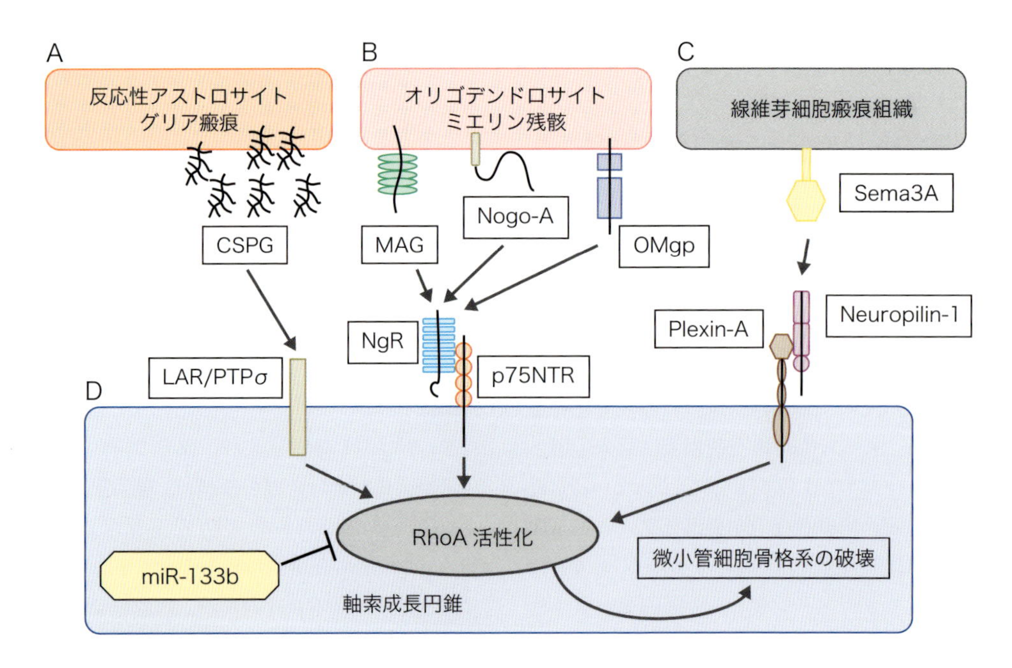

図1　軸索伸長阻害因子とmiRNA制御による軸索再生

A）反応性アストロサイト・グリア瘢痕は物理的に軸索伸展を阻害することに加えてCSPGを産生する．CSPGは受容体型チロシンホスファターゼに属するLARおよびPTPσに結合する．B）ミエリン関連タンパク質（Nogo-A, MAG, OMgp）はいずれも共通のNogo受容体（NgR）に結合し，co-receptorであるp75NTRを介してシグナルを伝達する．C）瘢痕線維組織中のSema3AはNeuropilin-1/Plexin-Aに結合する．D）A, B, Cはいずれも共通してRhoAを活性化し，Rhoキナーゼ系を介して軸索の成長円錐の細胞骨格を破壊する．miR-133bはRhoAタンパクの翻訳を抑制することで軸索の再伸展を促進する．

Growth Associated Protein 43（*GAP-43*），*Small protein-rich protein 1A*（*Sprr1a*），*Neuropeptide Y*（*Npy*），*Galanine*などの軸索再生関連遺伝子（regeneration-associated genes：RAGs）の発現が上昇し，軸索の再伸長により神経回路網が再建される．このRAGsの発現はヒストンアセチル化※2の変化によって制御されていることが報告されている．軸索が損傷を受けると，Ca^{2+}が細胞内に流入しプロテインキナーゼCμ（protein kinase Cμ：PKCμ）がリン酸化され活性化する．活性化されたPKCμは核内に局在しているヒストン脱アセチル化酵素（histone deacetylase：HDAC）5を核外へ移行し，これによりヒストンH3のアセチル化レベルが増加し，RAGsの発現が亢進する[8]．また，成熟した後根神経節（dorsal root ganglia：DRG）ニューロンにおいてヒストンH4は低アセチル化状態にあるが，軸索が切断されると選択的にRAGsプロモーターのヒストンH4が高アセチル化状態になることによりRAGsの発現の亢進が確認された（**図3**）[9]．

しかしながら，中枢神経系では，軸索が損傷を受けてもエピジェネティックな変化は起こらずRAGsの発現亢進はみられない．このような中枢神経系でのRAGs発現抑制に対して，HDAC1およびHDAC3の阻害剤であるエンチノスタット（entinostat；MS-275）を脊髄損傷後のマウスに投与したところ軸索伸展が改善されることが報告されており，この他にもクラスⅠ/Ⅱ選択的HDAC阻害剤であるトリコスタチンAやHDAC6選択的阻害剤でも軸索伸長が改善するとの報告があり，

※2　ヒストンアセチル化

ヒストンにアセチル基が付加されるとヒストン-DNA間の静電的結合が弱くなり，クロマチン構造が弛緩することで転写因子などがDNAへ結合しやすくなり，遺伝子の発現が正に制御される．一方，アセチル化が除去されるとクロマチン構造が凝縮し，遺伝子の発現が抑制される．このヒストンのアセチル化は，アセチル基をヒストンに付加するヒストンアセチル化酵素（histone acetyltransferase：HAT）および，ヒストンからアセチル基を取り除くヒストン脱アセチル化酵素（histone deacetylase：HDAC）によって制御されている．

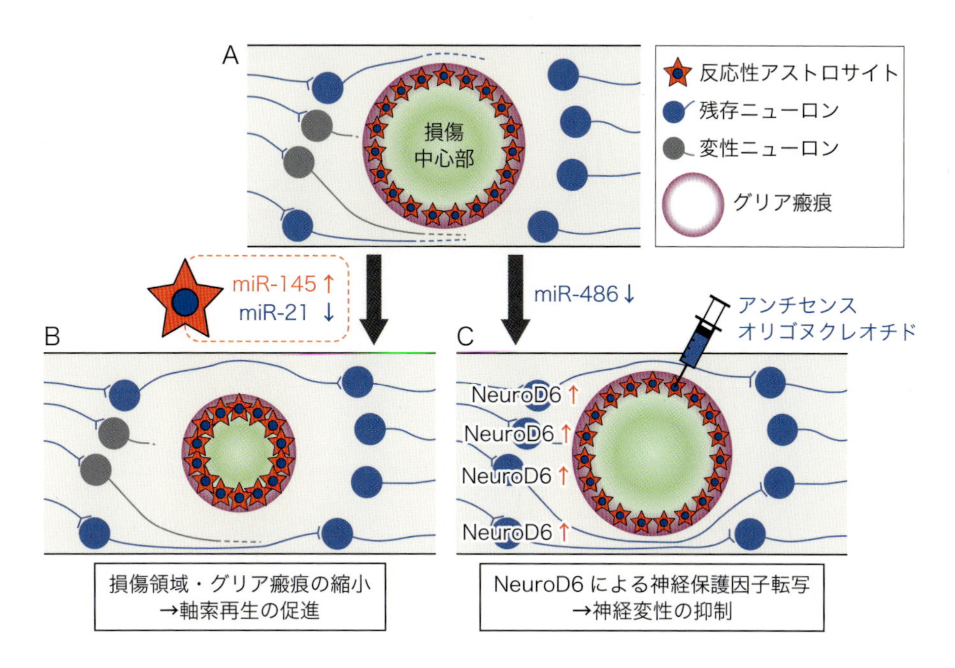

図2　miRNA制御によるグリア瘢痕縮小と軸索伸展促進

A）脊髄損傷亜急性期における損傷部のモデル図．損傷部には反応性アストロサイトが遊走し，グリア瘢痕を形成する．損傷部では軸索伸展阻害因子により残存ニューロンの軸索伸展が阻害される．B）アストロサイトにmiR-145を過剰発現またはmiR-21の機能阻害を行うと，損傷領域およびグリア瘢痕が縮小する．その結果，残存ニューロンの軸索伸展が亢進し，運動機能の改善がみられる．C）脊髄損傷後にmiR-486の機能阻害アンチセンスオリゴヌクレオチドを投与すると，NeuroD6の発現が回復し神経保護因子の転写が促進される．その結果，神経変性が抑制され，神経回路網の再建および運動機能の改善がみられる．

これは非ヒストンタンパク質であるα-チューブリンのアセチル化亢進によって微小管が安定し，微小管輸送が促進したためであると推定されている[10]．

今後は損傷時のさらなるエピジェネティックな病態の解明と特異性の高いHDAC / histone acetyltransferase（HAT）の活性促進・阻害剤が開発されることにより，前述のmiRNA制御とともにエピジェネティック修飾を標的とした治療への応用が期待される．

2 細胞移植を用いた神経再生

これまで軸索再生に焦点を当てて紹介してきたが，中枢神経の重度損傷においてその病態は細胞死による広範囲の神経回路網の崩壊であり，途絶した軸索を再生させるだけでは十分な運動機能の回復は望めない．神経幹細胞は成体においても維持されており，神経系が損傷を受けると未成熟ニューロンがこの成体神経幹細胞から新生され，血管に沿って損傷部周辺へ遊走し，成熟ニューロンとなって神経回路の再建に努めようとする[11]．しかしながら，哺乳類の中枢神経においては損傷後に内在性神経幹細胞より生産されるニューロンの数はわずかであり，完全な機能回復には至らないことが予想される．そこで，生体外より目的とする細胞を移植し，補充することで神経回路網を再建させる試みがなされてきた．ここでは脊髄損傷治療における細胞移植とエピジェネティック制御を組合わせたわれわれの成果を含めて細胞補充療法の現状と展望について紹介したい．

1）神経幹細胞移植とHINT法

細胞移植による中枢神経再生において，ニューロン自体を移植するのはその脆弱性と非増殖性細胞という性質から技術的に困難であるため，まず神経幹細胞を移植し，その細胞をニューロンへと分化させて神経回路網に組込むことが現実的であると考えられている．しかし，一般的に脊髄損傷モデルマウスに神経幹細胞を移植しても，そのほとんどはミクログリアやマクロ

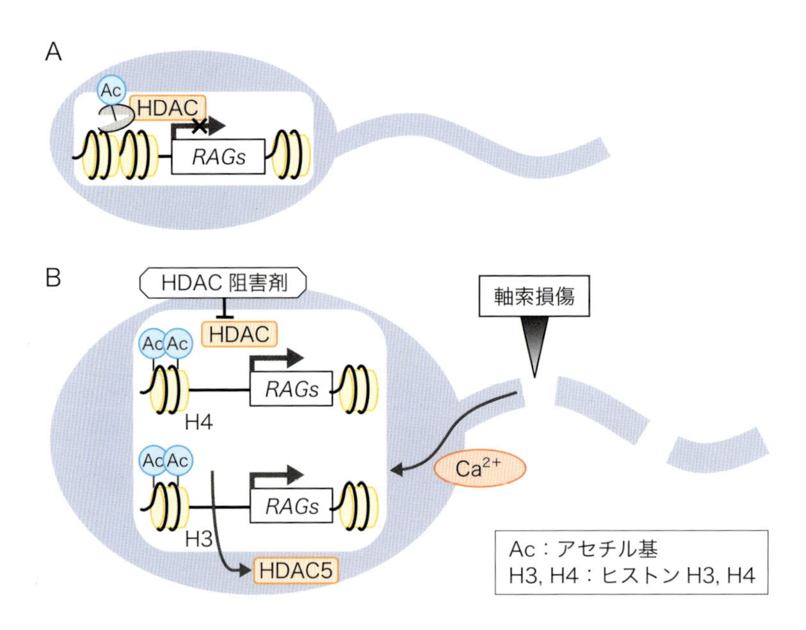

図3　軸索伸展関連遺伝子の発現制御
A）生理的条件下においては，RAGsの発現は，HDACがヒストンH3を脱アセチル化することによって抑制されている．**B**）軸索損傷時では，HDAC5の核外排出が起こり，それに伴うヒストンH3の高アセチル化によりRAGsの転写亢進を認める．さらにHDAC阻害剤を用いることでヒストンH4でも高アセチル化とRAGsの転写亢進および軸索伸展がみられる．

ファージなどから放出される炎症性サイトカインなどの細胞外因子の影響によりアストロサイトへと分化してしまうことが知られている．これまでに神経幹細胞の分化運命決定には細胞外因子の他にDNAメチル化，ヒストン修飾などのエピジェネティックな遺伝子発現制御の関与が多数報告されている[12]．抗てんかん薬として使用されているバルプロ酸（valproic acid：VPA）はHDAC阻害剤としても知られ，ヒストンH3/H4のアセチル化を亢進する．これに関してわれわれは，神経幹細胞に対してVPAはbHLH型転写因子*NeuroD*の発現を亢進し，ニューロンへの分化を促進し，アストロサイトへの分化を抑制することを報告した[13]．そこで，このVPAの作用を利用して，脊髄損傷モデルマウスへ移植した神経幹細胞をVPA投与により効率よくニューロンへと分化させ，神経回路網に組込むというHINT（HDAC inhibitor and neural stem cell transplantation）法を開発した（**図4**）[14]．HINT法治療群では神経幹細胞移植のみを行った群と比較して移植細胞のニューロン分化が有意に促進されるとともにアストロサイト分化は抑制され，さらに新生されたニューロンは残存するニューロンとリレーするように神経回路網を再建することで下肢運動機能を改善させることを明らかにした．

この報告は失われた神経系細胞を補充する際に，特定の細胞へと正しく分化誘導するためにエピジェネティクス機構の制御が有効であることを強く示唆している．

2）iPS細胞を用いた細胞補充療法

iPS細胞の誘導および培養法が確立されたことにより，これまで他家のES細胞や胎児由来細胞を使用する際に生じる免疫拒絶反応や生命倫理の問題が解決され，iPS細胞由来細胞を損傷モデル動物に移植し，機能の改善を評価した研究が盛んに行われている．近年われわれはヒトiPS細胞由来神経上皮様幹細胞を脊髄損傷モデルマウスに移植し，下肢運動機能の回復を得たことを報告した（**図5**）[15]．脊髄損傷の他にも，パーキンソン病モデルの霊長類（カニクイザル）に自家移植されたiPS細胞由来ドーパミン作働性ニューロンは少なくとも2年間は生体内で生存し，被殻へと投射していたことを認めており，モデル動物の運動機能が回復したことが報告されている[16]．

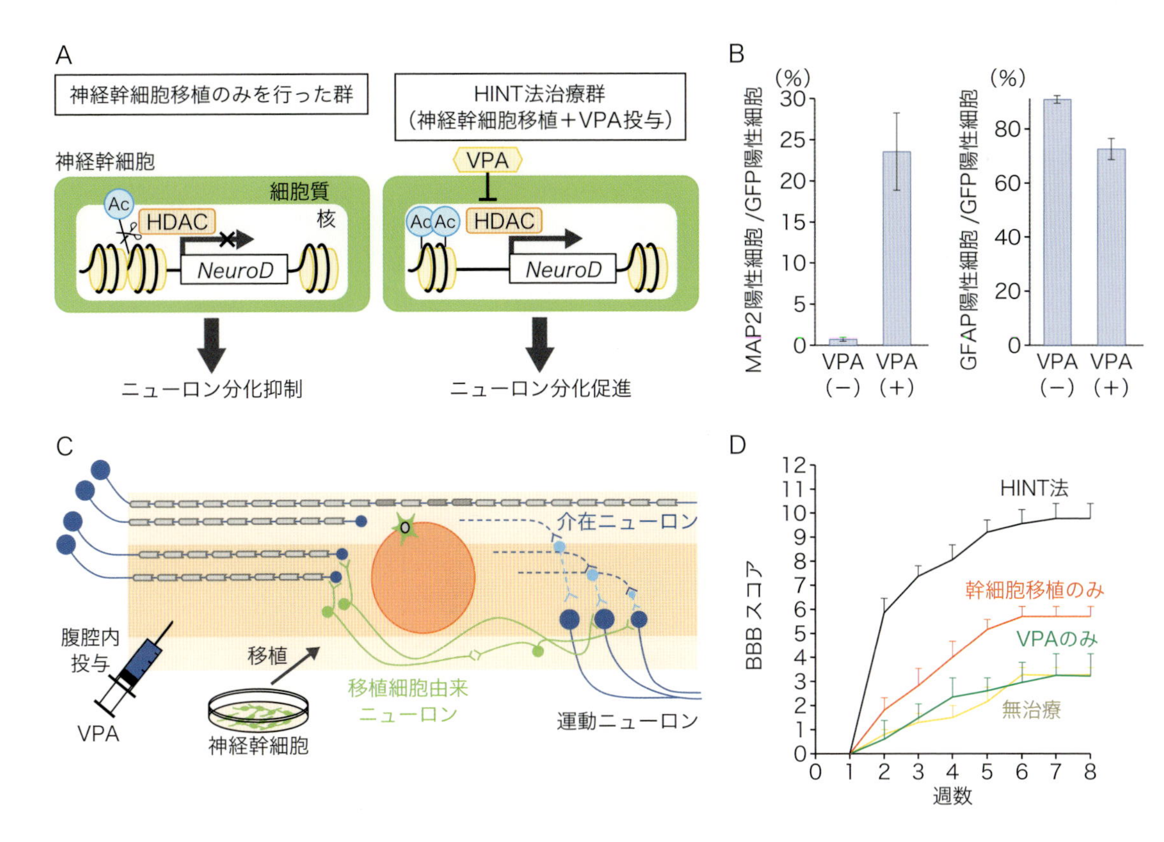

図4　VPAによる神経幹細胞の分化誘導とHINT法による脊髄損傷治療

A） マウス胎仔脳由来の神経幹細胞を脊髄損傷部位に移植すると，損傷部およびその周辺部で産生される細胞外因子による影響を受け，大半がアストロサイトへと分化する．ここにHDAC阻害剤であるVPAを投与すると，ヒストンアセチル化亢進により，ニューロン分化を促進するbHLH型転写因子NeuroDの発現が亢進し，高効率なニューロン分化促進が観察される．**B）** VPA投与によりGFP（green fluorescence protein）でラベルした移植神経幹細胞から分化したニューロンマーカーであるMAP2（microtubule-associated protein 2）陽性細胞は増加し，同時にアストロサイトマーカーであるGFAP（glial fibrillary acidic protein）陽性細胞は減少した．**C）** 移植神経幹細胞由来ニューロンは破綻した神経回路をリレーするように再建することで機能的に働き，直接的に下肢運動機能を回復させたと考えられる．**D）** 下肢運動機能の回復を下肢運動機能の半定量的評価法の1つであるBBBスコア（Basso-Beattie-Bresnahan score，0～21点）に基づいて評価した．HINT法治療群は幹細胞移植群やVPA処理群よりも顕著な下肢運動機能回復を示した．

これらの報告はiPS細胞由来細胞の移植の有効性と安全性を提示しており，神経変性・損傷に対する有用な治療法となる可能性を強く示唆している．ただし，目的の細胞のみを効率よく得る方法や腫瘍形成リスクをなくす方法の開発など，乗り越えなくてはならない問題も少なからず残されている．

3 精神神経疾患のエピジェネティクスと治療への応用

近年では，外傷性・変性中枢神経疾患に加えて，遺伝子の変異や欠損によって生じる先天性精神疾患あるいは加齢によって発症する神経変性疾患とエピジェネティクスとの関連も多数報告されている．

先天性精神神経疾患の1つであるRett症候群（RTT）はX染色体上の*MECP2*（methyl-CpG binding protein 2）遺伝子の変異・欠損が原因で生じる精神発達障害である（第3章-14参照）．これまでのRTTモデル動物およびRTT患者死後脳などを用いた多くの先行研究から，RTT脳ではH3K9acの増加やH3K9me3の減少などさまざまなエピジェネティックな異常がみられることが報告されている[17]．当研究室

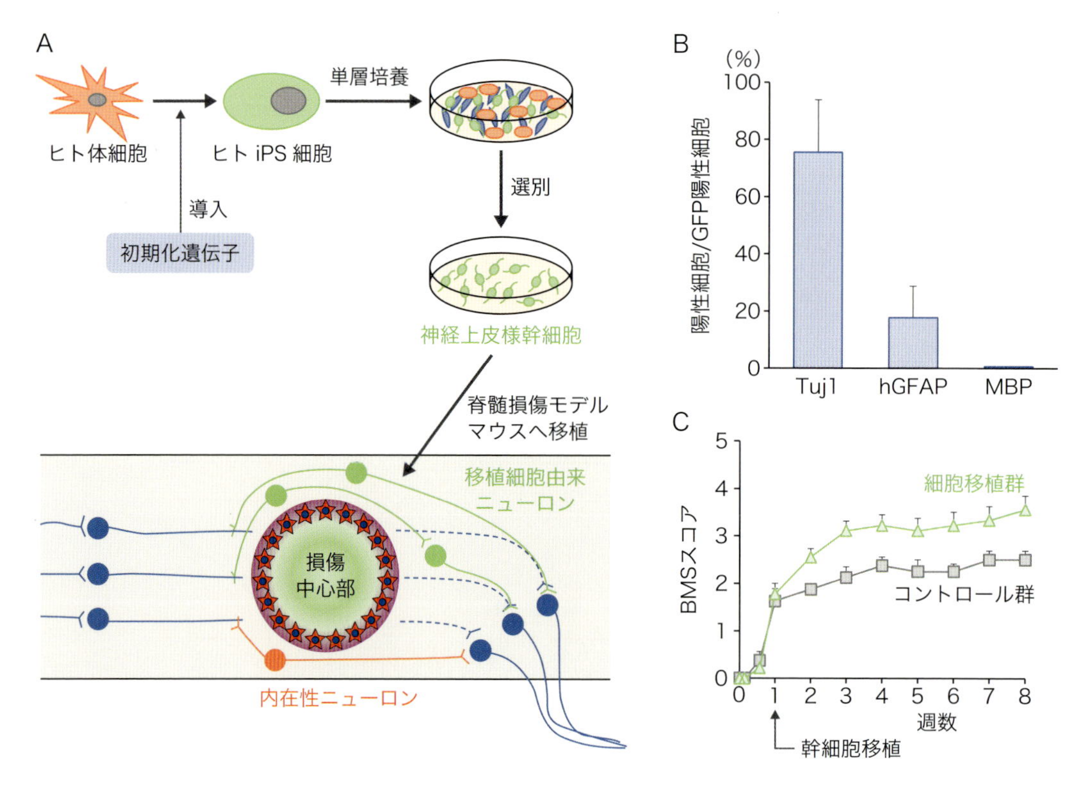

図5　新規培養法によるiPS細胞由来神経幹細胞の樹立と損傷脊髄への移植

A） ヒト体細胞に初期化遺伝子を導入して得られたヒトiPS細胞を，単層培養により神経幹細胞の一種である神経上皮様幹細胞へ誘導した．脊髄損傷モデルマウスへ移植されたヒトiPS細胞由来神経上皮様幹細胞はニューロンへと分化し，脊髄神経回路網をリレーするように再建した．**B）** GFPでラベルした移植細胞は約75％がニューロンマーカーであるTuj1（class Ⅲ beta-tubulin）陽性細胞，約25％がアストロサイトマーカーであるhGFAP（human glial fibrillary acidic protein）陽性細胞，約5％がオリゴデンドロサイトマーカーであるMBP（myelin basic protein）陽性細胞へ分化した．**C）** 下肢運動機能の改善はマウス後肢運動機能の半定量的評価法の1つであるBMS（Basso-Mouse-Scale score，0～9点）スコアに基づいて評価された．ヒトiPS細胞由来細胞移植治療群においても，マウス神経幹細胞移植治療群（**図4**）と同様に，脊髄損傷モデルマウスの下肢運動機能の改善を促した．

においても，MeCP2欠損ニューロンではMeCP2によるmiRNA生合成が破綻することで特定miRNA（miR-199a）の発現が減少し，神経機能に異常をきたすことを明らかにしている[18]．さらにRTT患者由来iPS細胞が樹立され，それから誘導された神経幹細胞は健常のものと比較してニューロン分化の減少とアストロサイト分化の増加が観察されている[19]．これらのことからRTT発症はエピジェネティックな異常による神経幹細胞分化やニューロンの形態・機能などの異常が原因と考えられているが，その詳細は不明のままであり，現在有効な治療法は確立されていない．われわれはMeCP2欠損RTTモデルマウスにVPAを投与したところ，RTT関連の神経学的症状を緩和できることを報告した[20]．またmiR-199aをMeCP2欠損ニューロンに発現させることで，異常をきたしていた神経機能を回復させることにも成功している（**図6**）[18]．このことは先天性神経疾患に対する治療にエピジェネティック制御が有効であることを強く示唆しており，異常をきたした神経機能の回復という新たな神経再生医療が発展することが期待される．

さらに興味深いことに，加齢に伴って発症する神経変性疾患であるアルツハイマー病（Alzheimer disease：AD）の発症においても，エピジェネティック制御がかかわっていることが近年明らかとなってきた[21][22]．これまでADは長期間かけて脳内にアミロイドβが沈着することが発症原因と考えられていたが，

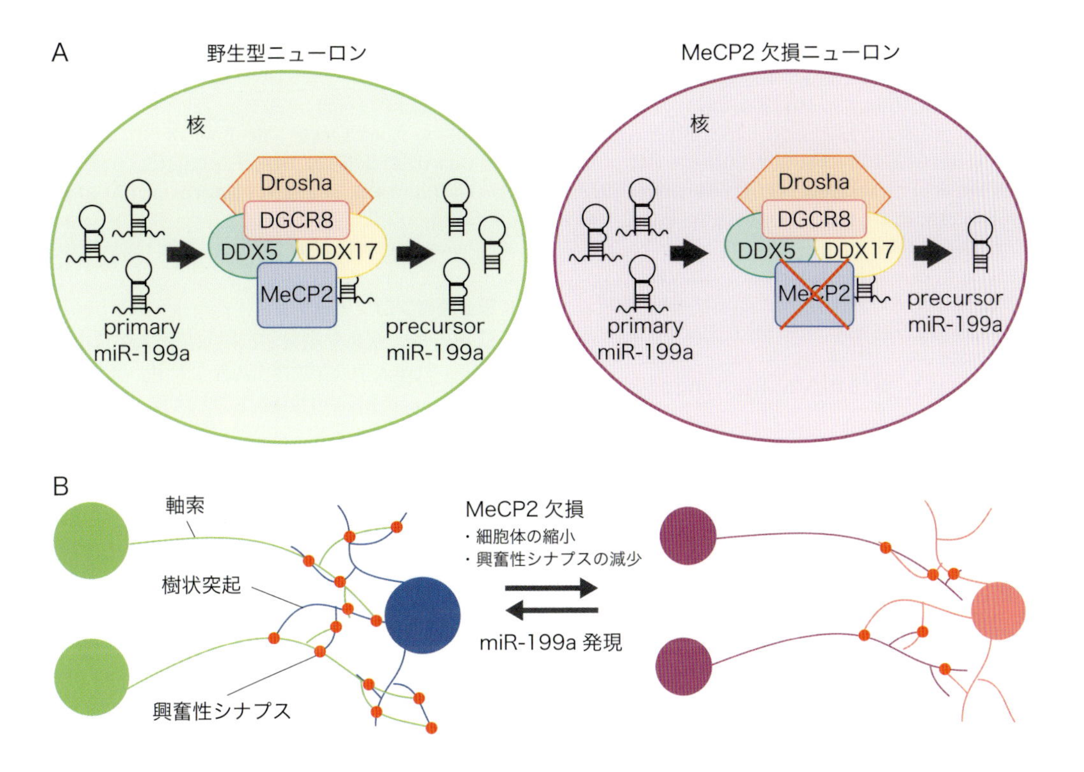

図6　MeCP2のmiRNA生合成を介したニューロン機能制御

A）MeCP2はDrosha複合体と会合することでprimary miR-199aからprecursor miR-199aへのプロセシングを促進する．MeCP2欠損ニューロンではMeCP2が存在しないためこのプロセシングが正常に行われず，産生される成熟型miR-199aが減少する．B）MeCP2欠損ニューロンにおいて野生型と比較して，細胞体サイズの縮小および興奮性シナプスの減少がみられるが，miR-199aを発現させると，その表現型が改善される．

AD患者脳を用いたゲノム全体のDNAメチル化解析により，健常脳と比較してDNAメチル化状態が変化している遺伝子領域が存在することが明らかとなった．さらにこの領域の遺伝子はアミロイド斑の増大などのAD症状に密接に関与していることが報告されている[21]．これらの報告はエピジェネティックな変化がADなどの加齢と関連する神経疾患に大きくかかわっている可能性を示唆しているとともに，DNAメチル化などのエピジェネティック制御による神経変性疾患の新たな再生医療戦略を提示していると考えられる．

おわりに

研究技術の発展により神経再生医療は急速に進歩し，すでにわが国においては2014年9月にはiPS細胞由来細胞を加齢黄斑変性症の患者へ移植する手術が行われたほか，外傷性中枢神経疾患においても2016年には亜急性期脊髄損傷患者に対するiPS細胞由来神経幹細胞移植の臨床研究を開始することが予定されている．しかしながら，本稿で紹介した脊髄損傷に対する研究成果のほとんどは急性期または亜急性期における治療によるものであり，損傷部微小環境や病態が異なる完全慢性期の患者に対する有用な治療法は依然開発されていない．また，種々の神経疾患モデルマウスに対してさまざまな治療法が試されてきたが，完全な病態改善には成功していない．今後，これらの疾患病態発症のメカニズムが解明され，それに適したエピジェネティック制御により，さらなる神経再生医療が発展することを願っている．

文献

1） Yu YM, et al：Eur J Neurosci, 33：1587-1597, 2011
2） Xin H, et al：Stem Cells, 30：1556-1564, 2012
3） Wu D & Murashov AK：Front Mol Neurosci, 6：35, 2013

4) Jiang JJ, et al : Cell Death Dis, 6 : e1865, 2015
5) Bhalala OG, et al : J Neurosci, 32 : 17935-17947, 2012
6) Wang CY, et al : Glia, 63 : 194-205, 2015
7) Jee MK, et al : Brain, 135 : 1237-1252, 2012
8) Cho Y, et al : Cell, 155 : 894-908, 2013
9) Finelli MJ, et al : J Neurosci, 33 : 19664-19676, 2013
10) Rivieccio MA, et al : Proc Natl Acad Sci U S A, 106 : 19599-19604, 2009
11) Arvidsson A, et al : Nat Med, 8 : 963-970, 2002
12) Adefuin AM, et al : Epigenomics, 6 : 637-649, 2014
13) Hsieh J, et al : Proc Natl Acad Sci U S A, 101 : 16659-16664, 2004
14) Abematsu M, et al : J Clin Invest, 120 : 3255-3266, 2010
15) Fujimoto Y, et al : Stem Cells, 30 : 1163-1173, 2012
16) Hallett PJ, et al : Cell Stem Cell, 16 : 269-274, 2015
17) Thatcher KN & LaSalle JM : Epigenetics, 1 : 24-31, 2006
18) Tsujimura K, et al : Cell Rep, 12 : 1887-1901, 2015
19) Andoh-Noda T, et al : Mol Brain, 8 : 31, 2015
20) Guo W, et al : PLoS One, 9 : e100215, 2014
21) De Jager PL, et al : Nat Neurosci, 17 : 1156-1163, 2014
22) Lunnon K, et al : Nat Neurosci, 17 : 1164-1170, 2014

＜筆頭著者プロフィール＞

入江浩一郎：奈良先端科学技術大学院大学博士前期課程修了後，九州大学大学院博士課程在学中．現在ニューロンにおけるmicroRNAの機能解析と精神疾患病態発症の関連について研究している．

5. 心筋再生におけるエピジェネティクス機構

村岡直人，福田恵一

マウス新生仔心筋細胞では障害後に心筋増殖を誘導することにより再生する能力をもつ．しかし，この再生能力は心筋の成熟とともに失われ，生後早期に細胞周期は静止期となる．心臓の発生・成熟過程でエピジェネティクスが劇的に変化することから，成獣心筋の増殖能再獲得にはエピジェネティックな障壁の克服が必要と考えられる．本稿では，再生と密接に関与する発生において働くエピジェネティクス制御因子を紹介し，心筋再生に向けたエピジェネティクス機構について考察する．

はじめに

哺乳類では生後早期の成長過程で心筋過形成から肥大へ移行が生じ，成獣において心筋障害後の細胞増殖はほとんど認められなくなることからその再生能力は限られる．一方で，新生仔心筋では増殖能を有し，心筋障害後の再生が可能である．発生段階での遺伝子発現は転写因子，エピジェネティック制御因子により厳格にコントロールされており，生後早期の再生能喪失に関してもまた，転写やエピジェネティクスのめざましい変化とともに生じている．このように，エピジェネティクスは心筋発生・成熟，心筋再生に関して重要な働きを担っている．

[キーワード＆略語]
エピゲノム，心筋再生，心臓発生，心筋増殖，心筋直接誘導

HAT：histone acetyltransferase
（ヒストンアセチル基転移酵素）
HDAC：histone deacetylase
（ヒストン脱アセチル化酵素）
HMT：histone methyltransferase
（ヒストンメチル基転移酵素）

1 心臓発生における エピジェネティック制御

心臓発生におけるエピジェネティックな特徴は，多能性細胞，中胚葉細胞，心臓前駆細胞，心筋細胞の各段階で確立している．胚性幹細胞（ES細胞）からの分化および心筋細胞の成熟過程で核の凝集が徐々に進み，クロマチン凝集および遺伝子サイレンシングは多能性の領域で顕著となる[1]．このことは転写因子による転写制御のみならず，細胞分化や系譜運命の制御にもクロマチンが働いていることを示唆する．心筋細胞への運命決定や分化における包括的なエピジェネティクス変化も明らかとなっている．心筋の分化過程では，類似の機能をもつ遺伝子群は同様のクロマチン修飾を示し，心臓発生におけるさまざまなシグナルによる遺伝

The role of epigenetics in cardiac regeneration
Naoto Muraoka[1) 2)] /Keiichi Fukuda[1)]：Department of Cardiology, Keio University School of Medicine[1)] /Japan Society for the Promotion of Science[2)]（慶應義塾大学医学部循環器内科[1)] / 日本学術振興会[2)]）

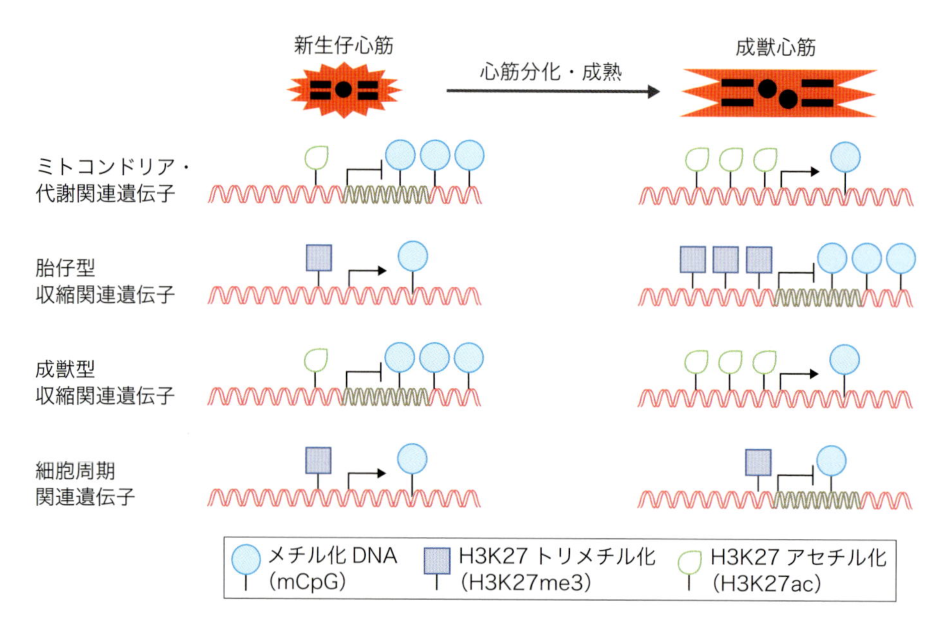

図1　心筋発生・成熟過程でのエピジェネティック変化
心筋成熟過程で，DNAメチル化および抑制性ヒストンマーカーH3K27me3の獲得に伴い，胎仔型収縮関連遺伝子の発現は低下する．一方で，活性化ヒストンマーカーH3K27acの獲得およびgene body（遺伝子の転写領域部分）のメチル化消失に伴い，成獣型収縮関連遺伝子とともにミトコンドリア・代謝関連遺伝子の発現が上昇する．また，DNAメチル化および抑制性ヒストンマーカーH3K27me3に明らかな変化を認めずに，細胞周期関連遺伝子は低下する．文献5より改変して転載．

子発現の細かな調節を可能としている[2]．

DNAメチル化は心臓発生・心筋成熟過程でダイナミックに変化する．ES細胞ではOct4, Nanogなど幹細胞関連転写因子の結合領域はメチル化されない一方，Gata1～4, Mef2cなど心筋関連転写因子の結合領域はメチル化される[3]．このメチル化パターンは分化とともに変化し，ES細胞関連転写因子の結合領域は新生仔および成獣心筋細胞で高度にメチル化され，心筋関連転写因子の結合領域は脱メチル化される．さらに，心筋分化における胎仔型サルコメアタンパク質の発現低下は，胎仔から成獣へ成長する際に生じる抑制性ヒストンとDNAメチル化の獲得と関連する[3]．一方で，Ca動態や収縮に関連する遺伝子は胎仔から成獣になる過程で脱メチル化され，発生の過程で遺伝子発現は上昇していく．さらにBMP, TGF-β, FGF, Notch, Wnt/β-cateninなど発生に重要なシグナル経路の遺伝子は新生仔心筋の成熟過程で高度にメチル化され，転写が抑制される[4]．

このように，心筋成熟過程でのエピジェネティクス変化が明らかとなってきた（**図1**）[5]．心筋障害後の再生方法の1つに成獣心筋の増殖誘導があげられる．Notch刺激は新生仔心筋の増殖を促すが，成獣では効果が認められない[6]．新生仔の発生過程でNotchに反応するシグナルエフェクターのプロモーターにおける抑制性ヒストンマーカーH3K27me3とDNAメチル化がNotchリガンドによる成獣心筋での増殖能再獲得を阻害しており，細胞周期復帰のためにはエピジェネティックなリセットが必要と考えられる[6]．ここでは，心臓発生過程でのエピジェネティクス修飾因子の役割を心筋分化，増殖，成熟における機能を中心に紹介する．

1）心筋分化・増殖におけるヒストン修飾

i）ヒストンアセチル化

ヒストンアセチル基転移酵素（HAT）はクロマチンを開き，DNA-ヒストン間の結合を緩ませることで転写を促進する．代表的なHATであるp300は全細胞で発現しており，多くの転写因子と協調し，さまざまな細胞種での遺伝子の転写を調節する．p300はヒストンテールアセチル化に加えて，重要な心筋特異的転写因子であるMef2c, Gata4, Srfを直接アセチル化し，DNA結合を促進する．また，p300欠損では細胞増殖欠如，心筋構造タンパク質発現低下，肉柱形成不全等の構造異常により胎生致死となり，発生時の細胞増殖への関与が明らかとなった[7]．

ヒストン脱アセチル化酵素（HDAC）は脱アセチル化によりクロマチン凝集を促進し，転写を抑制する．クラスⅠとクラスⅢ HDACは全身に発現するが，クラスⅡ HDACは脳，筋肉，T細胞で高発現する．HDACは心臓発生，心疾患発症に深く関与しており，その重要性は数々の全身または心筋特異的欠損の研究により示されている．

Hdac1欠損は胎生9.5日で致死となるのに対し，Hdac2欠損は新生仔期に心筋細胞過形成やアポトーシスといった高度な心奇形を示す．Hdac2は小さなホメオボックス因子であるHopxと協調し，Gata4を脱アセチル化する．Hdac2とHopxの両欠損ではGata4の高度アセチル化をきたし，心筋増殖，Gata4標的遺伝子の発現上昇，そして新生仔死とかかわる．心筋特異的Hdac1またはHdac2の単独欠損は明らかな表現型を示さず，相補的な関係性がうかがえる．一方でHdac1/2の両欠損では，新生仔死，重症心疾患，心収縮およびCa動態関連遺伝子の増加をきたす[8]．

全身でのHdac3欠損マウスは胎生致死となる一方，心筋特異的欠損では生存可能である[9]．しかし，心筋特異的Hdac3欠損マウスは重度の心肥大と脂肪酸酸化経路の異常により生後3～4カ月で死に致り，生後の心筋細胞の代謝における重要性が示唆された[9]．心筋特異的Hdac3過剰発現はサイクリン依存性キナーゼインヒビター（Cdkn）を阻害し，過度の心筋増殖による心室壁肥厚を引き起こす[10]．このようにHdac3は心筋細胞の増殖や代謝に作用することで心筋細胞の生理学的な成熟を促す．

クラスⅡ HDACは心筋分化・成熟に必須であるMef2cをはじめとする重要な心筋関連転写因子の核局在を制御することが知られている．Hdac5/9の両欠損では成長遅滞，心筋層非薄化，心室中隔欠損症をきたし，多くは出生直後に死に至る[11]．一方，心筋特異的Hdac5またはHdac9の単独欠損では，Mef2c標的遺伝子の抑制および胎仔型心肥大関連遺伝子の誘導により心肥大を引き起こす[11]．このように，ヒストンアセチル化や脱アセチル化は心臓発生において重要な役割を担っている．いくつかのHAT, HDAC変異マウスでは心筋増殖が認められず，心筋の細胞周期の制御においてヒストンアセチル化が鍵となる．

ⅱ）ヒストンメチル化

ヒストンメチル化に関しても発生における重要性が示されている．SETドメイン含有メチル化酵素は非常に研究の進むリジンメチル化酵素である．そして，EZH2はSETドメイン含有H3K27特異的メチル化酵素でありPRC2複合体のサブユニットである．Nkx2.5プロモーター下での心筋特異的Ezh2欠損では心筋増殖の障害，Ezh2標的遺伝子かつ心臓発生に重要なPax6, Isl1, Six1, Bmp10等の発現抑制，細胞周期を阻害するCdkn2a, Cdkn2bの発現上昇により致死的な先天性心奇形となる[12]．一方で，前方心臓領域の心臓前駆細胞特異的Ezh2欠損では心筋細胞への分化・発生は障害されないが，心筋肥大が現れる．分化した心筋細胞では発現せず前駆細胞でのみ発現する転写因子Six1によりこれらの表現型を示す[13]．Six1は通常Ezh2により発現を制御され，分化の過程で心筋遺伝子発現の安定化および出生後心筋のホメオスタシス維持に寄与する．しかし，分化した心筋細胞ではEzh2欠損により特記すべき心奇形は現れないことから，発生後期におけるEzh1との機能的な相補性が考えられる[12]．

2）心筋分化におけるDNAメチル化

哺乳類における初期のDNAメチル化の研究では，マウス生殖細胞でのDNAメチル基転移酵素1（Dnmt1）欠損は心室低形成をはじめとする心奇形により胎生致死となることが示された[14]．また，Dnmt3aまたはDnmt3bの欠損マウスでは，発育障害，吻側神経管欠損などの表現型を示し，発生における重要な役割が明らかとなっているが，心臓発生に関して異常は報告されていない．心筋特異的なDnmt3a/3bの両欠損は遺伝子発現に変化は認められるものの，通常の状態・ストレス下を問わず心臓に表現型を示さない[3]．この表現型の欠如は心臓発生，心疾患におけるダイナミックなメチル化の変化を考えると驚くべきことである．近年のゲノムワイドな研究は胎仔から成獣への成長の過程で心筋のDNAメチル化状態の広範な変化を明らかとした．新生仔心筋ではGata1～4, Mef2c等の心筋特異的な転写因子の結合モチーフが低メチル化領域に顕著である[3]．さらには心筋の成熟，成獣遺伝子プログラムの形成とともに，Ca動態，心筋収縮関連遺伝子は脱メチル化され，活性化ヒストンマーカーを獲得する[3]．一方で，胎仔型遺伝子プログラムは成獣では発現が低下しており，メチル化上昇および抑制性ヒストンマーカー獲得により説明される．このように，心臓発生段階でDNAメチル化は大きく変化し，心筋成熟過程での成獣遺伝子プログラムの獲得に寄与する．

近年，新生仔心筋発生の特定の時期における心筋の細胞周期停止，成熟，再生能力喪失にかかわるDNAメチル化の変化に焦点を当てた研究が行われた．生後1日から14日までの新生仔マウスに関して，心室筋でのDNAメチル化のゲノムワイドな変化を評価したところ，初期の心臓発生・増殖に深く関与するシグナル因子の高メチル化と転写抑制を認めた[4]．また，心筋増殖能制御におけるDNAメチル化の役割も示された．新生仔期のDNAメチル化阻害により*in vivo*で増殖する心筋細胞数は2倍となり，2核の細胞数は半分となる[4]．また，DNAメチル化阻害剤である5-アザシチジンもまた*in vitro*でエンドセリンによるアゴニスト刺激で心筋が2核となるのを阻害する[15]．このように，DNAメチル化は出生後心筋の細胞周期を抑制し，2核となるのに重要な役割を担う．

2 心筋再生に向けたエピゲノムのリプログラミング

エピジェネティックな細胞特性制御の好例はリプログラミング領域で報告されている．Gurdonらは体細胞の核を脱核した卵細胞に移植することで多能性状態へのリプログラミングを可能とし，リプログラミングの概念を確立した[16]．また，単一の筋特異的転写因子MyoDの導入により多能性状態を経ることなく線維芽細胞を骨格筋芽細胞に直接分化転換できることが報告され，以降この技術は多くの細胞種への直接分化転換に応用されてきた．そして，山中らはわずか4種の転写因子Oct4, Sox2, Klf4, cMyc（OSKM）により終末分化した体細胞から多能性幹細胞を誘導できることを示し，脱核した卵細胞を用いることなく，大量の幹細胞作製を可能とした[17]．ここでは人工多能性幹細胞（iPS細胞）誘導におけるエピジェネティック制御機構を示し，リプログラミングによる成獣心筋再生の試みを紹介する．

1）リプログラミングにおけるヒストン修飾

OSKM導入後初期から多くの多能性関連遺伝子領域が活性化ヒストンマーカーH3K4me2を獲得し，抑制性マーカーH3K27me3を失う[18]．このことはリプログラミング因子が多能性獲得に伴い，直接または間接的にヒストンマーカーを変化させることを示唆する．Oct4等，いくつかの転写因子はWdr5等のヒストンメチル基転移酵素（HMT）に直接作用することが報告され，多能性獲得に伴いどのように特異的な領域にH3K4メチル化が起こるのかを説明しうる[19]．ヒストンマーカーによるクロマチンパターン形成がリプログラミングにおける転写調節以前に生じることは，エピジェネティックランドスケープが遺伝子転写をコントロールすることを示唆する[18]．

HATはiPS細胞リプログラミングにおいて重要な制御因子である．cMycはヒストンアセチル化を誘導およびプロモーター領域H3K27をアセチル化するgeneral control of amino acid synthesis protein 5（Gcn5）等のHATの発現上昇により転写を促進する[20]．cMycとGcn5はリプログラミング初期にのみ必要であり，多能性の維持ではなく獲得に重要な因子である．また，cMycとGcn5は単に広範な転写増幅を行うのでなく，特定遺伝子領域に特化して作用する[20]．cMycとヒストンアセチル化はメカニズムでの関連があることから，HDAC2の阻害因子であるバルプロ酸はリプログラミングにおいてcMycの代替因子となりうる[21]．

OSKM結合と多能性遺伝子の誘導初期には抑制性マーカーH3K9me3が認められるが，リプログラミングの律速段階となるため，消去される必要がある[22]．さらに，ヘテロクロマチンの緩みが多能性獲得には必要である[23]．これらのことから，H3K9を標的としたHMTの機能的抑制はリプログラミングを促進することが予想される．

iPS細胞リプログラミングでは，抑制性と活性化ヒストン修飾が細胞特性の制御に不可欠であるが，これらのヒストン修飾がわずか4つの転写因子により誘導される．心筋分化でも同様にヒストン修飾が重要なことから，複数の転写因子を用いた心筋再生法が試みられている[24]．

2）リプログラミングにおけるDNAメチル化

DNA脱メチル化は多能性獲得前の最終的なエピジェ

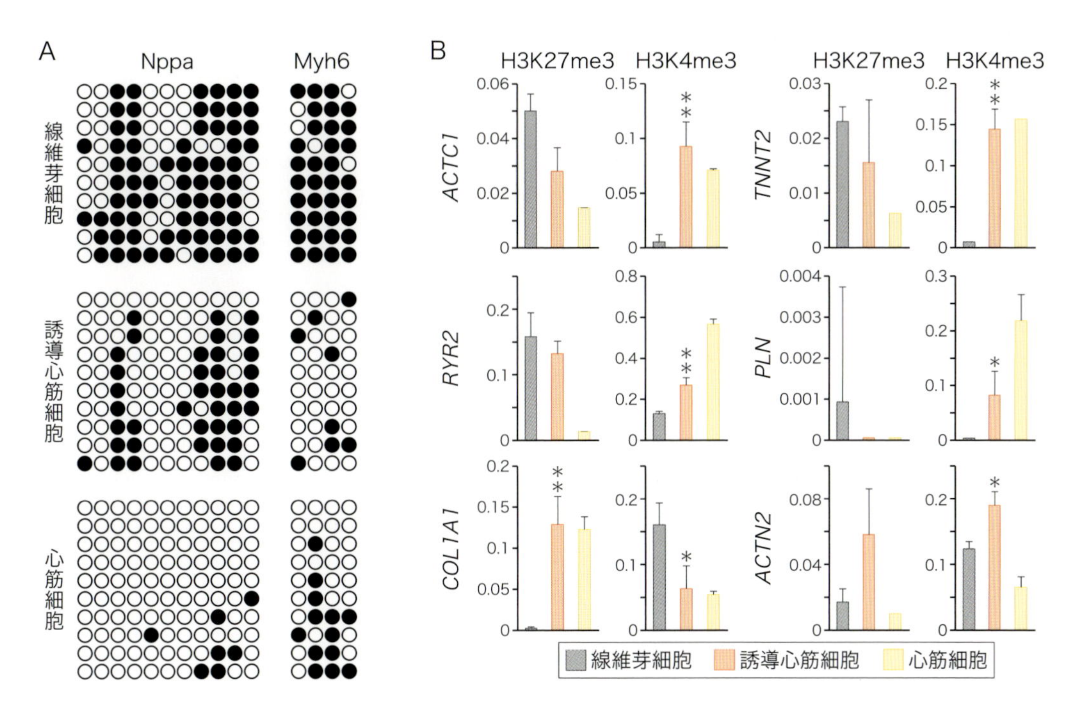

図2　誘導心筋細胞におけるDNAメチル化（A：○は非メチル化CpG，●はメチル化CpG）および抑制性・活性化ヒストンマーカー（B）

A）バイサルファイトアッセイにより線維芽細胞，誘導心筋細胞，心筋細胞における心筋特異的遺伝子（Nppa, Myh6）プロモーターのDNAメチル化状態を評価した．線維芽細胞より直接誘導された心筋様細胞は新生仔心筋細胞に類似したDNAメチル化状態を示す．Nppa：心房性ナトリウム利尿ペプチド，Myh6：α－ミオシン重鎖．B）クロマチン免疫沈降により心筋細胞（ACTC1, TNNT2, RYR2, PLN, ACTN2）および線維芽細胞（COL1A1）特異的遺伝子プロモーターでの抑制型（H3K27me3）および活性型ヒストン（H3K4me3）を評価した（inputに対する相対的比率）．誘導心筋細胞では心筋細胞関連遺伝子で活性型ヒストンが上昇し，抑制型ヒストンが低下していた．一方で，線維芽細胞関連遺伝子で活性型ヒストンが低下し，抑制型ヒストンが上昇しており，心筋細胞に類似したヒストン修飾を示す．ACTC1：α－心筋アクチン，TNNT2：心筋トロポニンT，RYR2：リアノジン受容体，PLN：ホスホランバン，ACTN2：α－アクチニン，COL1A1：1型コラーゲン．$*P<0.05$，$**P<0.01$．文献29, 33より引用．

ネティック変化の1つである．DNA脱メチル化促進因子であるTetタンパク質（第2章-3参照）はNanogと直接作用し，多能性には必須である．Nanogは最終的な多能性関連遺伝子の1つでありリプログラミング後期で発現するが，OSKM導入後にNanogが再活性化されるまで，メチル化された遺伝子はリプログラミングされにくい[25)26)]．脱メチル化がリプログラミングに必須である一方，Dnmt3a/bはリプログラミングで必須でなく，新たなDNAメチル化は必要とされない[14)]．心筋特異的なDnmt3a, Dnmt3bの欠損は成獣心筋の維持には必要ではなく，病的な表現型も呈さない[27)]．しかし，DNAメチル化の蓄積に関しては新生仔と成熟心筋で異なっており，成熟心筋で新生仔心筋マーカーの一部は発現しないように制御されている[3)28)]．発生において，ゲノムは連続してメチル化が行われており，心筋成熟関連遺伝子の脱メチル化が成獣心臓での再生に向けて必要である可能性がある．

3）心筋直接誘導でのエピジェネティクス変化

線維芽細胞，筋線維芽細胞により心筋梗塞後の梗塞巣が形成されることから，これらの細胞の心筋細胞への直接分化転換は非常に有効な心筋再生法と考えられる．心筋特異的な転写因子であるGata4, Mef2c, Tbx5（GMT）またはGMT, Hand2により心臓線維芽細胞から自律的に拍動する心筋様細胞が*in vivo*でも*in vitro*でも誘導されることがこれまでに報告された[29)30)]．さらに，ヒト細胞においてもこれらの因子にMesp1, Myocd, miR-133を加えることでマウス同様に心筋様細胞が誘導されることが明らかとなった[31)32)]．しかし，細胞リプログラミングはiPS細胞誘導においても心筋直接誘導においても，効率は低い．線維芽細胞から心筋細胞への直接誘導で，心筋または線維芽細胞関連遺伝子でのヒストンマーカーやDNAメチル化パターンの変化は評価されているが，エピジェネティックプロファイルに言及した論文は限られている（**図2**）[29)][33)]．今後は，誘導心筋細胞のゲノムワイドなエピジェネティクス評価，そして心筋直接誘導でのエピジェネティックな障壁を明らかとすることで，効率的な誘導法の確立が可能となる．

また，心筋リプログラミングに関して線維芽細胞からのみならず，その他の細胞種からも分化転換できる可能性はある．前述の通り，心臓発生および出生後成熟においてエピジェネティックなマーカーが加わることで，増殖シグナルの消失，細胞周期関連遺伝子の発現低下，心筋代謝の劇的な変化が生じる．他の細胞リプログラミングにおいてパイオニア転写因子※がクロマチン構造の再構成，そして細胞の分化転換を可能とするという仮説が提唱されている．成獣ではエピジェネティクスに心筋増殖が抑制されていることから，パイオニア転写因子による成獣型エピゲノムから新生仔型へのリセット，さらには増殖因子を加えることで心筋分裂促進および再生も期待される．

おわりに：今後の展望

心臓は生後の発生段階でさまざまな機能を獲得することで出生後の環境に適応していく．成獣心筋特異的な転写プログラムは新生仔期にエピジェネティックに刷り込まれており，発生やリプログラミングの研究からは成獣心筋を成獣心筋らしくさせるエピジェネティックな特性が再生への障害となっていることが考えられる．そこで，成獣心筋での再生能力獲得にはエピジェネティックな障壁と再生シグナルの両方が標的となる．特定の部位を標的とするエピゲノムが目的の転写ネットワーク再活性化に重要であるが，部位特異的なエピゲノム技術はほとんど発達しておらず，実用化に向け大きな課題である．今後は成獣心筋再生に向けた発生メカニズム再活性化のため，発生段階での心筋特異的なエピジェネティクスの解明が求められている．

> **※　パイオニア転写因子**
>
> 通常，転写因子は閉じたクロマチンに結合することができないが，パイオニア転写因子は凝集したクロマチンに結合し，弛緩させ，他の転写因子やエピジェネティック修飾因子をリクルートすることで転写を活性化させる．リプログラミングにおいては神経誘導因子のAscl1，マクロファージ誘導因子のPu.1等がパイオニア転写因子として知られている．

文献

1） Gifford CA, et al：Cell, 153：1149-1163, 2013
2） Wamstad JA, et al：Cell, 151：206-220, 2012
3） Gilsbach R, et al：Nat Commun, 5：5288, 2014
4） Sim CB, et al：FASEB J, 29：1329-1343, 2015
5） Quaife-Ryan GA, et al：Semin Cell Dev Biol, in press (2016)
6） Felician G, et al：Circ Res, 115：636-649, 2014
7） Yao TP, et al：Cell, 93：361-372, 1998
8） Montgomery RL, et al：Genes Dev, 21：1790-1802, 2007
9） Montgomery RL, et al：J Clin Invest, 118：3588-3597, 2008
10） Trivedi CM, et al：J Biol Chem, 283：26484-26489, 2008
11） Chang S, et al：Mol Cell Biol, 24：8467-8476, 2004
12） He A, et al：Circ Res, 110：406-415, 2012
13） Delgado-Olguín P, et al：Nat Genet, 44：343-347, 2012
14） Li E, et al：Cell, 69：915-926, 1992
15） Paradis A, et al：Int J Med Sci, 11：373-380, 2014
16） Gurdon JB, et al：Nature, 182：64-65, 1958
17） Takahashi K & Yamanaka S：Cell, 126：663-676, 2006
18） Koche RP, et al：Cell Stem Cell, 8：96-105, 2011
19） Ang YS, et al：Cell, 145：183-197, 2011
20） Hirsch CL, et al：Genes Dev, 29：803-816, 2015
21） Huangfu D, et al：Nat Biotechnol, 26：795-797, 2008
22） Chen J, et al：Nat Genet, 45：34-42, 2013
23） Fussner E, et al：EMBO J, 30：1778-1789, 2011
24） Welstead GG, et al：Proc Natl Acad Sci U S A, 109：13004-13009, 2012
25） Buganim Y, et al：Cell, 150：1209-1222, 2012
26） Polo JM, et al：Cell, 151：1617-1632, 2012
27） Nührenberg TG, et al：PLoS One, 10：e0131019, 2015
28） Okano M, et al：Cell, 99：247-257, 1999
29） Ieda M, et al：Cell, 142：375-386, 2010
30） Song K, et al：Nature, 485：599-604, 2012
31） Wada R, et al：Proc Natl Acad Sci U S A, 110：12667-12672, 2013
32） Muraoka N, et al：EMBO J, 33：1565-1581, 2014
33） Fu JD, et al：Stem Cell Reports, 1：235-247, 2013

＜筆頭著者プロフィール＞
村岡直人：2006年慶應義塾大学医学部卒業．'10年同大学循環器内科入局．'15年同大学大学院医学研究科博士課程修了（医学博士）．'16年より日本学術振興会特別研究員PD．線維芽細胞から心筋細胞への直接誘導法を用いた心筋再生に関する研究を行っている．

6. 脱メチル化薬を用いた悪性腫瘍治療の展望

小林幸夫

DNAのメチル化が腫瘍化に関係していることが知られるようになり，脱メチル化により抗腫瘍活性を発揮する薬剤として，decitabine, azacitidineが開発され，MDS, AMLに対して使用される．しかしながら*in vivo*でも腫瘍抑制遺伝子をはじめとする遺伝子の脱メチル化が実際生じていて，そのことが抗腫瘍活性となっているのかどうかは必ずしも明らかではなかった．最近になり，免疫源としての内因性ウイルスの活性化に関係するのではないかとの仮説が提唱され，固形がん領域で，免疫チェックポイント阻害剤との併用が試みられている．

はじめに

DNAのメチル化は腫瘍化に関連しており，脱メチル化を惹起することにより抗腫瘍活性を発揮するとされる薬剤が開発されている．造血器腫瘍で先行しており，5-azacytidine（VIDAZA™，一般名azacitidine），一般名decitabine（DACOGEN™）が欧米で承認された．第3相試験の結果は，これら薬剤が骨髄異形成症候群（myelodysplastic syndrome：MDS）ならびに急性骨髄性白血病（AML）に対して有用であることをはっきりと示している．これらの薬剤は*in vivo*では腫瘍抑制遺伝子をはじめとする遺伝子の脱メチル化を生じさせることがわかっている．しかしながら，そのことが抗腫瘍活性となっているのかどうかは必ずしも明らかではない．

本稿では造血器腫瘍の治療分野で進んでいる，いわゆる脱メチル化薬といわれるazacitidine, decitabineの開発状況を述べ，併せて他のがん腫での開発状況を

[キーワード＆略語]
azacitidine，decitabine，TET2，内因性レトロウイルス

5-hmC：5-hydroxymethylcytosine（5-ヒドロキシメチルシトシン）
5-mC：5-methylcytosine（5-メチルシトシン）
AML：acute myeloid leukemia（急性骨髄性白血病）
DNMT：DNA methyltransferase（DNAメチル基転移酵素）
IDH：isocitrate dehydrogenase（イソクエン酸脱水素酵素）
MDS：myelodysplastic syndrome（骨髄異形成症候群）
RR：ribonucleotide reductase（リボヌクレオチド還元酵素）
TDG：thymine-DNA glycosylase（チミンDNAグリコシラーゼ）

Perspectives of malignant tumors by demethylating agents
Yukio Kobayashi：Hematology Division, National Cancer Center（国立がん研究センター中央病院血液腫瘍科）

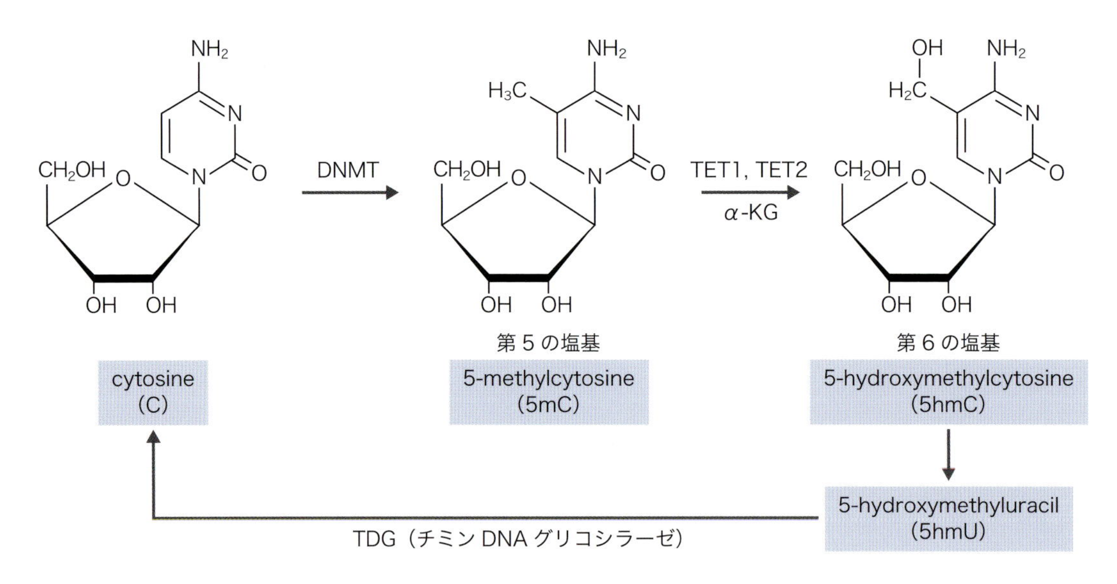

図1　シトシン代謝と*DNMT3A*，*TET2*遺伝子の働き

述べる．

1 DNAメチル化異常と造血器腫瘍

DNAのメチル化にはDNAメチル基転移酵素（DNA methyltransferase：DNMT）がCpGジヌクレオチドのシトシンの5位のCにメチル基を付加させる．脱メチル化は付加されているメチル基が*TET*遺伝子によって水酸化を受け，さらにホルミルシトシン，カルボキシシトシンまで変換される．この変換のためには，α-ケトグルタル酸（α-ketoglutarate：α-KG）が必要であるが，このα-KGはイソクエン酸脱水素酵素（IDH）によって供給されている．これらの塩基はチミンDNAグリコシラーゼ（TDG）によってシトシンに置き換わる（**図1**）．

DNAのメチル基転移酵素にはDNMT1, 3a, 3bが知られているが，*DNMT3A*遺伝子はAMLの20％で変異が生じており[1]，予後は悪い．

*TET2*遺伝子はMDS，AML，一部の慢性骨髄増殖性疾患で変異が見つかっている．MDSでは変異のある場合に予後がよかったとの報告がある[2]．*TET2*遺伝子は5-methylcytosine（5mC）を5-hydroxymethylcytosine（5hmC）に変換する酵素であり，*TET2*遺伝子の変異のある場合にもDNA全体で5hmCが少なく，ことにCpGアイランドでの低メチル化が生じていた[3]．この遺伝子変異は，*IDH1/2*遺伝子の変異のあるAMLとは重複を生じていない（相互排他的）．

*IDH1/2*遺伝子はTCAサイクルの酵素であり，本来α-ketoglutarateが産生されるが，変異があるとその代わりに2-hydroxyglutarate（2-HG）を産生するようになる．α-ketoglutarateはTET2の基質として必要なため，IDH1/2の変異はTET2の失活と同様の結果を引き起こすことになる．これらの変異があるとDNAの高メチル化が生じることになる[4]．

以上の遺伝子変化は，AMLだけではなくMDSでも生じており，これらの変異がある症例が存在することが，脱メチル化薬が有効である機序と漠然と考えられているが，真のバイオマーカーの探索を含めてわかっていない部分も多い．

2 脱メチル化薬の歴史

薬剤の開発の歴史はきわめて古い．1960年代にシトシンのアナログの開発が進み，ara-Cが骨髄性白血病で使用されるようになったが，このときすでにdecitabineとazacitidineとが開発されている（**図2**）．1980年代に臨床試験も行われたがara-C以上の効果は得られず，開発もいったん終了していたが，DNAメチ

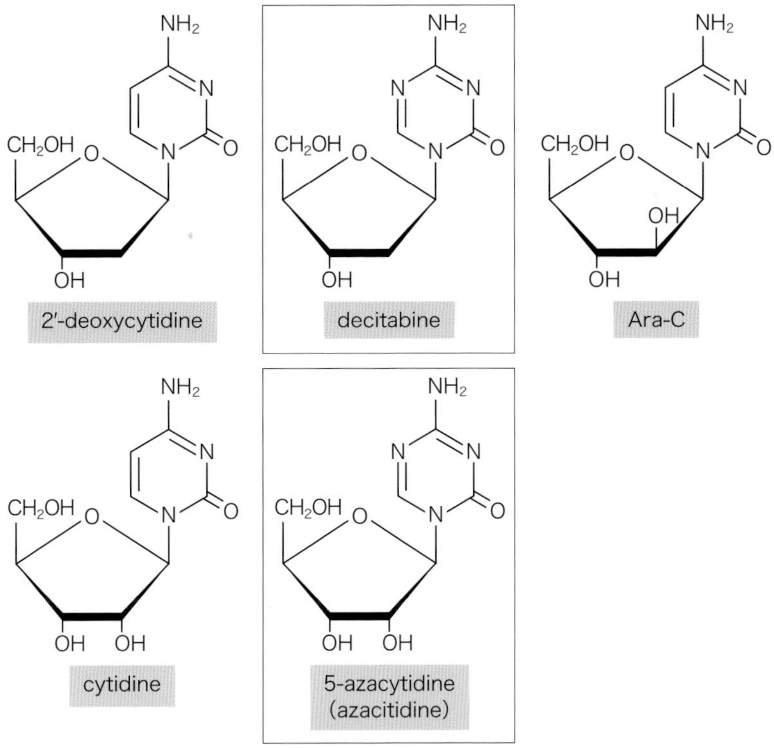

NH2 / CH2OH / O / N / OH
2′-deoxycytidine
decitabine
Ara-C
cytidine
5-azacytidine (azacitidine)

図2　decitabineとazacitidineの構造式

ル化と腫瘍化，分化の機序の報告とともに，投与方法を変更した結果，2004年にazacitidineが，2006年にdecitabineがMDSに対して米国FDAで承認された．日本では，2011年にazacitidineが承認されている．

3 azacitidineとdecitabineとの違い

decitabine（5-aza-2′-deoxycytidine：5-aza-CdR）はピリミジンの5位の炭素が窒素に置換されており，deoxycytidine kinaseの作用によってリン酸化を受けてmonophosphateである5-aza-dCMPを経て三リン酸化された5-aza-dCTPへと変化を受ける．これはDNA polymeraseのよい基質でありDNAに取り込まれる（**図3**）．このDNAに取り込まれた5-aza cytosineはDNMTと強固に結合する．その結果，DNMT活性を抑えDNA全体で低メチル化となり，がん抑制遺伝子でのメチル化によるサイレンシングも解除され脱腫瘍化が生じると考えられている．

azacitidineはdecitabineのdeoxyriboseがriboseであることによりRNAコンポーネントとしても拮抗する．すなわち，uridine-cytidine kinaseの働きにより5-aza-CMPとなり，さらにpyrimidine monophosphateおよびdiphosphate kinaseの働きにより5-aza-CDPを経て5-aza-CTPとなる．これはRNAに取り込まれるのでRNA代謝阻害を起こし，ひいてはタンパク質合成阻害を引き起こす．一方5-aza-CDPは，ribonucleotide reductase（RR）によって5-aza-dCDPへ還元される．これ以降はdecitabineの経路と同様DNAに取り込まれる．すなわち，decitabineでのDNA拮抗作用にRNA阻害が加わったものと考えられてきた．しかしながら，代謝拮抗剤としてのRNA阻害がazacitidineの作用であるとする報告が行われた．azacitidineは，RRを抑制することによって用量依存性にdTTP, dATP, dCTP, dGTPも枯渇させており，むしろ代謝拮抗剤として働いていると報告された[5]．

一方でDNMTの基質として働き，DNMTをシトシン部位で結合させ，阻害剤として働くという考え方もある[6]．ここでのDNMTは恒常的に発現している

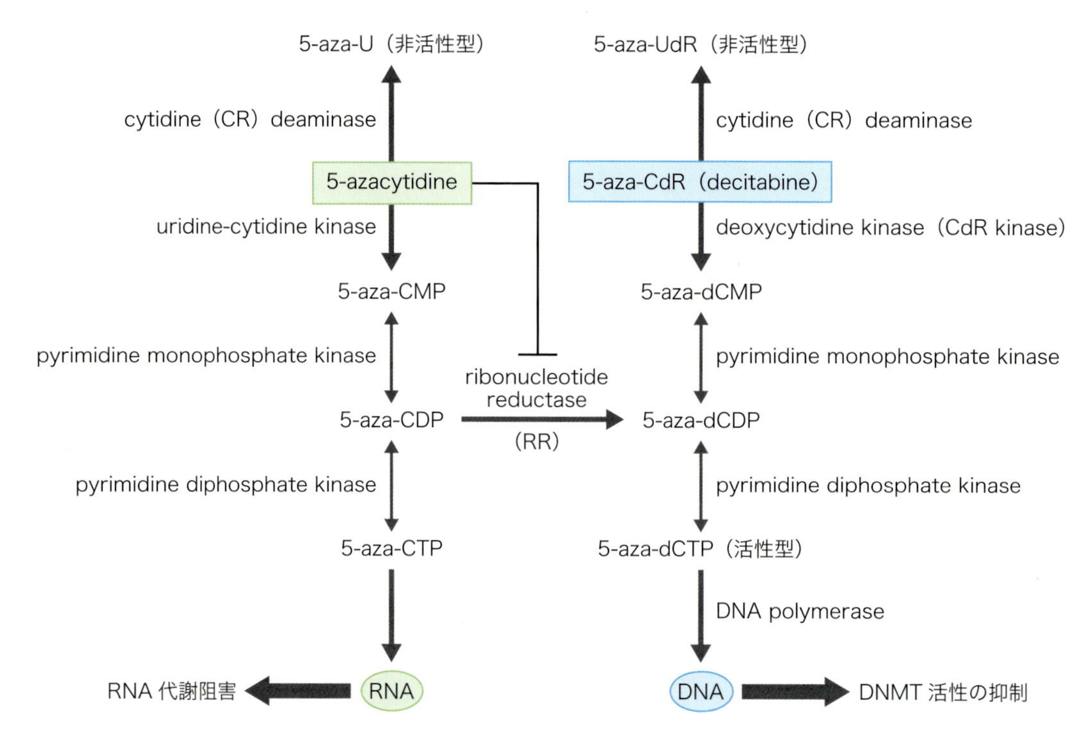

図3　azacitidine, decitabineの代謝経路

DNMT1であり[7]，DNMT3a変異が効果予測因子となることは示されていない．

一方で*DNMT3A*ではなくて*DNMT3B*遺伝子のノックインにより実験マウス系での白血病化が抑制されることが観察された[8]．*DNMT3A*の変異では造血幹細胞の脱メチル化が生じていると同時に幹細胞分画が増加する．*DNMT3A*のノックアウトマウスではDNA全体は脱メチル化されているが，CpGアイランドではメチル化の程度は亢進している．この現象は*DNMT3B*もともに欠失させることにより，消失することがわかっていた[9]ので，*DNMT3B*を抑制することが*DNMT3A*をはじめとする遺伝子異常のある白血病・MDSでの標的となっているのかもしれない．

4 第2世代の脱メチル化薬

guadecitabine（SGI-110）は再発MDS, AMLを対象に試験が行われている代謝拮抗剤である[10]．ジヌクレオチドであり，decitabineとdeoxyguanosineとが結合しており，decitabineの静注よりも長いdecitabineの血中濃度が得られる．10日間と5日間の2つのスケジュールでそれぞれ，用量増量試験が行われている．

5 IDH1/2阻害剤

IDH1および2は活性型変異であるので，その阻害剤の開発が進んでおり，すでに臨床試験の結果の一部が報告されている[11]．AG-221はIDH2の阻害剤であり，IDH2変異のあるAML35例での第1相試験で，最大耐容量に達しない用量で効果が判断できた25例中CR（完全寛解）が6例，CRp（血小板数が正常でない寛解）2例，CRi（末梢血が正常でない寛解）1例，PR（部分寛解）5例であった．治療中に芽球が分化した白血球増加が認められており，分化誘導をしているのが確認されている．しかしながらDNAの脱メチル化を生じているかはまだ，報告がない．

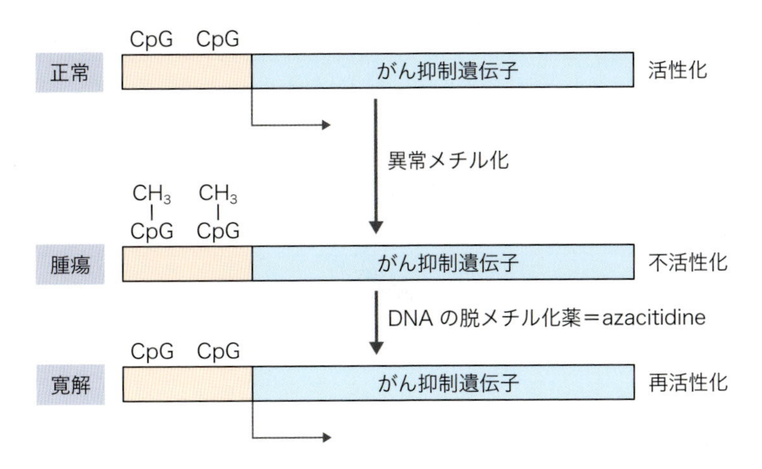

図4　がん抑制遺伝子の抑制解除（仮説）
文献12より筆者作成.

表1　脱メチル化薬の想定された作用遺伝子

作用遺伝子の寄与する機能（分子経路）	作用遺伝子	文献
細胞周期停止	tumor supressor genes	22, 23
転移阻止	E-cadherin	21
細胞分化	RAR β 2	20
アポトーシス阻害	Caspase 8, TMS-1	18, 19
血管新生阻害	TSP-1	18
DNA 修復	hMLH－1	16
ホルモン感受性	ER α	15
腫瘍特異抗原	MAGE	14

6 脱メチル化薬の機序

脱メチル化薬は通常の抗腫瘍剤とは異なった機序で働いている．すなわち，効果が現れるまでは，1コース1カ月として数コースが必要であり，4カ月目以降の寛解もありうる．したがって殺細胞効果を主とする白血病の薬剤とは全く異なっていることが想定される．

従来，脱メチル化により，何らかのがん抑制遺伝子の発現解除により，脱がん化，すなわち抗腫瘍活性を呈すると考えられてきた（**図4**）[12]．azacitidineで発現が亢進する遺伝子群も**表1**のようにさまざまなものが報告されているが[13)～24]，近年のゲノム網羅的解析ではこれらの遺伝子群が，格別にメチル化異常を生じている遺伝子ではなかった[25]．

最近になって，Roulosらによって内因性のレトロウイルスをupregulateしているという報告がされた[26]．彼らはウイルス刺激に反応するためのIRF7タンパク質の標的がazacitidineでupregulateされることを見出した．IRF7はRIG1, Mda5の存在で活性化するがこのRIG1, Mda5は生体でdsRNAを感知してウイルスからの防御を起こす．事実，azacitidineによるIRF7のタンパク質発現はRIG1, Mda5の発現に引き続いて生じていたのであるが，内因性のレトロウイルスが発現することがdsRNAの発生源であった．最後にazacitidineは内因性のレトロウイルスをたしかに発現させていた．したがってazacitidineを使用すると，内因性ウイルス

表2　固形がんに対するdecitabineの臨床試験

がん腫	用量（mg/m²）	投与スケジュール・期間	頻度	推定到達濃度（ng/mL）	文献
頭頸部領域	25～100	1h（8hおきに3日間）	3/day	170～660	28
腎がん	75	1h（8hおきに3日間）	3/day	500	29
転移性	20～40	72h	持続投与	20	30
非小細胞性肺がん	200～600	8h	単回投与	170～550	31

の活性化を通じてRIG1, Mda5を発現させIRF7が発現するという機序が想定される．

一方，ウイルスは免疫源としてPD1抗体を用いた免疫チェックポイント阻害剤の抗腫瘍活性を誘導するので，azacitidineがPD1抗体と相乗的に作用することが予想される．このコンセプトは現在非小細胞肺がんでの臨床試験で検討されている（NCT01928576）．

じつは，固形がんでのdecitabineの試験はさまざま行われているが，決してうまくはいかなかった（**表2**）．この理由はMDSが特殊な「腫瘍」であることによるのかもしれない．急性白血病では，分化の異常と増殖力の獲得の両者が生じており，慢性白血病では増殖力だけ，MDSでは分化異常だけと捉えるGillilandの仮説[27]に従えば，増殖力が際立つ腫瘍で無効であることは当然であるともいえる．PD1抗体が有効であるような腫瘍で，増殖力がすでに問題ではない時点では，有効であるのかもしれない．

おわりに

MDSでは分化異常を改善することで治療効果が出現すると考えられるが，真の作用点を含めた今後の解析が必要である．

文献

1）Ley TJ, et al：N Engl J Med, 363：2424-2433, 2010
2）Kosmider O, et al：Blood, 114：3285-3291, 2009
3）Ko M, et al：Nature, 468：839-843, 2010
4）Figueroa ME, et al：Cancer Cell, 18：553-567, 2010
5）Aimiuwu J, et al：Blood, 119：5229-5238, 2012
6）Kihslinger JE & Godley LA：Leuk Lymphoma, 48：1676-1695, 2007
7）Singh V, et al：Curr Cancer Drug Targets, 13：379-399, 2013
8）Schulze I, et al：Blood, 127：1575-1586, 2016
9）Challen GA, et al：Cell Stem Cell, 15：350-364, 2014
10）Kantarjian HM, et al：Blood, 122：497, 2013
11）Agresta S, et al：Haematologica, 99：789, 2014
12）Momparler RL：Semin Oncol, 32：443-451, 2005
13）Sigalotti L, et al：J Immunother, 25：16-26, 2002
14）Weber J, et al：Cancer Res, 54：1766-1771, 1994
15）Ferguson AT, et al：Cancer Res, 55：2279-2283, 1995
16）Herman JG, et al：Proc Natl Acad Sci U S A, 95：6870-6875, 1998
17）Li Q, et al：Oncogene, 18：3284-3289, 1999
18）Conway KE, et al：Cancer Res, 60：6236-6242, 2000
19）Teitz T, et al：Nat Med, 6：529-535, 2000
20）Côté S, et al：Anticancer Drugs, 9：743-750, 1998
21）Graff JR, et al：Cancer Res, 55：5195-5199, 1995
22）Otterson GA, et al：Oncogene, 11：1211-1216, 1995
23）Herman JG, et al：Cancer Res, 56：722-727, 1996
24）McDevitt MA：Semin Oncol, 39：109-122, 2012
25）del Rey M, et al：Leukemia, 27：610-618, 2013
26）Roulois D, et al：Cell, 162：961-973, 2015
27）Gilliland DG & Griffin JD：Blood, 100：1532-1542, 2002
28）van Groeningen CJ, et al：Cancer Res, 46：4831-4836, 1986
29）Abele R, et al：Eur J Cancer Clin Oncol, 23：1921-1924, 1987
30）Aparicio A, et al：Cancer Chemother Pharmacol, 51：231-239, 2003
31）Momparler RL, et al：Anticancer Drugs, 8：358-368, 1997

<著者プロフィール>

小林幸夫：1982年東京大学医学部医学科卒業，第3内科入局後，東京大学医学系大学院（第1臨床医学）で高久史麿先生，平井久丸先生のもとで造血器腫瘍の分子診断を学ぶ．米国スタンフォード大学ついでブリガムアンドウイミンズ病院の実験病理Jeff Sklar博士の研究室でポスドク．帰国後，東京大学医科学研究所を経て現職．造血器腫瘍の分子診断と治療に従事している．

※**太字**は本文中に『用語解説』があります

索 引

索引

た

な

は

ま

欧文

編者プロフィール

金井弥栄（かない　やえ）

1989年慶應義塾大学医学部卒業．'93年同大学院医学研究科（病理系病理学専攻）修了．2002年より国立がんセンター研究所病理部長．'15年より現職．病理診断の実践を基盤として多段階発がんの分子機構の理解をめざしており，'95年頃より発がんエピジェネティクス機構の解明に一貫して従事してきた．エピゲノム研究の臨床応用，特に予防・先制医療への展開をめざしている．

実験医学　Vol.34　No.10（増刊）

エピゲノム研究

修飾の全体像の理解から先制・個別化医療へ

解析手法の標準化、細胞間・個人間の多様性の解明、疾患エピゲノムを標的とした診断・創薬

編集／金井弥栄

実験医学 増刊

Vol. 34　No. 10　2016〔通巻578号〕
2016年6月25日発行　第34巻　第10号
ISBN978-4-7581-0355-8
定価　本体5,400円＋税（送料実費別途）
年間購読料
　24,000円（通常号12冊，送料弊社負担）
　67,200円（通常号12冊，増刊8冊，送料弊社負担）
郵便振替　00130-3-38674

© YODOSHA　CO., LTD. 2016
Printed in Japan

発行人　一戸裕子
発行所　株式会社　羊　土　社
〒101-0052
東京都千代田区神田小川町2-5-1
TEL　03（5282）1211
FAX　03（5282）1212
E-mail　eigyo@yodosha.co.jp
URL　www.yodosha.co.jp/
印刷所　株式会社　平河工業社
広告取扱　株式会社　エー・イー企画
TEL　03（3230）2744㈹
URL　http://www.aeplan.co.jp/

本誌に掲載する著作物の複製権・上映権・譲渡権・公衆送信権（送信可能化権を含む）は（株）羊土社が保有します．
本誌を無断で複製する行為（コピー，スキャン，デジタルデータ化など）は，著作権法上での限られた例外（「私的使用のための複製」など）を除き禁じられています．研究活動，診療を含み業務上使用する目的で上記の行為を行うことは大学，病院，企業などにおける内部的な利用であっても，私的使用には該当せず，違法です．また私的使用のためであっても，代行業者等の第三者に依頼して上記の行為を行うことは違法となります．

JCOPY ＜（社）出版者著作権管理機構 委託出版物＞
本誌の無断複写は著作権法上での例外を除き禁じられています．複写される場合は，そのつど事前に，（社）出版者著作権管理機構（TEL 03-3513-6969，FAX 03-3513-6979，e-mail：info@jcopy.or.jp）の許諾を得てください．

バイオサイエンスと医学の最先端総合誌

実験医学

2016年より WEB版 購読プラン 開始！

医学・生命科学の最前線がここにある！ 研究に役立つ確かな情報をお届けします

定期購読のご案内

【月刊】毎月1日発行　B5判
定価（本体2,000円＋税）

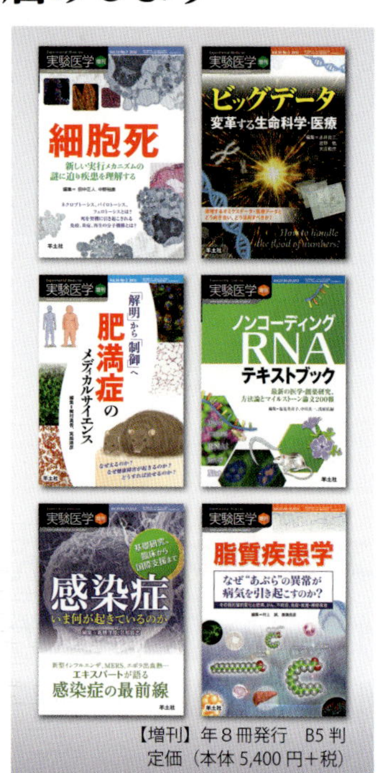

【増刊】年８冊発行　B5判
定価（本体 5,400 円＋税）

定期購読の４つのメリット

1. **注目の研究分野を幅広く網羅！**
   年間を通じて多彩なトピックを厳選してご紹介します
2. **お買い忘れの心配がありません！**
   最新刊を発行次第いち早くお手元にお届けします
3. **送料がかかりません！**
   国内送料は弊社が負担いたします
4. **WEB版でいつでもお手元に**
   WEB 版の購読プランでは，ブラウザから いつでも実験医学をご覧頂けます！

年間定期購読料

送料サービス
海外からのご購読は送料実費となります

通常号(月刊)
定価（本体24,000円＋税）

通常号(月刊)＋増刊
定価（本体67,200円＋税）

WEB版購読プラン　詳しくは実験医学onlineへ

通常号(月刊)＋WEB版※
定価（本体28,800円＋税）

通常号(月刊)＋増刊＋WEB版※
定価（本体72,000円＋税）

※ WEB版は通常号のみのサービスとなります

お申し込みは最寄りの書店，または小社営業部まで！

発行 羊土社
TEL 03 (5282) 1211
FAX 03 (5282) 1212
MAIL eigyo@yodosha.co.jp
WEB www.yodosha.co.jp ▶▶ 右上の「雑誌定期購読」ボタンをクリック！